東京大学受験指導専門塾

鉄緑会
基礎力完成
数学 I・A＋II・B

鉄緑会大阪校数学科 編

本書の目的

　本書は，数学ⅠAとⅡBで初学のうちに押さえてほしいところのポイントをまとめている。対象は，中高一貫教育校の中学三年生，及び高校一年生。また，数学は一通り学習しているが，数学が苦手でどう考えていいか分からないといった学生である。

　本書の目的は「数学的センスを身につける」ということである。

　「教科書をひと通り学んだ」というだけでは，大学入試の難問に立ち向かうのは困難である。難問に取り組むためには，定理や公式を学ぶこと以上に，学んだ道具をどう使いこなしていくかを学んでおかなければならない。数学の基本とは，単なる定理や公式の理解ではなく，それらを使いこなす「技能」のことであると考えてもらいたい。

　本書で扱っている技能は，例えば以下のようなものである。

- 基本計算
- 日本語表現の読み替え
- 日本語表現を式に落とし込む考え方
- グラフ表現と式表現を連結させる考え方

　本書の学習を通じてこうした技能を身につけていけば，今までは解答を読んでもなかなか理解できなかったような難問にも十分に対応できるようになる。

　世の中には「定石」や「難問」を扱っている問題集も数多く存在する。確かに一定量の「定石」は覚えておいた方がよいであろうし，「難問」に取り組む意義も否定しない。しかし，難問に立ち向かうために必要な「数学的なセンス」を養うための方法は，なにも「定石」の暗記や「難問」の演習だけではない。まず大切なのは，道具を使いこなすための「技能」である。本書は決して並外れて難しい問題を扱っているわけではないが，ここで学ぶ「技能」が身につけば，「これまで難問だと思っていた問題が実は単なる計算問題だった」と思えるようになる。

　数学とは本来，複雑な論理をシンプルに記述するためのツールであり，複雑な問題をシンプルに解決するためのツールである。シンプルであるということは，「たいして頭を使わなくても理解できる」ということでもある。例えば「2桁×2桁のかけ算」でいちいち頭を使って，方針を考えている人はいないであろう。かけ算であれば，答えを覚えているわけではないが，頭を使わずとも迷わず答えを出せるはずである。これと同じように，数学の問題に取り組む際に「頭を使わなくても処理できる」という部分を広げていけば，そのぶん問題を解くスピードが上がり，また本当に頭を使わなければならない難しい部分，例えば設問の流れの把握や解答の組み立てに時間と思考力を回す余裕が生まれる。逆に，本来頭を使わなくてもよいようなところでつまずいているようでは，その問題のどこが難しいのかさえ分からず，いくら難問に取り組んでも実力の向上は見込めない。

　本書で取り扱っている「技能」が身につけば，基本的な処理の部分で頭を使わずに済むようになり，今後「難問」に取り組んでいくための土台が固まるだろう。

はじめに

●基本計算の大切さ

　世の中にはさまざまな数学の参考書があるが，その多くは「取り上げられた個々の問題をどのように解くか」「難しい問題をどのように考えるか」ということに特化しており，「どのように計算するか」という道具について丁寧に扱っているものが少ないように思う。小学校の頃に足し算やかけ算を習ったときには，計算ドリルに取り組んで計算力を養ったはずである。これと同じで，高校数学においても実力をつけるためには計算の力を養成する機会が必要である。小学生が足し算やかけ算でおぼつかないようでは算数の難しい問題を理解するのは難しい。同様に，高校数学においても，基本的な計算の部分でつまずいているようでは，大学入試で出題される難問を理解するのは困難である。本書の内容をしっかり身につければ計算という道具を使いこなせるようになり，これまで理解するのが難しかった問題でも見通しが立てられるようになる。

●数学という科目の特性

　数学は試験での得点のブレが大きい科目である。仮に方針が合っていても計算の要領が悪いと計算ミスにつながり，ひいては大きな失点につながるということが往々にして見られる。その半面，当たれば大きく，多くの受験生が得点できないような難問が1題解ければ，他科目ではありえないくらい大きな点差をつけることができる。そういう意味では，数学は怖い科目でもあれば**夢の大きな科目**であるとも言える。数学を危険な科目にするか，夢のある科目にするか。これはまずどれだけミスを減らせるかにかかっている。

　ミスを減らすためには次のような力が必要になってくる。

- 基本事項は頭を使わなくても処理できるようになっておく
- 多角的に考えて検算する力をつける

本書ではこの前半部分に主眼をおいて，基本的な計算手法をまとめている。
章立ては，教科書的な単元通りの内容ではなく，

- 各式のどの部分を見ることが大切なのか
- 各単元で学ぶ処理について，どの部分を見て考えるのか

といったように，テーマごとに**見る場所を絞る**ことを最大のテーマにしている。こうした着眼点を身につけることによって，問題に取り組む際にあれやこれやと試行錯誤して時間を浪費することなく，スムーズに基本的な処理ができるようになっていく。

●数学の問題を解くということ

　一般に数学の問題を解く際には，次のような2ステップをたどる。

- 問題の条件を読み替える（問題を数学的に書き換える）
- 読み替えたあとで計算する

このことを，次の例題を見ながら確認してみる。

次の問題は，クリスマスに授業をしていた際に，「クリスマスプレゼントはないのか？」という生徒たちにプレゼントした問題で，クリスマスツリーのつもりで描いてみようというものである。

【例題】

xy 平面において，次のグラフを与えるような x, y の関係式を求めよ。ただし，グラフは y 軸に関して対称である。また，下の例のように，x, y **の範囲は自由に与えてもよいが，等式 1 つで表すこと**。

（例）$xy = x + y$ $(1 \leqq x \leqq 2, y \leqq 3)$

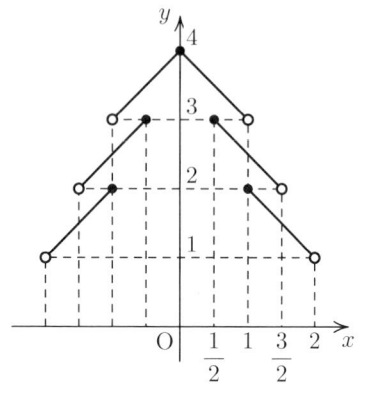

この問題を解く際には，まずはグラフの素材として，$y = x - [x]$ を考える。

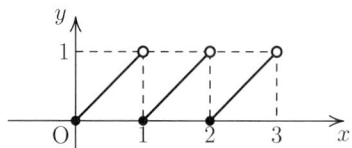

このグラフをもとに，いくつかの操作を加えて題意のグラフを仕上げていく。

① x が 1 ごとにグラフが $\dfrac{1}{2}$ ずつ上がっていくようにする。

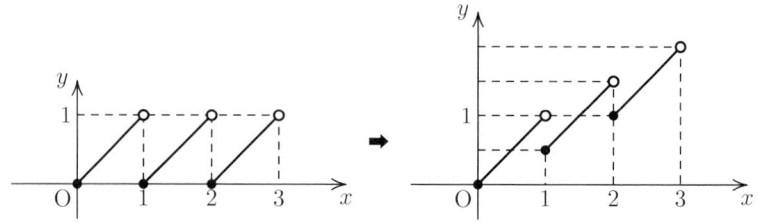

② $y = x$ に関して対称移動する。

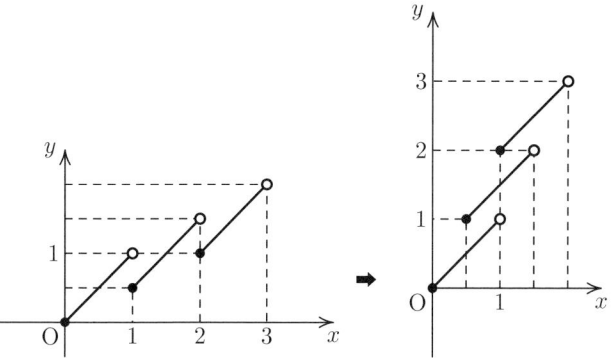

③ $y=2$ に関して対称移動し，$x \geqq 0$ の部分を y 軸に反射させて終了。

したがって，式の上では，

① $y = x - [x]$ ➡ $y = x - [x] + \dfrac{1}{2}[x]$ ∴ $y = x - \dfrac{1}{2}[x]$

② $y = x - \dfrac{1}{2}[x]$ ➡ $x = y - \dfrac{1}{2}[y]$

③ $x = y - \dfrac{1}{2}[y]$ ➡ $|x| = (4-y) - \dfrac{1}{2}[4-y]$ ∴ $|x| = 4 - y - 2 - \dfrac{1}{2}[-y]$

よって，答えは，

$$|x| = 2 - y - \dfrac{1}{2}[-y] \quad (1 < y \leqq 4)$$

となる。

　このように問題を解く際には，まずは個々の問題の条件を読み替えて，それらを言葉でつなぐ。そのあと，各ブロックを計算していくということになる。

　数学の問題を解くということは，本来この前半部分，つまり「条件を読み替えて言葉でつなぐ」という部分に頭と時間を使うべきなのである。逆に言えば，後半の計算の部分に頭と時間を使わなければならないようでは，難しい問題では解法を組み立てる部分に余裕をもって取り組むことができなくなってしまう。「立式したあとはスムーズに計算できる」というだけの力を身につけておくことが重要である。

● **数学力・数学のセンスとは**

　入試が近づいていくると，自信をなくした生徒から「自分には数学のセンスがない」といった声が聴かれるようになる。確かに，トップクラスの難問を解こうとすれば，条件の独創性や斬新な式変形といったように，いわゆる「センス」が要求されることもあるかもしれない。しかし実際には，大学入試でそうしたひらめきが必要な難問，数万人に 1 人の天才しか解けないような難問が出されることはほどんどない。自分にセンスがないと嘆く学生は，多くの場合，単に基本的な計算手法などが十分身についていないだけである。

　例えば高校数学では $\sum$ や $\displaystyle\int$ などの記号が登場する。こうした記号は数学という学問の

発達に応じて人工的に作られてきたものである。当然ながら，こうした記号に生まれつき親しんでいるなどという人は存在しない。記号の意味や使い方というものは後天的に学習していくものであって，先天的に生まれもったセンスでどうにかなるというものではない。センスや才能のせいにするのではなく，まずはこうした記号を用いた基本的な計算に習熟していくことが大切である。

昨今では昔に比べて数学の参考書・問題集も多種多様になっており，加えてインターネットを通じてもさまざまな問題に触れることができる。また，面白い解法・考え方に触れる機会が増えており，恵まれた学習環境が用意されていると言えるだろう。しかしそれと同時に，面白く紹介されている鮮やかな解法ばかりに目がいってしまい，小手先のテクニックとしてしか理解が得られていない，基本的な計算手法が十分身につかないままであるといった状況に陥りやすくなっているかもしれない。そうなってしまうと，入試問題でちょっとひねった出題がなされただけで手が出なくなってしまう。

例として次の問題を考えてみよう。

【例題】

次の方程式を解け。

(1) $\sin 3x = \sin x$

(2) $\sin 3x = \cos x$

さて，皆はどのような方針を立てるだろうか。

もし(1)は解けるが(2)は解けないという場合，三角関数に関する公式や解法が十分理解できているとは言いがたい。

三角方程式では（一般に方程式を解けと言われたら）まずは「因数分解する」のが基本方針となる。そのうえで，式変形として次の2つを考えることになる。

- 角度を大きくして，次数を下げる：和積や合成公式
- 角度を小さくして，次数を上げる：多項式として因数分解

今回は(1)，(2)ともに1次式まで次数が下がっており，各項の係数もすべて1なので，「和積公式で因数分解」できる形になっている。sin, cos の書き換えは位相ずれ公式を使い，

$$\sin 3x - \sin x = 2\cos 2x \sin x$$

$$\sin 3x - \cos x = \sin 3x - \sin\left(x + \frac{\pi}{2}\right)$$
$$= 2\cos\left(2x + \frac{\pi}{4}\right)\sin\left(x - \frac{\pi}{4}\right)$$

のように因数分解でき，問題は解決する。

このように，基本公式は「どういう場合に使えるのか」「どういう意味をもっているのか」まで

しっかり理解しておくことが大切である。そうすれば，少しひねった問題が出されてもびくともしない堅牢な計算力を身につけることができる。本書を通じてこうした計算力を養ってほしい。

● **数学学習の落とし穴**

　鉄緑会は東大・京大や国公立医学部を志望する中高生のための塾であるから，難しい問題ばかりを扱っているのだろうと思われるかもしれない。確かに高 2・高 3 ではいわゆる難問も扱う。しかし，我々が重視しているのは，まずは「基本的な処理を当たり前のようにできるようになる」ということである。このため，鉄緑会では中学のうちから基本的な計算練習にじっくり取り組んでいく。こうした土台が固まっていないようでは，いくら難問に取り組んでも表面的な理解しか得られず，十分な力を身につけることはできない。入試レベルの難問に取り組む前に，あるいは取り組んでいる時期でも，自分に確固たる計算力が身についているかを絶えず検証していくことが大切である。

　コンピュータの世界では，とりわけ UNIX の登場から，問題解決のための方法が大きく変わってきたように思う。現在主流となっている方法は，何かアプリケーションを作ろうとする場合，いきなり大きなプログラムを組むのではなく，あらかじめ小さなツールを色々と用意し，そうしたツールを適切に選択して組み合わせることで複雑な処理を実行するというものである。これは，機能ごとにツールを小分けにしておいた方が汎用性が高く，さまざまな問題に応用しやすく便利であるという理由からである。数学の学習においても，この考え方が重要になってくる。複雑な処理を要求する問題に取り組む前に，まずはツールに該当する個々の計算手法に十分習熟しておくべきであろう。

● **今後の学習**

　本書は「これだけで入試数学がクリアできる」というものではなく，あくまで「基本部分を固める」ことを狙いとしたものである。数学を得意にするためには，本書の内容を身につけたうえで，以後さらに入試レベルの問題演習を積んでいかなければならない。ただ，その際には本書で学んだ内容が必ず大きく役に立つだろう。今後発展的な問題演習に取り組む際には，ただ漠然と問題を解いて漠然と模範解答を読むだけではなく，「本書で学習した要素に分解する」ということを心がけてほしい。ほとんどの問題は，本書で学んだ「問題の読み替え」「条件の式への落とし込み」「基本的な計算手法」の組み合わせで解決できるものである。どんな難問であっても，こうした要素に分解することができれば十全な理解が得られ，その理解の結果として，自力で解ける問題が増えていくことだろう。

　本書を学習したら，そこが終わりなのではなく，そこがスタートである。本物の数学力は，ここで学んだハイレベルな基礎力の上にこそ身につくものだということを意識して取り組んでほしい。

本書の構成と使用法

1．構成
全体を単元に分け，それぞれの単元について，下記のように編成されています。
- 解説
- 問題
- 解答

2．解説
入試に必要な道具をテーマごとに解説しています。これらはどれも「考える」ことなく，九九のように「当然のように」できるようになってほしいテーマです。実際の入試問題を解く際は，これらをどう組み合わせて考えていくのかがポイントになります。

---

① **§ 23．Σ 計算(2)**

② **23-1．公式を利用できない和の計算**

Σ計算で，累乗公式や，等比数列の和の公式が利用できない場合は，和の足し始め $k=1$ の部分がずれているか，中身が特殊な形をしているかの2通りの場合しかない。このうち，初期値がずれているパターンは，割と簡単に処理できるが，基本的には Σ の中身が $a_{k+l} - a_k$ （l は定数）のように l 個ずれの階差の形に直せない限り計算できないことに注意する。

- **初期値がずれている場合**

  この場合の処理は非常に簡単で，無理やり $k=1$ からの和に書き換えてしまうこと。例えば，$\sum_{k=10}^{n} k^2$ という和の計算は，$k=10$ からではなく，

  $$\sum_{k=10}^{n} k^2 = \sum_{k=1}^{n} k^2 - \underbrace{\sum_{k=1}^{9} k^2}_{\text{余分な部分は後で引く}}$$

  のように無理やり $k=1$ にそろえてやることで計算できてしまうことに注意する。

  ＊　　＊　　＊　　＊　　＊　　＊　　＊　　＊

〔例〕 $\displaystyle\sum_{k=n+1}^{2n} k^2$ を計算せよ。

→ Σ の下が $k = n+1$ からとなっているので，このままでは公式を使えないことに注意する。

$$(与式) = \sum_{k=1}^{2n} k^2 - \underbrace{\sum_{k=1}^{n} k^2}_{\text{余計なところを引く}}$$

$$= \frac{1}{6} 2n(2n+1)(4n+1) - \frac{1}{6} n(n+1)(2n+1)$$

③

① 各単元では，1つ1つの操作を身につけていきます。未習の単元がある人は，問題から取り組むか，解説から取り組むかを単元ごとに決めればよいでしょう。
② 各単元はいくつかのサブセクションに分かれています。各単元内で1つ1つのテーマに沿って身につけてください。
③ 各サブセクションの内容に沿った例題およびその解答です。具体例を見ながら，実際に手を動かし，各単元の内容をしっかりと身につけていきましょう。

3．問題

テーマごとに解説部分が理解できていればスラスラと解けるような問題です。なるべく，無駄な計算や他のテーマをそぎ落とし，各単元のテーマのみで書き換えできるよう作ってあります。目標時間内に解き切れるまでやってみてください。

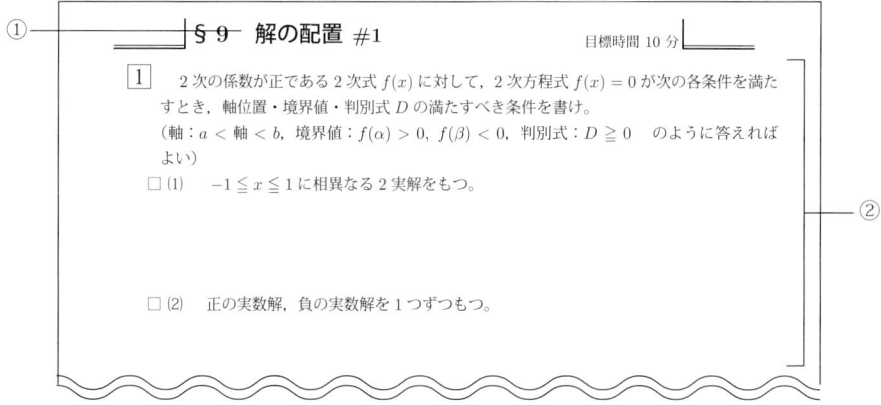

① 解説編の各単元に合わせたタイトルで問題を組んでいます。初習者は各単元の解説を見て，例題などを終えた後，問題を解いてみるとよいでしょう。既習者は，はじめから問題編に取り組んでみるのもよいと思います。目標時間に達しなかった単元は，解説編を読み，「当たり前の感覚」でできるよう仕上げていきましょう。
② 問題は，その単元以外のテーマや計算は極力省いてあります。目標時間内に終わるよう時間を意識して取り組んでください。

4．解答

問題の解答です。答え合わせのしやすいように，無駄な説明は省いてあります。試験等で解答を書く際には，きちんとした日本語の説明が必要ですが，それは解説の例などを参照して書けるようにしておきましょう。

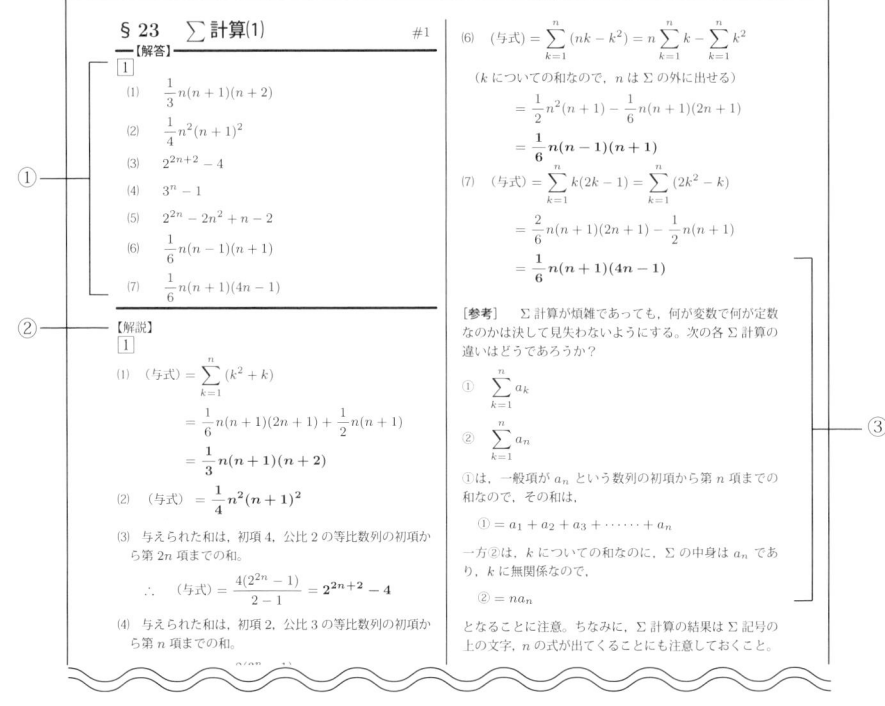

① 各問題の答えだけが抜き出してあります。答え合わせの際は，まずは答えが合っているか確認してみましょう。

② 各問題の説明部分です。たとえ答えが合っていたとしても，考え方等が合っているか，目を通しておいてください。間違っていた場合は，どこで考え違いをしたのか，しっかりと確認してください。

③ [**参考**] や [**注意**] といった部分は，各単元の中でも各問題特有の注意事項や，少し発展的な内容が含まれます。各単元をこなせるようになれば，こういった部分も合わせて理解してください。

5．選択学習

① 数ⅠA・数ⅡB 未習者

　まずは解説をじっくりと読んでみてください。1つ1つのテーマはそう難しくはないはずです。変な癖がついていないうちに，無駄のない計算や考え方を身につけていきましょう。各単元のテーマは1つか2つ程度に絞られています。解説部分に載っている〔例〕を見ながら，具体的に手を動かし実際に解いてみると，各テーマの内容が理解できてくると思います。

　理解ができたら，次は練習です。同じ単元の「問題」に移り，実際に時間をはかって問題を解いてみましょう。目標時間内に終われば十分です。目標時間を超えるよう

なら，どこで詰まったかを確認し，解答や解説部分と照らし合わせて，次の問題にチャレンジしてみるとよいでしょう．何回かチャレンジできるよう，各テーマ数回分問題を載せてあります．どれも当たり前にできるよう，式の読み方や数式への読み換えを身につけていきましょう．

解答部分は，答え合わせのしやすいように，答えだけを冒頭部分に抜き出してありますが，**後ろの説明部分は一通り目を通すようにしてください．**説明部分の内容まで当たり前に理解できるようになれば十分です．

ただし，高校は 3 年間しかありません．ということは，当然この 3 年間にどれだけしっかりと理解をできるかにかかっています．自分の志望校のレベルに合わせて進めるスピード等も変わってくると思います．以下に進め方の例をいくつか挙げておきます．

- **東大・京大といった最難関大への現役合格を目指している諸君**

  入試問題も難しく，基礎が固まるまで数学の演習を積まないなどと悠長なことを言ってはいられません．事実，中高一貫校で一通り数ⅠA・数ⅡBを学習した人たちと同時に入試はやってきます．追いつけ・追い越せの精神で必死に学習を進めていく必要があります．したがって，学校の演習では量が足りないでしょう．学校や塾などで新しく習った範囲があれば，なるべく早い段階で，本書の対応する単元の解説を確認し，確実にできるように1つ1つを仕上げておきましょう（1 単元当たりの時間はそうかからないと思います）．その上で，学校や塾の宿題など，具体的な問題に取り組み，解答の組み立て方を理解していくとよいでしょう．

- **国公立の医学部を目指す諸君**

  東大・京大とは言わないまでも，入試問題はそれなりに難しく，また得点率も高く各科目大きな失点は許されません．したがって，数学に関しても基本的な問題を取りこぼさない力が求められ，あまり難しい問題ばかりに取り組む必要はありません．まず何度も解説部分を読み，問題の解答を理解することに努めましょう．次に，本書の問題が当たり前のようにできるまで何度も繰り返すことが大切です．最後に標準的な問題が本書の単元の組み合わせであることが理解できるよう考えてみましょう．

- **医学部以外を目指し，苦手科目を数学でカバーしようとしている諸君**

  言うまでもなく，苦手科目を克服した方が安全です．ただ，やはり数学を伸ばしたい，心のよりどころがほしいという気持ちも分かります．そういった人は本書の内容自体はある程度理解できるでしょうから，一度解説部分を読み，すぐに問題に取り組んでみるとよいでしょう．本書の内容を「無駄な計算や無駄に考える部分を省く練習」と捉えて，数学の力を伸ばしてください．

② 数ⅠA・数ⅡB 既習者

各単元の基礎を学習し終わっているなら，先に問題に取り組んでもよいでしょう．目標時間内に終わるのであれば何も問題はありません．ただ，目標時間内に終わらない場合は，解説を読んでください．その際，「考えて分かる」のではなく，各単元を 1

つ1つの道具として使えるよう,「どこに注目するべきなのか」をしっかりと把握してください。見るところを絞ることができれば,色々と考えることもなくなり,時間の短縮,ミスの軽減につながります。

また,知らない単元や,一部未習の内容などがある場合は,その単元だけ飛ばしてしまえばよいでしょう。各単元は,極力その単元のみで完結するよう作ってあります。

目　次

本書目的……ii　　はじめに……iv　　本書の構成と使用法……vi
おわりに……337

解　説　篇		問　題　篇	解　答　篇
§1	展開・因数分解 ……2	#1, #2……110	#1, #2……218
§2	係数計算 ……4	#1, #2……112	#1, #2……220
§3	因数定理・剰余定理 ……6	#1, #2……114	#1, #2……222
§4	高次方程式・不等式 ……8	#1, #2……116	#1, #2……224
§5	素数・互いに素 ……10	#1, #2……118	#1, #2……226
§6	1次不定方程式 ……12	#1, #2……120	#1, #2……228-230
§7	2次関数のグラフ ……14	#1, #2……122	#1, #2……231
§8	区間つき最大・最小 ……16	#1, #2……124	#1, #2……233
§9	解の配置 ……18	#1, #2……126	#1, #2……235
§10	2次関数の接線 ……20	#1, #2……128	#1, #2……237
§11	種々の関数とグラフ ……22	#1, #2……130	#1, #2……239-241
§12	絶対値関数のグラフ ……24	#1, #2……132	#1, #2……242-244
§13	順列・重複順列 ……26	#1, #2……134	#1, #2……245
§14	組合せ ……28	#1, #2……136	#1, #2……247
§15	確率計算(1) ……30	#1, #2……138	#1, #2……249
§16	確率計算(2) ……32	#1, #2……140	#1, #2……251-253
§17	三角関数の相互関係 ……34	#1, #2……142	#1, #2……253-255
§18	正弦定理・余弦定理 ……36	#1, #2……144	#1, #2……255-257
§19	加法定理と周辺の公式 ……38	#1, #2……146	#1, #2……257-259
§20	三角関数のグラフ ……40	#1, #2……148	#1, #2……259-262
§21	等差数列・等比数列 ……42	#1, #2……150	#1, #2……262-264
§22	Σ計算(1) ……44	#1, #2……152	#1, #2……264-266
§23	Σ計算(2) ……46	#1, #2……154	#1, #2……266-268
§24	基本的な漸化式 ……48	#1, #2……156	#1, #2……268-270
§25	種々の数列 ……50	#1, #2……158	#1, #2……270-273

解説篇			問題篇	解答篇
§26	指数・対数計算	……52	#1, #2……160	#1, #2……273-275
§27	指数・対数のグラフ	……54	#1, #2……162	#1, #2……275-278
§28	指数・対数の方程式	……56	#1, #2……164	#1, #2……278-280
§29	極限	……58	#1, #2……166	#1, #2……280-282
§30	微分計算	……60	#1, #2……168	#1, #2……282
§31	接線・法線	……62	#1, #2……170	#1, #2……283-285
§32	増減表とグラフ	……64	#1, #2……172	#1, #2……285-289
§33	最大・最小	……66	#1, #2……174	#1, #2……289-292
§34	不定積分	……68	#1, #2……176	#1, #2……292
§35	定積分(1)	……70	#1, #2……178	#1, #2……293-295
§36	定積分(2)	……72	#1, #2……180	#1, #2……295-297
§37	面積	……74	#1, #2……182	#1, #2……297-300
§38	微積融合	……76	#1, #2……184	#1, #2……301
§39	物理問題	……78	#1, #2……186	#1, #2……303-305
§40	直線の方程式	……80	#1, #2……188	#1, #2……305-306
§41	直線の利用	……82	#1, #2……190	#1, #2……307
§42	円の方程式	……84	#1, #2……192	#1, #2……309-311
§43	円と直線	……86	#1, #2……194	#1, #2……311-313
§44	軌跡	……88	#1, #2……196	#1, #2……313-315
§45	領域	……90	#1, #2……198	#1, #2……315-318
§46	分点公式	……92	#1, #2……200	#1, #2……319
§47	成分計算	……94	#1, #2……202	#1, #2……321
§48	交点の位置ベクトル	……96	#1, #2……204	#1, #2……322-324
§49	内積計算	……98	#1, #2……206	#1, #2……324
§50	ベクトル方程式	……100	#1, #2……208	#1, #2……326-328
§51	空間ベクトル	……102	#1, #2……210	#1, #2……329
§52	空間における直線	……104	#1, #2……212	#1, #2……331-333
§53	空間のベクトル方程式	……106	#1, #2……214	#1, #2……334-336

鉄緑会
基礎力完成
数学 I・A＋II・B

解説篇

§1. 展開・因数分解

1-1. 中学までの展開公式の拡張

【展開公式】

以下，すべて複号同順。

- $(a \pm b)^2 = a^2 \pm 2ab + b^2$
  $$\Downarrow$$
  $(a \pm b)^3 = a^3 \pm 3a^2 b + 3ab^2 \pm b^3$
  $(a + b + c)^2 = a^2 + b^2 + c^2 + 2ab + 2bc + 2ca$
- $(a + b)(a - b) = a^2 - b^2$
  $$\Downarrow$$
  $(a + b)(a^2 - ab + b^2) = a^3 + b^3$
  $(a - b)(a^2 + ab + b^2) = a^3 - b^3$

特に，$(a \pm b)^3 = a^3 \pm 3a^2 b + 3ab^2 \pm b^3$ の係数，**1, 3, 3, 1** を忘れないように（これを二項係数という）。

1-2. 高校で利用する公式

展開公式を逆に読めば，因数分解公式になる。

【因数分解公式】

以下，すべて複号同順。

- $a^2 - b^2 = (a + b)(a - b)$
- $a^2 \pm 2ab + b^2 = (a \pm b)^2$
- $a^2 + b^2 + c^2 + 2ab + 2bc + 2ca = (a + b + c)^2$
- $a^3 + b^3 = (a + b)(a^2 - ab + b^2)$
- $a^3 - b^3 = (a - b)(a^2 + ab + b^2)$
- $a^3 + 3a^2 b + 3ab^2 + b^3 = (a + b)^3$
- $a^3 - 3a^2 b + 3ab^2 - b^3 = (a - b)^3$
- $a^3 + b^3 + c^3 - 3abc = (a + b + c)(a^2 + b^2 + c^2 - ab - bc - ca)$

1-3. 因数分解の前処理

因数分解を始める前に，式を因数分解しやすい形に変形しておくこと。この作業はとても大切である。

(1) 各項に共通因子があれば，くくり出しておく。
　　　(例)　$4a^4b - 8a^3b^2 - 12a^2b^3$　　　；$4a^2b$ が共通因子
　　　(例)　$(a-b)^2 - a + b$　　　；a, b の前の符号が同符号か異符号かに注意して，$a-b$ の共通因子を見抜く

(2) 必ず，次数の最も低い文字に注意して，その文字でまとめる。
　　　(例)　$a^2 - 2ab + 8b - 16$　　　；b については 1 次式。

(3) ひとかたまりを文字に置き直して分解する。
　　　(例)　$(a^2 - a + 1)(a^2 - a + 2) - 12$　　　；$a^2 - a = A$ とおく。

(4) $A = x^2$ の 2 次式を因数分解する。
　　　(例)　$4a^4 - 13a^2b^2 + b^4$　　　；頭とお尻から $(2a^2 - b^2)^2$

1-4. 2文字以上の因数分解

因数分解を行うときは，次数の低い文字について整理して因数分解する。したがって，

① まず，係数が分数の場合や，共通因数があるときは，**分母の最小公倍数，分子の最大公約数でくくる（共通因数でくくっておく）**。
② 次に，**次数の低い文字についてまとめる**。
③ その文字についてたすきがけ。

*　　　*　　　*　　　*　　　*　　　*　　　*　　　*

〔例〕　$x^2 + x(y-1) - (2y^2 + 5y + 2)$ を因数分解せよ。

　　x についての式と見て，**定数項を因数分解しておく**：$2y^2 + 5y + 2 = (2y+1)(y+2)$

　　　∴　$x^2 + (y-1)x - (2y+1)(y+2)$

　次に，定数項の前の符号が － なので，

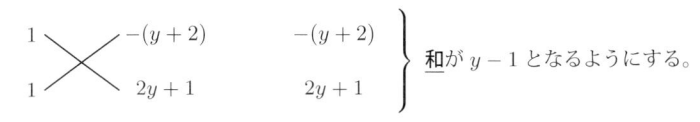

$$\left.\begin{array}{cc} 1 & \diagdown \quad -(y+2) \\ 1 & \diagup \quad 2y+1 \end{array} \quad \begin{array}{c} -(y+2) \\ 2y+1 \end{array}\right\} \underline{\text{和}}\text{が } y-1 \text{ となるようにする。}$$

　　　∴　$x^2 + x(y-1) - (2y^2 + 5y + 2) = \boldsymbol{(x + 2y + 1)(x - y - 2)}$

§2. 係数計算

2-1. 展開における係数計算

展開計算を行う際には，式をむやみに展開しないこと。「どの文字について整理するべきか」をしっかりと考え，

- まず，次数を確認，出てくる項の種類を考える。
- 各項ごとに係数計算をする。

という手順で行えば，無駄な計算が省ける上に，計算結果として整理された形がすぐに得られる。

* * * * * * * *

〔例〕 $(x-1)(2x+1) + (x+3)^2 - 4(x+1)(3-2x)$ を展開せよ。

まず，与えられた式が x の 2 次式であることに注意する。したがって，x^2, x, 定数項の係数をそれぞれ計算すればよい。このとき，例えば x^2 の係数を計算するときは他の次数の係数は無視すること。

x^2 の係数：$1 \cdot 2 + 1^2 - 4 \cdot 1 \cdot (-2) = 11$

x の係数：$(-2+1) + 6 - 4(3-2) = 1$

定数項：$(-1) \cdot 1 + 3^2 - 4(1 \cdot 3) = -4$

∴ （与式）$= \mathbf{11x^2 + x - 4}$

* * * * * * * *

〔例〕 $a(ab-b)(2a-b) + (a+3b)(a^2-3ab+b) - 2(a+b)^3$ を a について整理せよ。

a について 3 次であることに注意する。したがって，

a^3 の係数：$b \cdot 2 + 1 - 2 = 2b - 1$

a^2 の係数：$(-b^2 - 2b) + (3b - 3b) - 2 \cdot 3b = -b^2 - 8b$

a の係数：$b^2 + (-9b^2 + b) - 2 \cdot 3b^2 = -14b^2 + b$

定数項：$3b^2 - 2b^3$

以上より，（与式）$= \mathbf{(2b-1)a^3 - (b^2+8b)a^2 - (14b^2-b)a + 3b^2 - 2b^3}$

2-2. 因数分解における係数計算

「因数分解ができる」ことが分かっている（ある整式が別の整式で割り切れることが分かっている）ときには，top 係数と定数項から順に内側に係数計算をしていくことで，因数分解ができる。わざわざ整式の割り算をするのではなく，そのまま係数計算で因数分解できるようにしておくこ

と。

* * * * * * * *

〔例〕 $4x^3 - 2x^2 - x - 1$ は $x-1$ で割り切れる。因数分解せよ。

3次式が1次式で割り切れるので，残りは2次式。3次係数と定数項を比較して，
$$4x^3 - 2x^2 - x - 1 = (x-1)(4x^2 + \bigcirc x + 1)$$
あとは2次係数が -2 なので，$-4 + \bigcirc = -2$ となるように○の部分を定めればよい。したがって，
$$（与式）= (x-1)(4x^2 + 2x + 1) \quad （1次の係数を計算して検算）$$

* * * * * * * *

〔例〕 $y = x^3 + 2x^2 - 5x$ と点 $(1, -2)$ を共有する直線 $y = -3(x-1) - 2$ との交点を求めよ。

2式を連立して，
$$x^3 + 2x^2 - 5x = -3(x-1) - 2 \Leftrightarrow x^3 + 2x^2 - 2x - 1 = 0$$

（題意から $x=1$ を解にもつので，$(x-1)$ で因数分解できる）
商の部分は2次式になる。top 係数，定数項を比較して，
$$(x-1)(x^2 + \bigcirc x + 1) = 0$$

2次の係数を比較して，$-1 + \bigcirc = 2$ となる○を考えればよく，
$$(x-1)(x^2 + 3x + 1) = 0 \quad （1次の係数で検算）$$

$$\therefore \quad x = 1, \ \frac{-3 \pm \sqrt{5}}{2}$$

したがって，求める交点は $(1, -2)$, $\left(\dfrac{-3 \pm \sqrt{5}}{2}, \dfrac{11 \mp 3\sqrt{5}}{2} \right)$ （複号同順）

§3. 因数定理・剰余定理

3-1. 剰余定理

n 次の多項式 $f(x)$ を 1 次式 $ax+b$ で割ると，商は $n-1$ 次式，余りは 0 次式，つまり定数になる。商を $q(x)$，余りを r とすると，

$$f(x) = (ax+b)q(x) + r$$

このとき，この両辺に $x = -\dfrac{b}{a}$ を代入すると，

$$f\left(-\dfrac{b}{a}\right) = \underbrace{\left\{a \cdot \left(-\dfrac{b}{a}\right) + b\right\}}_{=0} q(x) + r = r$$

となるから，$f\left(-\dfrac{b}{a}\right) = r$ と表される。

> 【剰余定理】
>
> 整式 $f(x)$ を 1 次式 $ax+b$ で割ったときの余りは $f\left(-\dfrac{b}{a}\right)$ となる。

3-2. 剰余定理の応用

剰余定理を用いれば，1 次式での割り算は，実際に割り算をすることなく余りを求めることができる。2 次式より高次な多項式での割り算も同様。

*　　　*　　　*　　　*　　　*　　　*　　　*　　　*

〔例〕 $f(x) = x^3 + 5x - 6$ を 1 次式 $x+2$ で割ったときの商および余りを求めよ。

実際に割り算をしなくても，剰余定理から，余り：$f(-2) = \boldsymbol{-24}$
このとき，商 $q(x)$ は $f(x) = (x+2)q(x) - 24$ より，$f(x) + 24 = x^3 + 5x + 18$ は $x+2$ で割り切れ，暗算することができる。

$$f(x) + 24 = x^3 + 5x + 18 = (x+2)(x^2 - 2x + 9)$$

したがって，商：$\boldsymbol{x^2 - 2x + 9}$ となる。

2 次以上の多項式で割り算をするときには，

(i) 商が何次式になり，余りが何次以下になるのか考える
(ii) **割り算の式を作る**
(iii) 剰余定理を用いる（商の部分が 0 になるように x に値を代入）
(iv) 商を暗算

という流れで扱えばよい。

* * * * * * * *

〔例〕 $5x^4 - x^3 + 2x - 1$ を $x^2 - x - 2$ で割ったときの商および余りを求めよ。

元の式が 4 次式で，割る式が 2 次式なので，

商 $= 2$ 次，余り $= 1$ 次以下

したがって，商を $q(x)$，余りを $ax + b$ として，割り算の式を書くと，

$$5x^4 - x^3 + 2x - 1 = (x+1)(x-2)q(x) + ax + b$$

($q(x)$ が消えるように) $x = -1, 2$ を代入して，

$$3 = -a + b,\ 75 = 2a + b \Leftrightarrow a = 24,\ b = 27$$

したがって，余りは **$24x + 27$** で，商を暗算して，

$$5x^4 - x^3 + 2x - 1 - (24x + 27) = (x^2 - x - 2)\underbrace{(\mathbf{5x^2 + 4x + 14})}_{\text{商}}$$

3-3. 因数定理

剰余定理は多項式 $f(x)$ を $x - \alpha$ で割ったときの余りが $f(\alpha)$ になることを表している。特に $f(\alpha) = 0$ のとき，$f(x)$ は $(x - \alpha)$ で割り切れる。

【因数定理】

$$f(x) \text{ が } (x - \alpha) \text{ で割り切れる} \Leftrightarrow f(\alpha) = 0$$

$$f(x) \text{ が } (ax + b) \text{ で割り切れる} \Leftrightarrow f\left(-\frac{b}{a}\right) = 0$$

以上から分かるように，因数定理・剰余定理を用いれば，

割り算の問題 $\longleftrightarrow$ 代入計算

と読み替えができる。

* * * * * * * *

〔例〕 $f(x)$ を $(x-1)(x-2)$ で割る ➡ $f(1), f(2)$ を調べる。

ただし，「$f(x)$ を $(x-1)^2$ で割る」のように 2 乗以上の因数を含む式で割る場合には，これでは扱いきれない。これは「微分」を用いて書き換えることになる。

§4. 高次方程式・不等式

4-1. 高次方程式・不等式

3次以上の方程式・不等式が与えられたときに，**方程式・不等式を解け**といわれたなら，

因数分解をする

以外の方法はないことに注意する。したがって，いくつか値を代入して方程式の解を見つけ，それで因数分解をしながら2次以下になるまでこれを繰り返すことになる。

* * * * * * * *

〔例〕 $x^3 - 2x^2 - x + 2 = 0$ を解け。

$x = 1$ を入れると（左辺）$= 0$ なので，因数定理から左辺は $(x-1)$ でくくれる。

$$(x-1)(\underbrace{x^2 - x - 2}_{\text{係数計算!}}) = 0 \Leftrightarrow (x-1)(x-2)(x+1) = 0 \qquad \therefore\ \boldsymbol{x = \pm 1,\ 2}$$

* * * * * * * *

〔例〕 $3x^3 - 2x^2 - 5x - 6 < 0$ を解け。

左辺に $x = 2$ を代入すると 0 となるので，因数定理から $(x-2)$ でくくれる。

$$(x-2)(3x^2 + 4x + 3) < 0 \Leftrightarrow (x-2)\left\{ 3\left(x + \frac{2}{3}\right)^2 + \frac{5}{3} \right\} < 0$$

したがって， $\boldsymbol{x < 2}$

[注意] 高次方程式・不等式の解を予想するときは，無理数解などはそう簡単には見つからない。有理数解を予想しにいくことになるが，このとき **必ず整数係数に直してから**，

$$x = \pm \left| \frac{\text{定数項の約数}}{\text{最高次の係数の約数}} \right|$$

が候補になってくることに注意。この辺りの値を順番に入れていけばよい。

⊙ 整数係数に直したあとの方程式を $f(x) = 0$ とする。つまり，

$$f(x) = a_n x^n + a_{n-1} x^{n-1} + \cdots + a_1 x + a_0 \ (a_n \neq 0,\ a_0 \sim a_n \text{は整数})$$

とする。このとき，有理数解を $x = \dfrac{q}{p}$ ($p,\ q$ は互いに素な整数，$p \geq 1$) とおくと，代入して，

$$a_n \left(\frac{q}{p}\right)^n + a_{n-1} \left(\frac{q}{p}\right)^{n-1} + \cdots + a_1 \left(\frac{q}{p}\right) + a_0 = 0$$

$$\Leftrightarrow a_n q^n + a_{n-1}pq^{n-1} + \cdots + a_1 p^{n-1}q + a_0 p^n = 0$$

したがって，$-a_0 p^n = q(a_n q^{n-1} + a_{n-1}pq^{n-2} + \cdots + a_1 p^{n-1})$ で，p, q は互いに素だから，p^n, q も互いに素。

$$\therefore \ a_0 \text{は} q \text{の倍数} \Leftrightarrow q \text{は} a_0 \text{の約数}$$

同様に，$-a_n q^n = p(a_{n-1}q^{n-1} + a_{n-2}pq^{n-2} + \cdots + a_1 p^{n-2}q + a_0 p^{n-1})$ より p は a_n の約数が示される。

4-2. 分数不等式

分数形の方程式は分母を払えばよいが，分数形の不等式の場合，簡単に分母を払うわけにはいかない。

分母の符号で不等号の向きが変わる

ことに注意する。しかし，こうすると扱いづらいので，通常は **分母の 2 乗を両辺にかける** ことで，符号の問題をクリアする。したがって，

【分数不等式】

分数不等式は，「分母の 2 乗をかける ➡ 分母でくくる」ということに注意。等号を含む場合は，**分母 $\neq 0$** を忘れないこと。

$$\frac{f(x)}{g(x)} < 0 \Leftrightarrow f(x)g(x) < 0$$

$$\frac{f(x)}{g(x)} \leqq 0 \Leftrightarrow f(x)g(x) \leqq 0, \ (g(x) \neq 0)$$

---

*　　　*　　　*　　　*　　　*　　　*　　　*　　　*

〔例〕 $\dfrac{x^2 - 5}{3x + 1} \leqq x - 2$ を解け。

両辺 $(3x + 1)^2 \ (\geqq 0)$ をかけて，

$$(\text{与式}) \Leftrightarrow \underbrace{(3x+1)(x^2-5) \leqq (3x+1)^2(x-2)}_{\text{必ず分母でくくれる！展開しない！}}, \ (3x+1 \neq 0)$$

$$\therefore \ (3x+1)\{(3x+1)(x-2) - (x^2-5)\} \geqq 0, \ x \neq -\frac{1}{3}$$

$$(3x+1)(2x^2 - 5x + 3) = (3x+1)(2x-3)(x-1) \geqq 0, \ x \neq -\frac{1}{3}$$

したがって，　　$-\dfrac{1}{3} < x \leqq 1, \ \dfrac{3}{2} \leqq x$

§5. 素数・互いに素

5-1. 素数条件

素数条件は色々な条件の中でも**かなり強い条件**で，素数条件が与えられた場合，**まず，その利用を考える**のが基本である。素数条件の利用としては，

① 素因数分解の一意性

任意の自然数 N は，素数 $p_1, p_2, \cdots, p_n$ および自然数 $r_1, r_2, \cdots, r_n$ を用いて，

$$N = p_1{}^{r_1} \cdot p_2{}^{r_2} \cdot \cdots \cdot p_n{}^{r_n}$$

と**一意的に**表示される。これを利用して，素数条件が与えられた場合，まずは，

素数 ＝ (因数分解された形)

を目指して式変形をすることになる。

② その他

素数条件は必要十分で使うのは難しく，必要性のみをとることになる。上の素因数分解の一意性でさえ必要十分ではなく，十分性の確認がいる。その他の素数条件の利用法として，今のうちは，

(i) 素数は 2 または奇数

(ii) 素数 p は $1, 2, \cdots, p-1$ と互いに素

くらいが分かっておけばよい。

5-2. 互いに素の利用

a, b が互いに素とは，a と b が共通の因数をもたないことで，「a, b は互いに素な整数」と与えられたときは，

$$a \times (\text{整数}) = b \times (\text{整数}) \quad (\text{互いに素な 2 数について整理})$$

の形を作ることを考える。このとき，互いに素な数は互いに相手のペアに自分を預ける形で，

$$ak = bl \,;\, a, b \text{ は互いに素} \Leftrightarrow \begin{cases} k = bx \\ l = ax \end{cases} \quad (x \text{ は整数})$$

のように書き換えられる。

[注意] 素数条件や互いに素という条件が与えられると，かなり強い条件なので，まずこれを使うことを考える。このとき，

両辺を整数の式に変形する

ということを忘れてはならない。整数条件と他の条件（例えば実数条件）を一緒に扱うと，整数条件は死んでしまうことに注意する。

5-3. 互いに素の証明

互いに素であることを証明するときは，

- 最大公約数 g（または公約数）をおいて，$g = 1$ を示す。
- 共通の素因数をおいて矛盾を示す。

の2通りの方針をもっておくとよい。基本的にはこの2通りで証明はできる。

一般に，整数 x, y が互いに素なとき，

① $4x + 3y, 3x + 2y$ など（逆に解けるもの）は互いに素
② $x + y, xy$ は互いに素（したがって，$x^2 + y^2, xy$ も互いに素）
③ $x, x + 1$ は互いに素

などはよく出てくるので感覚的につかんでおくと便利である。

①の証明
$a = 4x + 3y, b = 3x + 2y$ として，a, b の公約数を d とおく。このとき，a, b はともに d の倍数であるから，

$$a = da', \ b = db' \ (a', b' \text{は整数}, d \text{は自然数})$$

とおけ，

$$\begin{cases} da' = 4x + 3y \\ db' = 3x + 2y \end{cases} \Leftrightarrow \begin{cases} x = d(3b' - 2a') \\ y = d(3a' - 4b') \end{cases}$$

ここで，d は x, y の公約数となるが，x, y は互いに素であるから，$d = 1$ となり，a, b は互いに素。 □

②の証明
（逆に解けないので，共通素因数まで条件を強めて）$x + y, xy$ が共通の素因数 p $(p \geqq 2, p \text{は素数})$ をもつと仮定する。
このとき，xy は素数 p の倍数であるから，

x または y の一方は p の倍数

となる。x を p の倍数として一般性を失わず，$x = pk$ とすると，$x + y$ も p の倍数であるから，これを pA とおき，

$$y = p(A - k)$$

よって，y は p の倍数となり，x, y が互いに素であることに矛盾。 □

③の証明
$x, x + 1$ の公約数を d とおくと，$x = da, x + 1 = db$ とおける。このとき，$1 = d(b - a)$ より，$d = 1$（これをユークリッドの互除法と呼ぶ）。よって，互いに素。 □

§6. 1次不定方程式

6-1. 1次不定方程式

整数 x, y に対して，$ax + by = c$（a, b, c は整数）の形の方程式を1次不定方程式と呼ぶ。1次の不定方程式は，

【1次不定方程式の整数解】

① 特殊解を1つ見つける

② 辺々引く

③ 約数・倍数関係に帰着 ➡ 互いに素の利用

という手順で扱う。

(*) a, b が互いに素なら $ax + by = 1$ となる整数 x, y が必ず存在する

ので，特殊解は必ず見つかることに注意する。ただし，係数や定数項が大きい数の場合，この「見つける」という操作が大変になるため，

- 定数項 c の部分が大きければ，

  $ax + by = 1$ となる x_0, y_0 を1つ求め，cx_0, cy_0 が特殊解

- 係数 a, b が大きければ，

  ユークリッドの互除法を用いて係数を小さくする

という形で扱えることに注意する。

* * * * * * * *

〔例〕 $3x + 5y = 610$ を満たす整数 x, y を求めよ。

まず特殊解：$3 \cdot 2 + 5 \cdot (-1) = 1$ ⋯①
定数項を消す：①を両辺610倍して， $3 \cdot 1220 + 5 \cdot (-610) = 610$
与式と辺々引いて，

$$3(x - 1220) + 5(y + 610) = 0 \Leftrightarrow 3(x - 1220) = -5(y + 610)$$

互いに素の利用：3, 5 は互いに素だから，

$$x - 1220 = -5k,\ y + 610 = 3k\ (k は整数)$$

とおけ，これを解いて， $x = -5k + 1220,\ y = 3k - 610\ (k は整数)$

* * * * * * * *

〔例〕 $1234x + 713y = 1$ を満たす整数 x, y を求めよ。

$1234x + 713y = (x, y)$ と表すとして,$1234 = (1, 0), 713 = (0, 1)$

$1234 \div 713 = 1 \ldots 521$ より,$521 = 1234 - 713 = (1, 0) - (0, 1) = (1, -1)$

$713 \div 521 = 1 \ldots 192$ より,$192 = 713 - 521 = (0, 1) - (1, -1) = (-1, 2)$

同様に繰り返して,

$521 \div 192 = 2 \ldots 137 \quad \Leftrightarrow 137 = 521 - 2 \times 192 = (3, -5)$

$192 \div 137 = 1 \ldots 55 \quad \Leftrightarrow 55 = 192 - 137 = (-4, 7)$

$137 \div 55 = 2 \ldots 27 \quad \Leftrightarrow 27 = 137 - 2 \cdot 55 = (11, -19)$

$55 \div 27 = 2 \ldots 1 \quad \Leftrightarrow 1 = 55 - 2 \cdot 27 = (-26, 45)$ ➡ **特殊解が見つかった!**

したがって,$1234 \times (-26) + 713 \times (45) = 1$ なので,与式と辺々引いて,

$1234(x + 26) + 713(y - 45) = 0 \Leftrightarrow 1234(x + 26) = -713(y - 45)$

(ユークリッドの互除法から) 1234, 713 は互いに素だから,

$$x = -713k - 26,\ y = 1234k + 45\ (k\ \text{は整数})$$

[**注意**] 「1 次不定方程式を解く」ということは,

x, y にかかっているとびとびの整数条件が k の整数条件に切り替わる

ことに注意する。したがって,1 次不定方程式はそのままの形で扱うより,「解いて」しまった方がずっと扱いやすくなる。

* * * * * * * *

〔例〕 $3x - 2y = 5$ を満たす自然数 (x, y) の組で,その 2 数の和が 100 以下のものの個数を求めよ。

与えられた不定方程式の特殊解($3 \cdot 5 - 2 \cdot 5 = 5$)に注意し,

$3(x - 5) = 2(y - 5)$

3, 2 は互いに素より,$x = 2k + 5, y = 3k + 5$(k は整数)と表せる。これらの和が 100 以下なので,

$5k + 10 \leqq 100 \Leftrightarrow k \leqq 18$

一方,x, y はともに自然数であるから,$2k + 5 \geqq 1, 3k + 5 \geqq 1 \Leftrightarrow -\dfrac{4}{3} \leqq k$

∴ $-\dfrac{4}{3} \leqq k \leqq 18$ k は整数であるから,$-1 \leqq k \leqq 18$

これを満たす整数 k の個数は,**20 個**

§7. 2次関数のグラフ

7-1. $y = a(x-p)^2 + q$ のグラフ

- $y = ax^2$ のグラフを x 方向に p，y 方向に q 平行移動したグラフを描けばよい。まず座標軸を描いて，グラフの頂点の位置を決める。ただ，次に述べるようにグラフの形を描いておき，あとから座標軸を描くと描きやすい。

- <u>グラフの描き方</u>（例：$y = -(x+1)^2 + 2$）
  - (i) 頂点の座標を求める。　頂点 $= (-1,\ 2)$
  - (ii) y 切片を求める。　$x = 0$ を代入して，$y = 1$
  - (iii) x^2 の係数 a からグラフの形が決まるから，**まず放物線**を描く。

  - (iv) $y = -(\underline{x+1})^2 + 2$ の~~部分~~に注目し，頂点から x 方向に $+1$ の位置に y 軸を描く。

  - (v) 頂点の y 座標，y 切片を描く。

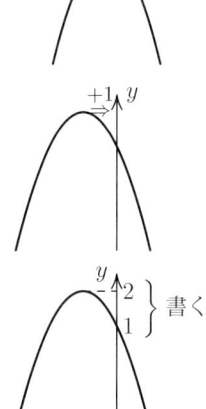

  - (vi) これらの 2 つの y 座標を頼りに，x 軸を描き，頂点の x 座標を書く。原点の O も書くことを忘れないようにする。

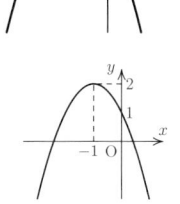

7-2. $y = ax^2 + bx + c$ のグラフ

- 平方完成 $\cdots$ $ax^2 + bx + c$ の形に書かれた 2 次式を，$a(x-p)^2 + q$ の形に直すことを平方完成という。

  （平方完成の仕方）

  $$ax^2 + bx + c = a\underbrace{\left(x + \frac{b}{2a}\right)^2}_{\text{ア}} + \underbrace{c - \frac{b^2}{4a}}_{\text{イ}}$$

㋐：1次の項を（2次の項 ×2）で割る。

㋑：定数項から㋐で求めた $p = \dfrac{b}{2a}$ を2次部分に代入した ap^2 を引く。

* * * * * * * *

〔例〕 $2x^2 - 3x + 1 = 2\left(x \underbrace{-\dfrac{3}{4}}_{-3\div(2\times 2)}\right)^2 \underbrace{-\dfrac{1}{8}}_{1-2\cdot\left(\frac{3}{4}\right)^2}$ … 一度で計算できるようにしよう。

7-3. $y = a(x-\alpha)(x-\beta)$ のグラフ

- <u>グラフの描き方</u>（例：$y = 2(x-1)(x-3)$）

(i) x^2 の係数 a からグラフの形が決まるから，まず放物線を描く。

(ii) x 軸を，放物線と交わるように描き，x 軸との交点を書く。

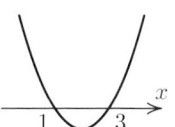

(iii) これらの x 座標を頼りに，y 軸を描く。

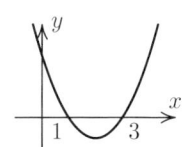

(iv) 頂点の x 座標 $= \dfrac{\alpha+\beta}{2} = 2$ を代入して，$y = -2$ を求める。また，$x = 0$ を代入して，y 切片 $y = 6$ を求める。

そして，それらを書き込んで，完成する。

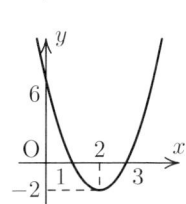

§8. 区間つき最大・最小

8-1. 区間つき最大・最小

(i) 区間内における関数の最大値 M は，区間の両端点または，極大点でとる。

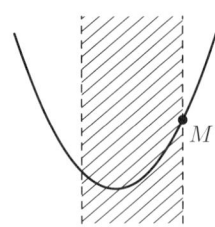 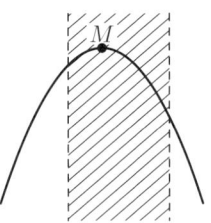

(ii) 区間内における関数の最小値 m は，区間の両端点または，極小点でとる。

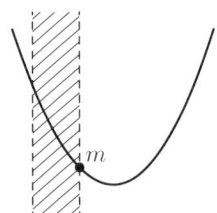 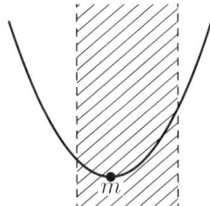

したがって，2次関数の区間つき最大・最小値を考えるときは，

軸と区間の位置関係で場合分けにいく

ことに注意する。この **場合分けを先にすべてそろえておく** ことがポイントである。

＊　　＊　　＊　　＊　　＊　　＊　　＊　　＊

〔例〕 2次関数 $y = f(x) = 2x^2 - 8ax$ の $1 \leqq x \leqq 3$ における最大値・最小値を求めよ。

∵ まず $f(x)$ を平方完成して，

$$f(x) = 2(x - 2a)^2 - 8a^2$$

グラフの形と軸位置 $x = 2a$ を確かめ，

> 軸位置 $2a$ と区間 $1 \leqq x \leqq 3$ の位置関係により場合分け

をする。

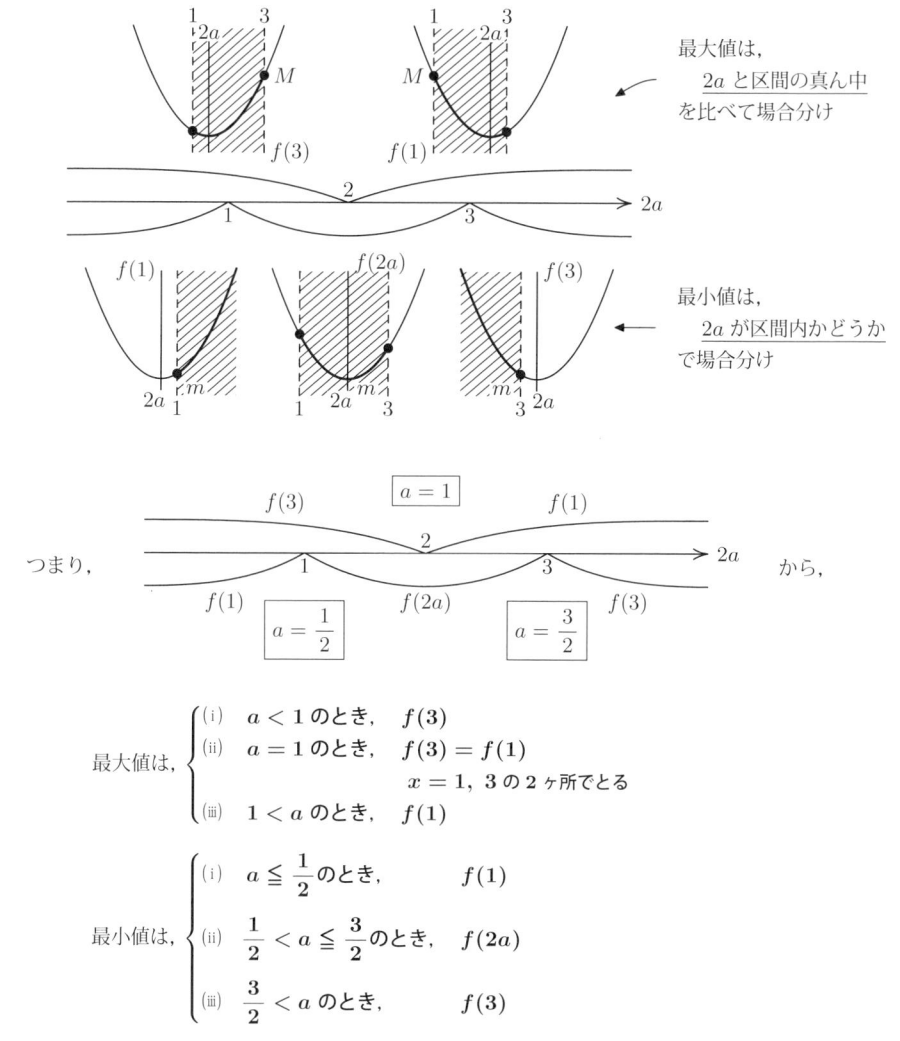

最大値は,
$\begin{cases} \text{(i)} & a < 1 \text{ のとき,} \quad f(3) \\ \text{(ii)} & a = 1 \text{ のとき,} \quad f(3) = f(1) \\ & \qquad\qquad\qquad\quad x = 1,\ 3 \text{ の 2 ヶ所でとる} \\ \text{(iii)} & 1 < a \text{ のとき,} \quad f(1) \end{cases}$

最小値は,
$\begin{cases} \text{(i)} & a \leqq \dfrac{1}{2} \text{ のとき,} \qquad f(1) \\ \text{(ii)} & \dfrac{1}{2} < a \leqq \dfrac{3}{2} \text{ のとき,} \quad f(2a) \\ \text{(iii)} & \dfrac{3}{2} < a \text{ のとき,} \qquad f(3) \end{cases}$

8-2. 区間が動く場合

先ほどの問題では区間が静止しており, a の値の変化に伴って放物線が動いたときを考えたが, 逆に放物線が静止していて区間の方が移動しても,

軸位置と区間の位置関係により場合分け

のように, 全く同じ場合分けとなる。

§9. 解の配置

9-1. 2次方程式の解の配置

2次方程式 $f(x) = 0$ の解の配置を考える場合には,基本はグラフを利用すればよいが,すべてをカバーする場合分けを用いて,それらの条件を挙げることが大切になる。そのためには,

---
【2次方程式の解の配置】

① **境界値**:「$k < x$ の範囲に解を…」のように範囲の境界が出てきた場合,その境界値 $f(k)$ の符号

② **軸位置**:グラフの軸位置

③ **判別式**:グラフの頂点の y 座標の符号を考えてもよいが,これは判別式の符号を考えるのと同じである。

を見ること。場合分けが必要なときは,この順で場合分けにいき,満たすべき条件を考えることに注意する。ただし,境界値を含むか含まないかは慎重に考えること。

* * * * * * * *

〔例〕 2次方程式 $f(x) = ax^2 + bx + c = 0 \ (a > 0)$ が次のような解をもつ条件を,

(i) 境界値 $f(k)$ (ii) 軸位置 $x = j$ (iii) 判別式 D

を用いて表せ。

① 実数解をもつ。

$D \geqq 0$

② 実数解をもたない。

$D < 0$

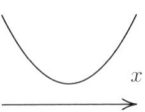

③ $k \leqq x$ となる実数解をもつ。

(i) $f(k) \leqq 0$
(ii) $f(k) > 0$ かつ $k \leqq j$ かつ $D \geqq 0$

よって,$f(k) \leqq 0$ または「$k \leqq j$ かつ $D \geqq 0$」

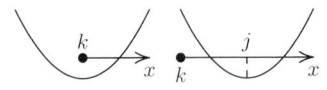

④　$k \leqq x$ となる実数解はもたない。

▎③の否定だから，　$f(k) > 0$ かつ 「$k > j$ または $D < 0$」

⑤　$k < x$ となる実数解をもつ。
　　(i)　$f(k) < 0$
　　(ii)　$f(k) \geqq 0$ かつ $k < j$ かつ $D \geqq 0$
よって，**$f(k) < 0$ または 「$k < j$ かつ $D \geqq 0$」**

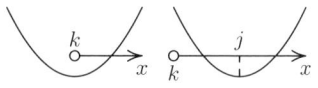

⑥　$k < x$ となる実数解はもたない。

▎⑤の否定だから，　$f(k) \geqq 0$ かつ「$k \geqq j$ または $D < 0$」

⑦　$k \leqq x$ の範囲に実数解を 1 つもつ。
　　(i)　$f(k) < 0$
　　(ii)　$f(k) = 0$ かつ $j \leqq k$
　　(iii)　$f(k) > 0$ かつ $k \leqq j$ かつ $D = 0$

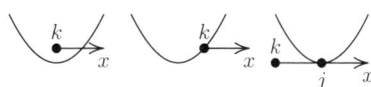

⑧　$k < x$ の範囲に実数解を 1 つもつ。
　　(i)　$f(k) < 0$
　　(ii)　$f(k) = 0$ かつ $k < j$
　　(iii)　$f(k) > 0$ かつ $k < j$ かつ $D = 0$

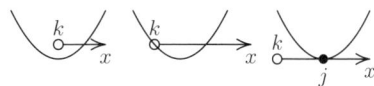

⑨　$k \leqq x$ の範囲に異なる 2 つの実数解をもつ。

▎$f(k) \geqq 0$ かつ $k \leqq j$ かつ $D > 0$

⑩　$k < x$ の範囲に異なる 2 つの実数解をもつ。

▎$f(k) > 0$ かつ $k < j$ かつ $D > 0$

以上の条件はすべてではなく，これら①～⑩を組み合わせて考える。

9-2. 見かけの 2 次式

　$ax^2 + bx + c$ のように，2 次式の 2 次係数に文字定数が含まれている**見かけの 2 次式**は，**2 次以下の式**であることに注意する。2 次係数 $= 0$ のときと，正・負のときに場合分けして別で扱うこと。

§10. 2次関数の接線

10-1. 差グラフ

$y = f(x)$ と $y = g(x)$ のグラフがあるとき，

$$y = f(x) - g(x)$$

のグラフを描くことができる。微分ができれば描けるが，いちいち微分計算をしていたのでは計算が煩わしいため，グラフ同士の引き算ができるようにしておくと便利である。注意しておくのは，

(ア)：$f(x_1) = g(x_1) \Leftrightarrow f(x_1) - g(x_1) = 0$
(イ)：$f(x) = g(x)$ の重解 $\Leftrightarrow f(x) - g(x) = 0$ の重解

のように，$\begin{cases} 交点は交点にうつる \\ 接点は接点にうつる \end{cases}$ ということ。

また，y 座標同士を引いただけであるから，

(ウ)：$L = f(x_2) - g(x_2)$ はそのままの長さでうつる

ということが大切になる。

特に，2次関数のグラフを扱うときは，

2次係数（top 係数）でグラフの形が決定する

ことに注意する。

10-2. 2次関数の接線

2次関数 $y = f(x)$ と接線 $y = l(x)$ が与えられると，

$f(x) = l(x)$ が重解 $x = \alpha$ をもつ（このとき $(\alpha, f(\alpha))$ が接点）

と読み替えられる。したがって，

$(f(x) - l(x) = 0 \text{ の判別式}) = 0$

を解けばよいが，計算がかなり煩雑である。よって，グラフを利用して接線を求めることになる。

- 接点が分かっている場合：$y = f(x)$ の $x = \alpha$ における接線

* * * * * * * *

〔例〕 $y = 3x^2 + 2x + 5$ の $x = 1$ における接線を求めよ。

(微分を知っているならば当然微分を用いて求めればよいが) まず, $x=1$ で平方完成する.

$$3x^2 + 2x + 5 = 3(x-1)^2 \underbrace{+8x+2}_{\text{残りを調整}}$$

そうすれば, $y = 3x^2 + 2x + 5$ と残りの部分 $y = 8x + 2$ を連立すれば $x = 1$ で重解をもつようになる. したがって, 求める接線は, $\boldsymbol{y = 8x + 2}$

- 通る点が分かっている場合:$y = f(x)$ の (a, b) から引いた接線

*   *   *   *   *   *   *   *

〔例〕 $y = x^2 - 3x + 2$ の点 $(2, -1)$ を通る接線を求めよ.

差グラフを利用する. 右のように図を描いて, 直線 2 本と放物線 1 本なので, 放物線を全体から引くと, 下図のようになる.
上の図で, AB = 1 であるから, 下図においても A$'$B$'$ = 1
top 係数が -1 の放物線のため,

$$\text{A}'\text{C} = \text{A}'\text{D} = 1$$

したがって, 接点の x 座標が $x = 1, 3$ と分かる.
あとは微分で接線を求めてもよいし, 接点が $(1, 0), (3, 2)$ と分かるため, 差グラフから,

$$y = -(x-1)^2 + (x^2 - 3x + 2) = -x + 1$$
$$y = -(x-3)^2 + (x^2 - 3x + 2) = 3x - 7$$

として, 直線の式を求めればよい.

$$\therefore \ \boldsymbol{y = -x + 1, \ y = 3x - 7}$$

- 傾きが分かっている場合:$y = f(x)$ の傾き a の接線

*   *   *   *   *   *   *   *

〔例〕 $y = -x^2 + 4x + 2$ の傾き 2 の接線を求めよ.

(これも微分が使えるならば微分で接点を出せばよいが) 求める直線を $y = 2x + k$ とすると,

$$-x^2 + 4x + 2 = 2x + k \Leftrightarrow x^2 - 2x + k - 2 = 0$$

が重解をもつことが条件. これは定数項にしか k を含まないため, 判別式をとっても大した計算にはならない. よって, 判別式を D として,

$$\frac{D}{4} = 1 - (k-2) = 0 \Leftrightarrow k = 3$$

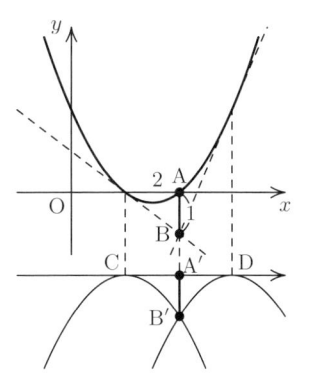

求める接線は, $\boldsymbol{y = 2x + 3}$

§11. 種々の関数とグラフ

11-1. 1次分数関数

1次分数関数 $y = \dfrac{ax+b}{cx+d}$ のグラフは，

$$y = \dfrac{a}{c} + \dfrac{b - \dfrac{ad}{c}}{cx+d}$$

のように変形することで，$y = \dfrac{b - \dfrac{ad}{c}}{cx}$ のグラフを，x 方向に $-\dfrac{d}{c}$ 平行移動，y 方向に $\dfrac{a}{c}$ 平行移動と読み替えができるが，これでグラフを描いていては時間がかかって仕方がない。出てくるのはいつも直角双曲線であるということに注意し，

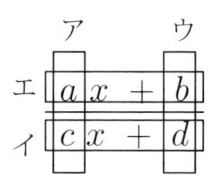

4つの情報を読み取ってグラフを描く

ことができるようになっておくべきであろう。

ア 「(分子)÷(分母)をしたときの定数部分」となることから，**横の漸近線**；$y = \dfrac{a}{c}$

イ (分母)$=0$ は未定義であるから，**縦の漸近線**；$x = -\dfrac{d}{c}$

ウ $x=0$ を代入したときの y であるから，**y 切片**；$y = \dfrac{b}{d}$

エ (分子)$=0$ は $y=0$ となる点であるから，**x 切片**；$x = -\dfrac{b}{a}$

* * * * * * * *

〔例〕 $y = \dfrac{x+2}{1-x}$ のグラフを描け。

与えられた式から，

x の係数比：$\dfrac{1}{-1} \Rightarrow y = -1$（横の漸近線）

分母 $= 0 \Rightarrow x = 1$（縦の漸近線）

定数項の比：$\dfrac{2}{1} \Rightarrow y = 2$（$y$ 切片）

分子 $= 0 \Rightarrow x = -2$（x 切片）

を読み取って，グラフは右図のようになる。

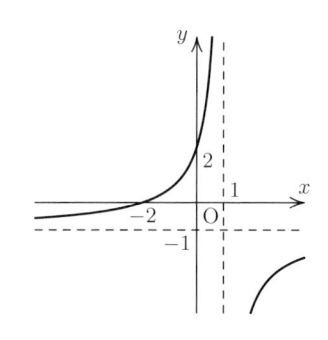

11-2. グラフから関数を求める

逆に，1 次分数関数のグラフが与えられた場合は，11-1 の 4 つの値を読み取ることで関数の式を作ることができる。

*　　　*　　　*　　　*　　　*　　　*　　　*　　　*

〔例〕　$y = \dfrac{3x-1}{2x+1}$ の逆関数を求めよ。

与えられた関数を $y = f(x)$ とし，その逆関数を $y = g(x)$ とする。$f(x)$ のグラフは，

(i)　横の漸近線：$y = \dfrac{3}{2}$　　(ii)　縦の漸近線：$x = -\dfrac{1}{2}$

(iii)　y 切片：$y = -1$　　(iv)　x 切片：$x = \dfrac{1}{3}$

逆関数のグラフは $y = f(x)$ のグラフを $y = x$ 対称に移したものであるから，

①　縦の漸近線：$x = \dfrac{3}{2}$　　②　横の漸近線：$y = -\dfrac{1}{2}$

③　x 切片：$x = -1$　　④　y 切片：$y = \dfrac{1}{3}$

これらから，関数の式を作れば（解答としては難があるが），答えはすぐに出てくることを覚えておくとよい。
①から分母は $k(2x-3)$ の形，③から分子は $l(x+1)$ の形，また②，④から $\dfrac{l}{k} = -1$ に注意すれば，

$$g(x) = \dfrac{-x-1}{2x-3}$$

11-3. 無理関数

$\sqrt{1\text{次式}}$ の形の関数は，定義域と値域，y 切片を読み取ればすぐにグラフは描けてしまう。

*　　　*　　　*　　　*　　　*　　　*　　　*　　　*

〔例〕　$y = -\sqrt{2-3x} + 1$ のグラフを描け。

定義域は $x \leqq \dfrac{2}{3}$

値域は $\sqrt{}$ 部分が 0 以上であることに注意し，

$y \leqq 1$

また，y 切片は $1 - \sqrt{2}$ だから，グラフは右図のようになる。

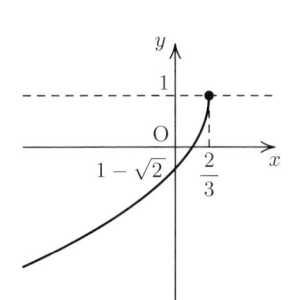

§ 12. 絶対値関数のグラフ

12-1. 絶対値の入った関数のグラフ

① $x \mapsto |x|$ の代入

$$|x| = \begin{cases} x & (x \geq 0 \text{ のとき}) \\ -x & (x < 0 \text{ のとき}) \end{cases} \cdots \text{ このとき，}\underline{-x > 0 \text{ となっている}}$$

よって，$f(|x|, y) = \begin{cases} f(x, y) & (x \geq 0) \\ f(-x, y) & (x < 0) \end{cases}$ となるが，これは $x \geq 0$ のときは，$f(x, y)$ のまま，$x < 0$ のとき（y 軸より左）は $x \mapsto -x$ の代入であるから，y 軸対称に $\underline{x > 0 \text{ の部分を}}$ 写してくる。

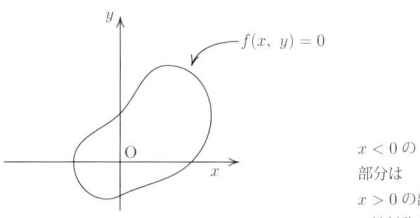

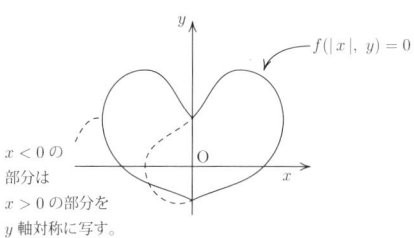

② $y \mapsto |y|$ の代入

$$|y| = \begin{cases} y & (y \geq 0) \\ -y & (y < 0) \end{cases} \text{ より,} \quad f(x, |y|) = \begin{cases} f(x, y) & (y \geq 0) \\ f(x, -y) & (y < 0) \end{cases} \text{ であるから，} y \geq 0 \text{ の}$$

ときは $f(x, y)$ のまま，$y < 0$ のとき（x 軸より下）は $y \mapsto -y$ の代入であるから，x 軸対称に $\underline{y > 0 \text{ の部分を}}$ 写してくる。

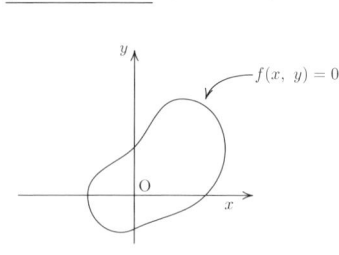

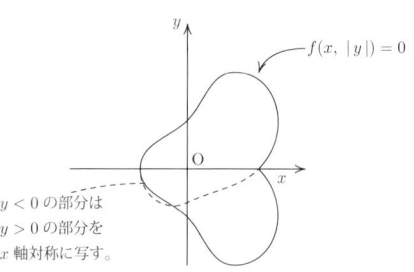

［注意］ 関数 $y = f(x)$ のグラフの場合，②の移動は $|y| = f(x)$ のグラフを描いたものであって，$y = |f(x)|$ ではない。$y = |f(x)|$ の意味は，

$$y = |f(x)| = \begin{cases} f(x) & (f(x) \geq 0 \text{ となるところでは}) \\ -f(x) & (f(x) < 0 \text{ となるところでは}) \end{cases} \cdots x \text{ 軸対称に } y < 0 \text{ の部分が写る}$$

③　$x \mapsto |x|,\ y \mapsto |y|$ の代入

①, ②をあわせただけであるが，どのような順に考えるのか示す。

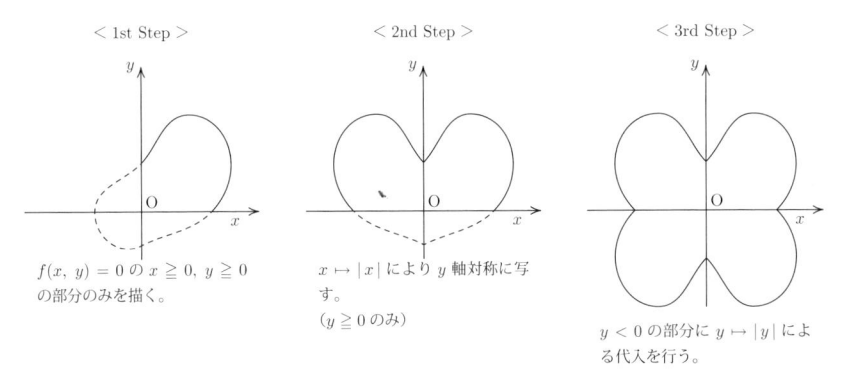

< 1st Step >　　　　　< 2nd Step >　　　　　< 3rd Step >

$f(x, y) = 0$ の $x \geqq 0,\ y \geqq 0$ の部分のみを描く。

$x \mapsto |x|$ により y 軸対称に写す。
($y \geqq 0$ のみ)

$y < 0$ の部分に $y \mapsto |y|$ による代入を行う。

④　式の途中に絶対値が入るとき

複雑なものは，やはり場合分けをしなくてはいけないが，定数 $c > 0$ が与えられているとき，$|f(x, y)| > c$　や　$|f(x, y)| < c$ の領域は易しい。まず境界線 $|f(x, y)| = c$ を，$f(x, y) = \pm c$　つまり　$f(x, y) = c$ と $f(x, y) = -c$ として描く。次に，

　　$|f(x, y)| > c \Longrightarrow f(x, y) < -c$　または　$f(x, y) > c$

　　$|f(x, y)| < c \Longrightarrow -c < f(x, y) < c$

の範囲を示す。

§13. 順列・重複順列

13-1. 順列

異なる n 個のものから r 個選んで並べる並べ方の総数は，

$$_n\mathrm{P}_r = n(n-1)\cdots\{n-(r-1)\}$$

と計算されることに注意する。

例えば，$n=3$, $r=2$（$1, 2, 3$ から 2 個選んで並べる）であれば，右図のように樹形図を考えればすぐに，

$$_3\mathrm{P}_2 = 3\cdot 2 = 6$$

と計算できてしまう。

場合の数の計算は，$_n\mathrm{P}_r$ や $_n\mathrm{C}_r$ を利用して式を立てられることと，樹形図のように整理して考えることが大切である。

*　　　*　　　*　　　*　　　*　　　*　　　*　　　*

〔例〕 次の各問いに答えよ。

(1) 男子 4 人，女子 3 人を 1 列に並べるとき，女子同士が隣り合わない並べ方は何通りか。

(2) 男子 5 人，女子 4 人を 1 列に並べるとき，両端が男子になる並べ方は何通りか。

> (1) まず男子 4 人を並べ，その間（両端含む）の 5 ヶ所に女子 3 人を並べればよい。
>
> $$\therefore\ 4! \times {}_5\mathrm{P}_3 = 24 \times 60 = \mathbf{1440}\ (通り)$$
>
> (2) 男子 5 人のうち，両端の 2 人を先に並べ，残り 7 人をあとで並べればよい。
>
> $$\therefore\ {}_5\mathrm{P}_2 \times 7! = 20 \times 5040 = \mathbf{100800}\ (通り)$$

13-2. 重複順列

異なる n 個のものから**重複を許して** r 個を選んで並べる並べ方の総数は，n^r で計算される。これも考え方は単純で，

$$\left.\begin{array}{l} 1\text{番目}\cdots\cdots 1 \sim n \text{の} n \text{通り} \\ 2\text{番目}\cdots\cdots 1 \sim n \text{の} n \text{通り} \\ \quad\vdots \qquad\qquad\quad \vdots \\ r\text{番目}\cdots\cdots 1 \sim n \text{の} n \text{通り} \end{array}\right\} \text{総数} = n^r\ (通り)$$

とすれば，すぐに導ける。考え方とあわせて押さえておくこと。

* * * * * * * *

〔例〕 次の各問いに答えよ。

(1) 5個の異なる箱に，1〜4の数字の書かれた4枚のカードを入れるとすると，何通りの入れ方があるか。

(2) 6個の数字1, 2, 3, 4, 5, 6 を用い，同じ数字を何度用いてもよいとして4桁の偶数を作ると，全部で何通りできるか。

(1) 各カードは5つの箱を選べるため，5個の箱から4つを重複を許して並べればよい。
$$\therefore\ 5^4 = \mathbf{625}\ (通り)$$

(2) 1の位の数は偶数であるから 2, 4, 6 の3通り。他の位はどの数字でもよく，重複を許して3つ並べると，
$$3 \times 6^3 = 3 \times 216 = \mathbf{648}\ (通り)$$

13-3. 円順列

円順列を考える際は，

① 1ヶ所を固定して，残りの部分の順列を考える。
② 直線状に並べる順列を考え，それを円形に並べたときの重複度で割る。

という2通りの考え方ができるようになっておくことが大切である。

例えば，1〜4 の4つの数字を円周上に並べるとき，

① 1を固定して，残り 2〜4 を並べる。
と考えれば，$_3\mathrm{P}_3 = 3! = 6$ （通り）

② 1〜4 を並べて，その後重複度を考える。
4つのものを並べると，$_4\mathrm{P}_4 = 4! = 24$
重複度を考えれば，1つの並びに対して 90° ずつ回転させたものがあるので4通り。
$$\therefore\ 24 \div 4 = 6\ (通り)$$

特に，①の「1つを固定する」というのは大切な考え方であるから，しっかりと理解しておくこと。

§ 14. 組合せ

14-1. 組合せ

異なる n 個のものから r 個を選ぶ選び方の総数の計算は，

$$_nC_r = \frac{n!}{r!(n-r)!}$$

で計算できる。この $_nC_r$ を利用して，色々な計算ができるので，基本的なものに関しては $_nC_r$ で表現する方法を押さえておくべきである。

考え方としては，

n 個のものから r 個並べて，$_nP_r$

このうち，1つの組に対して，$r!$ 通りの重複度があることに注意し，

$$_nC_r = \frac{_nP_r}{r!} = \frac{n!}{r!(n-r)!}$$

となる。$_nC_r$ の利用の有名なものに関しては，その方法をしっかりと把握しておくべきである。

- **重複ある文字の並び替え**

    〔例〕 a, a, b, c を1列に並べる並べ方

    下図のように，4文字を入れるマスのうち，2文字分の a を入れるマスを選べばよく，
    ⓐ ○ ⓐ ○　　　その選び方は，$_4C_2$
    あとは，残り2文字の並び替えを考えて，

    $$_4C_2 \times _2P_2 = 12 \text{（通り）}$$

- **道順の問題**

    道順（最短経路）の問題に関しては，↑，→ の並び替えと考えれば，上の重複ある文字の並び替えと同じように考えられることに注意する。

*　　　*　　　*　　　*　　　*　　　*　　　*　　　*

〔例〕 次の各問いに答えよ。

(1) $1 \leq a < b < c < d \leq 10$ となる整数 (a, b, c, d) は何組あるか。

(2) 平面上に7本の直線があって，どの2本も平行でなく，どの3本も1点で交わることはない。これらの直線の交点は何個あるか。

(1) 10個の数から，重複なく4個を選べばよく，$_{10}C_4 = \mathbf{210}$（組）

(2) 7本の直線から2本を選べば交点はただ1つに定まる。よって，$_7C_2 = \mathbf{21}$（個）

14-2. 重複組合せ

n 種類のものから重複を許して r 個選ぶ組合せは，**重複組合せ**と呼ばれ，

$$_n\mathrm{H}_r = {}_{n+r-1}\mathrm{C}_r$$

のように計算する。考え方は，右図のように，○ r 個としきり ❘ $n-1$ 個を用意して，○ をしきりで区切ると考え，○ と ❘ の順列に対して，1 つの組合せが対応することに注意する。

$$\therefore \quad \text{求める組合せは，} \quad {}_{n+r-1}\mathrm{C}_r \text{（通り）}$$

* * * * * * * *

〔例〕 $x+y+z+w = 12 \ (x, y, z, w \geq 0)$ となる整数 (x, y, z, w) は何組あるか。

重複組合せの典型的な応用例で，1 を 12 個 $x \sim w$ に振り分ければよい。したがって，12 個の 1 に $x \sim w$ の 4 種類のラベルを付ければよく，4 種類から 12 個を選ぶ重複組合せ。

$$\therefore \quad {}_4\mathrm{H}_{12} = {}_{15}\mathrm{C}_3 = \mathbf{455} \text{（組）}$$

[参考] 当然，○ が 12 個と ❘ が 3 個の並び替えと考えてもよい。

* * * * * * * *

〔例〕 $x+y+z+w = 12 \ (x \geq 1, y \geq 2, z \geq 3, w \geq 0)$ となる整数 (x, y, z, w) は何組あるか。

範囲がずれているときには，置き換えをして範囲を直せばよい。

$$X = x-1, \ Y = y-2, \ Z = z-3, \ W = w$$

とすれば，$X, Y, Z, W \geq 0$ で，$X+Y+Z+W = 6$ であるから，上と同様に，

$$_4\mathrm{H}_6 = {}_9\mathrm{C}_3 = \mathbf{84} \text{（組）}$$

* * * * * * * *

〔例〕 $1 \leq a \leq b \leq c \leq d \leq 10$ となる整数 (a, b, c, d) は何組あるか。

1〜10 の 10 種類の数から重複を許して 4 つ選べば，大小順にしたがって（勝手に）$a \sim d$ が定まる。よって，10 種類から 4 個を選ぶ重複組合せで，

$$\therefore \quad {}_{10}\mathrm{H}_4 = {}_{13}\mathrm{C}_4 = \mathbf{715} \text{（組）}$$

[参考] ○ と ❘ で考えるならば，○ が 4 個と ❘ が 9 個の ❘ で区切られた部分の左端から順に 1, 2, $\cdots$, 10 の個数と考えればよい。よって，${}_{13}\mathrm{C}_4$ となる。

§ 15. 確率計算(1)

15-1. 確率計算

確率計算の基本は，場合の数を用いて，

> 【確率の定義】
>
> 事象 A が起こる確率は，
>
> $$P(A) = \frac{\text{事象 } A \text{ が起こり得る場合の数}}{\text{すべての起こり得る場合の数}}$$

で定義される。このとき，**分子・分母は同じ数え方（例えば，分母を順列で考えたならば分子も順列で考えるなど）をする**ことに注意する。分母だけ順列で，分子は組合せといったちぐはぐな考え方をしないこと。基本的にこの定義をしっかりと押さえておけば，簡単な確率計算はすぐにできてしまう。

- **余事象**

    「少なくとも～」や「～しない」のように否定的な条件が与えられた場合，その確率計算をそのまますするより，残りの確率を計算してしまった方が容易な場合がある。必ず，**そのまま計算にいくのか，余事象を利用する**のかを考えてから，計算に入る癖をつけておくこと。

* * * * * * * *

〔例〕 硬貨を 3 回投げて，少なくとも 1 回表が出る確率を求めよ。
➡ 「少なくとも～」なので，余事象を考えてみること。

☺ 表が 1 回も出ない，つまり裏が 3 回出る確率は， $\left(\dfrac{1}{2}\right)^3 = \dfrac{1}{8}$

したがって，求める確率は， $1 - \dfrac{1}{8} = \dfrac{\mathbf{7}}{\mathbf{8}}$

15-2. くじ引きの確率（非復元抽出）

くじ引き型の確率を考えるときは，順列で考えるのが基本。くじが何本あろうが，そのくじすべての順列だと考える。時間の流れにあわせて 1 本目から処理をせず，**まるで結果がすべて分かっているかのようにくじを並べてしまう**といった考え方が大切である。

* * * * * * * *

〔例〕 2 本当たりのある 10 本のくじから 3 番目に当たりを引く確率を求めよ。

⊙ 全体は，当たり 2 本とはずれ 8 本を並べて，${}_{10}\mathrm{C}_2$
また，3 番目に当たりとなるのは，3 番目以外に当たり 1 本とはずれ 8 本を並べて，${}_9\mathrm{C}_1$

∴ 求める確率は，$\dfrac{{}_9\mathrm{C}_1}{{}_{10}\mathrm{C}_2} = \dfrac{1}{5}$

15-3. 反復試行（復元抽出）

「ある操作を繰り返し n 回行う」といったとき，これを反復試行（復元抽出）と呼ぶ。この手の問題は，**1 回の繰り返し単位の確率分布**が非常に重要になってくることに注意。1 回の操作である事象 A が確率 p で起こるなら，

n 回の試行で A がちょうど k 回起こる確率　⇒　${}_n\mathrm{C}_k p^k (1-p)^{n-k}$

のように，二項係数を用いて確率計算される。

*　　　*　　　*　　　*　　　*　　　*　　　*　　　*　　　*

〔例〕 サイコロを振って，出た目が 3 の倍数なら甲がサイコロを振り，それ以外は乙がサイコロを振る。2 回目のサイコロを振って，1 の目が出ればサイコロを振っていない方が勝ち，それ以外の目はサイコロを振った方が勝ちとする。これを n 回繰り返したとき，ちょうど k 回甲が勝つ確率を求めよ。

<u>1 回の試行で，甲・乙が勝つ確率</u>（繰り返し単位の確率分布！）を考える。甲が勝つのは，

「3 の倍数の目が出て，1 以外の目」　または　「3 の倍数以外の目が出て，1 の目」

のときで，その確率は，　$\dfrac{1}{3} \times \dfrac{5}{6} + \dfrac{2}{3} \times \dfrac{1}{6} = \dfrac{7}{18}$

これより，乙が勝つ確率は，　$1 - \dfrac{7}{18} = \dfrac{11}{18}$

よって，求める確率は，

$${}_n\mathrm{C}_k \cdot \left(\dfrac{7}{18}\right)^k \left(\dfrac{11}{18}\right)^{n-k}$$

[注意]　1 回の繰り返し単位で，上のように結果が 2 通りだけでなくても，「A, B, C のいずれかがそれぞれ確率 $p, q, 1-p-q$ で起こる」と確率分布が取れているなら，n 回中 A が k 回，B が l 回，C が $n-k-l$ 回起こる確率は，

$${}_n\mathrm{C}_k \cdot {}_{n-k}\mathrm{C}_l \cdot p^k q^l (1-p-q)^{n-k-l}$$

のように計算される。

§16. 確率計算(2)

16-1. 条件の多い確率計算

「A または B となる確率」のように，多くの条件がついている確率を計算するときに，直接計算できるならばそれで構わないが，状況が複雑でよく分からないというときは，

　　集合を利用して条件を分けて考える

と扱いやすくなる。

【"または"の確率】

事象 X が起こる確率を $P(X)$ で表すとき，

$$P(A \cup B) = P(A) + P(B) - P(A \cap B)$$

$$P(A \cup B \cup C) = P(A) + P(B) + P(C) - P(A \cap B)$$
$$- P(B \cap C) - P(C \cap A) + P(A \cap B \cap C)$$

---

* 　　* 　　* 　　* 　　* 　　* 　　* 　　*

〔例〕　サイコロを 4 個同時に投げたとき，1, 2, 3 の目がすべて出ている確率を求めよ。

1, 2, 3 の目が出ているという事象をそれぞれ A, B, C とする。このとき求める確率は $P(A \cap B \cap C)$ である。

　　➡　「A, $\overline{A}$」，「B, $\overline{B}$」，「C, $\overline{C}$」のどちらが扱いやすいかを考えること！

$$P(\overline{A}) = P(\overline{B}) = P(\overline{C}) = \left(\frac{5}{6}\right)^4$$

$$P(\overline{A} \cap \overline{B}) = P(\overline{B} \cap \overline{C}) = P(\overline{C} \cap \overline{A}) = \left(\frac{4}{6}\right)^4$$

$$P(\overline{A} \cap \overline{B} \cap \overline{C}) = \left(\frac{3}{6}\right)^4$$

だから (A, B, C を扱いやすい $\overline{A}$, $\overline{B}$, $\overline{C}$ に書き換えて)，

$$\begin{aligned}
P(A \cap B \cap C) &= 1 - P(\overline{A \cap B \cap C}) = 1 - P(\overline{A} \cup \overline{B} \cup \overline{C}) \\
&= 1 - \{P(\overline{A}) + P(\overline{B}) + P(\overline{C}) - P(\overline{A} \cap \overline{B}) \\
&\quad - P(\overline{B} \cap \overline{C}) - P(\overline{C} \cap \overline{A}) + P(\overline{A} \cap \overline{B} \cap \overline{C})\} \\
&= 1 - \frac{5^4 \times 3 - 4^4 \times 3 + 3^4}{6^4} = \boldsymbol{\frac{1}{12}}
\end{aligned}$$

16-2. 条件付き確率

事象 A が起きたとき，事象 B が起きる条件付き確率 $P_A(B)$ は，

【条件付き確率】
$$P_A(B) = \frac{P(A \cap B)}{P(A)}$$

と計算される。感覚的には，右図のように，全体を A に制限して（分母は $P(A)$），その中で B がどのくらいの確率で起こるか（分子は $P(A \cap B)$）という計算になっていることに注意。ただし，実際に計算するときには，

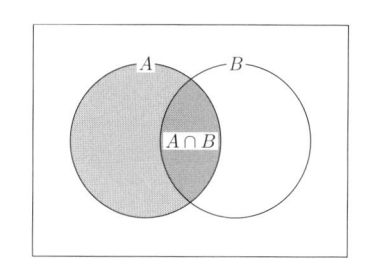

事象をおいて，時間の流れをなくす

ことが大切になってくる。

このとき，分母の $P(A)$ は，

$$P(A) = P(A \cap B) + P(A \cap \overline{B})$$

のように計算することが多い。

16-3. 期待値

確率変数 X の期待値計算は，

【期待値の定義】
$$E(X) = \sum_k k P(X = k)$$

のように計算される。k は，X のとり得る値すべてを動くことに注意。この期待値は，"平均値"という感覚が非常に大切になってくる。例えば，賭けをしたときのもらえる金額の期待値とは，平均的に何円もらえるかという値であるし，宝くじの収支の期待値は当然負の値になる（正の値だと，主催者は損をする）。こういった感覚は，計算ミスや考え違いを検算するのに非常に役に立つので，期待値計算では答えを求めたあと，必ずその答えが有り得ない値でないか確認をすること（赤球，白球の入った袋から 3 つ球を取り出すときの赤球の個数の期待値で負の値が出てきたり，3 より大きい値が出てきたりすれば，それは見た瞬間に答えが違うことが分かるであろう）。

§17. 三角関数の相互関係

17-1. 三角関数の定義と相互関係

三角関数は，単位円を用いて考える癖をつけることが大切である．**cos は x 座標，sin は y 座標，tan は傾き**と考えるようにしておくこと．

この定義から，すぐに分かることだが，三角関数の相互関係3つは，必ず把握しておくこと．

【相互関係】
- $\sin^2\theta + \cos^2\theta = 1$
- $\tan\theta = \dfrac{\sin\theta}{\cos\theta}$
- $1 + \tan^2\theta = \dfrac{1}{\cos^2\theta}$

また，角度の範囲が与えられた場合は，図形の上で**第何象限なのかを見にいく**こと．角度の範囲からは，具体的な範囲を読むこともできるが，**まず sin，cos，tan の符号が分かる**ことに注意．

17-2. 位相ずれ公式

sin，cos，tan の中身が，$\pm\pi$，$\pm\dfrac{\pi}{2}$ ずれていたり，$-\theta$ のように逆符号になっている場合は，加法定理ではなく，位相ずれ公式で処理してしまうこと．位相ずれ公式は，覚えてしまうのではなく，単位円を描いて処理できるようにしておくこと．

【位相ずれ公式】
- $\sin\left(\dfrac{\pi}{2} \pm \theta\right) = \cos\theta$
- $\cos\left(\dfrac{\pi}{2} \pm \theta\right) = \mp\sin\theta$ （複号同順）
- $\sin(-\theta) = -\sin\theta$
- $\cos(-\theta) = \cos\theta$ 　　など

位相ずれ公式を考えるときは，必ず**絶対値（長さ）と符号**に分けて考えること．

* * * * * * * *

〔例〕　$\sin\left(\theta+\dfrac{\pi}{2}\right)$ を簡単にせよ。

右図のように単位円を考え，適当に角 θ と $\theta+\dfrac{\pi}{2}$ をとる。
- $\sin\left(\theta+\dfrac{\pi}{2}\right)$ の長さ（点 B の y 座標）と等しい長さを点 A の座標から探す。
- 次は $\sin\left(\theta+\dfrac{\pi}{2}\right)$ と $\cos\theta$ の符号が同じであることに注意して，$\sin\left(\theta+\dfrac{\pi}{2}\right) = \boldsymbol{\cos\theta}$

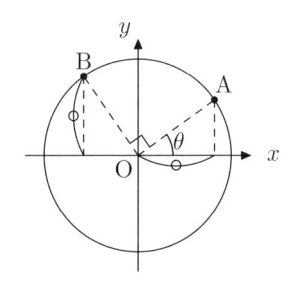

* * * * * * * *

〔例〕　$\tan\left(\theta+\dfrac{\pi}{2}\right)$ を簡単にせよ。

$\tan$ は傾きとして見ることに注意。位相が $\dfrac{\pi}{2}$ ずれれば，それぞれの動径は垂直なので，垂直条件を考えて，
$$\tan\left(\theta+\dfrac{\pi}{2}\right) = -\dfrac{1}{\tan\theta}$$

慣れてくれば，

- $\dfrac{\pi}{2}, \dfrac{3\pi}{2}$ など，$\dfrac{\textbf{奇数}}{\textbf{2}}\boldsymbol{\pi}$ **ずれ** ➡　$\sin \longleftrightarrow \cos,\ \tan \longleftrightarrow \dfrac{1}{\tan}$
- $\pi, 2\pi$ など，**整数** $\boldsymbol{\times\pi}$ **ずれ** ➡　$\sin, \cos, \tan$ はそのまま

と，関数記号を書き換えて，あとは符号を考えればよい。特に，$\tan$ は $\pm\dfrac{\pi}{2}$ ずれれば垂直条件を考えればよいし，$\pm\pi$ のように整数 $\times\pi$ ずれたときは周期分ずれたと考えればよい。

* * * * * * * *

〔例〕　$\cos\left(\theta-\dfrac{3\pi}{2}\right)$ を簡単にせよ。

- 位相が $\dfrac{3\pi}{2}$ ずれているので，$\cos$ は $\sin$ に変わる。
- θ を第 1 象限でとれば，$\theta-\dfrac{3}{2}\pi$ は第 2 象限の角だから，そのときの $\cos$ は負。

以上から，$\cos\left(\theta-\dfrac{3\pi}{2}\right) = \boldsymbol{-\sin\theta}$

§ 18. 正弦定理・余弦定理

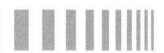

18-1. 正弦定理・余弦定理

△ABC において，正弦定理・余弦定理が成立する。これは三角形の辺と角を結びつける大切な公式であるから，必ず覚えておくこと。

【正弦定理・余弦定理】

- **正弦定理**
$$\frac{a}{\sin A} = \frac{b}{\sin B} = \frac{c}{\sin C} = 2R \qquad (ただし，R は外接円の半径)$$

- **余弦定理**
$$c^2 = a^2 + b^2 - 2ab\cos C$$
$$\cos C = \frac{a^2 + b^2 - c^2}{2ab}$$

与えられた辺や角で合同条件が成立する場合，三角形は unique に決定する。したがって，正弦定理・余弦定理を用いて，残りの辺や角を求めることができることに注意。どちらの定理を使えばよいかがどうしても分からない人は，かなり乱暴な見方ではあるが，今のうちは，

2 角 1 辺, 2 辺 1 角, 外接円がらみ $\longrightarrow$ **正弦定理**

3 辺相等, 2 辺夾角 $\longrightarrow$ **余弦定理**

と見ておけばよい。

また，逆に辺や角の関係式から，三角形の形状を決定させるような問題では，基本的に**辺の関係式にもち込む**ことが大切である。sin は正弦定理，cos は余弦定理で扱うのはいうまでもないだろう。

*　　　*　　　*　　　*　　　*　　　*　　　*　　　*

〔例〕　$\sin^2 A = \sin^2 B + \sin^2 C - \sin B \sin C$, $a\cos B = b\cos A$ を同時に満たす三角形 ABC の形状を決定せよ。

　　　正弦定理より，$\sin A = \dfrac{a}{2R}$, $\sin B = \dfrac{b}{2R}$, $\sin C = \dfrac{c}{2R}$ だから，第 1 式に代入して，

$$\frac{a^2}{4R^2} = \frac{b^2}{4R^2} + \frac{c^2}{4R^2} - \frac{bc}{4R^2}$$

$$\therefore\ a^2 = b^2 + c^2 - bc \ \cdots ①$$

また，余弦定理から $\cos A = \dfrac{b^2+c^2-a^2}{2bc}$, $\cos B = \dfrac{c^2+a^2-b^2}{2ca}$ だから，第 2 式より，

$$\dfrac{c^2+a^2-b^2}{2c} = \dfrac{b^2+c^2-a^2}{2c} \Leftrightarrow a^2 = b^2$$

$a, b > 0$ より $a = b$ で，これを①に代入して，

$$c^2 - bc = 0 \Leftrightarrow c(c-b) = 0$$

$c > 0$ だから，$b = c$ となり，三角形 ABC は**正三角形**。

18-2. 面積公式

　三角形の面積公式は，三角形の面積を求めるためにも当然重要となってくるが，正弦・余弦定理とあわせて，色々な関係式が導かれるという意味でも大切である。少なくとも幾何的な面積公式は今のうちに覚えてしまうこと。

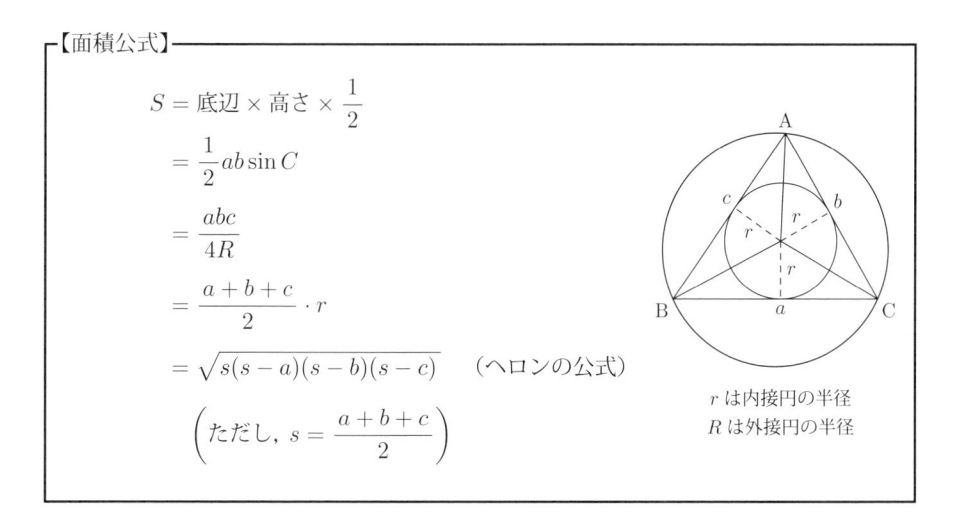

【面積公式】

$$\begin{aligned}
S &= 底辺 \times 高さ \times \dfrac{1}{2} \\
&= \dfrac{1}{2} ab \sin C \\
&= \dfrac{abc}{4R} \\
&= \dfrac{a+b+c}{2} \cdot r \\
&= \sqrt{s(s-a)(s-b)(s-c)} \quad (ヘロンの公式)
\end{aligned}$$

$$\left(ただし,\ s = \dfrac{a+b+c}{2}\right)$$

r は内接円の半径
R は外接円の半径

　特に大切なのは 4 つ目の式で，**内接円がらみの問題は，面積公式を利用して処理すること**に注意。また，このように面積を通じて R と r の関係式など色々な関係式が導かれる。

§19. 加法定理と周辺の公式

19-1. 加法定理

　加法定理とそれから導かれる公式は，非常に大切である。まずは，加法定理だけは必ず覚えておくこと。

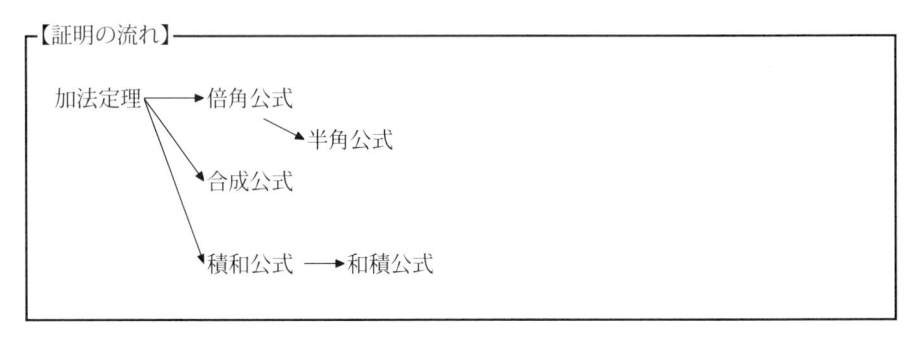

【証明の流れ】

加法定理 → 倍角公式
　　　　　　　　↘ 半角公式
　　　　　↘ 合成公式

　　　　　↘ 積和公式 → 和積公式

　合成公式以外の公式は加法定理からすぐに導くことができるので，その導き方を押さえておけばよい。加法定理以外は公式を忘れたからといって安易にテキスト等を見てしまわないこと。自分で導いているうちにすぐに慣れるはずである。

【加法定理】

以下すべて複号同順で，

- $\sin(\alpha \pm \beta) = \sin\alpha\cos\beta \pm \cos\alpha\sin\beta$
- $\cos(\alpha \pm \beta) = \cos\alpha\cos\beta \mp \sin\alpha\sin\beta$
- $\tan(\alpha \pm \beta) = \dfrac{\tan\alpha \pm \tan\beta}{1 \mp \tan\alpha\tan\beta}$

19-2. 種々の公式

　加法定理から導かれる合成公式以外の公式，倍角公式・半角公式・積和公式・和積公式は導けるようにしておくこと。特に，cos の倍角公式は，3通りどれも大切であるから，しっかりと把握しておくこと。例えば，倍角公式を導くには，加法定理で $\alpha = \beta = \theta$ とすればよく，**cos の倍角公式から**，以下のように**半角公式**が導かれる。

　　∵ cos の倍角公式より，$\cos\theta = 1 - 2\sin^2\dfrac{\theta}{2} = 2\cos^2\dfrac{\theta}{2} - 1$

　　したがって，それぞれ $\sin^2\dfrac{\theta}{2}$, $\cos^2\dfrac{\theta}{2}$ について解けば，半角公式が導かれる。

【周辺の公式】

- **倍角公式**

$$\sin 2\theta = 2\sin\theta\cos\theta$$

$$\cos 2\theta = \cos^2\theta - \sin^2\theta = 2\cos^2\theta - 1 = 1 - 2\sin^2\theta$$

- **半角公式**（次数落としの公式）

$$\sin^2\frac{\theta}{2} = \frac{1-\cos\theta}{2},\ \cos^2\frac{\theta}{2} = \frac{1+\cos\theta}{2}$$

- **積和公式**

$$\sin\alpha\cos\beta = \frac{1}{2}\{\sin(\alpha+\beta) + \sin(\alpha-\beta)\}$$

$$\cos\alpha\sin\beta = \frac{1}{2}\{\sin(\alpha+\beta) - \sin(\alpha-\beta)\}$$

$$\cos\alpha\cos\beta = \frac{1}{2}\{\cos(\alpha+\beta) + \cos(\alpha-\beta)\}$$

$$\sin\alpha\sin\beta = -\frac{1}{2}\{\cos(\alpha+\beta) - \cos(\alpha-\beta)\}$$

- **和積公式**（因数分解公式）⟶ 関数の殻をそろえる。

$$\sin\alpha + \sin\beta = 2\sin\frac{\alpha+\beta}{2}\cos\frac{\alpha-\beta}{2}$$

$$\sin\alpha - \sin\beta = 2\cos\frac{\alpha+\beta}{2}\sin\frac{\alpha-\beta}{2}$$

$$\cos\alpha + \cos\beta = 2\cos\frac{\alpha+\beta}{2}\cos\frac{\alpha-\beta}{2}$$

$$\cos\alpha - \cos\beta = -2\sin\frac{\alpha+\beta}{2}\sin\frac{\alpha-\beta}{2}$$

- **合成公式** ⟶ 中身をそろえる。

合成公式は，加法定理から導くこともできるが，慣れておかないと気付きにくい。

【合成公式】

$$a\sin\theta + b\cos\theta = \sqrt{a^2+b^2}\sin(\theta+\alpha)$$

ただし，$\sin\alpha = \dfrac{b}{\sqrt{a^2+b^2}}$, $\cos\alpha = \dfrac{a}{\sqrt{a^2+b^2}}$

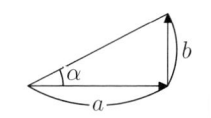

---

§20. 三角関数のグラフ

20-1. 三角関数のグラフ

　三角関数のグラフは，周期関数であることに注意。まずは，sin, cos, tan の基本の形を覚えてしまうこと。

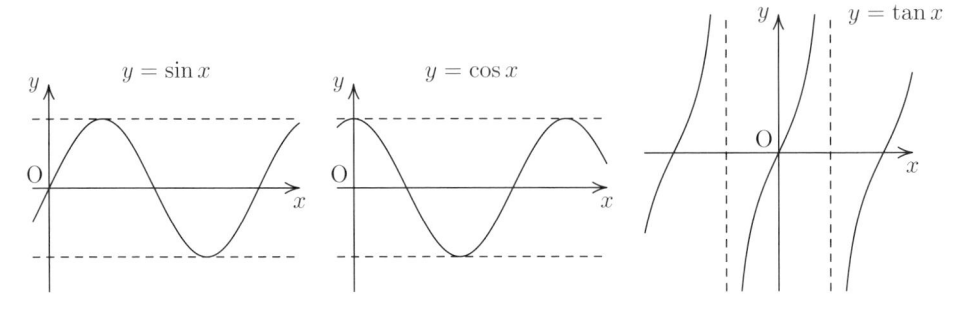

　また，一般にグラフを描くときは，

① 周期
② 中身＝0
③ （sin, cos では）**大きさ**
④ 定数項・y 切片

の4つをチェックすれば，すぐに描ける。当然，拡大・縮小や，平行移動を見ることができるのも大切だが，ミスを減らすためにも，グラフはすぐに描けるようになっておくこと。

*　　*　　*　　*　　*　　*　　*　　*

〔例〕　$y = 2\sin\left(2x + \dfrac{\pi}{4}\right)$ のグラフを描け。

① **周期はxの係数から計算**
x の係数が2なので，

$$\text{周期は } 2\pi \times \frac{1}{2} = \pi$$

② **中身＝0 がスタート**
$2x + \dfrac{\pi}{4} = 0$ を解いて，

$$x = -\frac{\pi}{8}$$

③, ④　大きさは2, 定数項は0, y 切片は $\sqrt{2}$ なので，グラフは右図のようになる。

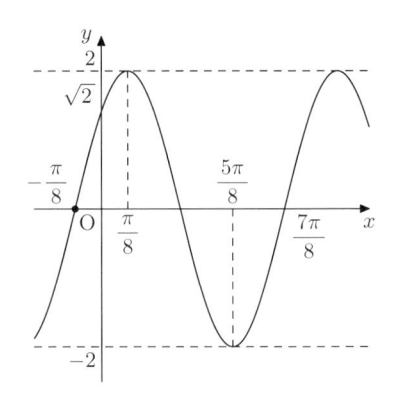

[参考]　グラフの移動として捉える場合は，sin, cos の中身と，外側は別で処理。中身を順序よく処理することが大切である。

$y = 2\sin\left(2x + \dfrac{\pi}{4}\right)$ なので，sin の中身に注目して，

$$\begin{array}{rcll} x & \longmapsto & 2x & ; x\text{方向に}\dfrac{1}{2}\text{倍} \\ & \| & & \\ t & \longmapsto & t + \dfrac{\pi}{4} & ; -\dfrac{\pi}{4}\text{平行移動} \end{array}$$

したがって，$y = \sin x$ を x 方向に $-\dfrac{\pi}{4}$ 平行移動したあと，x 方向に $\dfrac{1}{2}$ 倍し，y 方向に 2 倍すればよい。

*　　　*　　　*　　　*　　　*　　　*　　　*　　　*

〔例〕　$y = 2\sin\left(\dfrac{3}{4}\pi - 3x\right) + 1$ のグラフを描け。

まず，x の係数に $-$ がついているときは，位相ずれ公式で x の係数は正に変えておくこと。

$$y = -2\sin\left(3x - \dfrac{3}{4}\pi\right) + 1$$

① 周期は x の係数から計算。

$$2\pi \times \dfrac{1}{3} = \dfrac{2}{3}\pi$$

② 中身 $= 0$ がスタート。

$$3x - \dfrac{3}{4}\pi = 0 \Leftrightarrow x = \dfrac{\pi}{4}$$

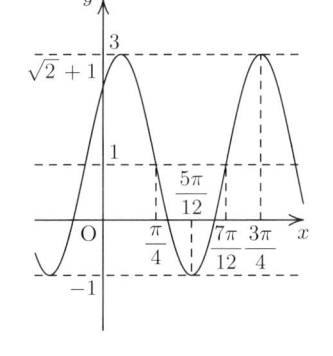

③，④については，大きさは 2，振動の中心は $y = 1$，y 切片は $x = 0$ を代入して，$\sqrt{2} + 1$ ということに注意して，グラフは上図のようになる。

*　　　*　　　*　　　*　　　*　　　*　　　*　　　*

〔例〕　$y = \cos^2 x$ のグラフを描け。

$y = \cos^2 x$ のようにそのままグラフが描けない形のときは，半角公式や積和公式で次数を下げる，変数を 1 ヶ所にまとめるということを考える。

$$y = \cos^2 x = \dfrac{1 + \cos 2x}{2}$$

したがって，周期は π，振動の中心は $y = \dfrac{1}{2}$ に注意して，グラフは下図のようになる。

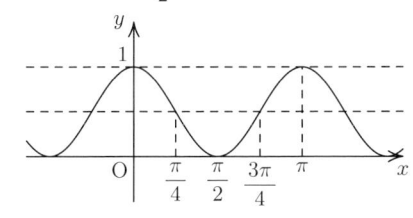

§ 21. 等差数列・等比数列

21-1. 等差数列・等比数列

等差数列・等比数列は，一番基本的な数列である。初項と公差（または公比）を求めてしまえば，すぐに一般項が分かってしまうことに注意すること。

【等差数列・等比数列】

《等差数列》

　　初項 a，公差 d の等差数列　⇔　$a_n = a + (n-1)d$

《等比数列》

　　初項 a，公比 r の等比数列　⇔　$a_n = ar^{n-1}$

また，逆に一般項が，

　　　n の1次式 $a_n = pn + q$ の形のときは，**等差数列**
　　　n の指数関数 $a_n = ar^{(n\,の\,1\,次式)}$ の形のときは，**等比数列**

となる。

数列 $\{a_n\}$ が等差（等比）数列であれば，それだけで一般項の形が分かってしまっていることに注意。すぐに，$a_n = a_1 + (n-1)d$ または $a_n = a_1 r^{n-1}$ とおいて，初項と公差または公比を求めにいくこと。

*　　　*　　　*　　　*　　　*　　　*　　　*　　　*

〔例〕 次の数列はどのような数列か。等差数列なら初項・公差，等比数列なら初項・公比を求めよ。

(1)　$a_n = 3n - 1$　　　(2)　$a_n = 2 \cdot 3^n$　　　(3)　$a_n = 3^{2-n} \cdot 5^{2n-1}$

(1)　n の1次式なので，**等差数列**で，
- 初項は $n = 1$ を代入し，　　$a_1 = 2$
- 公差は n の係数であるから，　　公差 $= 3$

となる。

(2)　$a \cdot 3^{(n\,の\,1\,次式)}$ の形なので，**等比数列**で，
- 初項は $n = 1$ を代入し，　　$a_1 = 6$
- 公比は 3^n に注目して，　　公比 $= 3$

(3)　指数部分が n の1次式であるから，**等比数列**で，
- 初項は $n = 1$ を代入し，　　$a_1 = 15$
- 公比は指数の n の係数をみて $3^{-1} \cdot 5^2$ であるから，　　公比 $= \dfrac{25}{3}$

21-2. 等差級数・等比級数

等差数列・等比数列の和の公式はしっかりと覚えておくこと。

【等差数列・等比数列の和】

- 等差数列の和：$\dfrac{\text{項数} \times (\text{初項} + \text{末項})}{2}$
- 等比数列の和：$\dfrac{\text{初項} \times (1 - \text{公比}^{\text{項数}})}{1 - \text{公比}}$
---

* * * * * * * *

〔例〕 次の和を求めよ。

(1) 一般項が $a_n = 2^{2n-1} \cdot 3^{1-n}$ で表される数列 $\{a_n\}$ の第 2 項から第 n 項の和
(2) 一般項が $a_n = 2 - 5n$ で表される数列 $\{a_n\}$ の第 n 項から第 $2n$ 項の和

(1) 等比数列の和であるから，初項・公比・項数を考えると，項数は $n - 2 + 1 = n - 1$，

初項：$a_2 = 2^3 \cdot 3^{-1} = \dfrac{8}{3}$，公比：指数部分の n の係数から，$2^2 \cdot 3^{-1} = \dfrac{4}{3}$

公比 $\neq 1$ に注意して，求める和は，$\dfrac{8}{3} \cdot \dfrac{1 - \left(\dfrac{4}{3}\right)^{n-1}}{1 - \dfrac{4}{3}} = \boldsymbol{8\left\{\left(\dfrac{4}{3}\right)^{n-1} - 1\right\}}$

(2) 等差数列の和で，初項 $2 - 5n$，末項 $2 - 10n$，項数 $n + 1$ であるから，

求める和は，$\dfrac{1}{2}(2 - 5n + 2 - 10n)(n + 1) = \boldsymbol{\dfrac{(4 - 15n)(n + 1)}{2}}$

21-3. 等差中項・等比中項

項数が 3, 5 といった少ない項数の等差・等比数列を考える場合は，**等差中項・等比中項**を忘れないように。例えば 3 項の等差数列と問われたときは，初項と公差を a, d などとおくのではなく，真ん中の項を x などとしてしまえば，3 数は $x - d, x, x + d$ となり，和や積の計算がずっとやりやすくなることに注意する。等差数列，等比数列という条件と必要十分なので，しっかりと理解しておくこと。

【等差中項・等比中項】

- **等差中項** 3 数 a, b, c がこの順で等差数列 $\iff 2b = a + c$
- **等比中項** 3 数 a, b, c がこの順で等比数列 $\iff b^2 = ac$ ($a, b, c \neq 0$)
---

§ 22.　Σ 計算(1)

22-1. 基本的な Σ 計算

Σ 計算は，公式を用いるか，中身が階差形に書き直せない限り，計算できないことに注意（実際には公式さえも階差形から導かれる）する。和の計算が与えられたら，

(i)　　和を Σ 形で表す。
(ii)　　公式が使える部分は公式で計算。
(iii)　　公式が使えない部分は無理やり階差形に変形。

と計算されることに注意する。まずは，どれが公式で計算できて，どれができないのかをしっかりと区別できるようにすること。

【Σ 公式】

- 累乗の和

① $\displaystyle\sum_{k=1}^{n} k = \frac{1}{2}n(n+1)$

② $\displaystyle\sum_{k=1}^{n} k^2 = \frac{1}{6}n(n+1)(2n+1)$

③ $\displaystyle\sum_{k=1}^{n} k^3 = \left\{\frac{1}{2}n(n+1)\right\}^2$

- 等比数列の和

④ $\displaystyle\sum_{k=1}^{n} r^{k-1} = \frac{r^n - 1}{r - 1} \quad (r \neq 1)$

特に，$\displaystyle\sum r^{(n\, \mathcal{O}\, 1\, 次式)}$ の形を見たら，すぐに等比数列の和として計算にいくこと。初項と公比，項数を確認してから等比数列の和の公式で計算する。

また，$\displaystyle\sum_{k=1}^{n}$ とあれば，これは k についての和であることに注意。Σ の中にある **k と関係ない文字定数は，すぐに外に出してしまうこと**。Σ 計算が終わったら，必ず $n = 1, 2$ の辺りで値が正しいことを確認することを忘れないようにする。

*　　　*　　　*　　　*　　　*　　　*　　　*　　　*

〔例〕　$\displaystyle\sum_{k=1}^{n}(2k^2 - 3k + 1)$ を計算せよ。

➡ $\sum$(3次以下の多項式) は Σ 公式で計算できることに注意。

$$(与式) = 2\sum_{k=1}^{n} k^2 - 3\sum_{k=1}^{n} k + \sum_{k=1}^{n} 1 = \frac{2}{6}n(n+1)(2n+1) - \frac{3}{2}n(n+1) + n$$
$$= \frac{n}{6}(4n^2 - 3n - 1) = \boldsymbol{\frac{n(n-1)(4n+1)}{6}}$$

* * * * * * * *

〔例〕 $\displaystyle\sum_{k=1}^{2n} n^2 k$ を計算せよ。

➡ Σ 計算は,まず $\sum$ の下の文字を確認すること。その文字に無関係な文字はすべて定数扱いになることに注意。

$$(与式) = n^2 \underbrace{\sum_{k=1}^{2n} k}_{k \text{に関する和}} = \frac{n^2}{2} 2n(2n+1) = \boldsymbol{n^3(2n+1)}$$

* * * * * * * *

〔例〕 $1 \cdot n + 2 \cdot (n-1) + 3 \cdot (n-2) + \cdots + n \cdot 1$ を計算せよ。

➡ 足し算で,$+\cdots+$ のようなときは,すぐに $\sum$ に直してしまうこと。

$$(与式) = \sum_{k=1}^{n} k(n+1-k) = (n+1)\sum_{k=1}^{n} k - \sum_{k=1}^{n} k^2$$
$$= \frac{(n+1)}{2}n(n+1) - \frac{1}{6}n(n+1)(2n+1)$$
$$= \frac{n(n+1)}{6}\{3(n+1) - (2n+1)\} = \boldsymbol{\frac{n(n+1)(n+2)}{6}}$$

* * * * * * * *

〔例〕 $\displaystyle\sum_{k=1}^{2n-1} 3^{2k}$ を計算せよ。

➡ $r^{(n \text{の1次式})}$ の和は等比の和。$\sum$ の上下から,初項と項数を読み取ること。

初項は $k=1$ だから 3^2,公比は $3^2 = 9$,項数は $1 \leqq k \leqq 2n-1$ から $2n-1$ 項。

$$\therefore (与式) = \sum_{k=1}^{2n-1} 3^{2k} = \frac{9(9^{2n-1} - 1)}{9 - 1} = \boldsymbol{\frac{9^{2n} - 9}{8}}$$

§ 23. Σ 計算(2)

23-1. 公式を利用できない和の計算

Σ計算で，累乗公式や，等比数列の和の公式が利用できない場合は，和の足し始め $k=1$ の部分がずれているか，中身が特殊な形をしているかの2通りの場合しかない。このうち，初期値がずれているパターンは，割と簡単に処理できるが，基本的には Σ の中身が $a_{k+l} - a_k$（l は定数）のように l 個ずれの階差の形に直せない限り計算できないことに注意する。

- **初期値がずれている場合**

  この場合の処理は非常に簡単で，無理やり $k=1$ からの和に書き換えてしまうこと。例えば，$\sum_{k=10}^{n} k^2$ という和の計算は，$k=10$ からではなく，

  $$\sum_{k=10}^{n} k^2 = \sum_{k=1}^{n} k^2 - \underbrace{\sum_{k=1}^{9} k^2}_{\text{余分な部分は後で引く}}$$

  のように無理やり $k=1$ にそろえてやることで計算できてしまうことに注意する。

*　　　*　　　*　　　*　　　*　　　*　　　*　　　*

〔例〕 $\displaystyle\sum_{k=n+1}^{2n} k^2$ を計算せよ。

→ Σ の下が $k=n+1$ からとなっているので，このままでは公式を使えないことに注意する。

$$(\text{与式}) = \sum_{k=1}^{2n} k^2 - \underbrace{\sum_{k=1}^{n} k^2}_{\text{余計なところを引く}}$$

$$= \frac{1}{6} 2n(2n+1)(4n+1) - \frac{1}{6} n(n+1)(2n+1)$$

$$= \frac{1}{6} n(2n+1)\{2(4n+1) - (n+1)\} = \boldsymbol{\frac{1}{6} n(2n+1)(7n+1)}$$

- **階差形**

  Σ の中身が k，k^2，k^3 または，等比数列の形になっていないときは，そのままでは計算ができない。こういった場合は，中身が $a_{k+1} - a_k$ のような階差形に書き換えられなければ，Σ計算はできないため，まずは中身の変形を考えること。基本的な変形として，以下のようなものは覚えておくとよい。

> 【基本的な変形】
> - 分数式 → 分母を因数分解して部分分数分解
> - 無理式 → 有理化
> - 連続積 → 前と後ろに 1 つずつ付け加える
> - (k の 1 次式) $\times$ (r^k) → $S_n - rS_n$ を計算

他にも $_n\mathrm{C}_r$ の和や階乗の和の計算もそのうち出てくるが,今のうちは特に必要ない。上の 4 つに関して確実に処理ができることと,**中身が複雑なΣ 計算は,階差形に書き換える**という方針が立てられることが大切。ちなみに,階差形に書き直せたら,和の計算は,

> 【階差形による和の計算】
> $$\sum_{k=1}^{n}\underbrace{(a_k - a_{k+l})}_{l\text{ 個ずれの階差}} = \underbrace{(a_1 + \cdots + a_l)}_{\substack{\text{番号の小さい方に,}\\ \text{始めから } l \text{ 個}}} - \underbrace{(a_{n+l} + \cdots + a_{n+1})}_{\substack{\text{番号の大きい方に,}\\ \text{終わりから } l \text{ 個}}} \quad (l \text{ は定数})$$

のように計算できる。

* * * * * * * *

〔例〕 $\displaystyle\sum_{k=1}^{n}(k+1)(k+2)$ を計算せよ。

$(k+1)(k+2) = \dfrac{1}{3}\{\underbrace{(k+1)(k+2)(k+3) - k(k+1)(k+2)}_{\text{前と後ろに 1 つずつ加える}}\}$ だから,

$\begin{aligned}(与式) &= \dfrac{1}{3}\sum_{k=1}^{n}\{(k+1)(k+2)(k+3) - k(k+1)(k+2)\} \\ &= \dfrac{1}{3}\{(n+1)(n+2)(n+3) - 6\}\end{aligned}$

* * * * * * * *

〔例〕 $\displaystyle\sum_{k=1}^{n} k \cdot 2^k$ を計算せよ。

➡ 等差 × 等比の和については,**公比をかけて引く**という方法を覚えておくとよい。ただ,

$k \cdot 2^k = \{a(k+1) + b\} \cdot 2^{k+1} - (ak+b) \cdot 2^k \quad (\Leftrightarrow a = 1,\ b = -2)$

のように階差の形に予想がつけば,以下のように簡単に計算できる。

$(与式) = \displaystyle\sum_{k=1}^{n}\{(k-1) \cdot 2^{k+1} - (k-2) \cdot 2^k\} = \boldsymbol{(n-1) \cdot 2^{n+1} + 2}$

§24. 基本的な漸化式

24-1. 漸化式

2項間漸化式のうち，等差・等比数列の漸化式，特性方程式を利用する漸化式，階差形の漸化式は必ず解けるようになっておくこと。漸化式を見たら，一般項を予想して数学的帰納法という方法もあるにはあるが，数列の漸化式から一般項が予想できることなどめったにないので，解けるタイプの漸化式は確実に解けるようにしておくことが大切である。また，解けないタイプのものとの区別ができるようにもしておくこと。解くことができるタイプの漸化式としては，

【基本的な漸化式】
① $a_{n+1} = a_n + d$ （公差 d の等差数列）
② $a_{n+1} = ra_n$ （公比 r の等比数列）
③ $a_{n+1} = pa_n + q$ （p, q は $p \neq 1, q \neq 0$ の定数）（特性方程式の利用）
④ $a_{n+1} = a_n + f(n)$ （階差形）

この中でも特に，④のタイプの漸化式が与えられたときは，階差 $\longrightarrow$ 一般項という形で処理するため，$n \geq 2$ という条件を忘れないように注意すること。$n = 1$ は与えられた初項から別で扱う。

- $a_{n+1} = pa_n + q$ 型

特性方程式 $\alpha = p\alpha + q \cdots\cdots (*)$ を解いて，$\alpha = \dfrac{q}{1-p}$

したがって，漸化式と $(*)$ を辺々引いて，

$$a_{n+1} - \alpha = p(a_n - \alpha)$$

したがって，数列 $\{a_n - \alpha\}$ は初項 $a_1 - \alpha$，公比 p の等比数列。

$$a_n - \alpha = p^{n-1}(a_1 - \alpha)$$

$$\therefore \quad a_n = (a_1 - \alpha)p^{n-1} + \alpha = \left(a_1 - \dfrac{q}{1-p}\right)p^{n-1} + \dfrac{q}{1-p}$$

- $a_{n+1} = a_n + f(n)$ 型

$a_{n+1} - a_n = f(n)$ より，$\{a_n\}$ の階差数列の一般項は $f(n)$ で表されることが分かる。
よって，**$n \geq 2$ において，**
（※ これを絶対に忘れないこと！ 階差 → 一般項の計算や，和 → 一般項の計算では必ず初項は特別扱い）

$$\therefore \quad a_n = a_1 + \sum_{k=1}^{n-1} f(k)$$

あとは，後半の $\displaystyle\sum_{k=1}^{n-1} f(k)$ の部分が計算できれば一般項が求まることに注意。

この 4 つのパターンのどれでもない漸化式についてのみ，今のうちは一般項を推定して数学的帰納法で示しにいくことになる。今後違う形の漸化式の解法を習っていくので，今のうちに基本的な 2 項間漸化式は，しっかりと理解して解けるようになっておくこと。

＊　　　＊　　　＊　　　＊　　　＊　　　＊　　　＊　　　＊

〔例〕　$a_{n+1} = 3a_n + 2$, $a_1 = 2$ を解け。

　　（特性方程式 $x = 3x + 2$ を解いて，$x = -1$ だから）$a_{n+1} + 1 = 3(a_n + 1)$ より，
　　　数列 $\{a_n + 1\}$ は，初項 $a_1 + 1 = 3$, 公比 3 の等比数列。
　　　∴ $a_n + 1 = 3^n \Leftrightarrow \boldsymbol{a_n = 3^n - 1}$

＊　　　＊　　　＊　　　＊　　　＊　　　＊　　　＊　　　＊

〔例〕　$a_{n+1} = a_n + 2^n$, $a_1 = 1$ を解け。

　　階差形の漸化式であるから，$a_{k+1} - a_k = 2^k$ より，両辺 $1 \leqq k \leqq n-1$ で和をとると，$n \geqq 2$ において，　←忘れないこと！

$$a_n = a_1 + \sum_{k=1}^{n-1} 2^k \quad (n \text{ の範囲は} \sum \text{の上下の大小関係 } n-1 \geqq 1 \text{ から出てくる})$$
$$= 1 + \frac{2(2^{n-1} - 1)}{2 - 1} = \boldsymbol{2^n - 1} \quad (\text{これは}\underline{n = 1 \text{ でも成立する}})$$

＊　　　＊　　　＊　　　＊　　　＊　　　＊　　　＊　　　＊

〔例〕　$a_n = a_{n-1} + n$, $a_1 = 1$ を解け。

　　※　安易に $a_n = a_1 + \displaystyle\sum_{k=1}^{n-1} k$ などとしないこと。番号がずれていることに注意する。両辺 $\sum$ をとっていることを忘れないように。

　　　$a_k - a_{k-1} = k$（両辺 $\sum$ をとって，左辺に a_n, a_1 が残るように k の範囲を決める）

$2 \leqq k \leqq n$ で和をとると，　　$\displaystyle\sum_{k=2}^{n} \underbrace{(a_k - a_{k-1})}_{1 \text{個ずれの階差！}}$　➡　a_n, a_1 が残る

$$\therefore\ a_n = a_1 + \sum_{k=2}^{n} k \quad (n \geqq 2) \quad \text{※} \sum \text{の上下で} k \text{の範囲}$$
$$= 1 + \frac{1}{2}(n-1)(2+n) = \boldsymbol{\frac{1}{2}n(n+1)} \quad (\text{これは}\underline{n = 1 \text{ でも成立する}})$$

§25. 種々の数列

25-1. 和 $S_n \longrightarrow$ 一般項の計算

和 S_n が出た場合，まずは階差を考えるのが基本である。和 (Σ) と階差は全くの逆操作になっていることに注意。**階差を見たら，Σ をとって一般項を，Σ を見たら，階差をとって $(S_n - S_{n-1})$ 一般項を計算してしまうこと。**

また，和から一般項を計算する際は，当然のことながら，S_n の階差数列

$$a_n = S_n - S_{n-1}$$

を考えるが，このとき，$n \geqq 2$ の範囲でしか扱えていないことに注意すること。$n = 1$ だけは，$a_1 = S_1$ で扱いにいくこと。

【和 → 一般項】

初項から第 n 項までの和が S_n で与えられる数列 $\{a_n\}$ の一般項は，

$$a_n = \begin{cases} S_1 \ (= a_1) & (n = 1) \\ S_n - S_{n-1} & (n \geqq 2) \end{cases}$$

このように，和を見たらすぐに，階差をとって一般項を見にいくという方針を立てにいくことが大切である。

* * * * * * * * *

〔例〕 $1 \cdot a_1 + 2 \cdot a_2 + 3 \cdot a_3 + \cdots + n \cdot a_n = n^2 + 3$ のとき，a_n を求めよ。

➡ 公式を丸暗記しても仕方がない。階差をとると，$\sum$ がはずれて中身が出てくることに注意。

$$\sum_{k=1}^{n} k \cdot a_k = n^2 + 3$$

$$\sum_{k=1}^{n-1} k \cdot a_k = (n-1)^2 + 3 \ (n \geq 2) \quad \text{※ここから } n \text{ の範囲が出てくる}$$

辺々引いて， $na_n = 2n - 1 \ (n \geq 2)$

$\therefore \ a_n = 2 - \dfrac{1}{n} \ (n \geq 2)$

また，与式に $n = 1$ を代入して，$1 \cdot a_1 = 4$ だから，

$$a_n = 2 - \dfrac{1}{n} \ (n \geqq 2), \ a_1 = 4$$

25-2. 数学的帰納法の書き方

(1) 「数学的帰納法で証明する」と書く。
(2) 1st ステップとして，

　　「(i) $n=1$ のとき，$P(1)$ が成り立つ」ことを証明する

(3) 2nd ステップとしては，

　　「(ii) $n=k\ (\geqq 1)$ のとき，$P(k)$ が成り立つと仮定して，$n=k+1$ のとき」

と書く。このとき $P(k)$ は具体的に書くとよい。

(4) ここが本質部分。
　① 1行目に漸化式を書く。すなわち，$P(k+1)$ を $P(k)$ で表す。
　② 2行目に，数学的帰納法の仮定を用いて $P(k)$ を具体的な k の式に直す。
　③ それを計算して，$P(k+1)$ の式が $P(k)$ の k に $k+1$ を代入した式になったら完了。

(5) 最後に「数学的帰納法により，すべての自然数について成り立つ」と書く。

*　　　*　　　*　　　*　　　*　　　*　　　*　　　*

〔例〕 $1^2+2^2+\cdots+n^2=\dfrac{1}{6}n(n+1)(2n+1)$ を示せ。

数学的帰納法で示す。　　　　　　　　　　　　　　　　数学的帰納法を用いることを書く！

(i) $n=1$ のとき，　　　　　　　　　　　　　　　　　$P(1)$ が成り立つことを示す。

　　左辺 $=1^2=1$

　　右辺 $=\dfrac{1}{6}\times 1\times 2\times 3=1$

より成立。

(ii) $n=k$ のとき，与式が成り立つと仮定して，　　　　$P(k)$ が成り立つことを仮定して $P(k+1)$ が成り立つことを示す。

$n=k+1$ のとき，

　　左辺 $=1^2+2^2+\cdots k^2+(k+1)^2$

　　　　$=\dfrac{1}{6}k(k+1)(2k+1)+(k+1)^2$　　　　　　この部分は，1行目が漸化式，2行目が仮定による書き換え。

　　　　$=\dfrac{1}{6}(k+1)\{k(2k+1)+6(k+1)\}$

　　　　$=\dfrac{1}{6}(k+1)(k+2)(2k+3)=$ 右辺

より，$n=k+1$ で与式は成り立つ。

よって，数学的帰納法により，すべての自然数 n について成り立つ。

最後に「数学的帰納法により」と書く。

§ 26. 指数・対数計算

26-1. 指数計算

指数計算は，**底をそろえてしまえば**，あとは指数部分の計算をするだけである。指数法則はしっかりと押さえておくこと。

【指数法則】
① $a^m \times a^n = a^{m+n}$
② $(a^m)^n = a^{mn}$
③ $a^{\frac{m}{n}} = \sqrt[n]{a^m}$
④ $a^{-n} = \dfrac{1}{a^n}$
⑤ $a^0 = 1$

はしっかりと計算できるようにしておくことが大切。覚えるというよりは，足し算・かけ算の感覚で慣れてしまうべきだろう。

また，底をそろえるという意味でも，底の変換公式は把握しておいてほしい。

【指数の底の変換公式】

$a^x = b^{x \log_b a}$

☺ $a^x = b^y$ とすると，両辺正なので，$\log_b$ を考えれば，

$$y = \log_b a^x = x \log_b a$$

したがって，$a^x = b^{x \log_b a}$

* * * * * * * *

〔例〕 次の式を簡単にせよ。

(1) $a^2 \times a^3 \div \sqrt{a^5}$

(2) $\dfrac{\sqrt[3]{a} \times a^2}{(\sqrt{a})^{\frac{5}{2}}}$

➡ すべてを指数に直せばよい。

(1) （与式）$= a^{2+3-\frac{5}{2}} = a^{\frac{5}{2}} = \boldsymbol{a^2 \sqrt{a}}$

(2) （与式）$= a^{\frac{1}{3}+2-\frac{5}{2} \cdot \frac{1}{2}} = \boldsymbol{a^{\frac{13}{12}}}$

* * * * * * * *

〔例〕 次の式を（ ）内を底にした形に書き直せ。

(1) 2^x （3） (2) $\dfrac{1}{2^{2x}}$ （5）

➡ (1) $2^x = 3^y$ として，両辺 $\log_3$ を考えればよい。
$x \log_3 2 = y$ ∴ （与式）$= \mathbf{3^{x \log_3 2}}$

(2) 題意より，$2^{-2x} = 5^y$ とすれば，$\log_5$ をとって，
$y = -2x \log_5 2$ ∴ （与式）$= \mathbf{5^{-2x \log_5 2}}$

26-2. 対数計算

対数計算は，底をそろえてしまうことが大切。あとは対数法則にしたがって計算するだけである。真数部分は素因数分解してバラしてしまうか，log を 1 つにまとめてしまえばよいだろう。

【対数法則】

$a > 0$, $a \neq 1$（底条件），$x, y > 0$（真数条件）として，

① $\log_a xy = \log_a x + \log_a y$

② $\log_a x^y = y \log_a x$

③ $\log_a 1 = 0$

また，対数はいつでも指数部分を見ていることに注意。つまり，

【対数の底の変換公式】

$$\log_a x = \dfrac{\log_b x}{\log_b a} \quad (a,\ b \neq 1,\ a,\ b > 0,\ x > 0)$$

が成立する。対数は $\log_a x$ と表してはいるが，あくまで数であることに注意する。

* * * * * * * *

〔例〕 $\log_3 24 - 4\log_3 2 + \log_3 18$ を簡単にせよ。

➡ 底はそろっているので，log をまとめて，

$$（与式）= \log_3 \dfrac{24 \times 18}{2^4} = \log_3 3^3 = \mathbf{3}$$

または，log をバラバラにして，

$$（与式）= \log_3(3 \cdot 2^3) - 4\log_3 2 + \log_3(3^2 \cdot 2) = (1 + 3\log_3 2) - 4\log_3 2 + (2 + \log_3 2) = \mathbf{3}$$

§ 27. 指数・対数のグラフ

27-1. 指数関数のグラフ

指数関数 $y = a^x$ のグラフは，底が $a > 1$ のときと，$0 < a < 1$ のときで概形が大きく変わることに注意。どちらのグラフもしっかりと形をつかめるようにしておくこと。また，指数関数 $y = a^x$ は，$y = 0$（x 軸）を漸近線にもつことに注意する。

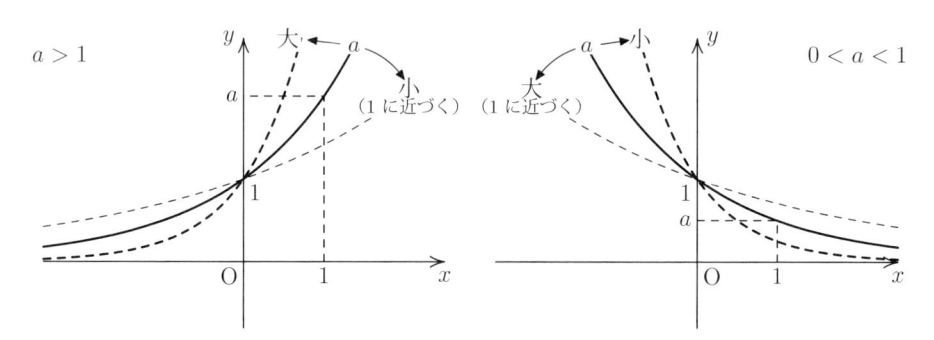

- $0 < a < 1$ のとき，$1 < a^{-1}$ に注意すれば， $y = a^x = (a^{-1})^{-x}$

  例えば，$y = \left(\dfrac{1}{2}\right)^x = 2^{-x}$ より，$y = 2^x$ の y 軸対称。

- $y = a^x$ と $y = b^x$ と比べると，$b = a^m$ とすると， $y = b^x = (a^m)^x = a^{mx}$

  例えば，$y = 4^x = 2^{2x}$ より，$y = 2^x$ の x 方向に $\dfrac{1}{2}$ 倍。

* * * * * * * *

〔例〕 $y = 2^{-2x+1}$ のグラフを描け。

☺ $y = 2^{-2\left(x - \frac{1}{2}\right)} = \left(\dfrac{1}{4}\right)^{x - \frac{1}{2}}$ より，$y = \left(\dfrac{1}{4}\right)^x$ のグラフを描いて，それを x 軸方向に $\dfrac{1}{2}$ 平行移動する。

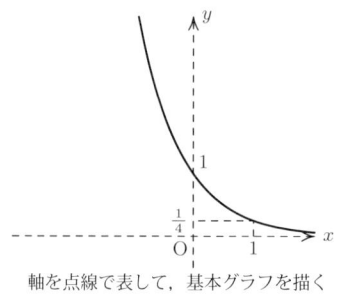

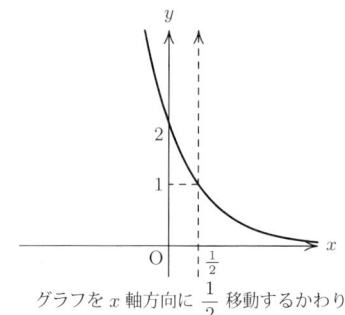

軸を点線で表して，基本グラフを描く

グラフを x 軸方向に $\dfrac{1}{2}$ 移動するかわりに，y 軸を x 方向に $-\dfrac{1}{2}$ 移動。

27-2. 対数関数のグラフ

対数関数 $y = \log_a x$ $(a > 0,\ a \neq 1,\ x > 0)$ は，指数関数 $y = a^x$ の逆関数になっていることに注意する。したがって，グラフは $a > 1$ と $0 < a < 1$ で大きく形が変わってくるので注意。あとは，真数条件から定義域が **中身 > 0** の範囲に限られることに注意。

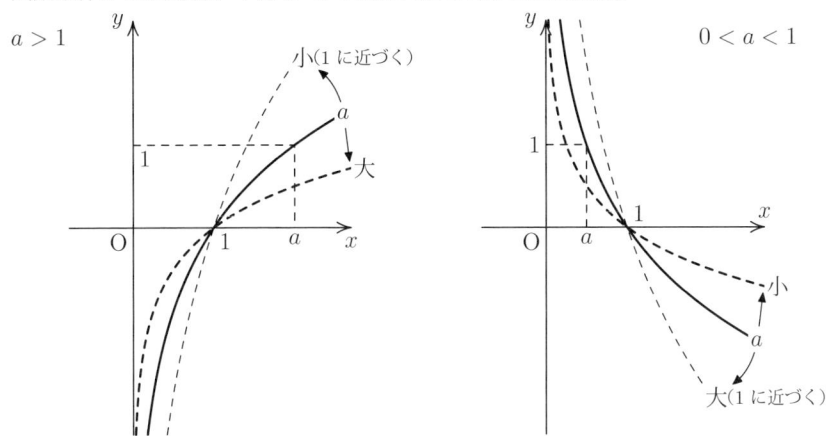

$a > 1$ の場合のグラフ（小(1 に近づく)、大）、$0 < a < 1$ の場合のグラフ（小、大(1 に近づく)）

- $y = a^x \Leftrightarrow x = \log_a y$ の文字 $x,\ y$ の交換をしたものが $y = \log_a x$ だから，$y = a^x$ のグラフと $y = x$ に関して線対称。
- $0 < a < 1$ のとき，$b = a^{-1}$ とすれば，$1 < b,\ b^{-1} = a$。このとき，$y = \log_a x = -\log_b x$
 例えば，$y = \log_{\frac{1}{2}} x = -\log_2 x$ より，$y = \log_2 x$ の x 軸対称。
- $y = \log_a x$ と $y = \log_b x$ を比べると，$b = a^m$ とすると，$y = \log_b x = \dfrac{\log_a x}{m}$
 例えば，$y = \log_4 x = \dfrac{\log_2 x}{\log_2 4} = \dfrac{\log_2 x}{2}$ より，$y = \log_2 x$ のグラフを y 軸方向に $\dfrac{1}{2}$ 倍。

*　　　*　　　*　　　*　　　*　　　*　　　*　　　*

〔例〕　$y = \log_3(9x - 3) + 1$ のグラフを描け。

☺　$y = \log_3\left(x - \dfrac{1}{3}\right) + 3$ より，$y = \log_3 x$ のグラフを描いて，y 軸を $-\dfrac{1}{3}$，x 軸を -3 ずらす。

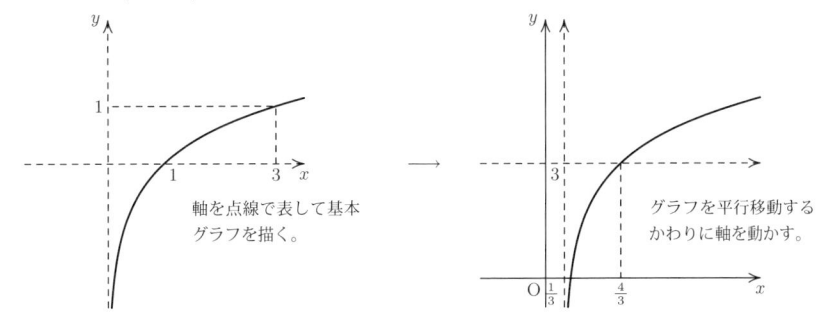

軸を点線で表して基本グラフを描く。 $\longrightarrow$ グラフを平行移動するかわりに軸を動かす。

§ 28. 指数・対数の方程式

28-1. 指数方程式・不等式

指数方程式や不等式を解くときは，

① 両辺底をそろえて，指数部分の方程式・不等式にもち込む。
② $t = a^x$ と置換して，t の方程式・不等式と見る。

という 2 つの方針をしっかりと押さえておくこと。特に，不等式を扱う際は，どちらの方針でも，**底 > 1 と $0 <$ 底 < 1 では大小関係が逆転してしまうため，注意**すること。また，②の方針で置換にいった場合には，必ず t の範囲を追いかけることを忘れないように。

* * * * * * * *

〔例〕 $2^{2x} - 2^{x+1} - 48 < 0$ を解け。

> $2^x = t$ とすると，$\underline{t > 0}$ で $t^2 - 2t - 48 < 0 \Leftrightarrow (t-8)(t+6) < 0$
> $t > 0$ に注意して $0 < t = 2^x < 8$
> $\underbrace{2 > 1 \text{ より } 2^x \text{ は単調増加なので}}_{\text{不等号の向きが変わらない！}}, \; x < 3$

28-2. 対数方程式・不等式

対数方程式・不等式は，まず，

┌**【$\log_a x$ の真数条件・底条件】**────────────────
│
│ **真数条件：$x > 0$ （中身 > 0）** 　　　　　　**底条件：$a > 0, \; a \neq 1$**
│
└──────────────────────────────

の 2 つをしっかりと確認すること。対数方程式・不等式は，**この範囲でしか定義されない**ことに注意する。あとは，対数計算と同様，**底をそろえる**のが基本。底をそろえさえすれば，log をはずすだけである。

┌**【log の扱い方】**──────────────────────
│
│ log は 1 次式でなければ，はずせないことに注意。log のはずし方は，
│
│ ・ log が 1 次 ➡ log をまとめる。
│
│ ・ log が 2 次以上 ➡ $t = \log x$ などと塊を置換，因数分解。
│
│ 〔注意〕 真数部分の次数をいっているわけではない。$\log x^2$ は log が 1 次。$(\log x)^2$ は
│ 　　　　$\log \times \log$ なので log が 2 次。
│
└──────────────────────────────

不等式では，log をはずす際には，指数同様に **底 > 1 と 0 < 底 < 1** で場合分けをすることを忘れないように。

*　　　　*　　　　*　　　　*　　　　*　　　　*　　　　*　　　　*

〔例〕　次の方程式・不等式を解け。
(1) $\log_2 x > \log_4(3x+10)$　　　　(2) $\log_3 x + 3\log_x 3 = 4$

(1)　真数・底条件より，$x > 0, \ x > -\dfrac{10}{3}$ だから，$x > 0 \ \cdots$ ①

底をそろえて，$\log_2 x > \dfrac{\log_2(3x+10)}{2} \Leftrightarrow 2\log_2 x > \log_2(3x+10)$

$2 > 1$ より，$\log_2 x$ は単調増加だから，$x^2 > 3x + 10$　　∴ $x < -2, \ 5 < x$

①に注意して，　　$\boldsymbol{x > 5}$

(2)　真数・底条件から，$x > 0, \ x \neq 1 \ \cdots$ ②

底をそろえて，$\log_3 x + \dfrac{3}{\log_3 x} = 4 \Leftrightarrow \underbrace{(\log_3 x)^2 - 4\log_3 x + 3 = 0}_{\text{log が 2 次!}}$

∴ $\log_3 x = 1, \ 3$ より，$\boldsymbol{x = 3, \ 27}$（これは②を満たす）

28-3. 常用対数と桁数

10 進法において，自然数 N が n 桁とは，N が $10^{n-1} \leqq N < 10^n$ と評価されていることに注意する。したがって，

　　桁数を考える $\longrightarrow \log_{10}$ をとる

と考える。これで n という桁の部分が取り出せることに注意。また，小数第 n 位から始まる数 N という場合についても「負の桁数」のように捉えれば，

　　$10^{-n} \leqq N < 10^{-n+1}$

と評価されていることに注意する。この評価は覚えるのではなく，いつでも **2, 3 桁の数で試して，導ける**ようにしておくことが大切である。

*　　　*　　　*　　　*　　　*　　　*　　　*　　　*

〔例〕$\log_{10} 2 = 0.3010$ として，0.2^{10} は小数第何位に初めて 0 でない数が現れるか。

☺　$\log_{10}(0.2)^{10} = 10(\log_{10} 2 - 1) = -6.99$

∴ $10^{-7} < 0.2^{10} < 10^{-6}$

したがって，**小数第 7 位**で初めて 0 でない数が現れる。

[注意]　最後，不等式から小数第 7 位と導くときは，
　例えば「0.05 は，$10^{-2} < 0.05 < 10^{-1}$ で小数第 2 位から始まっているから，左側が桁数」のように **小さな桁数で具体的に考えること**が大切である。

§ 29. 極限

29-1. 関数の極限

関数 $f(x)$ において，x が a と異なる値をとりながら，限りなく a に近づくと，$f(x)$ が限りなく b に近づくとき，「$f(x)$ は $x \to a$ で b に収束する」といい，

$$\lim_{x \to a} f(x) = b$$

と書き，b を $x \to a$ における $f(x)$ の極限値と呼ぶ。

- $\dfrac{0}{0}$ の不定形

 数Ⅱで扱う極限は主に，$\lim\limits_{x \to a} \dfrac{f(x)}{g(x)}$ の形をしていて，分母・分子が $x \to a$ でともに 0 に収束する。このように，極限値が一見定まらないような形を不定形と呼び，これを解消しないことには極限値は求まらない。数Ⅱのうちは，$f(x)$, $g(x)$ が整式か $\sqrt{}$ の形くらいしか扱わないため，整式なら，

$$\lim_{x \to a} f(x) = f(a) = 0 \iff f(x) \text{ が } x - a \text{ で割り切れる}$$

とできる。分母も同様にすれば，$x - a$ で約分できてしまうことに注意する。無理式の場合は，有理化すればすぐに整式になってしまうことに注意する。

* * * * * * * *

〔例〕 $\lim\limits_{x \to 3} \dfrac{x^2 - 2x - 3}{x - 3}$ を計算せよ。

⊙ （分子）$= (x-3)(x+1)$ より，

$$（与式）= \lim_{x \to 3} \frac{(x-3)(x+1)}{(x-3)} = \lim_{x \to 3}(x+1) = \mathbf{4}$$

また，$\dfrac{0}{0}$ の不定形は，**微分形**として捉えることもできる（微分の定義式を知らない人は，次の § 30 を参照）。この考え方は非常に大切であるから，しっかりと理解しておくこと。

* * * * * * * *

〔例〕 上の例において，$f(x) = x^2 - 2x - 3$ とすれば，

$f(3) = 0$ より，

$$（与式）= \lim_{x \to 3} \frac{f(x) - f(3)}{x - 3} = f'(3) = 2 \times 3 - 2 = \mathbf{4}$$

と計算できてしまう。

29-2. 極限の方程式

$\lim_{x \to a} g(x) = 0$ のときに，$\lim_{x \to a} \dfrac{f(x)}{g(x)}$ の極限値が存在するという条件が与えられたら，

$\quad$ (分母) $\to 0$ より，(分子) $\to 0$ が必要

と扱うこと。あくまで**必要条件**であることに注意。最後に，極限値が確かに存在するかどうか，**十分性の確認**が必要になってくる。

[**注意**] 極限の方程式は，
 ① 収束条件（極限が存在する条件）　　② 極限値の一致条件
と 2 種類の条件を含んでいることに注意する。

* * * * * * * *

〔例〕 $\lim_{x \to 1} \dfrac{x^2 + ax + b}{x - 1} = 3$ となる a, b を決定せよ。

$\odot$　$x \to 1$ において，(分母)$\to 0$ より，

$\quad$ (分子) $= x^2 + ax + b \to 0$ が必要　　$\therefore \lim_{x \to 1}(x^2 + ax + b) = 1 + a + b = 0$

よって，$b = -a - 1$ で，逆にこのとき，

$$\lim_{x \to 1} \dfrac{x^2 + ax - a - 1}{x - 1} = \lim_{x \to 1} \dfrac{(x-1)(x+a+1)}{x-1} = \lim_{x \to 1}(x + a + 1) = a + 2 = 3$$

となり，収束するので十分。したがって，$\boldsymbol{a = 1, b = -2}$

[**参考**] これも $\dfrac{0}{0}$ の形なので微分形として読み替えることもできる。
この場合 $f(x) = x^2 + ax + b$ として，$\lim_{x \to 1} \dfrac{f(x)}{x - 1}$ が収束するから，(分母) $\to 0$ より，(分子) $\to 0$ が必要。

$\quad \therefore \lim_{x \to 1} f(x) = f(1) = 0 \cdots ①$

このとき，(左辺) $= \lim_{x \to 1} \dfrac{\overbrace{f(x) - f(1)}^{f(1)=0\ \text{だから変わらない}}}{x - 1} = f'(1)$ より収束し十分。　　$\therefore f'(1) = 3 \cdots ②$

このように，　　（与式）$\Leftrightarrow f(1) = 0, f'(1) = 3$（必要十分な読み替え！）　を解いてもよい。

* * * * * * * *

〔例〕 $\lim_{x \to 3} \dfrac{f(x)}{(x-1)(x-3)} = 5$ を $f(x), f'(x)$ の条件に読み替えよ。

$\odot$　(分母) $\to 0$ より，(分子) $\to 0$ が必要で，$f(3) = 0$

$\quad \therefore$ (左辺) $= \lim_{x \to 3} \dfrac{f(x) - f(3)}{x - 3} \cdot \dfrac{1}{x - 1} = \dfrac{f'(3)}{2}$　だから，$\dfrac{f'(3)}{2} = 5$

したがって，　　（与式）$\Leftrightarrow \boldsymbol{f(3) = 0,\ f'(3) = 10}$

§ 30. 微分計算

30-1. 微分計算

　微分計算は，その定義や意味を押さえておくことも大切だが，**計算としてできるようになっておくことも大切である**。積の微分公式や，合成関数の微分公式を利用して，多項式関数ならばすぐに微分できるようになっておくこと。

【微分の定義】

$$f'(x) = \lim_{h \to 0} \frac{f(x+h) - f(x)}{h}$$

　この定義は，覚えておかないとどうしようもないので，図形的な意味とあわせて押さえておくこと。それとは別に，微分計算はしっかりとできるように。

【微分計算】

- 単項式の微分：$(x^n)' = nx^{n-1}$
- 多項式の微分：$\{kf(x) + lg(x)\}' = kf'(x) + lg'(x)$

　また，積の微分公式・合成関数の微分公式はしっかりと使えるようにしておくこと。展開してしまうと，計算が一気に複雑になってしまう。

【微分公式】

- 積の微分

  $$\{f(x)g(x)\}' = f'(x)g(x) + f(x)g'(x) \quad \text{（前の微分＋後ろの微分）}$$

- 合成関数の微分

  $$\{f(g(x))\}' = f'(g(x))g'(x) \quad \text{（中身で微分 × 中身の微分）}$$

　特に，合成関数の微分公式は，

$$\{(ax+b)^n\}' = an(ax+b)^{n-1}$$

として，用いることが多いので，しっかりと使えるようにしておくこと。

∵ $y = (ax+b)^n$ とすれば,

$$x \longmapsto ax+b$$
$$\parallel$$
$$t \longmapsto t^n$$

左のような対応があるので,

$$y' = \underbrace{n(ax+b)^{n-1}}_{\text{中身で微分}} \cdot \underbrace{(ax+b)'}_{\text{中身の微分}}$$
$$= an(ax+b)^{n-1}$$

* * * * * * * *

〔例〕 $f(x) = 3x^3 + 5x^2 + 4x + 2$ のとき,$f'(x)$ を求めよ.

∵ 多項式は項ごとに微分していけばよい.

$$f'(x) = 3(x^3)' + 5(x^2)' + 4(x)' + 2 \cdot (1)' = \mathbf{9x^2 + 10x + 4}$$

* * * * * * * *

〔例〕 $f(x) = (x^2+1)(3x-2)$ のとき,$f'(x)$ を求めよ.

∵ わざわざ展開しなくても,積の微分公式を使えばよい.

$$f'(x) = \{(x^2+1)\}'(3x-2) + (x^2+1)\{(3x-2)\}' = 2x(3x-2) + 3(x^2+1)$$
$$= \mathbf{9x^2 - 4x + 3}$$

* * * * * * * *

〔例〕 $f(x) = (3x+5)^{10}$ のとき,$f'(x)$ を求めよ.

∵ 展開すると大変.合成関数の微分公式で扱うとよい.

$$f'(x) = \underbrace{10(3x+5)^9}_{\text{中身で微分}} \times \underbrace{\{(3x+5)\}'}_{\text{中身の微分}} = \mathbf{30(3x+5)^9}$$

* * * * * * * *

〔例〕 $f(x) = (x^2+7)^{10}(x+3)$ のとき,$f'(x)$ を求めよ.

∵ これも展開はしない.まずは積の形になっているので,積の微分公式,合成関数の微分公式を順に使えばよい.

$$f'(x) = \{(x^2+7)^{10}\}'(x+3) + (x^2+7)^{10}(x+3)' \quad \text{(積の微分)}$$
$$= \underbrace{\{10(x^2+7)^9 \times 2x\}}_{\text{合成関数の微分公式}}(x+3) + (x^2+7)^{10}$$
$$= 20x(x^2+7)^9(x+3) + (x^2+7)^{10} = (x^2+7)^9\{20x(x+3) + x^2+7\}$$
$$= \mathbf{(x^2+7)^9(21x^2 + 60x + 7)}$$

§31. 接線・法線

31-1. 接線・法線

接線は，微分を使うことで初めて定義されることに注意。2つの曲線（直線）$y = f(x)$, $y = g(x)$ が，

$$x = a \text{ で接する} \iff \begin{cases} f(a) = g(a) \\ f'(a) = g'(a) \end{cases}$$

で定義されているので，$y = f(x)$ の $x = a$ における接線とは，

傾き $f'(a)$ で，点 $(a, f(a))$ を通る直線

として考えること。

【接線】

$y = f(x)$ の $x = a$ における接線は，

$$y = f'(a)(x - a) + f(a)$$

また，法線とは，**接点を通り，接線に垂直な直線**であるから，

傾き $-\dfrac{1}{f'(a)}$ で，点 $(a, f(a))$ を通る直線

と考えること。$f'(a)$ が分母にきていることに注意すれば，$f'(a) = 0, \neq 0$ で場合分けが必要なことに注意する。

【法線】

$y = f(x)$ の $x = a$ における法線は，

$$\begin{cases} y = -\dfrac{1}{f'(a)}(x - a) + f(a) & (f'(a) \neq 0) \\ x = a & (f'(a) = 0) \end{cases}$$

この場合分けがメンドウな場合は，

$$f'(a)(y - f(a)) + (x - a) = 0$$

のように分母を払っておけば，直線の一般形にもち込むこともできる（この表現は，ベクトルという分野を勉強すればすぐに導ける）。

接線・法線は，接点が分からなければ求められないことに注意。接線・法線が絡んだ問題で，接点が分かっていないとき，接点を探しにいくのはなかなか難しい（多項式関数でさえ，次数が上がると因数分解が難しい）。したがって，接点が分からないときは，**接点を$(t,\ f(t))$のようにおく**というのが大切な方針になってくる。

＊　　　＊　　　＊　　　＊　　　＊　　　＊　　　＊　　　＊　　　＊

〔例〕　$y = 3x^3 - 2x^2 + 1$ のグラフ上の点 $(1,\ 2)$ における接線・法線の方程式を求めよ。

☺　$y' = 9x^2 - 4x$ より，$x = 1$ における微分係数は，$y'\big|_{x=1} = 5$

よって，接線は傾き 5, $(1,\ 2)$ を通る直線であるから，

$$y = 5(x - 1) + 2 \quad \therefore\ \boldsymbol{y = 5x - 3}$$

法線は傾き $-\dfrac{1}{5}$ で $(1,\ 2)$ を通る直線であるから，

$$y = -\dfrac{1}{5}(x - 1) + 2 \quad \therefore\ \boldsymbol{y = -\dfrac{1}{5}x + \dfrac{11}{5}}$$

＊　　　＊　　　＊　　　＊　　　＊　　　＊　　　＊　　　＊　　　＊

〔例〕　点 $(3,\ 18)$ から $y = f(x) = x^3 - 2x^2 + 4x - 3$ のグラフに引いた接線の方程式を求めよ。

※重解条件ではなく，**まず接点をおくこと**。これがないと接線が出てこない。

☺　接点を $(t,\ f(t))$ とおくと，$f'(x) = 3x^2 - 4x + 4$ だから，接線は，

$$y = (3t^2 - 4t + 4)(x - t) + t^3 - 2t^2 + 4t - 3 = (3t^2 - 4t + 4)x - 2t^3 + 2t^2 - 3$$

これが $(3,\ 18)$ を通るので代入して，

$$18 = 3(3t^2 - 4t + 4) - 2t^3 + 2t^2 - 3$$

$$\therefore\ 2t^3 - 11t^2 + 12t + 9 = 0 \Leftrightarrow (t - 3)^2(2t + 1) = 0$$

したがって，$t = 3,\ -\dfrac{1}{2}$ となるから，求める接線は，

$$\boldsymbol{y = 19x - 39,\ y = \dfrac{27}{4}x - \dfrac{9}{4}}$$

§32. 増減表とグラフ

32-1. 増減表とグラフ

今まで扱ってきた基本的なグラフ（1次関数・2次関数・1次分数関数・無理関数）に加えて，多項式関数のグラフは，微分を用いればすぐに描ける。当然，$f'(x) = 0$ を解くことになるので，あまりに次数が高いと大変だが，3次関数のグラフなら，$f'(x)$ が2次式となるので，簡単に描けてしまうことに注意。

【3次関数のグラフ】

① top 係数の符号を確認。
② x, y 切片を計算。（ここまででグラフの概形はつかめる！）
③ 微分。
④ 増減表・グラフを描く。

3次関数のグラフを描くときは，まず top 係数を見て，

top 係数 > 0 なら右上がり

top 係数 < 0 なら右下がり

であるグラフを描いてしまうこと。その後，x, y 切片を計算して，微分をして，**増減表を書いて**しまえば OK。増減表は必ず書くように。

* * * * * * * *

〔例〕 $y = x^3 - 2x^2 + x$ のグラフを描け。

まずは，top 係数 $= 1 > 0$ から，グラフは右上がり。
y 切片は，$x = 0$ を代入して，$y = 0$（原点を通る）
x 切片は，$y = 0$ を解いて，$x = 0, 1$
 （$x = 1$ で x 軸に接する）※この時点で，グラフの概形は定まってしまっていることに注意
また，$y' = 3x^2 - 4x + 1 = (3x - 1)(x - 1)$ より，

$$y' = 0 \iff x = \frac{1}{3}, 1$$

よって，増減表およびグラフは，次のようになる。

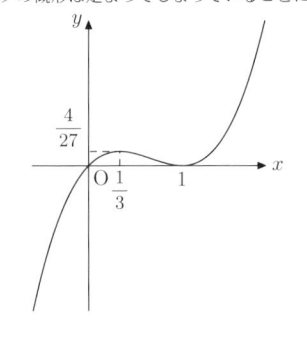

x	$\cdots$	$\frac{1}{3}$	$\cdots$	1	$\cdots$
y'	$+$	0	$-$	0	$+$
y	↗	$\frac{4}{27}$	↘	0	↗

32-2. 4次以上の関数のグラフ

$f(x) = ax^n + bx^{n-1} + \cdots + cx + d$ のように，文字1つの多項式として表される関数を整関数という。4次以上の整関数のグラフも増減表から描ける。
$y = f(x) = ax^n + bx^{n-1} + \cdots + cx + d$ のグラフを考えると，

(i) $a > 0$ のとき，グラフは右にいくにつれて大きくなり，グラフが左に進むと，

$$\begin{cases} n：偶数のとき　大きくなり， \\ n：奇数のとき　小さくなる。 \end{cases}$$

(ii) $a < 0$ のとき，グラフは右にいくにつれて小さくなり，グラフが左に進むと，

$$\begin{cases} n：偶数のとき　小さくなり， \\ n：奇数のとき　大きくなる。 \end{cases}$$

つまり，グラフの概形は，

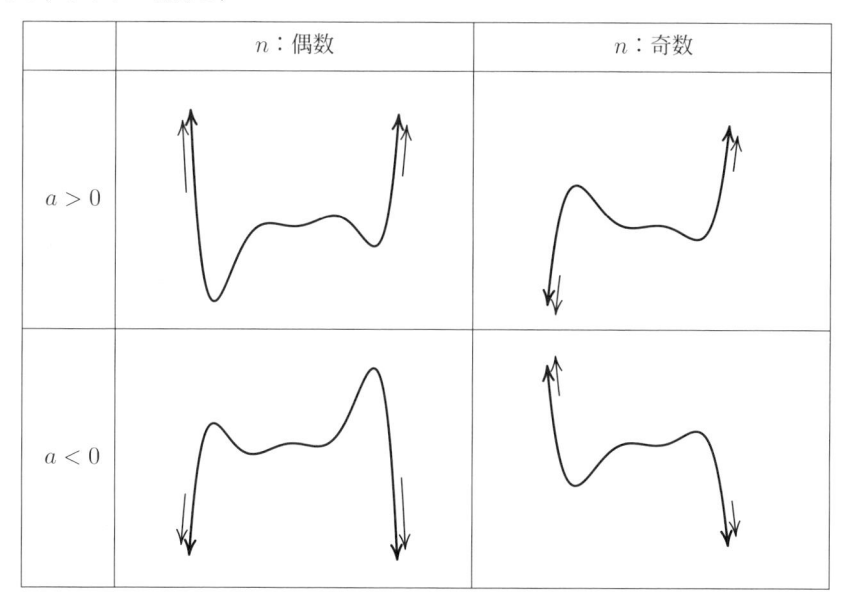

	n：偶数	n：奇数
$a > 0$		
$a < 0$		

となる。途中のグニャグニャしたところは，n の次数によって変わる。

特に n が奇数のとき，大局的に下のようなグラフになるから，

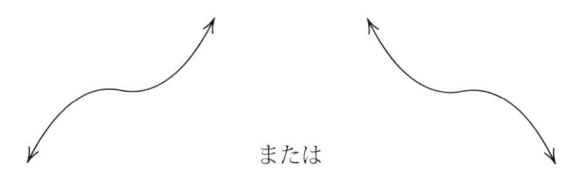

または

必ず x 軸と（1回以上）交わる。つまり，$f(x) = 0$ は必ず実数解をもつ。

§33. 最大・最小

33-1. 関数の最大・最小

$y = f(x)$ が与えられたときに，$y = f(x)$ のグラフが描けるのであれば，グラフを見れば最大値・最小値を簡単に見つけられる。2次関数の最大・最小で，グラフを考えて処理したのと同様に，**微分を用いれば3次関数以上もグラフが描ける**ことに注意する。グラフを描いてみれば分かることだが，関数の最大・最小を考えるときは，

① $y = f(x)$ のグラフを描く。
② **定義域の両端と極値をチェック。**

* * * * * * * * *

〔例〕 $f(x) = x^3 - 3x + 1$ の $-2 \leqq x \leqq 2$ における最大値・最小値を求めよ。

☺ $f'(x) = 3(x-1)(x+1)$ より，$f'(x)$ の増減表・グラフは，次のようになる。

x	$\cdots$	-1	$\cdots$	1	$\cdots$
$f'(x)$	$+$	0	$-$	0	$+$
$f(x)$	↗	3	↘	-1	↗

$f(-2) = -1$, $f(2) = 3$ に注意して，

　　最大値：3 $(x = -1, 2)$

　　最小値：-1 $(x = -2, 1)$

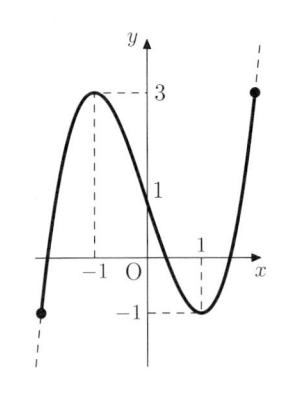

33-2. 方程式・不等式への利用

3次以上の方程式 $f(x) = 0$ は一般には解くことはできない。ただ，具体的に解を求められなくても，**解の存在**や，**解の個数**だけなら，$y = f(x)$ のグラフを考えて処理することができる。

● **文字定数を含んだ方程式・不等式**

パラメータ a を含む方程式や不等式を扱うときは，

① パラメータ分離（定数分離）
② 正攻法（そのまま微分）

という2通りの方法があることに注意する。

① **パラメータ分離**

与えられた方程式を**パラメータについて解き**，

$$a = f(x) \quad \text{または} \quad (a \text{ を含む直線}) = f(x)$$

の形にしてしまえば，この方程式の解は，$y=a$, $y=f(x)$ のグラフの共有点の x 座標，または $y=(a$ を含む直線$)$, $y=f(x)$ のグラフの共有点の x 座標となっていることに注意する。

② 　正攻法
与えられた方程式が，パラメータについて解けないとき，また解けても $y=f(x)$ のグラフが描けないときなどは，パラメータ分離ができない（数Ⅲをやれば，たいていのグラフを描けるようになるため，パラメータ分離は非常に有効な方法になってくる）。そういったときは，元の方程式 $g(x)=0$ の解を $y=g(x)$ と x 軸との交点と考えて，$y=g(x)$ のグラフを調べにいくこと。微分して，増減表を書きにいく。

＊　　　＊　　　＊　　　＊　　　＊　　　＊　　　＊　　　＊

〔例〕　$x^2-2ax+6+a=0$ が $x>0$ に少なくとも1解をもつように a の範囲を定めよ。

<u>パラメータ分離で</u>
与えられた方程式より，$\dfrac{1}{2}x^2+3=a\left(x-\dfrac{1}{2}\right)$
だから，この実数解は，
$$y=\dfrac{1}{2}x^2+3, \ y=a\left(x-\dfrac{1}{2}\right)$$
のグラフの共有点の x 座標に一致する。
$y=a\left(x-\dfrac{1}{2}\right)$ は点 $\left(\dfrac{1}{2}, 0\right)$ を通り傾き a の直線。
(i)　直線と放物線が接するとき：(差グラフから答えを出しておくこと)

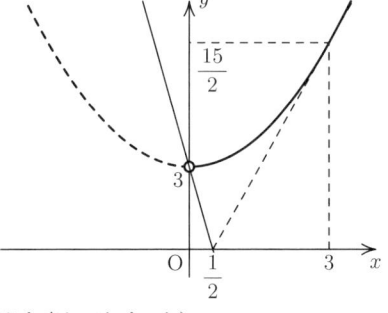

$\dfrac{1}{2}x^2+3=a\left(x-\dfrac{1}{2}\right)$ の判別式を D として，$D=0$ かつ 軸 >0 が条件。

∴　$a^2-(6+a)=0$ 　かつ 　$a>0 \Leftrightarrow a=3$

(ii)　直線が $(0, 3)$ を通るとき：$a=-6$
以上よりグラフから求める範囲は，　　$\boldsymbol{a<-6, \ a\geqq 3}$

<u>正攻法で</u>
解の配置を考えればよい。$f(x)=x^2-2ax+6+a$ として，
(i)　$f(0)<0$ のときは成立。このとき，$a<-6$
(ii)　$f(0)=0$ のとき：$a=-6$ で，このとき $f(x)=x^2+12x=x(x+12)$ より，不適。
(iii)　$f(0)>0$ のとき：$a>-6$ で，このとき，

　　　軸 >0 　かつ 　判別式 $\geqq 0$

が条件。したがって，$a>0$ かつ $a^2-a-6\geqq 0 \Leftrightarrow a\leqq -2, \ a\geqq 3$
以上から，　　$a\geqq 3$
以上(i)～(iii)より，　　$\boldsymbol{a<-6, \ a\geqq 3}$

§ 34. 不定積分

34-1. 不定積分

「微分をしたら $f(x)$ になるような関数を求める」という操作を「$f(x)$ を x で積分する」といい，

$$\int f(x)dx \quad \cdots \cdots f(x) \text{ を } x \text{ で積分}$$

と表す。積分計算は，**微分の逆操作**として覚えておくこと。つまり，

---【微積分の基本公式】---

$$\frac{d}{dx}\int f(x)dx = f(x) \quad \text{（積分して，微分したら元に戻る）}$$

が成り立つ。微分が次数を下げる操作だったことに注意すれば，積分は**次数を上げる操作**になっていることに注意すること。

また，微分をすれば，定数項が消えてしまうため，積分した結果の定数項は何でも構わないことに気をつけると，不定積分の計算をした際は，定数項が unique に定まらないことに注意。この自由な定数が**積分定数**C として出てくる。

積分も，微分同様にどの文字で積分をしたかが非常に大切で，

$$\int \cdots \cdots dx$$

とあれば，これは x について積分していることに注意する。当然，**計算結果は，x の関数**となる。

34-2. 積分計算

積分計算は，微分同様に**和・実数倍に関しては，ばらばらに計算**できる。多項式を積分するときは，当然**項ごとに計算**すること。ただし，積分計算は，微分計算のように自由に行えるわけではなく，残念ながら今のうちは，積・合成関数に関しては，実際に中身を計算しないと扱えない。

---【積分計算】---

- $\displaystyle\int x^n dx = \frac{1}{n+1}x^{n+1} + C$ （C は積分定数）
- $\displaystyle\int (ax+b)^n dx = \frac{1}{a(n+1)}(ax+b)^{n+1} + C$ （C は積分定数）

[**注意**] 不定積分の計算をするときは，**積分定数を忘れない**こと。

☺　出てきた結果を微分してみれば明らかであろう。前半は，
$$(x^{n+1})' = (n+1)x^n$$
から，後半は合成関数の微分公式
$$\{(ax+b)^{n+1}\} = a(n+1)(ax+b)^n$$
からすぐに分かる。特に後半の公式は，計算が非常に楽になるので必ず覚えておくこと。

＊　　＊　　＊　　＊　　＊　　＊　　＊　　＊　　＊

〔例〕 $\int x^5 dx$ を計算せよ。

※次数を1つ上げる ➡ 次数の逆数を前にかける

$$(与式) = \frac{1}{6}x^6 + C \quad (C は積分定数)$$

＊　　＊　　＊　　＊　　＊　　＊　　＊　　＊　　＊

〔例〕 $\int (3x+2)^6 dx$ を計算せよ。

※展開すると大変。**1次式**までは塊とみて構わない。

$$(与式) = \frac{1}{7}(3x+2)^7 \times \frac{1}{3} + C = \frac{1}{21}(3x+2)^7 + C \quad (C は積分定数)$$

＊　　＊　　＊　　＊　　＊　　＊　　＊　　＊　　＊

〔例〕 $\int (x^2+1)^3 dx$ を計算せよ。

※上の例と同じ感じで，$(与式) = \frac{1}{4}(x^2+1)^4 \times \frac{1}{2x}$ などとしないこと。塊と見てよいのは **1次式** まで。

$$(与式) = \int \underbrace{(x^6 + 3x^4 + 3x^2 + 1)}_{\text{展開するしかない！}} dx$$
$$= \frac{1}{7}x^7 + \frac{3}{5}x^5 + x^3 + x + C \quad (C は積分定数)$$

§ 35. 定積分(1)

35-1. 定積分

$f(x)$ の不定積分 $F(x) \left(= \int f(x)dx \right)$ に対して，

$$F(b) - F(a)$$

を $x = a$ から $x = b$ までの $f(x)$ の定積分という。

【定積分の計算】
$$\int_a^b f(x)dx = [F(x)]_a^b = F(b) - F(a)$$

上の式から分かるように，a, b が定数なら，**定積分 $\int_a^b f(x)dx$ は定数**であることに注意。定積分の計算は，基本的には，不定積分を計算したあと，両端の値を代入して計算する。

当然ながら，不定積分と同様に，どの文字で積分したかは非常に大切で，

$$\int_a^b \cdots d\boldsymbol{x}$$

とあれば，x についての定積分で，**区間 $[a, b]$ は，x の範囲**であることに注意する。

定積分の定義からすぐ分かるように，

【定積分公式】
- $\int_a^a f(x)dx = 0$
- 積分区間の上下の入れ替え：$\int_a^b f(x)dx = -\int_b^a f(x)dx$
- 区間の分割・合併：$\int_a^b f(x)dx + \int_b^c f(x)dx = \int_a^c f(x)dx$

と計算できる。

[注意] 定積分の和を計算するときは，まず中身・積分区間をチェックすること。**中身が同じなら，積分区間の合併**を考え，**積分区間が同じなら，$\int_a^b \cdots dx$ でまとめる**ことを考える。

また，積分区間が原点対称なら，あとでやるように，中身の偶奇性を確認する。

* * * * * * * *

〔例〕 $\int_1^2 (x^2+1)dx + \int_2^3 (x^2+1)dx + \int_3^1 (x^2+1)dx$ を求めよ。

※定積分の中身がすべて同じことに注意。➡区間の合併

$$(与式) = \int_1^1 (x^2+1)dx = \mathbf{0}$$

* * * * * * * *

〔例〕 $\int_1^2 (x^2+1)^3 dx + \int_1^2 (x^2-1)^3 dx$ を計算せよ。

※2つの定積分の区間が同じことに注意。➡中身の計算

$$(与式) = \int_1^2 \{(x^2+1)^3 + (x^2-1)^3\}dx = \int_1^2 (2x^6 + 6x^2)dx$$
$$= \left[\frac{2}{7}x^7 + 2x^3\right]_1^2 = \frac{\mathbf{352}}{\mathbf{7}}$$

35-2. 奇関数・偶関数の定積分

$f(x) = ax,\ f(x) = ax^3 + bx$ のように，

　　任意の x に対して，$f(-x) = -f(x)$

が成立する関数を奇関数，$f(x) = ax^2,\ f(x) = ax^4 + bx^2$ のように，

　　任意の x に対して，$f(-x) = f(x)$

が成立する関数を偶関数と呼ぶ。

積分区間が原点対称なとき，つまり $\int_{-a}^{a} \cdots dx$ のようなときは，

【奇関数・偶関数の定積分】

- 奇関数 $f(x)$ の積分

$$\int_{-a}^{a} f(x)dx = 0$$

- 偶関数 $g(x)$ の積分

$$\int_{-a}^{a} g(x)dx = 2\int_0^a g(x)dx$$

と，積分計算が非常に簡単になる。

　特に，**積分区間が原点対称なときは，奇関数は積分しなくてよい**ことに注意する。

§ 36. 定積分(2)

36-1. 絶対値関数の定積分

$\int_a^b |f(x)|dx$ のように,絶対値つきの関数の積分をするときは,そのままでは積分できないため,

　　　中身の正負で場合分け

をして,絶対値をはずしてしまうこと。

* 　　* 　　* 　　* 　　* 　　* 　　* 　　*

〔例〕 $\int_{-3}^{3} |x^2 - 1|dx$ を計算せよ。

☺ 必ず,場合分けをすること。
$f(x) = |x^2 - 1|$ とすると,$-3 \leqq x \leqq 3$ において,

$$f(x) = \begin{cases} x^2 - 1 & (-3 \leqq x \leqq -1,\ 1 \leqq x \leqq 3) \\ 1 - x^2 & (-1 \leqq x \leqq 1) \end{cases}$$

$\therefore$ (与式) $= \int_{-3}^{-1}(x^2-1)dx + \int_{-1}^{1}\underbrace{(1-x^2)}_{\text{偶関数}}dx + \int_{1}^{3}(x^2-1)dx$

$= \left[\dfrac{1}{3}x^3 - x\right]_{-3}^{-1} + 2\left[x - \dfrac{1}{3}x^3\right]_0^1 + \left[\dfrac{1}{3}x^3 - x\right]_1^3 = \underline{\dfrac{44}{3}}$

[注意] 当然,$|x^2 - 1|$ が偶関数であることに気が付けば,初めから,(与式) $= 2\int_0^3 |x^2 - 1|dx$ とできる。

36-2. 定積分公式

- $\dfrac{1}{6}$ 公式

2次関数の定積分で,積分区間が中身 $= 0$ の2次方程式の2解になっているとき,つまり,

$$\int_\alpha^\beta a(x-\alpha)(x-\beta)dx$$

の計算は,$\dfrac{1}{6}$ 公式として計算できるようになっておくこと。

【$\frac{1}{6}$ 公式】

$$\int_\alpha^\beta a(x-\alpha)(x-\beta)dx = -\frac{a}{6}(\beta-\alpha)^3$$

[注意] top 係数をかけるのを忘れないこと。

- $\frac{1}{12}$ 公式

    3次関数の定積分でも，中身 $= 0$ の3次方程式が重解と1つの解をもつとき，つまり

    $$\int_\alpha^\beta a(x-\alpha)^2(x-\beta)dx$$

    の形のときに，定積分公式が利用できる。

【$\frac{1}{12}$ 公式】

$$\int_\alpha^\beta a(x-\alpha)^2(x-\beta)dx = -\frac{a}{12}(\beta-\alpha)^4$$

$$\int_\alpha^\beta a(x-\alpha)(x-\beta)^2dx = \frac{a}{12}(\beta-\alpha)^4$$

どちらの公式も，**top 係数を忘れない**こと。また，係数の符号は，暗記してしまうのではなく，あとで述べる面積公式からその符号を考えてやった方が分かりやすいであろう。

$\frac{1}{6}$ 公式の証明

$$\int_\alpha^\beta (x-\alpha)(x-\beta)dx = \int_\alpha^\beta (x-\alpha)\{(x-\alpha)+(\alpha-\beta)\}dx$$
$$= \int_\alpha^\beta \{(x-\alpha)^2+(\alpha-\beta)(x-\alpha)\}dx = \left[\frac{1}{3}(x-\alpha)^3+\frac{1}{2}(\alpha-\beta)(x-\alpha)^2\right]_\alpha^\beta$$
$$= \frac{1}{3}(\beta-\alpha)^3 - \frac{1}{2}(\beta-\alpha)^3 = -\frac{1}{6}(\boldsymbol{\beta}-\boldsymbol{\alpha})^3$$

$\frac{1}{12}$ 公式の証明

$$\int_\alpha^\beta (x-\alpha)^2(x-\beta)dx = \int_\alpha^\beta (x-\alpha)^2\{(x-\alpha)+(\alpha-\beta)\}dx$$
$$= \int_\alpha^\beta (x-\alpha)^3 dx + (\alpha-\beta)\int_\alpha^\beta (x-\alpha)^2 dx = \left[\frac{1}{4}(x-\alpha)^4+\frac{\alpha-\beta}{3}(x-\alpha)^3\right]_\alpha^\beta$$
$$= \frac{1}{4}(\beta-\alpha)^4 - \frac{1}{3}(\beta-\alpha)^4 = -\frac{1}{12}(\boldsymbol{\beta}-\boldsymbol{\alpha})^4$$

後半の式は，α と β を入れ替えればよい。

§37. 面積

37-1. 面積計算

2曲線 $y = f(x)$, $y = g(x)$ で囲まれた部分の面積は，

―【2曲線で囲まれた部分の面積】――――――――――――――――――――

$$S = \int_\alpha^\beta |f(x) - g(x)| dx$$

――――――――――――――――――――――――――――――――

と計算される。**必ず中身を 0 以上にして**積分することに注意。

普通，面積計算の問題では，積分区間が与えられていないので，面積計算をする際は，

① グラフを描いて，積分区間を求める。
② 上下関係に注意しながら，積分をする。

という手順で計算してしまうこと。

特に，$f(x) - g(x)$ の符号が一定のときは，

$$S = \int_\alpha^\beta |f(x) - g(x)| dx = \left| \int_\alpha^\beta \{f(x) - g(x)\} dx \right|$$

と計算できてしまう。

37-2. 面積公式

面積計算をするときは，積分計算をなるべく簡単に済ませられるよう工夫する。特に，放物線と直線（放物線）で囲まれた面積や，3次関数のグラフとその接線で囲まれた面積は，面積公式を利用できるようになっておくこと。

―【面積公式】―――――――――――――――――――――――――――

- 〔放物線と直線（放物線）〕

$$S = \frac{|a|}{6}(\beta - \alpha)^3$$

- 〔3次関数のグラフと接線〕

$$S = \frac{|a|}{12}(\beta - \alpha)^4$$

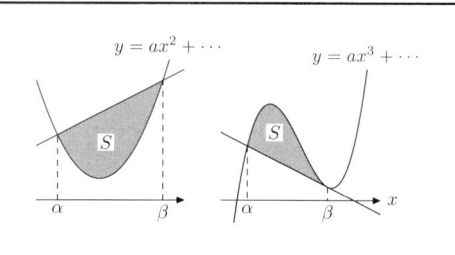

――――――――――――――――――――――――――――――――

※ これは，計算方法もあわせて押さえておくこと。

☺ 放物線を $y = f(x)$，直線を $y = g(x)$ とすると，
2 交点の x 座標が α, β なので，$g(x) - f(x) = -a(x-\alpha)(x-\beta)$ と因数分解される。よって，$\int_\alpha^\beta (x-\alpha)(x-\beta)dx$ を計算すればよい。この計算は，

$$\int_\alpha^\beta (x-\alpha)(x-\beta)dx = -\frac{1}{6}(\beta - \alpha)^3 \quad (\because \ \frac{1}{6}\text{公式})$$

と計算される。

この面積公式は，計算が容易なうえ，因数分解形で結果が出てくるから，なにかと都合がよい。

37-3. 逆関数の利用

曲線 $y = f(x)$ と $a \leqq x \leqq b$，x 軸で囲まれた部分の面積を求めるときに，$f(x)$ が積分できない場合でも，$y = f(x)$ と $f(a) \leqq y \leqq f(b)$ で得られる部分の面積を計算できることがある。このように，面積計算をするときは，**必ず図を描いて，x 軸で囲まれる面積と y 軸で囲まれる面積は，セットで考える**癖をつけておくこと。

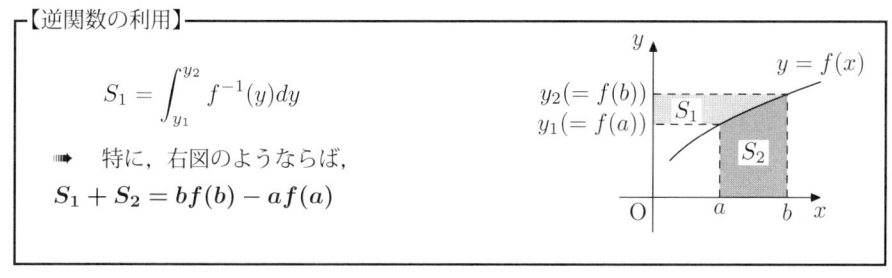

┌【逆関数の利用】────────────────────────

$$S_1 = \int_{y_1}^{y_2} f^{-1}(y)dy$$

➡ 特に，右図のようならば，

$$\boldsymbol{S_1 + S_2 = bf(b) - af(a)}$$

└─────────────────────────────

* * * * * * * *

〔例〕 $y = \sqrt{x}$ と $x = 1$, $x = 4$ および x 軸で囲まれた部分の面積 S を求めよ。

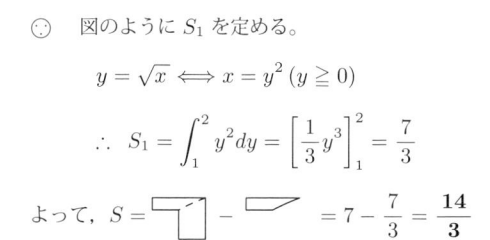

☺ 図のように S_1 を定める。

$$y = \sqrt{x} \iff x = y^2 \ (y \geqq 0)$$

$$\therefore \ S_1 = \int_1^2 y^2 dy = \left[\frac{1}{3}y^3\right]_1^2 = \frac{7}{3}$$

よって，$S = \boxed{} - \boxed{} = 7 - \frac{7}{3} = \boldsymbol{\frac{14}{3}}$

[注意] 必ずグラフを描くこと。$f(x)$ が単調増加な場合は $S_1 + S_2$ が計算できるが，例えば右図のような場合は，

$$S_2 - S_1 = bf(b) - af(a)$$

となることに注意。

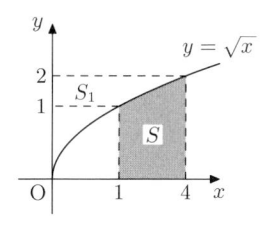

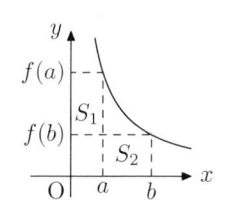

§38. 微積融合

38-1. 微積分の関係

積分が微分の逆操作であることに注意すれば，定積分で定義された関数 $F(x) = \int_a^x f(t)dt$ に対して，$F'(x) = f(x)$ が成り立つ。

【微積分の基本公式】

- $F'(x) = \dfrac{d}{dx}\int_a^x f(t)dt = f(x)$

また，a（定数）が上端，x が下端にある場合や，上端，下端が x の関数である場合も，合成関数の微分として処理できてしまう。この計算は，非常に重要なので，しっかりとできるようになっておくこと。

* * * * * * * *

〔例〕 $g(x) = \displaystyle\int_{x-1}^{2x+1} f(t)dt$ とするとき，$g'(x)$ を求めよ。

∵ $f(x)$ の不定積分の1つを $F(x)$ とすると，
$$g(x) = \Big[F(x)\Big]_{x-1}^{2x+1} = F(2x+1) - F(x-1)$$

よって，$g'(x) = 2F'(2x+1) - F'(x-1)$
ここで，$F'(x) = f(x)$ に注意すれば，合成関数の微分公式より，
$$g'(x) = \boldsymbol{2f(2x+1) - f(x-1)}$$

なお，$\dfrac{d}{dx}\displaystyle\int_a^x xf(t)dt$ のように，x で微分をするのに，$\displaystyle\int \cdots dt$ の中に x が入っている場合は，積の微分公式を用いないと微分できないので注意すること。この場合は，

$$\begin{aligned}\dfrac{d}{dx}\int_a^x xf(t)dt &= \dfrac{d}{dx}\left\{x \times \int_a^x f(t)dt\right\}\\ &= xf(x) + \int_a^x f(t)dt \text{（積の微分）}\end{aligned}$$

と計算しなければならない。

38-2. 積分方程式

- 定数型

$f(x) = g(x) + \displaystyle\int_a^b f(t)dt$ のように，**積分区間の両端が定数**であるような定積分を用いて

定義された関数を決定するときは，$\int_a^b f(t)dt$ が**定数**であることに注意する。つまり，

$$A = \int_a^b f(t)dt \quad (A \text{ は定数}) \cdots\cdots (*)$$

とおけば，$f(x) = g(x) + A$ と $f(x)$ の形が決定してしまう。あとは，$(*)$ から A の方程式を解いて A の値を求めれば，$f(x)$ は求まる。

* * * * * * * *

〔例〕 $f(x) = x^2 + x + 2\int_0^1 f(t)dt$ を満たす関数 $f(x)$ を求めよ。

☺ $\int_0^1 f(t)dt$ は定数なので，$A = \int_0^1 f(t)dt$ (A は定数) とおける。
このとき，$f(x) = x^2 + x + 2A$ より，

$$A = \int_0^1 f(t)dt = \int_0^1 (t^2 + t + 2A)dt = \left[\frac{1}{3}t^3 + \frac{1}{2}t^2 + 2At\right]_0^1 = 2A + \frac{5}{6}$$

よって，$A = -\dfrac{5}{6}$ となり，$\boldsymbol{f(x) = x^2 + x - \dfrac{5}{3}}$

● 関数型

$\int_{a(x)}^{b(x)} f(t)dt$ のように，**定積分の両端に x の関数を含むような積分方程式**は，$\int \cdots dt$ がなくなるまで，両辺を微分するのが基本。そうすれば，微分方程式にもち込めるため，$f(x)$ が整式であれば，あとは**次数を決める**だけである。

* * * * * * * *

〔例〕 $xf(x) = 2\int_0^x f(t)dt$ を満たす，整式 $f(x)$ を求めよ。

☺ 両辺を x で微分して，

$$xf'(x) + f(x) = 2f(x) \iff xf'(x) = f(x) \cdots\cdots \text{①}$$

ここで，$f(x)$ を top 係数が $a(\neq 0)$ の n 次関数とすると，最高次の項を比較して，

$$an = a \quad \therefore\ n = 1$$

よって，$f(x) = ax + b$ とおける。これを①に代入して，$ax = ax + b$ $(a \neq 0)$
したがって，$b = 0$ $\therefore\ f(x) = ax$ $(a \neq 0)$
また，$f(x)$ が定数関数のとき，$f(x) = b$ とおき，①に代入すると，$0 = b$
以上をあわせて，$\boldsymbol{f(x) = ax}$ ； $\boldsymbol{a}$ **は任意の実定数**

§ 39. 物理問題

39-1. 速度・加速度

ある動点 P の位置が時間の関数として，$x(t)$ のように与えられたとき，ある時刻 t での速度 $v(t)$ は，

$$\lim_{\Delta t \to 0} \frac{x(t + \Delta t) - x(t)}{\Delta t}$$

と計算される。微分の定義に戻れば，**速度は変位の時間微分**として与えられることに注意。加速度（速度の変化率）も同様に $\displaystyle\lim_{\Delta t \to 0} \frac{v(t + \Delta t) - v(t)}{\Delta t}$ と計算される。

【変位・速度・加速度】

動点 P の時刻 t における変位・速度・加速度をそれぞれ $x(t),\ v(t),\ a(t)$ とすると，

$$x(t) \xrightarrow{微分} v(t) = \frac{d}{dt}x(t) \xrightarrow{微分} a(t) = \frac{d}{dt}v(t)$$

また，**速さは速度の絶対値で**，$|v(t)|$

- x–t グラフ

  x–t 平面に，動点 P の変位のグラフが描かれているとき，上で述べたように $v(t_0)$ は時刻 t_0 における $x(t)$ の微分係数なのだから，時刻 t_0 における速度は，下図のように接線の方向として表される。

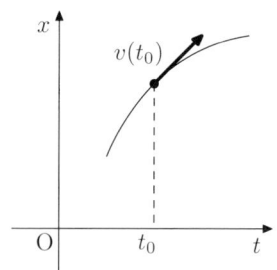

- v–t グラフ

  v–t 平面に，動点 P の速度のグラフが描かれているときは，x–t グラフと同様に，時刻 t_0 における接線の方向は，t_0 での加速度を表す。また，微積分の関係から，**変位は速度の積分として表される**ので，

  $$\int_{t_0}^{t_1} v(t)dt = x(t_1) - x(t_0)$$

  となる。

なお，**移動距離は，速さの積分**なので，下図において，

$$\int_{t_0}^{t_1} |v(t)|dt = 網目部の面積$$

として表される。

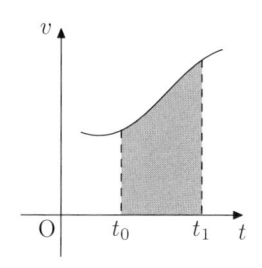

[注意] 変位と移動距離の違いはしっかりと把握しておくこと。例えば v–t グラフが下図のようなグラフだった場合，

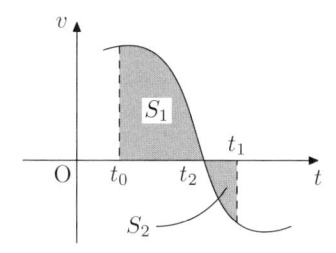

変位：$\int_{t_0}^{t_1} v(t)dt \ (= S_1 - S_2)$

移動距離：$\int_{t_0}^{t_1} |v(t)|dt = \int_{t_0}^{t_2} v(t)dt - \int_{t_2}^{t_1} v(t)dt \ (= S_1 + S_2)$

と異なってくる。特に，v–t グラフでの面積は移動距離であることに注意すること。

§ 40. 直線の方程式

40-1. 分点の公式

2 点 $A(x_1, y_1)$, $B(x_2, y_2)$ が与えられたとき，これを $a : b$ に内分（または外分）する点 P を求めるときは，

① 内分（外分）を**分ける**と書き換える。
② 和を計算する。
③ x, y 座標をそれぞれ，$\dfrac{bA + aB}{a + b}$ のように計算。

* * * * * * * *

〔例〕 2 点 $(-2, 2)$, $(4, -2)$ を $1 : 3$ に内分（外分）する点の座標を求めよ。

① **分ける**と言い換える。
  内分： $1 : 3$ に分ける（内分はそのまま）。
  外分： $(-1) : 3$ に分ける（外分は**小さい方に**$-$ をつける）。
② 和を計算。
  内分： $1 : 3$ に分ける $\to$ 和 $= 1 + 3 = 4$
  外分： $(-1) : 3$ に分ける $\to$ 和 $= (-1) + 3 = 2$
③ したがって，座標は，

  内分点： $\left(\dfrac{3 \cdot (-2) + 1 \cdot 4}{4}, \dfrac{3 \cdot 2 + 1 \cdot (-2)}{4}\right) = \left(-\dfrac{1}{2},\ 1\right)$

  外分点： $\left(\dfrac{3 \cdot (-2) + (-1) \cdot 4}{2}, \dfrac{3 \cdot 2 + (-1) \cdot (-2)}{2}\right) = (-5,\ 4)$

特に，中点・三角形の重心の座標はしっかりと求められるようになっておくこと。

【中点・重心の座標】

3 点 $A(x_1, y_1)$, $B(x_2, y_2)$, $C(x_3, y_3)$ とする。

- AB の中点 $\left(\dfrac{x_1 + x_2}{2}, \dfrac{y_1 + y_2}{2}\right)$
- △ABC の重心 $\left(\dfrac{x_1 + x_2 + x_3}{3}, \dfrac{y_1 + y_2 + y_3}{3}\right)$

40-2. 直線の方程式 （➡ベクトルを学習してからの方がよい）

直線の方程式を求めるには，

(1) まず通る点を決めてから，
(2) 傾きを決める

のが基本である。傾きを決めるには，

① x, y の変化量から計算するか
② 法線ベクトルから x, y の係数を決定する

と扱うこと。

【直線の方程式】

- 点 (x_1, y_1) を通り，傾き a

$$\iff y = a(x - x_1) + y_1$$

- 点 (x_1, y_1) を通り，法線ベクトルが $\begin{pmatrix} a \\ b \end{pmatrix}$

$$\iff \underbrace{ax + by}_{\text{法線ベクトル}} = \underbrace{ax_1 + by_1}_{\text{通る点}}$$

- x, y 切片がそれぞれ a, b $(ab \neq 0)$

$$\frac{x}{a} + \frac{y}{b} = 1 \quad \text{(切片方程式)}$$

[注意] $y = ax + b$ の形では，**y 軸に平行な直線は表せない**ことに注意。「$x = k$ のとき」として，別で扱わなければならない。

*　　　*　　　*　　　*　　　*　　　*　　　*　　　*

〔例〕 2点 $(-2, 1), (2, 3)$ を通る直線を求めよ。

☺ 直線の方向ベクトルの1つは，

$$\begin{pmatrix} 2 \\ 3 \end{pmatrix} - \begin{pmatrix} -2 \\ 1 \end{pmatrix} = \begin{pmatrix} 4 \\ 2 \end{pmatrix} \parallel \begin{pmatrix} 2 \\ 1 \end{pmatrix}$$

よって，法線ベクトルの1つは $\begin{pmatrix} 1 \\ -2 \end{pmatrix}$，

求める直線は，

$$x - 2y = 2 - 6 = -4$$

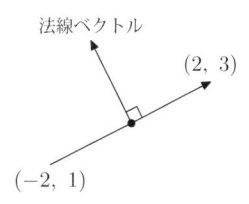

§41. 直線の利用

41-1. 平行条件・直交条件

- $y = ax + b$ タイプ

  傾きが a と求まっているときは，平行条件・直交条件は非常に簡単で，

  ┌【平行条件・直交条件(1)】─────────────────────

  2 直線 $y = ax + b$, $y = a'x + b'$ に対して，

  ① **平行条件**：$a = a'$

  ② **直交条件**：$aa' = -1$

  └─────────────────────────────

  となる。ちなみに，**$y = ax + b$ の形では，y 軸に平行な直線は表せない**ことに注意する。この場合は，$x = k$ と $y = l$ (k, l は定数) という 2 直線が直交することに注意。

- $ax + by + c = 0$ タイプ（$a^2 + b^2 \neq 0$）

  一般形での平行条件・直交条件は，$y = ax + b$ の形よりはややこしい。ベクトルで平行条件・直交条件を扱ったあとならば，ずいぶんと意味は分かりやすくなるだろう。要は**法線ベクトルの平行・直交条件**として押さえておく。

  ┌【平行条件・直交条件(2)】─────────────────────

  2 直線 $ax + by + c = 0$, $a'x + b'y + c' = 0$ に対して，

  ① **平行条件**：$ab' - a'b = 0$

  ② **直交条件**：$aa' + bb' = 0$

  └─────────────────────────────

41-2. 点と直線の距離

┌【点と直線の距離】─────────────────────

直線 $ax + by + c = 0$ と点 $\mathrm{P}(x_0, y_0)$ との距離 d は，$\boldsymbol{d = \dfrac{|ax_0 + by_0 + c|}{\sqrt{a^2 + b^2}}}$ で与えられる。

└─────────────────────────────

> ☺ P から直線に下ろした垂線の足を H とする。
> 垂線の法線ベクトルは $\begin{pmatrix} b \\ -a \end{pmatrix}$，通る点は $\mathrm{P}(x_0, y_0)$
> よって，直線 PH は，$bx - ay = bx_0 - ay_0$

したがって，点 H は，連立方程式

$$\begin{cases} ax + by + c = 0 \cdots\cdots ① \\ bx - ay = bx_0 - ay_0 \cdots\cdots ② \end{cases} \text{ の解より,}$$

$① \times a + ② \times b$ から，$x = \dfrac{b^2 x_0 - aby_0 - ac}{a^2 + b^2}$

$\therefore$ PH の x 座標の差 $= |x - x_0|$

$= \dfrac{|-a^2 x_0 - aby_0 - ac|}{a^2 + b^2}$

$= \dfrac{|a|}{a^2 + b^2} |ax_0 + by_0 + c|$

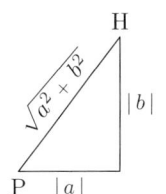

右図より，PH はこの $\dfrac{\sqrt{a^2 + b^2}}{|a|}$ 倍

$\therefore$ PH $= \dfrac{|ax_0 + by_0 + c|}{\sqrt{a^2 + b^2}}$

41-3. 三角形の面積公式

【三角形の面積公式】

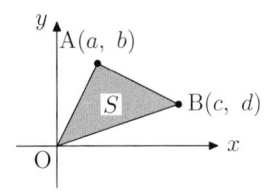

原点 O と 2 点 A(a, b), B(c, d) が作る $\triangle$OAB の面積 S は，
$S = \dfrac{1}{2} |ad - bc|$

☺ $\overrightarrow{\text{OA}} = \begin{pmatrix} a \\ b \end{pmatrix}$ なので，法線ベクトルは，$\begin{pmatrix} b \\ -a \end{pmatrix}$

OA : $bx - ay = 0$

よって，OA を底辺と考えると，高さは，

点と直線の距離公式より， $\dfrac{|bc - ad|}{\sqrt{a^2 + b^2}}$

$\therefore S = \dfrac{1}{2} \sqrt{a^2 + b^2} \cdot \dfrac{|ad - bc|}{\sqrt{a^2 + b^2}} = \dfrac{1}{2} |ad - bc|$

§ 42. 円の方程式

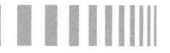

42-1. 円の方程式

円の方程式を求めるときは，中心の座標と，半径を追いかけるのが基本。逆に，円の方程式が与えられたときも，**平方完成をすることで**，中心と半径を求めにいける。

【円の方程式】

- 中心 (p, q)，半径 r の円
$$(x-p)^2 + (y-q)^2 = r^2$$

- $x^2 + y^2 + Ax + By + C = 0 \ (A^2 + B^2 - 4C > 0)$
$$\Leftrightarrow \left(x + \frac{A}{2}\right)^2 + \left(y + \frac{B}{2}\right)^2 = \frac{A^2 + B^2 - 4C}{4}$$

中心 $\left(-\dfrac{A}{2}, -\dfrac{B}{2}\right)$，半径 $\dfrac{\sqrt{A^2 + B^2 - 4C}}{2}$ の円

---

* * * * * * * *

〔例〕 $3x^2 + 3y^2 + 2x + 4y + 1 = 0$ の表す図形を答えよ。

☺ $\left(x + \dfrac{1}{3}\right)^2 + \left(y + \dfrac{2}{3}\right)^2 = \dfrac{2}{9}$ より，
与えられた方程式は，**中心 $\left(-\dfrac{1}{3}, -\dfrac{2}{3}\right)$，半径 $\dfrac{\sqrt{2}}{3}$ の円**を表す。

42-2. 外接円・内接円

外接円・内接円の求め方は，しっかりと把握しておくこと。特に内接円は上手く処理しないと，大変な計算になってしまう（※ベクトルを用いると，逆に内心の位置ベクトルが簡単に求まる）。

- 外接円
△ABC の外心は，**各辺の垂直 2 等分線の交点**として計算するか，**各頂点からの距離が等しい点**として計算する。

* * * * * * * *

〔例〕 3 点 A(2, −1), B(3, 0), C(4, 3) からなる △ABC の外心を求めよ。

∵) ABの垂直2等分線の法線ベクトルは，$\begin{pmatrix}3\\0\end{pmatrix} - \begin{pmatrix}2\\-1\end{pmatrix} = \begin{pmatrix}1\\1\end{pmatrix}$

ABの中点は，$\left(\dfrac{5}{2}, -\dfrac{1}{2}\right)$ より，ABの垂直2等分線：$x+y=2$

同様にして，BCの垂直2等分線は，法線ベクトル $\begin{pmatrix}1\\3\end{pmatrix}$，点 $\left(\dfrac{7}{2}, \dfrac{3}{2}\right)$ を通るので，

BCの垂直2等分線：$x+3y=8$

よって，外心はこの2本の交点なので，$(-1, 3)$

[参考] 外心を (p, q) として，$(p-2)^2+(q+1)^2 = (p-3)^2+q^2 = (p-4)^2+(q-3)^2$ を解いてもすぐに求まる。**2次の項は消えてしまうことに注意。**

- 内接円
  内心を求めるときは，**ベクトルで計算**するのが上手な方法であろう。ただ，方程式で扱うときは，**各辺からの距離が等しい点**として計算すること。絶対値は，内心が三角形の内部という条件からはずさないと大変な計算になる。

*　　　*　　　*　　　*　　　*　　　*　　　*　　　*

〔例〕 3直線 $y=0$, $4x-3y+52=0$, $15x-8y=0$ によって作られる三角形の内心を求めよ。

∵) 内心を $I(a, b)$ とすれば，Iと各直線との距離は等しいので，

$$\dfrac{|4a-3b+52|}{5} = |b| = \dfrac{|15a-8b|}{17}$$

ここで，Iは三角形の内部なので，$b>0$, $4a-3b+52>0$, $15a-8b<0$
したがって，$4a-3b+52 = 5b$, $8b-15a = 17b$　　　∴ $I(-3, 5)$

42-3．2円の位置関係

2円が与えられたとき，その位置関係を調べるには，

中心間の距離と半径の和または差を比較する

という考え方を理解しておくこと。下手に1文字消去して，2次方程式の実数解条件にもち込まないこと。

*　　　*　　　*　　　*　　　*　　　*　　　*　　　*

〔例〕 2円 $\begin{cases}(x-1)^2+y^2 = 4 \cdots ① \\ x^2+(y-2)^2 = 25 \cdots ②\end{cases}$ の位置関係を調べよ。

∵) ①，②はそれぞれ，中心 $(1, 0)$，半径2と中心 $(0, 2)$，半径5の円。
よって，中心間の距離は $\sqrt{5}$，また半径の差は3であるから，半径の差 > 中心間の距離
∴ ①は②の内部

§ 43. 円と直線

43-1. 円と直線

円と直線の位置関係を調べるときは，

┌【円と直線の位置関係】─────────────────────
① 連立して，実数解の個数を調べる。

② 中心と直線との距離を半径と比べる。
└─────────────────────────────

という方針を選べるようにしておくこと。円の半径を r，連立したときの 2 次方程式の判別式を D，中心と直線の距離を d として，

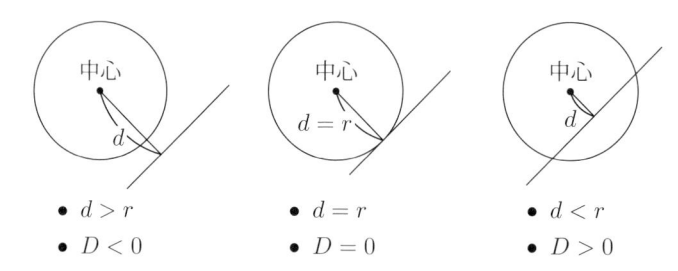

- $d > r$
- $D < 0$

- $d = r$
- $D = 0$

- $d < r$
- $D > 0$

となっていることに注意すること。

- **弦の長さ**

    円と直線が 2 交点をもつとき，円によって切り取られる弦の長さ l は，
    ① 幾何的に $l = 2\sqrt{r^2 - d^2}$ と計算するか，
    ② 2 交点をもつという条件で D を求めていることから，直線の傾きを m として，

    $$l = \sqrt{m^2 + 1} \cdot \frac{\sqrt{D}}{|\text{top 係数}|} \quad (\because \text{解と係数の関係})$$

    と計算してしまうこと。

*　　*　　*　　*　　*　　*　　*　　*

〔例〕　円 $x^2 + y^2 = 8$ と直線 $x - y + 2 = 0$ の 2 つの交点を結ぶ線分の長さ l を求めよ。

[**解 1**]　円の中心 $(0, 0)$ と直線の距離を d とすると，

点と直線の距離公式より，$d = \dfrac{|2|}{\sqrt{1^2 + (-1)^2}} = \sqrt{2}$

円の半径を r として，$r = \sqrt{8}$ より，

$$l = 2\sqrt{r^2 - d^2} = \mathbf{2\sqrt{6}}$$

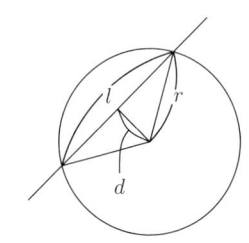

[**解2**] 円の方程式と直線の方程式を連立して，
$$x^2 + (x+2)^2 = 8 \Leftrightarrow x^2 + 2x - 2 = 0$$
よって，2 交点の x 座標を α, β とすると，2 交点は，$(\alpha, \alpha+2)$, $(\beta, \beta+2)$ なので，
$$l = \sqrt{(\beta-\alpha)^2 + \{(\beta+2)-(\alpha+2)\}^2} = \sqrt{2} \cdot \sqrt{(\alpha+\beta)^2 - 4\alpha\beta}$$
$$= \sqrt{2} \cdot \sqrt{(-2)^2 - 4 \cdot (-2)} \quad (\because 解と係数の関係)$$
$$= \boldsymbol{2\sqrt{6}}$$

- **円の接線**

  円と直線の位置関係の中でも，円と直線の共有点が 1 つのときは，この直線は**円の接線**になっていることに注意する。円の接線を求めるときは，上の 2 つの方針に加えて，**接線公式**もしっかりと使えるようになっておくこと。

  ┌【接線公式】─────────────────────────
  │ 円：$(x-p)^2 + (y-q)^2 = r^2$ 上の点 (X, Y) における接線は，
  │ $$(X-p)(x-p) + (Y-q)(y-q) = r^2$$
  │
  └─────────────────────────────

  ┌【接線の扱い】───────────────────────
  │ ① 接線公式の利用
  │ ② 連立して判別式 $= 0$
  │ ③ 中心と直線との距離 $=$ 半径
  └─────────────────────────────

  この接線の扱いの中でも，①の「接線公式」と③の「中心と直線の距離公式」は相性が非常によい。

* * * * * * * *

〔例〕 2 円 $C_1 : x^2 + y^2 = 1$, $C_2 : (x-2)^2 + (y-1)^2 = 4$ の共通接線の方程式を求めよ。

∵ C_1 上の点 (X, Y) における接線は，$Xx + Yy = 1$ ……①
また，(X, Y) は C_1 上の点なので，$X^2 + Y^2 = 1$ ……②
ここで，①と C_2 が接するので，$\dfrac{|2X + Y - 1|}{\sqrt{X^2 + Y^2}} = 2$
②より，$|2X + Y - 1| = 2$
よって，$Y = -2X + 3$, $Y = -2X - 1$
それぞれ，②と連立して解くと，$(X, Y) = (0, -1)$, $\left(-\dfrac{4}{5}, \dfrac{3}{5}\right)$
よって，接線は $\boldsymbol{y = -1}$, $\boldsymbol{-4x + 3y = 5}$

§ 44. 軌跡

44-1. 軌跡

ある動点 P があるとき，この P の動いた跡を**点 P の軌跡**という。計算の仕方は，

パラメータなしの易しい軌跡

① 軌跡上の点 P を (X, Y) とおく。
② 題意から X, Y の条件式を求める。
③ X, Y だけの関係式となったら，座標軸の文字（普通は x, y）の式に書き直す。

* * * * * * * *

〔例〕 2 点 A$(-4, 0)$, B$(2, 0)$ からの距離の比が $2 : 1$ である点の軌跡を求めよ。

P(X, Y) とする。PA : PB $= 2 : 1$ より，
$$\mathrm{PA}^2 = 4\mathrm{PB}^2 \Leftrightarrow (X+4)^2 + Y^2 = 4\{(X-2)^2 + Y^2\}$$
よって，X, Y を x, y に直して，$(x-4)^2 + y^2 = 4^2$ より，**中心 $(4, 0)$, 半径 4 の円**

パラメータで直接表された点の軌跡

① 軌跡上の点 P を (X, Y) とおく。
② (X, Y) をパラメータ t で表す。
③ パラメータの消去。
④ 十分性の確認。

* * * * * * * *

〔例〕 放物線 $y = x^2 + 1$ 上の点を P とし，P と $y = x$ に関して対称な点を Q とする。点 P と点 Q，点 $(2, 5)$ からなる三角形の重心の軌跡を求めよ。

三角形の重心を G(X, Y) とする。
P(t, t^2+1) とすると，Q(t^2+1, t) なので，三角形の重心 G は，
$$X = \frac{t + t^2 + 1 + 2}{3}, \; Y = \frac{t^2 + 1 + t + 5}{3}$$
$$\therefore \; X = \frac{t^2 + t + 3}{3}, \; Y = \frac{t^2 + t + 6}{3}$$
よって，パラメータ t を消去すれば，$3Y - 3X = 3 \Leftrightarrow Y - X = 1$
（➡ t を塊で消去したことに注意！ t の存在が十分性）
ここで，$X = \frac{1}{3}\left(t + \frac{1}{2}\right)^2 + \frac{11}{12}$ だから，t が存在する条件は $X \geqq \frac{11}{12}$

$\therefore$ 求める軌跡は，**直線：$y = x + 1$** $\left(x \geqq \dfrac{11}{12}\right)$

動点の座標が 2 つのパラメータとなるときの軌跡

① 軌跡上の点 P を (X, Y) とおく。
② 元の点を $Q(x, y)$ とおく。
③ **古い点を新しい点で**（(x, y) を (X, Y) で）表す。
④ 古い点を条件から消去。
⑤ 十分性の確認（すべて同値変形なら必要ない）。

としてしまうこと。特に，途中の式変形の同値性には気をつけておくこと。**同値性が崩れた場合には，十分性の確認**が必要になる。基本的には**消去した文字の存在**がとれるかどうかが十分性になってくる。

* * * * * * * *

〔例〕 $y = x^2 + 1$ を $y = 2x - 1$ に関して線対称に移したグラフの方程式を求めよ。

☺ 点 $P(x, y)$ を直線 $l : 2x - y - 1 = 0$ に関して線対称に移動した点を $Q(X, Y)$ とすると，

$$\begin{cases} PQ \perp l \\ PQ \text{ の中点は } l \text{ 上} \end{cases}$$

$$\therefore \begin{cases} (x - X) + 2(y - Y) = 0 \\ \dfrac{y + Y}{2} = (x + X) - 1 \end{cases}$$

$$\Leftrightarrow x = \frac{-3X + 4Y + 4}{5}, \ y = \frac{4X + 3Y - 2}{5}$$

（古い点を新しい点で表す！）
これを $y = x^2 + 1$ に代入すると，

$$5(4X + 3Y - 2) = (-3X + 4Y + 4)^2 + 25$$

よって，軌跡は，$\bm{5(4x + 3y - 2) = (-3x + 4y + 4)^2 + 25}$

44-2. パラメータを含む直線

与えられた直線（曲線）の方程式が，パラメータを含むとき，例えば $y = tx - 2t$ のような場合は，**パラメータについて整理**してやると，

$$y = t(x - 2)$$

のように，点 $(2, 0)$ を通る傾き t の直線であることがはっきりと分かる。このように，パラメータを含む方程式は，パラメータについて整理し，パラメータについて恒等的に成立する条件を考えてやると，グラフが描きやすくなる（右図参照）。

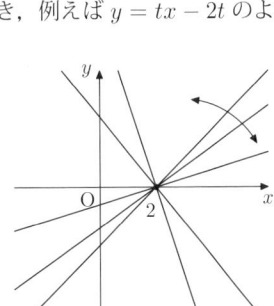

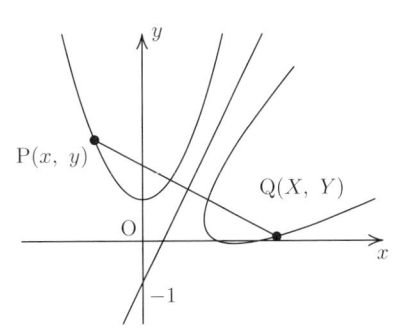

§ 45. 領域

45-1. 領域

2変数 x, y の不等式 $f(x, y) > 0$ は，平面上の領域として捉えることができる．逆に，平面上の領域は，x, y の不等式として与えることができる．この2つは，自由に読み替えられるようになっておくこと．領域を図示するときは，

① 不等号を等号に読み替え，**境界をすべて描く．**
② 各領域が不等式を満たすかチェック（各領域内の点を代入してみてもよい）．
③ **境界を含むか含まないかを書く．**

特に境界が2つ以上ある場合は，**境界同士の共有点を含むかどうかは必ず明記する．**

* * * * * * * *

〔例〕 不等式 $(x - y + 3)(2x + y) > 0$ で与えられる領域を図示せよ．

☺ 必ず境界をすべて描いてから考えること．
① 境界は，
$$x - y + 3 = 0, \ 2x + y = 0$$
交点は $(-1, 2)$．よって，右図．

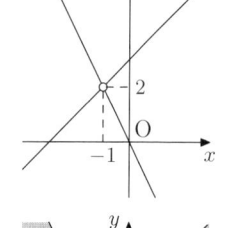

② 例えば，点 $(1, 0)$ を代入すると，
$$(1 - 0 + 3)(2 \cdot 1 + 0) = 8 > 0$$
と，不等式を満たす．**境界を超えるとその符号が変わる**ことに注意して，領域は右図．

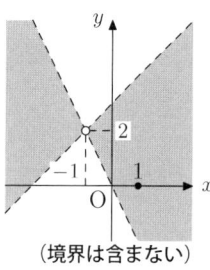

（境界は含まない）

また，絶対値を含む不等式が与えられた場合は，当然，絶対値をはずせば領域は描けてしまうが，$|x|, |y|$ の処理はできるようになっておくこと．

【絶対値つきの領域】

- $x \longmapsto |x|$ ⇒ $x > 0$ の部分を y 軸に関して折り返し
- $y \longmapsto |y|$ ⇒ $y > 0$ の部分を x 軸に関して折り返し

45-2. 領域の利用

x, y の 2 変数の不等式が，条件（定義域）として与えられたとき，この不等式の表す領域を xy 平面に図示すれば，点 (x, y) はその領域内の点として，視覚的に捉えることができる。

- **線形計画法 (linear planning)**

  最大・最小問題は一般的には非常に難しく，方針が立ちにくい。ただ，**2 変数で，与えられた定義域（不等式）が領域として図示できるときは**，非常に簡単に処理できる。

  ① 与えられた不等式を領域として図示する（これが定義域）。

  ② 最大・最小を求める式 $f(x, y) = k$ とおく。

  ③ $f(x, y) = k$ のグラフを**定義域と共有点をもつように動かす**。

*　　　*　　　*　　　*　　　*　　　*　　　*　　　*　　　*

〔例〕 3 つの不等式 $3x + 2y \geqq 4$, $2x + y \leqq 5$, $x + 2y \leqq 6$ を同時に満たすように x, y が動くとき，$x + y$ の最大値および最小値を求めよ。

> 与えられた不等式を図示すると，右図斜線部の領域になる（境界を含む）。
> $x + y = k$ とおくと，これは傾き -1, y 切片が k の直線。これを先ほどの領域と共有点をもつように動かせばよい。
>
> (i) $\left(\dfrac{4}{3}, \dfrac{7}{3}\right)$ を通るとき最大で，
>
> $$\text{最大値}: x + y = \dfrac{11}{3}$$
>
> (ii) $(6, -7)$ を通るとき最小で，
>
> $$\text{最小値}: x + y = -1$$

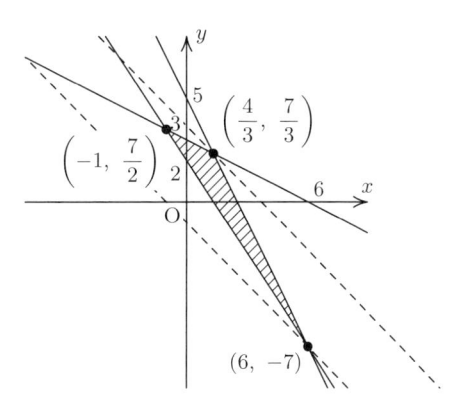

[参考]（発展）

x, y の 2 変数関数なので，文字固定で扱ってもよい。例えば $x = k$ を固定すると，与えられた定義域を $x = k$ で切断するのと同じことになる。したがって，上の領域から，

(i) $-1 \leqq k \leqq \dfrac{4}{3}$ のとき：$2 - \dfrac{3}{2}k \leqq y \leqq 3 - \dfrac{1}{2}k$

(ii) $\dfrac{4}{3} < k \leqq 6$ のとき：$2 - \dfrac{3}{2}k \leqq y \leqq 5 - 2k$

のように場合分けされることになる。あとは例えば最大値であれば，

(i) $k + y$ は $y = 3 - \dfrac{1}{2}k$ で最大で，$\dfrac{k}{2} + 3$, $-1 \leqq k \leqq \dfrac{4}{3}$ で動かして最大値 $\dfrac{11}{3}$

(ii) $k + y$ は $y = 5 - 2k$ で最大で，$5 - k$, $\dfrac{4}{3} < k \leqq 6$ で動かして $x + y < \dfrac{11}{3}$

以上から，最大値は，$\dfrac{11}{3}$ などと求まる。

§ 46. 分点公式

46-1. 位置ベクトル

　ベクトルを有向線分で扱うと，右図のように，AB//CD かつ AB = CD のとき，$\overrightarrow{AB} = \overrightarrow{CD}$ のように書き方は異なるのに，ベクトルとしては一致することがある。したがって，同じベクトルには同じ名前（例えば $\vec{a}$）をつけるのだが，今度は $\vec{a} + \vec{b}$ と書くことができるベクトルに別名 $\vec{c}$ がつけられることがある。このような混乱をさけるために，位置ベクトルという概念を導入する。

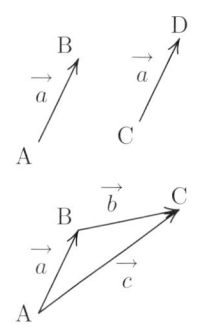

　位置ベクトルとは始点と終点を自由にとる有向線分の考え方とは異なり，**始点は必ず原点**，終点は平面上の点など，ベクトル空間内の点とする。そのため，もし始点が原点でない有向線分を考えたとしても，始点を原点に平行移動して，原点を始点としたベクトル（またはその終点）と考えなくてはいけない。

【位置ベクトルに直す】

　A, B の位置ベクトルを $\vec{a}$, $\vec{b}$ とすると，

　　$\overrightarrow{AB} = \vec{b} - \vec{a}$　（終点の位置ベクトル − 始点の位置ベクトル）

　位置ベクトルで考えると，平面上の点や直線などの図形上の点をベクトルとして計算できるようになり，今まで補助線などを引いて論証していた図形問題が単なる計算問題になる。

＊　　＊　　＊　　＊　　＊　　＊　　＊　　＊

〔例〕　$\overrightarrow{AB} + \overrightarrow{BC} - \overrightarrow{AC}$ を計算せよ。

　　※　ベクトルの計算は必ず**位置ベクトル**に直してから行う。あとは多項式と同様に計算すればよい。

　　　　(与式) $= (\vec{b} - \vec{a}) + (\vec{c} - \vec{b}) - (\vec{c} - \vec{a}) = \vec{0}$

46-2. 分点公式

$A(\vec{a})$, $B(\vec{b})$ を $m : n$ に分ける点 P の位置ベクトルは，

$$\vec{p} = \frac{n}{m+n}\vec{a} + \frac{m}{m+n}\vec{b}$$

と表され，この線形和の係数の和は常に 1 となっている。

$\qquad\qquad\qquad A(\vec{a}) \qquad B(\vec{b})$

$\qquad\qquad\qquad\quad m\qquad :\qquad n$

$\qquad\qquad\qquad$（逆になる）

[**注意**] 分点 P の位置ベクトル（原点から P までのベクトル）を考えているのであって，AB の方向ベクトル $\overrightarrow{AB} = \vec{b} - \vec{a}$ を考えるわけではない。

逆に，$\vec{p} = \alpha\vec{a} + \beta\vec{b}$, $\alpha + \beta = 1$ となるときには，$P(\vec{p})$ は $A(\vec{a})$, $B(\vec{b})$ を $\beta : \alpha$ に分けていることに注意する。

46-3. ベクトルの式を読む

位置ベクトル $\vec{p} = \alpha\vec{a} + \beta\vec{b}$ などが与えられたとき，この式は，

- 位置ベクトル
- ベクトル方程式
- 座標

という 3 つの読み方がある。このうち，位置ベクトルとして読むには，**係数和 = 1** を作る。

* * * * * * * *

〔例〕 位置ベクトル $\vec{p} = \dfrac{2}{3}\vec{a} - 2\vec{b}$ の表す点はどのような点か調べよ。

① 係数の和 $= \dfrac{2}{3} - 2 = -\dfrac{4}{3}$ に注意して，

② 係数和でくくる。（カッコ内の係数和 = 1 になる！）

$$\vec{p} = -\frac{4}{3}\underbrace{\left(-\frac{1}{2}\vec{a} + \frac{3}{2}\vec{b}\right)}_{\text{係数和}=1 \Rightarrow \text{分点！}}$$

③ 最後に全体の係数和 = 1 になるように $\vec{0}$ を加える。

$$\vec{p} = -\frac{4}{3}\left(-\frac{1}{2}\vec{a} + \frac{3}{2}\vec{b}\right) + \frac{7}{3}\vec{0}$$

内側から分点を読めばよく，

P は，AB を 3 : 1 に外分する点を C として，OC を 4 : 7 に外分する点

§ 47. 成分計算

47-1. 成分計算

座標平面上の点を**原点を始点とした位置ベクトル**と同一視すれば，

$$点 (a,\ b) \xrightarrow{\text{同一視}} \begin{pmatrix} a \\ b \end{pmatrix}$$

のように座標がそのままベクトルの成分として書かれることに注意する。

ベクトルの成分を計算するときは，

$$和：\begin{pmatrix} a \\ b \end{pmatrix} + \begin{pmatrix} p \\ q \end{pmatrix} = \begin{pmatrix} a+p \\ b+q \end{pmatrix}$$

$$実数倍：k\begin{pmatrix} a \\ b \end{pmatrix} = \begin{pmatrix} ka \\ kb \end{pmatrix}$$

したがって，

$$線形和：k\begin{pmatrix} a \\ b \end{pmatrix} + l\begin{pmatrix} p \\ q \end{pmatrix} = \begin{pmatrix} ka+lp \\ kb+lq \end{pmatrix}$$

と，各成分を計算すればよい。ただ，こういったベクトルの成分計算は，煩雑になりやすいので，

共通因数はくくり出す

のが基本。したがって，

$$\begin{pmatrix} \dfrac{65}{3} \\ \dfrac{13}{2} \end{pmatrix} = \dfrac{13}{6}\begin{pmatrix} 10 \\ 3 \end{pmatrix}$$

のように，「**分母の最小公倍数・分子の最大公約数**」でくくり出す癖をつけておくこと。

*　　　　*　　　　*　　　　*　　　　*　　　　*　　　　*　　　　*

〔例〕　$\vec{a} = \begin{pmatrix} 65 \\ 26 \end{pmatrix}$ に対して，$|\vec{a}|$ を求めよ。

> そのまま計算をして，　$|\vec{a}| = \sqrt{65^2 + 26^2} = \cdots$
> の計算は大変だが，$\vec{a} = 13\begin{pmatrix} 5 \\ 2 \end{pmatrix}$ としておけば，
>
> $$|\vec{a}| = 13\left|\begin{pmatrix} 5 \\ 2 \end{pmatrix}\right| = \mathbf{13\sqrt{29}}$$
>
> とすぐに計算できてしまう。

47-2. 内積計算

内積の成分計算は，
$$\begin{pmatrix} a \\ b \end{pmatrix} \cdot \begin{pmatrix} p \\ q \end{pmatrix} = ap + bq$$
と，各成分の積の和をとればよい。当然，成分がややこしいときは，分母の最小公倍数，分子の最大公約数をくくり出し，
$$k \begin{pmatrix} a \\ b \end{pmatrix} \cdot l \begin{pmatrix} p \\ q \end{pmatrix} = kl \begin{pmatrix} a \\ b \end{pmatrix} \cdot \begin{pmatrix} p \\ q \end{pmatrix}$$
のようにすれば計算が簡単になることに注意する。

ここから，一般形で表された直線の平行・垂直条件も，

法線ベクトルの平行・垂直条件

と読めばよい。
$$l_1 : ax + by + c = 0,\ l_2 : px + qy + r = 0$$
とあるとき，
$$l_1 /\!/ l_2 \Leftrightarrow \begin{pmatrix} a \\ b \end{pmatrix} /\!/ \begin{pmatrix} p \\ q \end{pmatrix} \Leftrightarrow aq - bp = 0$$
$$l_1 \perp l_2 \Leftrightarrow \begin{pmatrix} a \\ b \end{pmatrix} \perp \begin{pmatrix} p \\ q \end{pmatrix} \Leftrightarrow ap + bq = 0$$

§ 48. 交点の位置ベクトル

48-1. 交点の位置ベクトル

2直線の交点の位置ベクトルを求めるときは，

2通りに表して係数比較

が基本。

* * * * * * * *

〔例〕 △ABC において，O を原点とし，A($\vec{a}$)，B($\vec{b}$) とする。OA を $2:3$ に内分する点を C とし，OB を $1:1$ に内分する点を D とする。このとき，線分 AD と BC との交点を E とすると，E の位置ベクトル $\overrightarrow{OE}$ を求めよ。

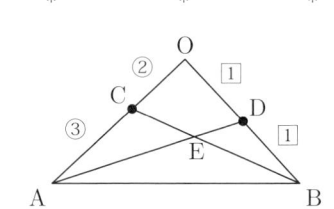

☺ $\overrightarrow{OC} = \dfrac{2}{5}\vec{a}$，$\overrightarrow{OD} = \dfrac{1}{2}\vec{b}$ より，

直線 AD は，$t\vec{a} + (1-t)\dfrac{1}{2}\vec{b}$

直線 BC は，$s\dfrac{2}{5}\vec{a} + (1-s)\vec{b}$ と表せ，

E は直線 AD，BC の交点より，

$$\overrightarrow{OE} = t\vec{a} + \dfrac{1-t}{2}\vec{b} = \dfrac{2s}{5}\vec{a} + (1-s)\vec{b} \quad \text{と表される。}$$

$\vec{a}$，$\vec{b}$ は1次独立だから，

$$\begin{cases} t = \dfrac{2s}{5} \\ \dfrac{1-t}{2} = 1-s \end{cases} \quad \therefore\ (s,\ t) = \left(\dfrac{5}{8},\ \dfrac{1}{4}\right)$$

$$\therefore\ \overrightarrow{OE} = \dfrac{1}{4}\vec{a} + \dfrac{3}{8}\vec{b}$$

この答案は，E が AD 上，BC 上にあるという性質のみを用いており，考え方はとても素晴らしい。ただ，残念なことに計算が分数ばかりでとても大変である。この計算部分も図形を利用すれば簡単にできてしまう。

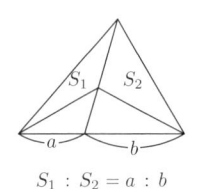

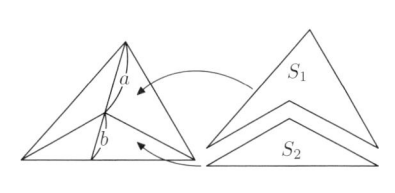

$S_1 : S_2 = a : b$

$S_1 : S_2 = a : b$

この面積比と線分比の関係が分かっていれば，下の図のように，△ABC を 3 つの部分に分けると，

$AF : FB = S_3 : S_2$

$BD : DC = S_1 : S_3$

$CE : EA = S_2 : S_1$

$AG : GD = S_1 + S_3 : S_2$

$BG : GE = S_1 + S_2 : S_3$

$CG : GF = S_2 + S_3 : S_1$

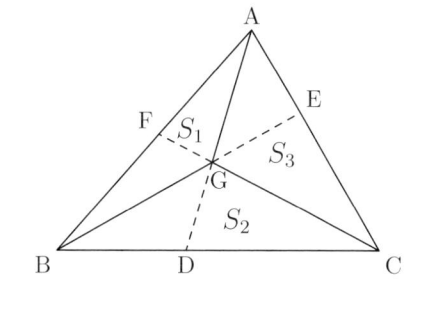

の 6 つの比が得られる。

先ほどの〔例〕でも，

$\triangle OAE : \triangle ABE : \triangle BOE = 3 : 3 : 2$

が分かってしまうと，OE と AB の交点を F として，AF : FB = 3 : 2 から，

$$\overrightarrow{OF} = \frac{2\vec{a} + 3\vec{b}}{5} \quad \text{と書けるし，}$$

OE : EF = 5 : 3 より，

$$\overrightarrow{OE} = \frac{5}{8}\overrightarrow{OF} = \frac{2\vec{a} + 3\vec{b}}{8} = \frac{1}{4}\vec{a} + \frac{3}{8}\vec{b}$$

と求められる。

[**注意**] 答えだけを求めるマーク試験，センター試験のときにはこれでよいが，記述式の試験のときには連立方程式 $\begin{cases} t = \dfrac{2s}{5} \\ \dfrac{1-t}{2} = 1 - s \end{cases}$ まで書いて，

$$\overrightarrow{OE} = t\vec{a} + (1-s)\vec{b} = \frac{1}{4}\vec{a} + \frac{3}{8}\vec{b}$$

から，計算したふりをして，$t = \dfrac{1}{4}, s = \dfrac{5}{8}$ と導いておくこと（数学では計算は図を利用，図形問題は計算する）。

§ 49. 内積計算

49-1. 内積計算

ベクトル $\vec{a}$, $\vec{b}$ に対して，内積 $\vec{a} \cdot \vec{b}$ を，

$$\vec{a} \cdot \vec{b} = |\vec{a}||\vec{b}|\cos\theta \quad (\theta は \vec{a}, \vec{b} のなす角)$$

と定義する．**内積計算は，普通の文字式と同じように計算される**ことに注意する．

〔例〕 $(\vec{a} + \vec{b}) \cdot \vec{a} = |\vec{a}|^2 + \vec{a} \cdot \vec{b}$

特に，成分計算をするときは，$\vec{a} = \begin{pmatrix} x_1 \\ y_1 \end{pmatrix}$, $\vec{b} = \begin{pmatrix} x_2 \\ y_2 \end{pmatrix}$ として，

$$\vec{a} \cdot \vec{b} = x_1 x_2 + y_1 y_2$$

と計算される．**内積は，ベクトル量ではなく，スカラー量になる**ことに注意する．

したがって，内積を計算するときは（内積は 2 次式までしか出てこない），

- 普通の文字式と同じように展開・因数分解をする．
- ただし，$(\vec{\cdots})^2$ のように**ベクトルの 2 乗が出てきたらすぐに絶対値に書き換える**．

ということを意識して計算すればよい．

* * * * * * * *

〔例〕 $(\vec{a} + 2\vec{b}) \cdot (3\vec{a} - \vec{b})$ を計算せよ．

> 普通に多項式と同様に計算をすればよいが，$(\vec{a})^2$ や $(\vec{b})^2$ などは，$|\vec{a}|^2$, $|\vec{b}|^2$ に書き換えること．
>
> （与式）$= 3|\vec{a}|^2 + 5\vec{a} \cdot \vec{b} - 2|\vec{b}|^2$

* * * * * * * *

〔例〕 $|\vec{x}|^2 - 3\vec{x} \cdot \vec{a} + 2\vec{x} \cdot \vec{b}$ を $\vec{x}$ について平方完成せよ．

> これも普通の文字式で，
>
> $$x^2 - 3xa + 2xb = x^2 - (3a - 2b)x = \left(x - \frac{3a-2b}{2}\right)^2 - \cdots$$
>
> と計算するのと同じように扱えばよい．ただし，<u>2 乗は絶対値に書き換える</u>というのを忘れないこと．

$$
\begin{aligned}
(与式) &= |\vec{x}|^2 - (3\vec{a} - 2\vec{b}) \cdot \vec{x} \\
&= \left|\vec{x} - \frac{3\vec{a} - 2\vec{b}}{2}\right|^2 - \frac{1}{4}|3\vec{a} - 2\vec{b}|^2 \\
&= \left|\vec{x} - \frac{3\vec{a} - 2\vec{b}}{2}\right|^2 - \frac{1}{4}(9|\vec{a}|^2 - 12\vec{a} \cdot \vec{b} + 4|\vec{b}|^2)
\end{aligned}
$$

49-2. 絶対値と内積

絶対値は，**自分自身との内積**として処理すること。

$$|\vec{a}|^2 = \vec{a} \cdot \vec{a}$$

として，内積計算にもち込まなければ，絶対値は処理できないことに注意。

成分計算は，$\vec{a} = \begin{pmatrix} x \\ y \end{pmatrix}$ として，

$$|\vec{a}|^2 = x^2 + y^2$$

と計算される。

49-3. 平行条件・垂直条件

2つのベクトル $\vec{a}, \vec{b}$ が与えられたとき，それらの平行・垂直条件は，しっかりと押さえておくこと。

【平行・垂直条件】

2つのベクトル $\vec{a}, \vec{b}$ $(\vec{a}, \vec{b} \neq \vec{0})$ が与えられたとき，

$\vec{a} // \vec{b} \iff \vec{a} = k\vec{b}$

$\vec{a} \perp \vec{b} \iff \vec{a} \cdot \vec{b} = 0$

平行・垂直という条件が与えられたら，この書き換えで，すぐにベクトルの表現に直してしまうこと。

§50. ベクトル方程式

50-1. ベクトル方程式

（変数ではなく）変ベクトル $\vec{p}$ に対して，$\vec{p}$ がある条件式を満たしながら動くとき，その方程式を $\vec{p}$ のベクトル方程式という。ベクトル方程式で与えられたもので，まともに扱えるものは形がずいぶんと限られてしまっていることに注意。一般の x, y の方程式のように複雑な曲線を扱うわけではなく，

ベクトル方程式の表す図形は円か直線（空間の場合は，直線か平面か球面）

くらいしか扱わない。したがって，ベクトル方程式の形にあわせて，「式変形の方法・大まかな図形」くらいはすぐに読めるようにしておくこと。

- **パラメータ1次（直線）** $\quad \vec{p} = \vec{a} + t\vec{l}$ （t は実数）

  これは**直線**を表すベクトル方程式で，

  $\vec{a}$：通る点，$\vec{l}$：方向ベクトル

  ということに注意。したがって，パラメータ1次のベクトル方程式が与えられたら，

  パラメータについて整理

  すればすぐに，**通る点・方向ベクトル**が読み取れる。
  また，図示する場合は，$\vec{a}, \vec{b}$ などベクトルについて整理すれば，各切片を読むことができる。

*　　　*　　　*　　　*　　　*　　　*　　　*　　　*

〔例〕 $\vec{p} = (2t-1)\vec{a} + (3-t)\vec{b}$ の表す図形を求めよ。

t について整理して，

$$\vec{p} = (3\vec{b} - \vec{a}) + t(2\vec{a} - \vec{b})$$

よって，$3\vec{b} - \vec{a}$ を通り，方向ベクトルが $2\vec{a} - \vec{b}$ の直線。
ただし，これだと図示しづらいので，図示するときには，

$\vec{b}$ の係数を消すように：$t = 3$ で $5\vec{a}$

$\vec{a}$ の係数を消すように：$t = \dfrac{1}{2}$ で $\dfrac{5}{2}\vec{b}$

となるから，$5\vec{a}, \dfrac{5}{2}\vec{b}$ を結ぶ直線と分かる。

- **内積 1 次（直線：空間の場合は平面）** $\quad \vec{p} \cdot \vec{n} = $ 定数

これは $\vec{n}$ を法線ベクトルにもつ直線（空間なら平面）を表す。余次元の方向ベクトル $\vec{n}$ が 1 つ与えられているので，

$$\text{平面ベクトル}：2-1=1,\quad \text{空間ベクトル}：3-1=2$$

とそれぞれ 1 次元，2 次元の図形を表す。
$\vec{p}$ に代入して与式を成立させる点が見つかれば，それが通る点ということに注意。
内積 1 次のベクトル方程式が与えられたら，

　　変ベクトルについて整理

すればよい。そのとき，**変ベクトルの係ベクトルが法線ベクトル**となる。

*　　　*　　　*　　　*　　　*　　　*　　　*　　　*

〔例〕　$\vec{p} \cdot \vec{a} - |\vec{a}|^2 = \vec{p} \cdot \vec{b} - |\vec{b}|^2$ の表す図形を求めよ。

$\vec{p}$ について整理して，

$$\vec{p} \cdot (\vec{a} - \vec{b}) = |\vec{a}|^2 - |\vec{b}|^2$$
$$\Leftrightarrow (\vec{p} - \vec{a} - \vec{b}) \cdot (\vec{a} - \vec{b}) = 0$$

よって，点 $\vec{a} + \vec{b}$ を通り，$\vec{a} - \vec{b}$ を法線ベクトルにもつ直線。

- **内積 2 次（円：空間の場合は球面）** $\quad |\vec{p} - \vec{c}|^2 = r^2$

これは中心 $\vec{c}$，半径 $r\,(>0)$ の円（または球面）を表す。もし，内積 2 次のベクトル方程式が与えられたら，

　　変ベクトルについて平方完成

をすれば，**中心・半径**が読み取れることに注意する。

*　　　*　　　*　　　*　　　*　　　*　　　*　　　*

〔例〕　$|\vec{p}|^2 - 2\vec{a} \cdot \vec{p} + 4\vec{b} \cdot \vec{p} = 0$ の表す図形を求めよ。

$\vec{p}$ で平方完成すると，

$$|\vec{p} - \vec{a} + 2\vec{b}|^2 = |\vec{a} - 2\vec{b}|^2$$

よって，**中心が $\vec{a} - 2\vec{b}$，半径が $|\vec{a} - 2\vec{b}|$ の円**。
※ 元の式で $\vec{p} = \vec{0}$ を代入すると，与式が成立するから，**この円は原点を通る**ことに注意する。

§51. 空間ベクトル

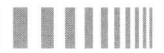

51-1. 平面ベクトルと空間ベクトルの違い

空間においてもベクトルの用い方は平面と変わらない。原点 O を決めてから，位置ベクトルを用いて計算する。平面ベクトルと異なるところは，以下の点である。

① **1 次独立**

2 次元の平面から，3 次元の空間に広がるので，基底の本数が 3 本となる。

3 つのベクトル $\vec{a}$, $\vec{b}$, $\vec{c}$ が 1 次独立とは，

【1 次独立の定義】

$\vec{a}$, $\vec{b}$, $\vec{c}$ が 1 次独立

$\Leftrightarrow \alpha\vec{a} + \beta\vec{b} + \gamma\vec{c} = \vec{0}$ ならば，$\alpha = \beta = \gamma = 0$

$\Leftrightarrow \vec{a}$, $\vec{b}$, $\vec{c}$ のどのベクトルも他の 2 つの線形和で表せない。

　　（例えば，$\vec{c} = x\vec{a} + y\vec{b}$ のようには表せない）

$\Leftrightarrow$ O($\vec{0}$), A($\vec{a}$), B($\vec{b}$), C($\vec{c}$) が同一平面上にない（四面体をつくる）。

であり，**決して $\vec{a} \not\parallel \vec{b}$, $\vec{b} \not\parallel \vec{c}$, $\vec{c} \not\parallel \vec{a}$ となることではない**。
また，平面と違い空間ベクトルでは **1 次独立な 3 本のベクトルで表す**ことに注意。

② **共平面条件**

平面 ABC 上の点 P は，

$$\vec{p} = \alpha\vec{a} + \beta\vec{b} + \gamma\vec{c} \quad (\alpha + \beta + \gamma = 1)$$

のように 3 本のベクトルの係数和 = 1 で表される。

【共平面条件】

点 P($\vec{p}$) が 3 点 A($\vec{a}$), B($\vec{b}$), C($\vec{c}$) と同一平面上にある条件は，

$$\vec{p} = s\vec{a} + t\vec{b} + u\vec{c} \quad (\underbrace{s + t + u = 1}_{\text{係数和=1 !}})$$

③　平面では内積を用いて $\vec{u}$ と垂直で点 A($\vec{a}$) を通る直線（上の点）を，

$$\vec{u} \cdot (\vec{p} - \vec{a}) = 0 \quad \therefore \quad \vec{u} \cdot \vec{p} = \vec{u} \cdot \vec{a}$$

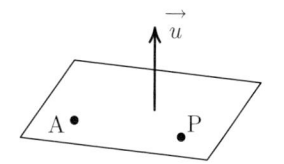

と表したが，空間では，A$(\vec{a})$ を通る $\vec{u}$ に垂直な平面（上の点）となってしまう。詳しくは§53の「空間のベクトル方程式」のところで扱うが，

「平面ベクトル」では，
　　直線を，パラメータを用いて表すこともでき，内積方程式の軌跡として表すこともできた。

「空間ベクトル」では，
　　直線はパラメータを用いて表し，平面は内積方程式の軌跡として表す。

のように表し方が違ってくる。

以上の点以外は，<u>**平面ベクトルと同じ**</u>ように扱えてしまうことに注意する。

＊　　＊　　＊　　＊　　＊　　＊　　＊　　＊

〔例〕 四面体 OABC において，$\vec{OA} = \vec{a}$, $\vec{OB} = \vec{b}$, $\vec{OC} = \vec{c}$ とする。OA, OB, OC をそれぞれ 2:1, 1:1, 3:1 に内分する点を D, E, F とする。△ABC の重心を G とするとき，OG と平面 DEF の交点 P の位置ベクトルを求めよ。

※平面ベクトルと同様，交点の位置ベクトルは，
　　2通りで表して係数比較
が基本。

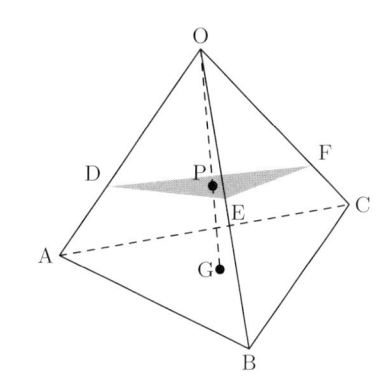

☺ D, E, F の位置ベクトルは，
$$\vec{OD} = \frac{2}{3}\vec{a}, \quad \vec{OE} = \frac{1}{2}\vec{b}, \quad \vec{OF} = \frac{3}{4}\vec{c}$$

また，$\vec{OG} = \frac{1}{3}(\vec{a} + \vec{b} + \vec{c})$

よって，P$(\vec{p})$ は OG 上かつ平面 DEF 上だから，
$$\vec{p} = \frac{s}{3}(\vec{a} + \vec{b} + \vec{c})$$
$$= \frac{2t}{3}\vec{a} + \frac{u}{2}\vec{b} + \frac{3}{4}(1-t-u)\vec{c}$$

$\vec{a}, \vec{b}, \vec{c}$ は1次独立だから，係数比較して，
$$\frac{s}{3} = \frac{2t}{3}, \quad \frac{s}{3} = \frac{u}{2}, \quad \frac{s}{3} = \frac{3}{4}(1-t-u)$$

これを解いて，$s = \frac{18}{29}$, $t = \frac{9}{29}$, $u = \frac{12}{29}$ 　　∴ $\vec{p} = \frac{\mathbf{6}}{\mathbf{29}}(\vec{a} + \vec{b} + \vec{c})$

§ 52. 空間における直線

52-1. 空間における直線

① 平面ベクトルと同様に，

(i) 通る点 $A(\vec{a})$ (ii) 方向ベクトル $\vec{u} \neq \vec{0}$

の 2 つが与えられると，(i), (ii)によって定まる直線 l 上の点 $P(\vec{p})$ は，$\overrightarrow{AP} = \vec{p} - \vec{a} \mathbin{/\!/} \vec{u}$ より，

$$\vec{p} - \vec{a} = t\vec{u} \quad \therefore \quad \vec{p} = \vec{a} + t\vec{u}$$

座標で考えると，$\vec{p} = \begin{pmatrix} x \\ y \\ z \end{pmatrix}$, $\vec{a} = \begin{pmatrix} x_0 \\ y_0 \\ z_0 \end{pmatrix}$, $\vec{u} = \begin{pmatrix} a \\ b \\ c \end{pmatrix} \neq \vec{0}$ とすると，

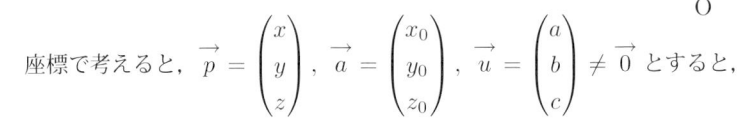

$$\begin{pmatrix} x \\ y \\ z \end{pmatrix} = \begin{pmatrix} x_0 \\ y_0 \\ z_0 \end{pmatrix} + t \begin{pmatrix} a \\ b \\ c \end{pmatrix} \quad \therefore \quad \begin{cases} x = x_0 + at \\ y = y_0 + bt \\ z = z_0 + ct \end{cases}$$

ここから t を消去すると，

(1) $abc \neq 0$ のとき：

$$\frac{x - x_0}{a} = \frac{y - y_0}{b} = \frac{z - z_0}{c} \ (= t)$$

(2) $c = 0$, $ab \neq 0$ のとき：

$$\frac{x - x_0}{a} = \frac{y - y_0}{b}, \ z = z_0$$

その他，a, b のうち 1 つが 0 のときは同様。

(3) $a \neq 0$, $b = c = 0$ のとき：

$$y = y_0, \ z = z_0$$

その他，a, b, c のうち 2 つが 0 のときは同様。

これらの直線の方程式の書き換え（ベクトル表現 ↔ 座標表現）は自由にできるようにしておくこと。

以上，座標の方程式で直線の方程式を書くと，2 個の連立方程式となることに注意する。

$$\underbrace{(\text{文字の個数})}_{3} - \underbrace{(\text{式の個数})}_{2} = \underbrace{(\text{解の次元})}_{1}$$

---【直線のベクトル方程式と直線の方程式の書き換え】---

- ベクトル方程式 → 直線の方程式

    $x=,\ y=,\ z=$ の3式から t について解いて, t 消去

- 直線の方程式 → ベクトル方程式

    式の値 $=t$ にして, $x,\ y,\ z$ について解く

② もちろん, 2点 $\mathrm{A}(\vec{a})$, $\mathrm{B}(\vec{b})$ を通る直線は,

$$\overrightarrow{\mathrm{AP}}/\!/\overrightarrow{\mathrm{AB}} \Leftrightarrow \overrightarrow{\mathrm{AP}}=t\overrightarrow{\mathrm{AB}} \Leftrightarrow \vec{p}-\vec{a}=t(\vec{b}-\vec{a})$$

$$\therefore\ \vec{p}=\vec{a}+t(\vec{b}-\vec{a})=\underbrace{(1-t)\vec{a}+t\vec{b}}_{\text{係数和}=1}$$

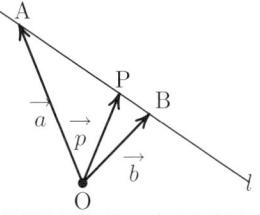

と表すことができる。

③ 同一平面上にない2直線は, ねじれの位置にあるという。空間中にある2本のねじれの位置にある直線に直交する直線がただ1本だけ引ける。

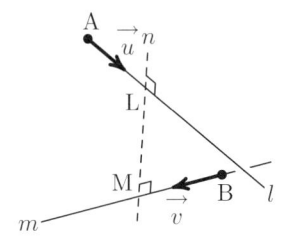

☺ 上図で, $l:\vec{p}=\vec{a}+t\vec{u}$, $m:\vec{p}=\vec{b}+s\vec{v}$ とすると, l 上の点 $\mathrm{L}(\vec{a}+t_0\vec{u})$, m 上の点 $\mathrm{M}(\vec{b}+s_0\vec{v})$ を結ぶ直線 LM は方向ベクトル $\overrightarrow{\mathrm{LM}}=(\vec{b}+s_0\vec{v})-(\vec{a}+t_0\vec{u})$ をもつ。

$\overrightarrow{\mathrm{LM}}\perp\vec{u}$ より, $\quad s_0\vec{u}\cdot\vec{v}-t_0|\vec{u}|^2=(\vec{a}-\vec{b})\cdot\vec{u}$

$\overrightarrow{\mathrm{LM}}\perp\vec{v}$ より, $\quad s_0|\vec{v}|^2-t_0\vec{u}\cdot\vec{v}=(\vec{a}-\vec{b})\cdot\vec{v}$

$l,\ m$ はねじれの位置にあるので, $\vec{u}\not/\!/\vec{v}$

$|\vec{u}|^2|\vec{v}|^2\geqq(\vec{u}\cdot\vec{v})^2$ の等号成立が $\vec{u}/\!/\vec{v}$ のときであることに注意すれば,
$|\vec{u}|^2|\vec{v}|^2-(\vec{u}\cdot\vec{v})^2>0$ となり,

$$s_0=\frac{(\vec{a}-\vec{b})\cdot\{|\vec{u}|^2\vec{v}-(\vec{u}\cdot\vec{v})\vec{u}\}}{|\vec{u}|^2|\vec{v}|^2-(\vec{u}\cdot\vec{v})^2},\ t_0=\frac{(\vec{a}-\vec{b})\cdot\{(\vec{u}\cdot\vec{v})\vec{v}-|\vec{v}|^2\vec{u}\}}{|\vec{u}|^2|\vec{v}|^2-(\vec{u}\cdot\vec{v})^2}$$

がただ1組求められる。

§53. 空間のベクトル方程式

53-1. 空間における平面

① **パラメータを用いた平面の表現**（共平面条件）

直線と同様に，平面を張る方向ベクトル $\vec{u}$, $\vec{v}$ と平面上の点 $A(\vec{a})$ が与えられると，平面上の任意の点 $P(\vec{p})$ は，

$$\vec{p} = \vec{a} + s\vec{u} + t\vec{v}$$

と表される。このとき，$\vec{u}$, $\vec{v}$ は1次独立でなくてはいけない。また，平面上の点 $\vec{p}$ に対し，(s, t) はただ1組が対応する。

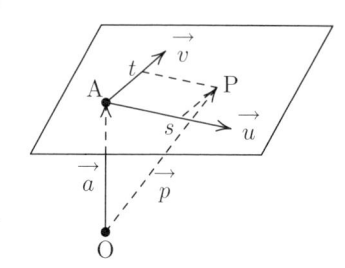

- 平面上に3点 $A(\vec{a})$, $B(\vec{b})$, $C(\vec{c})$ が与えられ，この3点が同一直線上にないときには，この3点を通る平面上の点は，

$$\vec{p} = \vec{a} + s(\vec{b} - \vec{a}) + t(\vec{c} - \vec{a}) = \underbrace{(1-s-t)\vec{a} + s\vec{b} + t\vec{c}}_{\text{係数和}=1}$$

したがって，$\vec{p} = \alpha\vec{a} + \beta\vec{b} + \gamma\vec{c}$ $(\alpha + \beta + \gamma = 1)$ のように表せる。

- 平面上の領域を表すときは，このパラメータを用いた方法が平面ベクトルを利用できて便利。例えば，右図で $\triangle ABC$ の周上および内部は，

$$\vec{p} = \vec{a} + s(\vec{b} - \vec{a}) + t(\vec{c} - \vec{a})$$

とすると，

$$s \geqq 0, \ t \geqq 0, \ s + t \leqq 1$$

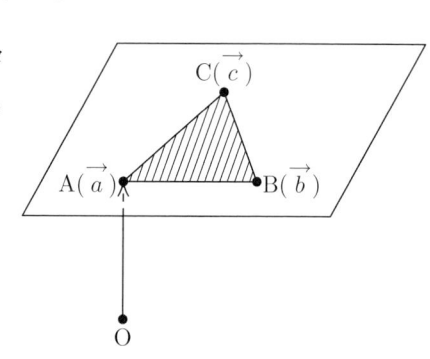

したがって，$\vec{p} = \alpha\vec{a} + \beta\vec{b} + \gamma\vec{c}$ と表すと，$\alpha + \beta + \gamma = 1$, $\alpha \geqq 0$, $\beta \geqq 0$, $\gamma \geqq 0$ となる。

② **内積を用いる平面の表現**（ベクトル方程式）

空間で平面が与えられると，その法線ベクトルが定まるし，また空間で $\vec{0}$ でないベクトルが与えられると，それに垂直な平面が定まる。

- 右図のように平面の法線ベクトルを $\vec{u}$, 平面上の点を $A(\vec{a})$ とすると，平面上の任意の点 $P(\vec{p})$ は $\overrightarrow{AP} \perp \vec{u}$ より，

$$\vec{u} \cdot (\vec{p} - \vec{a}) = 0 \qquad \therefore \ \vec{u} \cdot \vec{p} = \vec{u} \cdot \vec{a}$$

座標を用いて表すと，$\vec{u} = \begin{pmatrix} a \\ b \\ c \end{pmatrix}$, $\vec{p} = \begin{pmatrix} x \\ y \\ z \end{pmatrix}$

として，

$$\vec{u} \cdot \vec{p} = ax + by + cz = 定数 \ (= \vec{u} \cdot \vec{a})$$

のように，**x, y, z の 1 次式** になる。

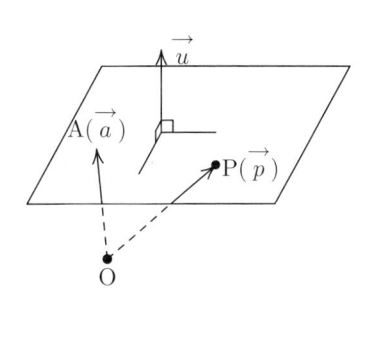

53-2. 平面のなす角

平面のなす角など，**「平面の向き」は，法線ベクトルで考える**のが基本。したがって，

【平面のなす角】

法線ベクトル $\vec{n_1}, \vec{n_2}$ をもつ 2 平面のなす角を θ とすると，

$$\theta (\text{または}, \pi - \theta) = \vec{n_1}, \vec{n_2} \text{ のなす角}, \ \cos\theta = \frac{|\vec{n_1} \cdot \vec{n_2}|}{|\vec{n_1}||\vec{n_2}|}$$

53-3. ベクトル方程式（空間）

平面のベクトル方程式同様，形に合わせて読めばよい。空間の場合，ベクトル方程式の表す図形は，**直線, 平面, 球面** くらいしか扱わないことに注意。平面ベクトルのときと同様，

- **パラメータ 1 次**：直線（方向ベクトルと通る点が読み取れる）
- **内積 1 次**：平面（法線ベクトルと通る点が読み取れる）
- **内積 2 次**：球面（中心と半径が読み取れる）

と考えればよい。

鉄緑会
基礎力完成
数学 I・A＋II・B

問題篇

§1 展開・因数分解 #1　　目標時間 10 分

1 次の式を展開せよ。

(1) $(2x+3)(x^2-3x+2)$

(2) $(3a+b-c)(a-b+c)$

(3) $(x^2+x-3)(2x^2-4x-3)$

(4) $(x+1)(x-2)(x+3)(x-4)$

(5) $(a-2b)(a^3+2a^2b+4ab^2+8b^3)$

2 次の式を因数分解せよ。

(1) $x^2-xy-2y^2-2x-5y-3$

(2) $2x^2-2y^2-2z^2+3xy+4yz-3zx$

(3) $4x^2+y^2+16z^2+4xy-8yz-16zx$

(4) $(x^2+x-1)(x^2+x-7)+5$

(5) $(x^2-4x+3)(x^2+6x+8)+24$

(6) $-x^2(3y-2z)-9y^2(2z-x)-4z^2(x-3y)$

(7) a^6+19a^3-216

(8) $64x^3-8y^3-24xy-1$

§1 展開・因数分解 #2　　目標時間 10 分

1　次の式を展開せよ。

(1)　$(2x-3)^3$

(2)　$(x^2+x+2)(x^2-x+2)$

(3)　$(a-b+c-d)(a+b-c-d)$

(4)　$(x+2y)(x-2y)(x^2-2xy+4y^2)(x^2+2xy+4y^2)$

2　次の式を因数分解せよ。

(1)　$56a^2+50ab-16b^2+90a+36b+36$

(2)　$45x^2-80$

(3)　x^4+x^2+1

(4)　$3t^3+192$

(5)　$(x-4)(x-2)(x+1)(x+3)+24$

(6)　$4(t^2+t+4)^2-(3t^2+5t+2)^2$

(7)　$(x+4y)(x+4y-2)-15$

(8)　$(a^2+5a+10)(a^2+5a+1)+20$

(9)　$(a-b)^3+(b-c)^3+(c-a)^3$

§2 係数計算 #1 　　目標時間 10 分

1. 次の式を係数計算をすることで展開せよ。

   (1) $(x+2)(x-4) + 3(x-2)(x+1) - 5(x^2+3x-1)$

   (2) $3(x-2)(3-x) + 5x(x-4) - 3(x-1)^2$

   (3) $(x+1)^3 - (x-2)(x^2+3x-5) - 2x(x-1)$

   (4) $(x+1)(x^2-x+1) - (2x-1)(2x+1) - (3x+1)(x-3)$

2. 次の割り算は余りなしで割り切れる。商を暗算せよ。

   (1) $(4x^3 - 10x^2 + 26x - 30) \div (4x-6)$

   (2) $(35a^3 + 12a^2 + 15a + 2) \div (7a+1)$

   (3) $(30x^4 + 46x^3y + 40x^2y^2 - 8xy^3 - 32y^4) \div (6x^2 + 2xy - 4y^2)$

   (4) $(32x^4 - 56x^3 - 60x^2 + 16x + 12) \div (8x^2 + 2x - 3)$

   (5) $(24x^5 + 22x^4 - 46x^3 + 2x^2 - 6x - 28) \div (8x^3 + 2x^2 + 2x + 4)$

   (6) $(5x^5 + 22x^4y - 56x^3y^2 + 60x^2y^3 - 57xy^4 + 18y^5) \div (5x^3 - 8x^2y + 7xy^2 - 6y^3)$

§2 係数計算 #2　　目標時間 10 分

1 次の式を係数計算をすることで展開せよ。

(1) $(x+1)^3 + 3(x-1)(x+1) + (x+1)(x^2 - 3x + 2)$

(2) $2(1-x)(3-2x) + 4(x+1)(x+2) - 5(2x+1)^2$

(3) $x(x+1)(x+2) - 3(x+4)(x^2 - 4x + 16) - (2x-1)^3$

(4) $3(2x+1)(2-x)^2 + 4(x+1)(2x+1) - (3x-2)^3$

2 次の割り算は余りなしで割り切れる。商を暗算せよ。

(1) $(9a^3 + 6a^2 b - 18ab^2 + 5b^3) \div (3a - b)$

(2) $(32a^3 + 72a^2 b + 12ab^2 - 8b^3) \div (4a + 8b)$

(3) $(10a^4 + 54a^3 + 48a^2 - 6a - 2) \div (5a^2 + 7a + 1)$

(4) $(40x^4 + 2x^3 + 47x^2 - 30x + 21) \div (5x^2 + 4x + 7)$

(5) $(10a^2 + 22ab - 20ac - 24b^2 - 22bc + 10c^2) \div (5a - 4b - 5c)$

(6) $(8a^6 - 32a^5 b + 25a^4 b^2 - 12a^3 b^3 - 5a^2 b^4 - 2ab^5 - 14b^6) \div (8a^3 - 8a^2 b + ab^2 + 7b^3)$

§3 因数定理・剰余定理 #1　　目標時間 10 分

1 $f(x)$ を $g(x)$ で割ったときの商および余りを求めよ（剰余定理により，先に余りを求め，商を暗算せよ）。

(1) $f(x) = x^3 - x^2y - y^3$, $g(x) = x + y$

(2) $f(x) = x^3 - 17x + 27$, $g(x) = (x-3)(x+5)$

(3) $f(x) = 2x^3 - 3x^2 - 6x$, $g(x) = (2x-1)(x-2)$

2 次の各問いに答えよ。

(1) 整式 $P(x)$ を $x-1$ で割ると余りが 9, $x+5$ で割ると余りが -3 である。$P(x)$ を $(x-1)(x+5)$ で割ったときの余りを求めよ。

(2) 整式 $f(x)$ を x^2+1 で割ると余りは $2x-2$, $f(x)$ を $x+1$ で割ると余りは -2 となる。$f(x)$ を $(x^2+1)(x+1)$ で割ったときの余りを求めよ。

3 次の $f(x)$ が $g(x)$ で割り切れるように a, b の値を定めよ。

(1) $f(x) = x^2 - 5x + a$, $g(x) = x + 3$

(2) $f(x) = 3x^3 + ax^2 + bx + 6$, $g(x) = (x+1)(3x-2)$

(3) $f(x) = x^4 + 4x^2 + ax + b$, $g(x) = x^2 - 4x + 3$

§3 因数定理・剰余定理 #2　　目標時間 10 分

1 $f(x)$ を $g(x)$ で割ったときの商および余りを求めよ（剰余定理により，先に余りを求め，商を暗算せよ）。

(1) $f(x) = 2x^2 + 5ax + a^2$, $g(x) = 2x - a$

(2) $f(x) = 2x^2 + 5xy + 2y^2 - 2x + 6y - 4$, $g(x) = x + y - 3$

2 次の各問いに答えよ。

(1) 整式 $f(x)$ を $x-1$, $x+1$, $x+2$ で割ったとき，余りがそれぞれ $9, 1, 3$ である。$f(x)$ を $(x-1)(x+1)(x+2)$ で割ると余りはいくらか。

(2) 整式 $P(x)$ は x^2+1 で割ると $2x+3$ 余り，x^2-1 で割ると $3x+2$ 余る。このとき，$P(x)$ を $(x^2+1)(x^2-1)$ で割ったときの余りを求めよ。

(3) $f(x) = \dfrac{x^3+2x-1}{x-2}$ を $f(x) = px^2 + qx + r + \dfrac{s}{x-2}$ (p, q, r, s は定数) の形に表せ。

3 次の $f(x)$ が $g(x)$ で割り切れるように a, b の値を定めよ。

(1) $f(x) = 3x^3 - ax^2 - 5x + b$, $g(x) = x^2 + 2x - 3$

(2) $f(x) = x^4 + ax^3 + x^2 + bx + 8$, $g(x) = x^2 - 5x + 4$

(3) $f(x) = 4x^4 + ax^3 + 5x^2 - 2x + b$, $g(x) = 2x^2 + x - 3$

§4 高次方程式・不等式 #1　　目標時間 10 分

1 次の方程式・不等式を解け。

□(1) $x^3 + 6x^2 + 11x + 6 = 0$

□(2) $(x-1)x(x+1) = 4 \cdot 5 \cdot 6$

□(3) $x^4 + 6x^3 + 11x^2 + 6x - 24 = 0$

□(4) $x^3 + 2x^2 - 5x < 6$

□(5) $(x+1)(x+3)(x+5) > -3x - 9$

□(6) $\dfrac{2x+3}{x^2} > 1$

□(7) $\dfrac{x^2 + 4x + 3}{x^2 - 1} \geqq 0$

□(8) $\dfrac{1}{x-1} > \dfrac{2}{x+1}$

□(9) $\dfrac{x}{x-2} \leqq x + 1$

§4 高次方程式・不等式 #2

目標時間 10 分

1 次の方程式・不等式を解け。

(1) $x^3 - 6x^2 + 11x - 6 = 0$

(2) $x^3 + x^2 - x - 1 = 0$

(3) $x^3 + x^2 - 6x + 4 = 0$

(4) $x^4 + 2x^3 - x - 2 \leqq 0$

(5) $x^3 + 5x^2 - 13x + 7 > 0$

(6) $x^3 + 2x^2 - 2x - 5 < -x^2 + 2x + 7$

(7) $x < 1 - \dfrac{2x}{x-2}$

(8) $\dfrac{x^2 - 2x + 7}{x+1} > x$

(9) $\dfrac{1}{x-2} \leqq \dfrac{2}{x+3}$

§5 素数・互いに素 #1　　目標時間 10 分

1 次の各問いに答えよ。

□ (1) p を 3 以上の素数とし，x, y を自然数とする。このとき，$x^2 - y^2 = p$ を満たす x, y を求めよ。

□ (2) a, b は互いに素，p, q も互いに素な自然数とする。$\dfrac{p}{a} = \dfrac{q}{b}$ が成り立つならば，この値は 1 となることを示せ。

□ (3) p, q は互いに素な整数とする。$px = qy$ が成り立つならば，$x + y$ は $p + q$ の倍数となることを示せ。

□ (4) p を 3 以上の素数，x, y を整数とするとき，$\dfrac{x}{p} = \dfrac{y}{p-2}$ の値が整数ならば，この整数の値は x, y の最大公約数に一致することを示せ。

□ (5) x, y が互いに素であるとき，$x + 2y, 3x + 5y$ も互いに素であることを示せ。

□ (6) x, y の最大公約数を g とするとき，$5x - 6y, x - y$ の最大公約数を求めよ。

§5 素数・互いに素 #2

目標時間 10 分

1 次の各問いに答えよ。

□ (1) p を素数とする。$x^3 + 1 = p$ となるような自然数 x と p の値を求めよ。

□ (2) x, y は整数, p, q は互いに素な整数とする。$px = qy$ が成り立つならば, $qx + py$ は $p^2 + q^2$ の倍数となることを示せ。

□ (3) x, y, p は自然数とする。$\dfrac{x}{p} = \dfrac{y}{p-1}$ が成り立つならば, この式の値は整数で, x, y の最大公約数に一致することを示せ。

□ (4) a, b は互いに素な自然数とする。$3a^2 + 2ab = b^2$ が成り立つとき, a, b の値を求めよ。

□ (5) x, y が互いに素な整数であるとき, $xy, x^2 + y^2$ も互いに素であることを示せ。

□ (6) x, y を互いに素な整数とするとき, $5x - 6y, x - y$ も互いに素であることを示せ。

§6 1次不定方程式 #1   目標時間 10分

1 次の1次不定方程式を解け。x, y は整数とする。

(1) $2x + 5y = 3$

(2) $3x - 5y = 214$

(3) $231x - 533y = 2$

(4) $491x - 321y = 231$

(5) $4x + 2y = 3$

2 次の各問いに答えよ。

(1) $4x + 3y = 123$ を満たす自然数 x, y の組は何組あるか。

(2) $7x + 5y = 2$ を満たす整数 x, y の組のうち，$-21 \leqq x \leqq 3$ を満たすようなものは何組あるか。

(3) $9x - 2y = 2$ を満たす整数 x, y に対して，xy の最小値を求めよ。

§6　1次不定方程式 #2　　目標時間 10分

1　次の1次不定方程式を解け。x, y は整数とする。

(1)　$9x - 7y = 5$

(2)　$8x + 7y = 219$

(3)　$721x - 123y = 12$

(4)　$311x + 213y = 312$

(5)　$12x + 21y = 48$

2　次の各問いに答えよ。

(1)　$3x + 5y = 231$ を満たす自然数 x, y の組は何組あるか。

(2)　$7x + 5y = 2$ を満たす整数 x, y の組のうち，$7 \leqq 2x + 3y \leqq 100$ を満たすようなものは何組あるか。

(3)　$2x - 5y = 7$ を満たす整数 x, y に対して，$x^2 + y^2$ の最小値を求めよ。

§7 2次関数のグラフ #1

目標時間 10 分

1 次の2次関数のグラフを描け。

□ (1) $y = \dfrac{1}{2}x^2 + \dfrac{4}{3}x + \dfrac{25}{18}$

□ (2) $y = -\dfrac{1}{2}x^2 + 2x - 1$

□ (3) $y = 2x^2 - 12x - 32$

□ (4) $y = -2x^2 - 27x - 63$

□ (5) $y = 2x^2 + 3x + \dfrac{7}{9}$

□ (6) $y = \dfrac{1}{2}x^2 - \dfrac{9}{2}x - 18$

§7　2次関数のグラフ #2

目標時間 10 分

1 次の2次関数のグラフを描け。

□ (1)　　$y = -\dfrac{1}{2}x^2 - x - \dfrac{3}{4}$

□ (2)　　$y = 2x^2 + 4x + 1$

□ (3)　　$y = -2x^2 + 6x + 8$

□ (4)　　$y = \dfrac{1}{2}x^2 - \dfrac{9}{8}x + \dfrac{7}{16}$

□ (5)　　$y = -2x^2 - \dfrac{8}{3}x - \dfrac{2}{3}$

□ (6)　　$y = \dfrac{1}{2}x^2 + \dfrac{8}{9}x - \dfrac{22}{27}$

§8 区間つき最大・最小 #1　　目標時間 10 分

1 次の各問いに答えよ。

□ (1)　$y = f(x) = x^2 - (a-1)x + 2a - 4$ の区間 $-2 \leq x \leq 4$ における最大値と最小値を，a の値により場合分けして下の表に書き込め。

a の範囲	最大値	最小値

□ (2)　$y = f(x) = -x^2 + (2a+1)x + 5$ の区間 $-2 \leq x \leq 3$ における最大値と最小値を，a の値により場合分けして下の表に書き込め。

a の範囲	最大値	最小値

□ (3)　$y = f(x) = 2x^2 - 2ax - 3$ の区間 $-5 \leq x \leq -1$ における最大値を $M(a)$，最小値を $m(a)$ とする。$b = M(a)$ と $b = m(a)$ のグラフを同一平面上に描け。

§8 区間つき最大・最小 #2

目標時間 10 分

1 次の各問いに答えよ。

□ (1) $y = f(x) = -2x^2 + (2a+5)x - a$ の区間 $-4 \leq x \leq 1$ における最大値と最小値を，a の値により場合分けして下の表に書き込め。

a の範囲	最大値	最小値

□ (2) $y = f(x) = x^2 - (2a-3)x - 2a - 2$ の区間 $-2 \leq x \leq 3$ における最大値と最小値を，a の値により場合分けして下の表に書き込め。

a の範囲	最大値	最小値

□ (3) $y = f(x) = -x^2 + (2a+5)x - 2$ の区間 $0 \leq x \leq 4$ における最大値を $M(a)$，最小値を $m(a)$ とする。$b = M(a)$ と $b = m(a)$ のグラフを同一平面上に描け。

§9 解の配置 #1

目標時間 10 分

1 2次の係数が正である2次式 $f(x)$ に対して，2次方程式 $f(x)=0$ が次の各条件を満たすとき，軸位置・境界値・判別式 D の満たすべき条件を書け。
（軸：$a<$ 軸 $<b$, 境界値：$f(\alpha)>0$, $f(\beta)<0$, 判別式：$D\geqq 0$ のように答えればよい）

☐ (1) $-1\leqq x\leqq 1$ に相異なる2実解をもつ。

☐ (2) 正の実数解，負の実数解を1つずつもつ。

☐ (3) 少なくとも1つ正の実数解をもつ。

☐ (4) $-1<x<1$, $1<x<2$ に1つずつ実数解をもつ。

☐ (5) $x<-1$, $2<x$ に1解ずつもつ。

2 $f(x)=ax^2-2(a+1)x+2$ に対して，方程式 $f(x)=0$ が正の相異なる2つの実数解をもつような a の範囲を求めよ。

§9 解の配置 #2

1 2次の係数が正である2次式 $f(x)$ に対して，2次方程式 $f(x)=0$ が次の各条件を満たすとき，軸位置・境界値・判別式 D の満たすべき条件を書け。
（軸：$a<$ 軸 $<b$，境界値：$f(\alpha)>0$, $f(\beta)<0$，判別式：$D\geqq 0$ のように答えればよい）

(1)　$-2\leqq x<3$ に相異なる2実数解をもつ。

(2)　$x<-3$, $x\geqq 1$ に1解ずつもつ。

(3)　$1<x<2$, $3<x<5$ に1解ずつもつ。

(4)　$2<x<3$ に少なくとも1解もつ。

2 方程式 $f(x)=ax^2+bx+c=0$ において解が次のような場合，係数 a, b, c，境界値 $f(k)$，軸位置 $j=-\dfrac{b}{2a}$，判別式 $D=b^2-4ac$ にはどのような条件をつければよいか。

(1)　$a>0$ のとき，$x>2$ の範囲に重解を含めて2個の解がある。

(2)　$a>0$ のとき，$x\leqq -6$ に1つの解，$3<x$ に別の1つの解がある。

(3)　実数解がちょうど1個ある。

(4)　$a<0$ のとき，$x<-3$ の範囲に重解を含めて2個の解がある。

§10　2次関数の接線 #1　　目標時間 10分

$\boxed{1}$　次の接線を求めよ。ただし，答えのみでよい。

(1)　$y = x^2 + 2$ に $(1, -1)$ から引いた2接線

(2)　$y = -2x^2 - x + 1$ に $(-1, 2)$ から引いた2接線

(3)　$y = -x^2 + 3x - 1$ の点 $(-1, -5)$ における接線

(4)　$y = 2x^2 - 3x + 2$ の傾きが2である接線

(5)　$y = 2x^2 - 3x - 5$ の点 $(-3, 22)$ における接線

$\boxed{2}$　$y = \dfrac{1}{2}x^2 + x - 1$ と $y = ax + 2a - 3$ が接するように a の値を定めよ。

§10 2次関数の接線 #2　　目標時間 10分

1 次の接線を求めよ。ただし，答えのみでよい。

(1) $y = 2x^2 - 3x + 5$ の $(1, 4)$ における接線

(2) $y = -x^2 + 3x + 1$ の傾きが 2 である接線

(3) $y = x^2 + 1$ に点 $\left(1, \dfrac{7}{4}\right)$ から引いた 2 接線

(4) $y = 3x^2 - 5x - 4$ の $(2, -2)$ における接線

(5) $y = -\dfrac{1}{2}x^2 - 1$ に点 $(-1, -1)$ から引いた 2 接線

2 $y = 2x^2 + 1$ と $y = ax + a - \dfrac{3}{2}$ が接するように a の値を定めよ。

§11 種々の関数とグラフ #1　　目標時間 10 分

1　次の関数のグラフを描け。

- (1) $y = \dfrac{2x-3}{x+2}$

- (2) $y = \sqrt{3-2x} - 1$

- (3) $y = \dfrac{3-2x}{x+1}$

- (4) $y = \dfrac{2x}{3-x}$

- (5) $y = \dfrac{1}{2}\sqrt{2x+1} - 1$

2　次の関数を求めよ。

- (1) 漸近線 $x=1$, $y=-2$ をもち，原点を通るような $y = \dfrac{ax+b}{cx+d}$ の形の関数（1 次分数関数）。

- (2) $y = \sqrt{x-3} + 2$ の逆関数。

- (3) $y = \dfrac{2x-1}{3-x}$ の逆関数。

§11 種々の関数とグラフ #2　　目標時間 10分

1　次の関数のグラフを描け。

(1) $y = \dfrac{-x+2}{x-1}$

(2) $y = 2 - \sqrt{1-2x}$

(3) $y = \dfrac{2x+3}{3x+4}$

(4) $y = \dfrac{2x-4}{x-2}$

(5) $y = 2\sqrt{x+2} - 1$

(6) $y = -\dfrac{2x+2}{x-3}$ $(0 \leqq x < 4)$

2　次の各問いに答えよ。

(1) $y = \sqrt{x+2}$ の逆関数を求めよ。また，与えられた関数および逆関数について，それぞれのグラフを描け。

(2) 漸近線 $x = 3$, $y = -1$ をもち，点 $(1, 0)$ を通るような1次分数関数 $y = \dfrac{ax+b}{cx+d}$ を求めよ。

(3) $y = \dfrac{3x+1}{5-x}$ の逆関数を求めよ。

§12　絶対値関数のグラフ #1　　目標時間 10 分

[1]　次の関数のグラフまたは不等式で表された領域を図示せよ。

□ (1)　$|x|+|y|=1$

□ (2)　$y=|3-|x||$

□ (3)　$|y|=|2-|x||$

□ (4)　$(x^2-y^2)(|x|+|y|-1) \geqq 0$

□ (5)　$||x|-|y|-1| \geqq 1$

§12 絶対値関数のグラフ #2

目標時間 10 分

1 $f(x) = \dfrac{-2x+4}{x-1}$ とする。次の関数のグラフを描け。

- (1) $y = f(x)$

- (2) $y = |f(x)|$

- (3) $y = f(|x|)$

- (4) $|y| = f(x)$

- (5) $|y| = |f(x)|$

2 次の関数のグラフを描け。

- (1) $y = \dfrac{|x|+1}{|x|-1}$

- (2) $y = \left|\dfrac{x}{x-1}\right| \quad \left(-1 < x \leqq \dfrac{1}{2}\right)$

§13 順列・重複順列 #1　　目標時間 15 分

1 次の各問いに答えよ。

☐ (1)　男子 4 人，女子 3 人を 1 列に並べるとき，女子 3 人が隣り合う並べ方は全部で何通りあるか。

☐ (2)　7 個の数字 0, 1, 2, 3, 4, 5, 6 がある。この中の異なる数字を用いてできる整数で，両端の数字が偶数である 5 桁の整数は何個あるか。

☐ (3)　男子 4 人，女子 4 人を 1 列に並べるとき，女子 4 人が隣り合うような並べ方は全部で何通りあるか。

☐ (4)　男子 6 人，女子 4 人を 1 列に並べるとき，女子同士隣り合わない（どの女子の隣にも女子がいない）並べ方は全部で何通りあるか。

☐ (5)　6 個の数字 1, 2, 3, 4, 5, 6 を用い，同じ数字を何度使ってもよいとして 4 桁の整数を作ると，全部で何通りできるか。

☐ (6)　5 人が，1, 2, 3 の 3 つの数から 1 つずつ数を選ぶ。数の選び方は何通りあるか。

☐ (7)　6 人を 3 つのグループに分ける方法は何通りあるか。ただし，1 人もいないグループがあってもよいものとする。

☐ (8)　男子 3 人と女子 5 人を円形に並べるとき，男子が隣り合わない並べ方を求めよ。

§13 順列・重複順列 #2　　目標時間 15分

1 次の各問いに答えよ。

(1) 7個の数字 1, 2, 3, 4, 5, 6, 7 を用い、同じ数字を何度用いてもよいとして3桁の整数を作ると、全部で何通りできるか。

(2) 男子5人、女子3人を1列に並べるとき、両端が男子となる並べ方は何通りあるか。

(3) 1〜8までの数字が書いてあるカードを並べるとき、左から3番目に初めての奇数があり、5番目は偶数であるような並べ方は何通りあるか。

(4) 男子5人、女子5人を1列に並べるとき、男女が交互に並ぶ並べ方は何通りあるか。

(5) 5人を4グループに分ける方法は何通りあるか。ただし、1人もいないグループがあってもよいものとする。

(6) 3人の候補者に7人が投票する。投票用紙に記名して投票を行うとき、投票の仕方は全部で何通りあるか。

(7) 男子3人と女子4人を1列に並べるとき、特定の女子が端にこない並べ方は何通りあるか。

(8) 男子5人と女子3人を円形に並べる。このとき、特定の男女が隣り合わない並べ方は何通りか。

§14 組合せ #1

目標時間 10 分

1 次の各問いに答えよ。

□ (1) 男子 12 人と女子 16 人から 4 人の委員を選出するとき，男子から 2 人，女子から 2 人を選ぶ方法は何通りか。

□ (2) 16 人の生徒の中から 13 人を選ぶとき，特定の 2 人を必ず含むような選び方は何通りあるか。

□ (3) 16 人の生徒の中から 13 人を選ぶとき，特定の 2 人を含まないような選び方は何通りあるか。

□ (4) a, a, a, b, b, c, c, d の 8 個の文字を 1 列に並べる方法は何通りあるか。

□ (5) TETSURYOKU の 10 文字を 1 列に並べる方法は何通りあるか。

□ (6) MISSISSIPPI の 11 文字を 1 列に並べる方法は何通りあるか。

□ (7) 7 個の同じみかんを 4 人の子供に分ける方法は何通りあるか。ただし，それぞれの子供は 1 個もみかんをもらわなくてもよいものとする。

2 右図のような道路を考えるとき，次の各問いに答えよ。

□ (1) A から B に至る最短経路は何通りあるか。

□ (2) そのうち C 地点を通るものは何通りあるか。

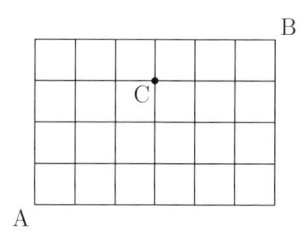

§14 組合せ #2

目標時間 10 分

1. 次の各問いに答えよ。
   - (1) 23 人の生徒の中から 18 人を選ぶとき，特定の 2 人を少なくとも 1 人含む選び方は何通りか。

   - (2) 異なる 3 個のサイコロを投げたとき，目の和が 7 となる出方は何通りあるか。

   - (3) 3 人の候補者に 7 人が無記名で投票をするとき，投票結果は何通り考えられるか。

   - (4) 平面上に 9 本の直線があって，どの 2 本も平行でなく，どの 3 本も 1 点で交わることはない。これらの直線の交点は何個あるか。

   - (5) 平面上に点が 6 個あって，どの 3 点も 1 直線上にないとき，これらの点を頂点とする三角形はいくつできるか。

   - (6) $1 \leq a \leq b < c \leq d \leq 10$ となる整数 (a, b, c, d) の組は何通りあるか。

   - (7) internet の 8 文字を並べ替えるとき，同じ文字が隣り合わない並べ方は何通りあるか。

2. 右図のような道路を考えるとき，次の各問いに答えよ。
   - (1) A から B に至る最短経路のうち，C を通らないものは何通りあるか。

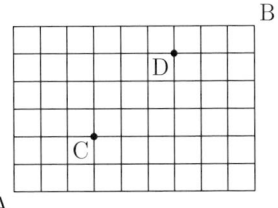

   - (2) A から B に至る最短経路のうち，C または D の少なくとも一方を通るものは何通りあるか。

§15 確率計算(1) #1　　　目標時間 10 分

1 次の確率を求めよ。

□ (1) 4 枚の硬貨を同時に投げるとき，表がちょうど 3 枚出る確率。

□ (2) 3 つのサイコロを同時に投げるとき，出た目の和が 8 となる確率。

□ (3) 赤球 8 個，白球 7 個の計 15 個の同じ大きさの球が袋に入っている。この袋から 3 個の球を取り出すとき，赤球が 2 個，白球が 1 個出る確率。

□ (4) 5 本の当たりくじが入った 20 本のくじがある。この中から 3 本のくじを同時に引くとき，当たりくじがちょうど 2 本引かれる確率。

□ (5) サイコロを 3 つ投げるとき，1 の目が少なくとも 1 つ出る確率。

□ (6) ジョーカーを除いた 52 枚のトランプから 2 枚を引くとき，2 枚ともハートかまたは 2 枚とも絵札である確率。

□ (7) 袋の中に白球 4 個，赤球 8 個の計 12 個の球が入っている。この中から順に 1 個ずつ球を取り出し，取り出した球は元に戻さない。このとき，赤，白，赤の順に取り出す確率。

§15 確率計算(1) #2　　目標時間 10 分

[1] 次の確率を求めよ。

□ (1) 大・中・小の 3 つのサイコロを投げて，目の積が①奇数になる確率，② 72 になる確率。

□ (2) 7 本中 4 本が当たりであるくじを 7 人が順に引くとき，4 人目と 6 人目がはずれる確率。

□ (3) 赤球 5 個，白球 2 個，黒球 2 個を袋の中から取り出して 1 列に並べるとき，白球 2 個が隣り合う確率。

□ (4) 赤球 5 個，白球 2 個，黒球 2 個を袋の中から取り出して 1 列に並べるとき，どの同じ色の球も隣り合わない確率。

□ (5) サイコロを n 回ふるとき，5 の目がちょうど 1 回出る確率。

□ (6) 10 本中 4 本が当たりであるくじがある。3 人連続で当たりが出る確率。ただし，4 連続で当たりを引く場合は含まない。

□ (7) 10 本中 4 本が当たりであるくじがある。3 人目が初めての当たりを引き，かつ 8 人目が 3 本目の当たりを引く確率。

□ (8) 硬貨 2 枚を投げるという試行を n $(n \geq 3)$ 回繰り返す。このとき，2 枚とも表であることがちょうど 1 回，2 枚とも裏であることがちょうど 2 回起こる確率。

§16　確率計算(2) #1　　　　　　　目標時間 10 分

1　次の確率または期待値を求めよ。

□ (1)　あるクラスは，男子 16 人，女子 20 人からなり，そのうち眼鏡をかけているのは男子，女子ともに 8 人ずつである。このクラスから 1 人を選び出すとき，それが男子である事象を A，眼鏡をかけている事象を B とすると，$P_A(B)$ を求めよ。

□ (2)　20 本のくじの中に当たりくじが 5 本入っている。このくじを A, B の 2 人がこの順に 1 本ずつ引く。B が当たったとき，A も当たっている確率。

□ (3)　白球 6 個，赤球 8 個が入っている袋から，順に 1 個ずつ球を取り出し，取り出した球は元に戻さない。3 回目が赤球のとき，1, 2 回目が同じ色であった確率。

□ (4)　繰り返し行われる実験があり，その実験が成功する確率は $\dfrac{3}{4}$ である。この実験を 6 回行って，ちょうど 3 回成功する確率。

□ (5)　5 枚の硬貨を投げて，出た表の数の 100 倍の金額がもらえる。ただし，全部裏のときは，1000 円を払わなくてはいけない。このゲームでもらえる金額の期待値を求めよ。

□ (6)　4 個の白球と，8 個の赤球を入れた袋から，3 個の球を取り出したとき，取り出された赤球の個数の期待値を求めよ。

§16 確率計算(2) #2

目標時間 10 分

1 次の確率または期待値を求めよ。

- (1) 同じ大きさの赤球が 6 個，白球が 5 個の計 11 個ある。この中から 6 個を取り出すとき，2 色とも出ている確率。

- (2) サイコロ 5 個を同時に投げたとき，1，2，3 の目がすべて出ている確率。

- (3) 52 枚のトランプのうち，絵札をすべて 10 とみなす。いま，2 枚のトランプを引き，その数の合計が 11 であった。その中に絵札が含まれていた確率。

- (4) 10 本中 4 本が当たりであるくじがある。8 人目が 3 本目の当たりを引いたとき，3 人目が初めての当たりを引いていた確率。

- (5) 4 チームがリーグ戦を行う。すなわち，各チームは他の全チームとそれぞれ 1 回ずつ対戦する。引き分けはなく，勝つ確率はすべて $\frac{1}{2}$ で，各回の勝敗は独立に決まるものとする。勝ち数の多い順に順位をつけ，勝ち数が同じであれば同順位とする。1 位のチーム数の期待値を求めよ。

- (6) サイコロをふって，出た目が 1 なら参加費を払い，2 から 5 までなら出た目の数だけ 10 円玉をもらい，6 なら 100 円玉を 1 枚もらえるものとする。参加費がいくらまでなら期待値的にこのゲームに参加するべきか。

§17 三角関数の相互関係 #1　　目標時間 10 分

1　次の各問いに答えよ。

(1) θ を第 3 象限の角とする。$\cos\theta = -\dfrac{5}{13}$ のとき，$\tan\theta$ を求めよ。

(2) $\tan\theta = -\dfrac{2}{\sqrt{5}}$ で，$-\dfrac{\pi}{2} \leqq \theta \leqq \dfrac{\pi}{2}$ のとき，$\sin\theta + \sqrt{5}\cos\theta$ の値を求めよ。

2　次の式を簡単にせよ。

(1) $\cos\left(\dfrac{\pi}{2} - \theta\right) + \cos(-\theta) + \cos\left(\dfrac{\pi}{2} + \theta\right) + \cos(\pi + \theta)$

(2) $\sin(\pi - \theta) + \sin\left(\dfrac{\pi}{2} - \theta\right) + \sin(-\theta) + \sin\left(\dfrac{3}{2}\pi + \theta\right)$

(3) $(\sin\theta - 2\cos\theta)^2 + (\cos\theta + 2\sin\theta)^2$

(4) $\dfrac{\sin^2\theta + (1 - \tan^4\theta)\cos^4\theta}{\cos^2\theta}$

§17 三角関数の相互関係 #2　　目標時間 10 分

1 次の各問いに答えよ。

□ (1)　θ を第 2 象限の角とする。$\tan\theta = -\dfrac{5}{3}$ のとき，$\cos\theta,\ \sin\theta$ の値を求めよ。

□ (2)　$\sin\theta = -\dfrac{1}{3},\ \cos\theta > 0$ のとき，$\tan\theta$ の値を求めよ。

2 次の各問いに答えよ。

□ (1)　$\sin\left(\theta + \dfrac{3}{2}\pi\right) + \sin\left(\theta - \dfrac{3}{2}\pi\right) + \sin(\pi - \theta) + \sin(-\theta)$ を簡単にせよ。

□ (2)　$\cos\theta = \sin(\alpha + \theta)$ を満たすように，$0 \leqq \alpha < 2\pi$ の範囲で α を定めよ。

□ (3)　$\sin\theta = -\cos(\theta - \beta)$ を満たすように，$0 \leqq \beta < 2\pi$ の範囲で β を定めよ。

□ (4)　$(3\sin\theta - \cos\theta)^2 + (3\cos\theta + \sin\theta)^2$ を簡単にせよ。

□ (5)　$4(\sin^6\theta + \cos^6\theta) - 6(\sin^4\theta + \cos^4\theta)$ を簡単にせよ。

§18 正弦定理・余弦定理 #1　　目標時間 10 分

[1] △ABC について以下の問いに答えよ。

□(1)　$a = 2$, $A = 60°$, $C = 45°$ のとき，c および，外接円の半径 R を求めよ。

□(2)　$a = 1$, $b = \sqrt{3}$, $C = 30°$ のとき，c を求めよ。

□(3)　$b = 2$, $c = 3$, $A = 60°$ のとき，a および，内接円の半径 r を求めよ。

□(4)　$a = 13$, $b = 14$, $c = 15$ のとき，内接円の半径 r および，外接円の半径 R を求めよ。

□(5)　$a \sin A + b \sin B = c \sin C$ が成立するとき，△ABC はどんな三角形か。

□(6)　$a \cos A + b \cos B = c \cos C$ が成立するとき，△ABC はどんな三角形か。

§18 正弦定理・余弦定理 #2　　目標時間 10 分

[1] △ABC について以下の問いに答えよ。

(1) $a:b:c = \sqrt{2}:(1+\sqrt{3}):2$ であるとき，A の大きさを求めよ。

(2) $b=6, B=45°, A=105°$ のとき，c を求めよ。

(3) $c=4, b=5, A=60°$ のとき，内接円の半径 r および，外接円の半径 R を求めよ。

(4) $c=4, b=5, A=60°$ とする。∠A の 2 等分線と BC の交点を D とするとき，AD の長さを求めよ。

(5) $a^2 \cos A \sin B = b^2 \cos B \sin A$ が成り立つとき，△ABC はどのような三角形か。

(6) $\sin C(\cos A + \cos B) = \sin A + \sin B$ が成り立つとき，△ABC はどのような三角形か。

§19 加法定理と周辺の公式 #1　　目標時間 10 分

1 次の各問いに答えよ。

- (1) α, β を鋭角とする。$\sin\alpha = \dfrac{1}{2}$, $\sin\beta = \dfrac{1}{3}$ のとき，$\sin(\alpha+\beta)$ の値を求めよ。

- (2) $\cos$ の倍角公式を 3 通りの形で書け。

- (3) $\sin^2\dfrac{\theta}{2}$, $\cos^2\dfrac{\theta}{2}$ を $\cos\theta$ を用いて表せ。

- (4) 加法定理から積和公式を導け。

- (5) 和積公式を書け。

- (6) $\sin\theta + \cos 2\theta$ を和積公式を用いて積の形に直せ。

- (7) 2 直線 $y = 3x + 3$, $y = -2x + 3$ のなす角 θ $\left(0 < \theta < \dfrac{\pi}{2}\right)$ を求めよ。

§19 加法定理と周辺の公式 #2　　目標時間 10 分

1 次の各問いに答えよ。

- (1) α, β をそれぞれ第 1 象限，第 2 象限の角とする。$\sin\alpha = \dfrac{1}{3}$, $\cos\beta = -\dfrac{1}{5}$ のとき，$\cos(\alpha - \beta)$ の値を求めよ。

- (2) α, β はともに第 3 象限の角とする。$\sin\alpha = -\dfrac{1}{5}$, $\cos\beta = -\dfrac{3}{4}$ のとき，α, β の大小を比較せよ。ただし，$0 \leqq \alpha, \beta < 2\pi$ とする。

- (3) $\cos$ の 3 倍角公式を導け。

- (4) $\sqrt{3}\sin\theta + \cos\theta$ を $r\sin(\theta + \alpha)$ の形に表せ。

- (5) $\sqrt{1 + \cos\theta}$ の $\sqrt{}$ を外せ。

- (6) $\sqrt{1 - \sin\theta}$ の $\sqrt{}$ を外せ。

- (7) $\cos\theta + \cos 2\theta + \cos 3\theta$ を因数分解せよ。

- (8) 直線 $y = 2x + 5$ と $\dfrac{\pi}{4}$ の角をなす直線の傾きを求めよ。

§ 20 三角関数のグラフ #1

目標時間 10 分

1 次の関数の周期を求め，グラフを描け。

☐ (1) $y = \sin\left(x - \dfrac{\pi}{4}\right)$

☐ (2) $y = 2\cos\left(2x + \dfrac{\pi}{3}\right)$

☐ (3) $y = \tan\left(3x + \dfrac{3}{2}\pi\right)$

☐ (4) $y = \sin^2 x$

☐ (5) $y = \sin x + \cos x$

☐ (6) $y = \sin x \cos x$

§20 三角関数のグラフ #2

1 次の関数の周期を求め,グラフを描け。

- (1) $y = \sin\left(2x + \dfrac{\pi}{2}\right)$

- (2) $y = -\cos\left(\dfrac{x}{2} - \dfrac{\pi}{3}\right)$

- (3) $y = \tan\left(2x - \dfrac{\pi}{3}\right)$

- (4) $y = -\cos\left(2x - \dfrac{\pi}{4}\right) + 1$

- (5) $y = \sqrt{1 + \cos x}$

- (6) $y = \sin\left(x + \dfrac{\pi}{10}\right)\cos\left(x + \dfrac{4}{15}\pi\right)$

§21 等差数列・等比数列 #1　　目標時間 10 分

1 次の各問いに答えよ。

□(1) 初項 5,公差 -2 の等差数列 $\{a_n\}$ の一般項を求めよ。

□(2) 初項 2,公比 3 の等比数列 $\{a_n\}$ の一般項を求めよ。

□(3) 第 3 項が 8,第 8 項が 23 の等差数列の初項と公差,一般項 a_n を求めよ。

□(4) 第 2 項が $-\dfrac{1}{3}$,第 5 項が 9 の等比数列の初項と公比,一般項 a_n を求めよ。

□(5) $a_n = 3n+1$ のとき,数列 $b_n = a_{3n}$ の一般項を求め,どんな数列か答えよ。

□(6) $a_n = 2^n$ のとき,数列 $b_n = a_{2n-1}$ の一般項を求め,どんな数列か答えよ。

§21 等差数列・等比数列 #2　　目標時間 10 分

1 次の各問いに答えよ。

(1) 初項 3，公差 -5 の等差数列 $\{a_n\}$ の一般項を求めよ。

(2) 初項 -2，公比 $\dfrac{1}{3}$ の等比数列 $\{a_n\}$ の一般項を求めよ。

(3) 第 4 項が 24 で，公比が 5 の等比数列 $\{a_n\}$ の一般項を求めよ。

(4) 初項から第 3 項までの和が -6 で，第 4 項から第 6 項の和が 57 であるような等差数列 $\{a_n\}$ の一般項を求めよ。

(5) 一般項が $a_n = 2^{n-1} \cdot 3^{3-2n}$ で与えられる数列はどのような数列か。

(6) 一般項が $a_n = 3(n+1) - 4(1-2n)$ で与えられる数列はどのような数列か。

(7) 初項が 2 で，公比が 3 の等比数列の初項から第 n 項までの和 S_n が 242 であるときの n を求めよ。

§22 ∑計算(1) #1　　目標時間 10分

1 次の和を計算せよ。

(1) $\displaystyle\sum_{k=1}^{n} k(k+1)$

(2) $\displaystyle\sum_{k=1}^{n} k^3$

(3) $\displaystyle\sum_{k=1}^{2n} 2^{k+1}$

(4) $\displaystyle\sum_{k=1}^{n} 2\cdot 3^{k-1}$

(5) $\displaystyle\sum_{k=1}^{2n-1} (2^k - k)$

(6) $\displaystyle\sum_{k=1}^{n} k(n-k)$

(7) $1\cdot 1 + 2\cdot 3 + 3\cdot 5 + \cdots\cdots + n(2n-1)$

§ 22 $\sum$ 計算(1) #2

目標時間 10 分

1 次の和を計算せよ。

(1) $\displaystyle\sum_{k=1}^{n}(-6k^3-6k^2)$

(2) $\displaystyle\sum_{k=1}^{n}(k+3)(2k+5)$

(3) $\displaystyle\sum_{k=1}^{n}k^2(2k-5)$

(4) $\displaystyle\sum_{k=4}^{n+1}10\times\left(-\dfrac{3}{5}\right)^{k-3}$

(5) $\displaystyle\sum_{k=1}^{3n+1}(3^k-k^2)$

(6) $\displaystyle\sum_{k=1}^{2n+1}2^k\cdot 3^{1-2k}$

(7) $n\cdot 1^2+(n-1)\cdot 2^2+(n-2)\cdot 3^2+\cdots+1\cdot n^2$

§23 ∑ 計算(2) #1

目標時間 10 分

1 次の和を計算せよ。

(1) $\displaystyle\sum_{k=1}^{n} \frac{1}{k(k+2)}$

(2) $\displaystyle\sum_{k=1}^{2n} \frac{1}{k^2+3k+2}$

(3) $\displaystyle\sum_{k=4}^{2n} 2^{k-4}$

(4) $\displaystyle\sum_{k=2}^{n} \frac{1}{\sqrt{k}+\sqrt{k+1}}$

(5) $\displaystyle\sum_{k=1}^{n} k \cdot 2^{2k-1}$

(6) $\displaystyle\sum_{k=1}^{n} \left\{ \frac{2k+1}{(k+1)(k+2)} - \frac{2k-1}{k(k+1)} \right\}$

§ 23 ∑ 計算(2) #2

目標時間 10 分

1 次の和を計算せよ。

(1) $\displaystyle\sum_{k=1}^{n} (k+2)(k+1)k$

(2) $\displaystyle\sum_{k=4}^{2n} \dfrac{1}{(k+1)(k+2)(k+3)}$

(3) $\displaystyle\sum_{k=n}^{2n} \dfrac{1}{k^3+3k^2+2k}$

(4) $\displaystyle\sum_{k=n}^{3n} \dfrac{1}{\sqrt{k}+\sqrt{k+2}}$

(5) $\displaystyle\sum_{k=1}^{n} (2k+1)\cdot 3^k$

(6) $\displaystyle\sum_{k=1}^{n} ({}_n C_k - {}_n C_{k-1})$

§24 基本的な漸化式 #1

目標時間 10 分

$\boxed{1}$ 次の漸化式を満たす数列 $\{a_n\}$ の一般項を求めよ。

☐ (1)　$a_1 = 1,\ a_{n+1} = a_n - 2$

☐ (2)　$a_1 = 3,\ a_{n+1} = 3a_n - 2$

☐ (3)　$a_1 = 1,\ a_{n+1} = -2a_n$

☐ (4)　$a_1 = 3,\ a_{n+1} = -a_n + 2$

☐ (5)　$a_1 = 1,\ a_{n+1} = a_n + n$

☐ (6)　$a_1 = 2,\ a_{n+1} = -3a_n + 2$

☐ (7)　$a_1 = 1,\ a_{n+1} = a_n + \dfrac{1}{n(n+1)}$

§24 基本的な漸化式 #2

目標時間 10 分

1 次の漸化式を満たす数列 $\{a_n\}$ の一般項を求めよ。

□ (1) $a_1 = 3,\ a_{n+1} = a_n + \dfrac{1}{n(n+1)}$

□ (2) $a_1 = -1,\ a_{n+1} = -2a_n$

□ (3) $a_1 = -6,\ a_{n+1} = -8a_n - 63$

□ (4) $a_1 = -5,\ a_{n+1} = a_n + 10n - 9$

□ (5) $a_1 = 7,\ a_{n+1} = a_n - 3$

□ (6) $a_1 = 3,\ a_{n+1} = -3a_n - 28$

□ (7) $a_1 = -1,\ a_{n+1} = -7a_n$

§25 種々の数列 #1　　目標時間 10 分

1 数列 $\{a_n\}$ の初項から第 n 項までの和を S_n とする。

□ (1) $S_n = n^2$ のとき，一般項 a_n を求めよ。

□ (2) $S_n = 3^n$ のとき，一般項 a_n を求めよ。

2 次の各問いに答えよ。

□ (1) この順で等差数列をなす 3 数 a, b, c がある。これら 3 数の和が 15，積が 105 であるとき，この 3 数を求めよ。

□ (2) この順で等比数列をなす 3 数 a, b, c がある。これら 3 数の積が 27，和が 13 であるとき，この 3 数を求めよ。

□ (3) 平面上に n 本の直線があり，どの 2 本も平行でなく，どの 3 本も 1 点で交わらないとする。このとき，直線の交点の数 a_n を求めよ。

□ (4) $a_1 = 1$, $a_{n+1} = \dfrac{4 - a_n}{3 - a_n}$ $(n \geqq 1)$ で表される数列について，$a_n = \dfrac{2n-1}{n}$ であることを，数学的帰納法で示せ。

§25 種々の数列 #2

目標時間 10 分

1 次の各問いに答えよ。

(1) $a_1 + a_2 + \cdots + a_n = 4^n + n$ のとき，一般項 a_n を求めよ。

(2) $\displaystyle\sum_{k=1}^{n} ka_k = n^3$ のとき，一般項 a_n を求めよ。

2 次の各問いに答えよ。

(1) $\alpha\beta\gamma = -8$ を満たす 3 数 $\alpha < \beta < \gamma$ がある。これらをある順に並び替えると等差数列をなし，また，ある順に並べると等比数列をなすという。このとき，α, β, γ を決定せよ。

(2) $a_1 = 1$, $(a_{n+1} - a_n)^2 = a_{n+1} + a_n$, $a_{n+1} > a_n$ $(n \geq 1)$ を満たす数列 $\{a_n\}$ について，$a_n = \dfrac{n(n+1)}{2}$ であることを数学的帰納法で示せ。

(3) $a_1 = 1$, $a_2 = \dfrac{1}{2}$, $a_{n+2} = \dfrac{a_n a_{n+1}}{3a_n - 2a_{n+1}}$ $(n \geq 1)$ で与えられる数列 $\{a_n\}$ について，$a_n = \dfrac{1}{2^{n-1}}$ となることを数学的帰納法で示せ。

(4) n を正の整数とするとき，$2^{n+1} + 3^{2n-1}$ は 7 で割り切れることを証明せよ。

§26 指数・対数計算 #1　　目標時間 10 分

1 次の計算をせよ。

(1) $\sqrt[4]{6} \times \sqrt{6} \times \sqrt[4]{12}$

(2) $\sqrt[3]{\sqrt{64}} \times \sqrt{16} \div \sqrt[3]{-8}$

(3) $\sqrt[3]{54} + \sqrt[3]{16} - \sqrt[3]{0.25}$

(4) $(a^{\frac{1}{2}} + a^{\frac{1}{4}}b^{\frac{1}{4}} + b^{\frac{1}{2}})(a^{\frac{1}{2}} - a^{\frac{1}{4}}b^{\frac{1}{4}} + b^{\frac{1}{2}})$

(5) $(a+b)(a^{\frac{2}{3}} - a^{\frac{1}{3}}b^{\frac{1}{3}} + b^{\frac{2}{3}})^{-1}$

2 次の計算をせよ。

(1) $\log_2 \sqrt{\dfrac{7}{48}} + \log_2 12 - \dfrac{1}{2}\log_2 42$

(2) $\log_2 16 + \log_4 8 + \log_8 4$

(3) $\log_4 5 \cdot \log_5 6 \cdot \log_6 7 \cdot \log_7 8$

(4) $(\log_3 4 + \log_9 4)(\log_2 27 - \log_4 9)$

(5) $10^{-\log_{10} a}$

(6) $3^{\frac{\log_{10} 4}{\log_{10} 3}}$

§26 指数・対数計算 #2

目標時間 10 分

1 次の計算をせよ。

(1) $\sqrt[3]{54} + \dfrac{3}{2}\sqrt[6]{4} + \sqrt[3]{-\dfrac{1}{4}}$

(2) $\sqrt{2} \times \sqrt[4]{8} \times \sqrt[12]{2} \div \sqrt[5]{-32}$

(3) $2\sqrt[3]{54} - \sqrt[3]{2} - \sqrt[3]{16}$

(4) $4^{-\frac{3}{2}} \times 27^{\frac{1}{3}} \div \sqrt{16^{-3}}$

(5) $(a^{\frac{1}{2}} + b^{-\frac{1}{2}})(a^{\frac{1}{4}} + b^{-\frac{1}{4}})(a^{\frac{1}{4}} - b^{-\frac{1}{4}})$

2 次の計算をせよ。

(1) $\log_2 9 \times \log_3 5 \times \log_{0.2} \dfrac{1}{8}$

(2) $\log_9 \sqrt[3]{25} \times \log_2 81 \div \log_2 5$

(3) $\log_3 \dfrac{1}{4} \cdot \log_4 \dfrac{1}{5} \cdot \log_5 \dfrac{1}{6} \cdot \log_6 \dfrac{1}{7} \cdot \log_7 \dfrac{1}{8} \cdot \log_8 \dfrac{1}{9}$

(4) $\log_2 \dfrac{4}{3} + \log_4 36$

(5) $(\log_3 4 + \log_9 8)(\log_4 27 + \log_{16} 9)$

(6) $\dfrac{\log_5 8 + \log_5 0.005}{\log_{\sqrt{2}} 0.125}$

§27 指数・対数のグラフ #1　　目標時間 10 分

1　次の関数のグラフを描け。

(1)　$y = 2^{x-1}$

(2)　$y = \left(\dfrac{1}{3}\right)^{x+1} + 1$

(3)　$y = \log_2(x + 2)$

(4)　$y = \log_{\frac{1}{3}}(3x + 2)$

2　次の各数を小さい順に並べよ。

(1)　$2^2,\ 2^{-1},\ 2^0,\ 0.5^{-3},\ 0.5^3$

(2)　$\sqrt{2},\ \sqrt[3]{2},\ \sqrt[5]{4}$

(3)　$\log_3 4,\ \log_9 7,\ \log_3 \dfrac{3}{2}$

(4)　$\log_{0.5} \dfrac{1}{3},\ \log_{0.5} 4,\ \log_{0.5} 7$

§27 指数・対数のグラフ #2   目標時間 10分

1 次の関数のグラフを描け。

□ (1)　$y = \left(\dfrac{2}{3}\right)^x$

□ (2)　$y = 2^{|x-1|} - 2$

□ (3)　$y = -\left(\dfrac{1}{2}\right)^x$

□ (4)　$y = \log_3(x-2)$

□ (5)　$y = \log_{\frac{1}{3}} \sqrt{x}$

□ (6)　$y = \log_2 x^2$

2 次の各数を小さい順に並べよ。

□ (1)　$\left(\dfrac{4}{3}\right)^3,\ \left(\dfrac{4}{3}\right)^{-2},\ \left(\dfrac{4}{3}\right)^{\frac{2}{3}},\ \left(\dfrac{4}{3}\right)^{0.6},\ \left(\dfrac{4}{3}\right)^{-3}$

□ (2)　$\log_{0.5} 8,\ \log_2 5,\ \log_{0.5} \dfrac{1}{7}$

□ (3)　$\sqrt{3},\ \sqrt[3]{9},\ 2^{\frac{7}{2} \log_2 3}$

§28 指数・対数の方程式 #1　目標時間 10 分

1 次の方程式・不等式を解け。

(1) $4^x - 2^{x+1} - 8 = 0$

(2) $(0.5)^{2x} > 2\sqrt{2}$

(3) $\left(\dfrac{1}{9}\right)^x - \dfrac{1}{3^x} - 6 > 0$

(4) $3^{2x-1} = 5^x$

(5) $\log_4(2x+3) + \log_4(4x+1) = 2\log_4 5$

(6) $(\log_{10} x)^2 - \log_{10} x^3 - 4 \leqq 0$

(7) $2\log_{0.1}(x-1) < \log_{0.1}(7-x)$

§28 指数・対数の方程式 #2　　目標時間 10 分

1 次の方程式・不等式を解け。

(1) $4^x - 3 \cdot 2^{x+2} - 64 = 0$

(2) $2^{x+2} - 2^{-x} = -3$

(3) $5^{1-2x} = 2^{2x+1}$

(4) $x^{\log_2 x} = \dfrac{16}{x^3}$

(5) $\log_3(x-1) + \log_3(5-x) = \log_3(7-2x)$

(6) $\log_4(9-x) - \log_2(x+3) + 2 > 0$

(7) $\log_{\frac{1}{2}}(\log_2 x) > -2$

(8) $\log_2 x + 3\log_x 4 - 7 < 0$

§29 極限 #1

目標時間 10分

1 次の極限値を求めよ。

(1) $\displaystyle\lim_{x \to 1} \frac{2x^2 - x - 1}{x^2 - 3x + 2}$

(2) $\displaystyle\lim_{x \to 0} \frac{3}{x}\left(\frac{3}{x+1} - 3\right)$

(3) $\displaystyle\lim_{x \to -2} \frac{2x^2 + x - 6}{3x^2 + 4x - 4}$

2 次の関係が成り立つように定数 a, b の値を定めよ。

(1) $\displaystyle\lim_{x \to -1} \frac{x^2 + 2ax + b}{x^2 + 3x + 2} = 2$

(2) $\displaystyle\lim_{x \to 1} \frac{x^2 - x}{x^2 + ax + b} = \frac{1}{3}$

(3) $\displaystyle\lim_{x \to 2} \frac{x^2 + ax + 2b}{x - 2} = 5$

(4) $\displaystyle\lim_{x \to 1} \frac{ax^2 - 7x + b}{x^2 + x - 2} = -1$

§29 極限 #2

1 次の極限値を求めよ。

(1) $\displaystyle\lim_{x\to 1}\frac{x(2x+3)}{\sqrt{x^2+1}}$

(2) $\displaystyle\lim_{x\to 2}\frac{3x^2-5x-2}{x-2}$

(3) $\displaystyle\lim_{x\to -1}\frac{x^3+4x+5}{x^2-5x-6}$

(4) $\displaystyle\lim_{x\to 2}\frac{\sqrt{3x+1}-\sqrt{x^2+3}}{x^2-4}$

2 次の関係が成り立つように定数 a, b, c の値を定めよ。

(1) $\displaystyle\lim_{x\to 1}\frac{x^3+ax^2+2}{x^2+x-2}=b$

(2) $\displaystyle\lim_{x\to 2}\frac{x^3+ax+b}{(x-2)^2(x+1)}=c$

(3) $\displaystyle\lim_{x\to 1}\frac{\sqrt{3x+1}-\sqrt{x+a}}{\sqrt{2x-1}-1}=b$

(4) $\displaystyle\lim_{x\to 0}\frac{1}{x}\left(\frac{a}{\sqrt{x+1}}-\frac{b}{\sqrt{x+4}}\right)=\frac{3}{8}$

§30 微分計算 #1

目標時間 10 分

1 次の各 $f(x)$ に対して, $f'(x)$ を計算せよ.

- (1) $f(x) = x^2 + 3x + 1$

- (2) $f(x) = x^4 - \dfrac{2}{3}x^3 - x^2 + 2x - 1$

- (3) $f(x) = x^5 - 3x^2 + x - 1$

- (4) $f(x) = (x+2)^2$

- (5) $f(x) = (3x+4)^5$

- (6) $f(x) = (x+1)^2(2x+1)$

- (7) $f(x) = \left(1 - \dfrac{1}{2}x\right)^5$

§30 微分計算 #2

目標時間 10 分

1 次の各 $f(x)$ に対して，$f'(x)$ を計算せよ．

- (1) $f(x) = -3x^2 + 5x + 2$

- (2) $f(x) = x^5 - \dfrac{4}{3}x^2 - 3x + 1$

- (3) $f(x) = (3x+1)^{10}$

- (4) $f(x) = (1-x)(3x^2+5)$

- (5) $f(x) = (x^2+x+1)^3(x+1)$

- (6) $f(x) = \left(\dfrac{1}{3} - 3x\right)^3$

- (7) $f(x) = (2ax + 3a^2)^5$

§31 接線・法線 #1

目標時間 10 分

1 次の各問いに答えよ。

□ (1)　$y = x^2 + 3x - 1$ の $x = 1$ における接線を求めよ。

□ (2)　$y = x^3 - 2x + 1$ の $x = -1$ における接線を求めよ。

□ (3)　$y = x^4 - 4x^2$ の $x = 1$ における法線を求めよ。

□ (4)　$y = x^3 - 3$ の $x = 0$ における法線を求めよ。

□ (5)　$y = x^2 - 2x$ の接線のうち，点 $(1, -5)$ を通るものを求めよ。

□ (6)　$y = x^3 - 2x + 1$ の点 $(1, 0)$ における接線と，この曲線の接点以外の共有点を求めよ。

§31 接線・法線 #2

目標時間 10 分

1 次の各問いに答えよ。

(1) $y = x^3 - 4x + 2$ の $x = 1$ における接線を求めよ。

(2) $y = (x-1)^2(x+2)^2$ の $x = -1$ における接線を求めよ。

(3) $y = x^3 - 2x + 4$ の $x = 0$ における法線を求めよ。

(4) $y = \dfrac{2}{3}x^3 + 5x^2 - 12x + 1$ の $x = 1$ における法線を求めよ。

(5) $y = (x^2 + 3x + 1)(x + 2)$ の点 $(-1, -1)$ における接線と,この曲線の接点以外の共有点を求めよ。

(6) $y = x^3 + ax + 3$,$y = x^2 + 2$ が点 P を共有点にもち,P における 2 曲線の接線が一致する(2 曲線が接する)とき,a の値を求めよ。

§32 増減表とグラフ #1

目標時間 15 分

1 次の関数の増減・極値を調べ，グラフを描け。

□ (1) $y = x^3 + 2x - 1$

□ (2) $y = x^4 - 2x^2$

□ (3) $y = -x^3 + x^2 + x - 1$

□ (4) $y = x(3 - x^2)$

□ (5) $y = (x-1)^2(2x+1)$

□ (6) $y = |x^3 - 2x^2 + x|$

§32 増減表とグラフ #2

目標時間 15分

1 次の関数の増減・極値を調べ，グラフを描け。

☐ (1)　$y = x^3 - 3x - 1$

☐ (2)　$y = x^3 - 4x^2 + 5x - 2$

☐ (3)　$y = x^3 - x^2 - x + 1$

☐ (4)　$y = x^3 - 4x^2 + 6x + 1$

☐ (5)　$y = x^4 - 7x^2 - 4x + 20$

☐ (6)　$y = |x|(x^2 - 5x + 3)$

§33 最大・最小 #1

目標時間 20 分

1 次の関数の（ ）内における最大値・最小値を求めよ。

(1) $f(x) = -x^3 + 6x^2 + 15x + 10$ $(-2 \leqq x \leqq 2)$

(2) $f(x) = -2x^3 - \dfrac{9}{2}x^2 + 6x + \dfrac{11}{2}$ $(-1 \leqq x \leqq \sqrt{2})$

(3) $f(x) = 3x^4 + 4x^3 - 24x^2 - 48x$ $(-3 \leqq x \leqq 3)$

(4) $f(x) = x^3 - 4x^2 + 4x$ $(-2 \leqq x \leqq 4)$

(5) $f(x) = 2x^3 - 9x^2 + 12x + 8$ $(0 \leqq x \leqq 2)$

2 次の各問いに答えよ。

(1) 3次方程式 $x^3 - 6x + c = 0$ が2つの異なる正の解と1つの負の解をもつような c の値の範囲を求めよ。

(2) 3次方程式 $x^3 - 3x^2 - 9x - k + 7 = 0$ が $-2 \leqq x \leqq 1$ において実数解をもつような k の範囲を求めよ。

§33 最大・最小 #2

目標時間 20 分

1
次の関数の（ ）内における最大値・最小値を求めよ。ただし，(5)は $a>0$ とし，a の値で場合分けして答えること。

□ (1) $f(x) = x^3 - 3x^2 + 2$ $(1 \leqq x \leqq 3)$

□ (2) $f(x) = -x^3 + 3x^2 - 20$ $(-2 \leqq x \leqq 1)$

□ (3) $f(x) = -2x^3 + 3x^2 + 12x - 5$ $(-3 \leqq x \leqq 3)$

□ (4) $f(x) = -x^3 - 3x + 1$ $(-2 \leqq x \leqq 0)$

□ (5) $f(x) = x^3 - 3x^2 + 2$ $(0 \leqq x \leqq a)$

2
次の各問いに答えよ。

□ (1) $x^3 - 3x + 1 = k$ が相異なる3実解をもつような定数 k の範囲を求めよ。

□ (2) $k>1$ とする。すべての $x \geqq 0$ に対して，$x^3 - 3x^2 \geqq k(3x^2 - 12x - 4)$ が成り立つ定数 k の値の範囲を求めよ。

§34 不定積分 #1

目標時間 10 分

1 次の不定積分を求めよ。

(1) $\int (x^3 + 2x^2 + 3x + 1)dx$

(2) $\int (x-1)(2x+3)dx$

(3) $\int (x-1)^3 dx$

(4) $\int (-x+1)^4 dx$

(5) $\int (3t-2x)^2 dx$

(6) $\int (3x^2 t - t^2 x + x^2)dt$

§34 不定積分 #2

目標時間 10 分

1 次の不定積分を求めよ。

(1) $\int (2x^3 + 4x^2 - 3x + 1)dx$

(2) $\int (5x^4 - 4x^2 + 3x + 1)dx$

(3) $\int (3x - 1)^3 dx$

(4) $\int (2x - 1)(3x + 1)dx$

(5) $\int (3x^2 - 2x^2 t + 4tx + t^3)dt$

(6) $\int (3tx + 1)^3 dx \ (t \neq 0)$

§35 定積分(1) #1

目標時間 10 分

1 次の定積分を計算せよ。

(1) $\displaystyle\int_0^1 (2x^3 + 6x^2 + 2x - 3)dx$

(2) $\displaystyle\int_{-1}^2 (x^4 - 4x^3 + 2x)dx$

(3) $\displaystyle\int_{-1}^1 (x^3 - 3x^2 - 2x + 4)dx$

(4) $\displaystyle\int_a^{-a} (x^{11} - 7x^6 + 3x^5 + 32)dx$

(5) $\displaystyle\int_0^3 (x^2 - 2x)dt$

(6) $\displaystyle\int_1^2 (2x^3 + x^2 - 1)dx + \int_2^1 (1 - 2x - x^3)dx + \int_1^2 (x^3 - 3x^2 + 1)dx$

(7) $\displaystyle\int_{-1}^1 (x^2 - x + 1)dx + \int_1^3 (x^2 - x + 1)dx - \int_3^{-1} (-x^2 + x - 1)dx$

§35 定積分(1) #2

目標時間 10 分

1 次の定積分を計算せよ。

(1) $\displaystyle\int_0^1 (4x^5 + 3x^3 - 2x + 1)dx$

(2) $\displaystyle\int_{-3}^2 (x^5 - 3x^2 + 1)dx$

(3) $\displaystyle\int_{-2}^2 (x^5 - 9x^2 + 4x + 1)dx$

(4) $\displaystyle\int_{-3}^3 (x^3 - 2x)^5 dx$

(5) $\displaystyle\int_0^4 (x^4 + 2tx)dt$

(6) $\displaystyle\int_{-1}^2 (x^2 + 4x + 1)dx + \int_{-1}^2 (3x^3 - x^2 + x - 1)dx + \int_2^{-1} (x^3 + x^2 + 5x)dx$

(7) $\displaystyle\int_{-1}^4 (x^2 + 3x - 1)dx + \int_4^2 (x^2 + 3x - 1)dx - \int_0^2 (x^2 + 3x - 1)dx$

§36 定積分(2) #1

目標時間 10 分

1 次の定積分を計算せよ。

(1) $\displaystyle\int_{-1}^{3}(x+1)(x-3)dx$

(2) $\displaystyle\int_{2}^{4}(x-2)^2(x-4)dx$

(3) $\displaystyle\int_{2-\sqrt{3}}^{2+\sqrt{3}}(x^2-4x+1)dx$

(4) $\displaystyle\int_{-\frac{1}{2}}^{3}(2x+1)(x-3)dx$

(5) $\displaystyle\int_{0}^{2}(x+2)^4 dx$

(6) $\displaystyle\int_{0}^{3}|2x-4|dx$

(7) $\displaystyle\int_{-3}^{3}|x^2-4|dx$

§36 定積分(2) #2

目標時間 10 分

1 次の定積分を計算せよ。

(1) $\displaystyle\int_{-3}^{2} (x+3)(x-2)dx$

(2) $\displaystyle\int_{-2}^{2} |x^2-1|dx$

(3) $\displaystyle\int_{\frac{1}{3}}^{4} (3x-1)(x-4)dx$

(4) $\displaystyle\int_{1}^{3} (2x+1)^2 dx$

(5) $\displaystyle\int_{-\frac{1}{2}}^{2} (2x+1)^2(x-2)dx$

(6) $\displaystyle\int_{1-\sqrt{3}}^{1+\sqrt{3}} (2x^2-4x-4)dx$

(7) $\displaystyle\int_{2}^{5} |x-3|dx$

§37 面積 #1　　　　　目標時間 10 分

[1] 次の図形の面積を求めよ。

☐ (1) $0 \leqq x \leqq 2$ において，放物線 $y = x^2 - 1$ と x 軸で囲まれた図形。

☐ (2) $-2 \leqq x \leqq 1$ において，放物線 $y = -\dfrac{1}{2}x^2 - 2x - 1$ と直線 $y = x - 1$ で囲まれた図形。

☐ (3) 放物線 $y = x^2$ と直線 $y = 2x + 1$ で囲まれた図形。

☐ (4) 放物線 $y = 3x^2 - 5x + 2$，$y = -x^2 + 3x + 3$ で囲まれた図形。

☐ (5) 曲線 $y = x^3 - 2x^2 + x - 1$ と直線 $y = 2x - 3$ で囲まれた図形。

☐ (6) 曲線 $y = x^3 + x^2 - 5x + 4$ と放物線 $y = x^2 + 2x - 2$ で囲まれた図形。

☐ (7) 曲線 $y = x^3 - 3x + 2$ 上の点 $P(2, 4)$ における接線と，もとの曲線で囲まれた図形。

☐ (8) 曲線 $y = \sqrt{x+1}$ と 2 直線 $x = 0$，$x = 2$ および x 軸で囲まれた図形。

§37 面積 #2　　目標時間 10 分

1　次の図形の面積を求めよ。

(1)　$y = 3 - \sqrt{x+1}$, x軸, y軸 で囲まれた図形。

(2)　$y = |\, 2x^2 - 2x - 4\,|$, $y = 2x + 12$ で囲まれた図形。

(3)　$y = (x-2)^2$, x軸, y軸 で囲まれた図形。

(4)　$y = x^2 + 3x - 10$, $x = -3$, $x = 1$, x軸 で囲まれた図形。

(5)　$y = x^2 - 3x + 2$, $y = x + 5$ で囲まれた図形。

(6)　$y = \sqrt{x}$, $x = 1$, $x = 4$, x軸 で囲まれた図形。

(7)　$y = x^3 - 3x$, $y = x$ で囲まれた図形。

(8)　$y = 2x^2 - 3x + 2$, $y = -x^2 + 2x + 3$ で囲まれた図形。

§38 微積融合 #1

目標時間 10 分

1 次の計算をせよ。

(1) $\dfrac{d}{dx}\displaystyle\int_0^x (2t^3 - 4t^2 + 3)dt$

(2) $\dfrac{d}{dx}\displaystyle\int_x^2 (t^2 - 1)dt$

(3) $\dfrac{d}{dx}\displaystyle\int_{2x}^{-x} (t^4 - 2t)dt$

(4) $\dfrac{d}{dx}\displaystyle\int_0^x (x - t)dt$

2 次の等式を満たす関数 $f(x)$ を求めよ。

(1) $\displaystyle\int_1^x f(t)dt = 2x^2 - x - 1$

(2) $f(x) = 4x^3 + 3x^2 \displaystyle\int_{-1}^1 f(t)dt + 2$

(3) $f(x) = -x^2 + 2x - \displaystyle\int_{-1}^1 tf(t)dt$

(4) $\displaystyle\int_{-1}^x f(t)dt = x^3 - 5x^2 + 2x + 8$

§38 微積融合 #2

目標時間 10 分

1 次の計算をせよ。

(1) $\dfrac{d}{dx}\displaystyle\int_0^x (3t^3 - 2t + 1)dt$

(2) $\dfrac{d}{dx}\displaystyle\int_x^{x+1} (3t^3 + 2t^2)dt$

(3) $\dfrac{d}{dx}\displaystyle\int_{-x}^{2x+1} (3t^2 + 1)dt$

(4) $\dfrac{d}{dx}\displaystyle\int_3^x xt\,dt$

2 次の等式を満たす関数 $f(x)$ を求めよ。

(1) $\displaystyle\int_2^x f(t)dt = 2x^2 + 4x + 2$

(2) $f(x) = x^2 + 5x\displaystyle\int_{-1}^1 tf(t)dt + x + 3$

(3) $\displaystyle\int_1^x tf(t)dt = x^3 - 5x^2 + 4$

(4) $f(x) = x^2 + \displaystyle\int_{-1}^1 (x-t)f(t)dt$

§39 物理問題 #1

目標時間 10 分

1 x 軸上を運動している点 P の時刻 t における位置 x が，$x = \dfrac{1}{3}t^3 - 5t^2 + 16t$ で表されるとき，次の問いに答えよ。

□ (1) $t = 3$ における P の速度を求めよ。

□ (2) 時刻 t における P の加速度を t の関数として表せ。

□ (3) この点 P が初めて向きを変える時刻を求めよ。

□ (4) $2 \leqq t \leqq 9$ での最大の速さを求めよ。

2 点 A が速度 $v_A = 6t^2 - 8t + 14$ で一直線上を動いている。この直線上の原点を A が出発すると同時に，B が A の前方 3 の距離の点から出発し，速度 $v_B = 3t^2 + 4t + 5$ で動くとする。ただし，t は A が出発してからの時刻である。以下の問いに答えよ。

□ (1) 時刻 t における A の位置を t の関数として表せ。

□ (2) 時刻 t における B の位置を t の関数として表せ。

□ (3) $0 \leqq t \leqq 4$ の範囲で，A, B は何回重なるか。

§39 物理問題 #2　　目標時間 10 分

1 数直線上を運動する 2 点 P, Q がある。P, Q は同時に原点を出発し，出発してから t 秒後の速度はそれぞれ，

$$\begin{cases} u(t) = 3t^2 - 8t + 4 \\ v(t) = 12 - 8t \end{cases} \quad (t \geq 0)$$

である。

(1) 出発してから t 秒後の P, Q の位置 $f(t)$, $g(t)$ を求め，関数 $x = f(t)$, $x = g(t)$ のグラフを同一の座標軸を用いて描け。

(2) 原点を出発したのち再び点 P, Q が出会うのは何秒後か。

(3) 点 P, Q が再び出会うまでに 2 点の距離が最も大きくなるのは何秒後か。

2 A, B が数直線上を動くとする。出発時刻を $t = 0$ とし，時刻 t における A, B の位置をそれぞれ，

$$\begin{cases} y = f(t) = 4t^3 - 12t^2 + 8t \\ y = g(t) = 4t^2 - 4t \end{cases} \quad (t \geq 0)$$

とする。

(1) A, B が出発してから最初に出会う時刻を求めよ。

(2) $y = 25$ の位置に最初に到達するのはどちらか。

§40 直線の方程式 #1　　　目標時間 10 分

1 次の各点の座標を求めよ。

(1) 2 点 $(1, 3)$, $(-2, 4)$ を $1:3$ に内分する点。

(2) 2 点 $(-2, 1)$, $(4, 2)$ を $2:1$ に外分する点。

(3) 2 点 $(1, 3)$, $(4, -2)$ の中点。

2 次の直線の方程式を求めよ。

(1) 2 点 $(-1, 2)$, $(3, 10)$ を通る直線。

(2) 点 $(3, 5)$ を通り，傾きが 2 の直線。

(3) 点 $(8, -3)$ を通り，y 軸に垂直な直線。

(4) x 切片が -1，y 切片が 4 である直線。

(5) 直線 $2x + 3y - 1 = 0$ と同じ方向ベクトルをもち，点 $(1, 2)$ を通る直線。

(6) 2 点 $(2, -2)$, $(1, 4)$ を結ぶ線分の垂直 2 等分線。

§40 直線の方程式 #2　　目標時間 10 分

1　次の各点の座標を求めよ。
- (1)　3 点 $(1, 2)$, $(-3, 5)$, $(4, -1)$ で作られる三角形の重心。

- (2)　2 点 $(3, 4)$, $(-1, 5)$ を $5 : 2$ に外分する点。

- (3)　2 点 $(-2, -1)$, $(3, 3)$ を $1 : 3$ に内分する点。

2　次の直線の方程式を求めよ。
- (1)　2 点 $(1, 1)$, $(3, -5)$ を通る直線。

- (2)　点 $(1, 2)$ を通り，傾きが -3 の直線。

- (3)　点 $(3, -1)$ を通り，y 軸に平行な直線。

- (4)　x 切片が 2，y 切片が -1 の直線。

- (5)　$3x + 2y = 3$ と平行で $(2, 1)$ を通る直線。

- (6)　2 点 $(3, 1)$, $(2, -1)$ を結ぶ線分の垂直 2 等分線。

- (7)　$2x - 5y = 3$ と垂直で点 $(-1, 2)$ を通る直線。

§41 直線の利用 #1　　　目標時間 10 分

1　次の各問いに答えよ。

(1) 直線 $ax - 6y - 5 = 0$ が直線 $2x - 3y + 6 = 0$ に平行であるとき，定数 a の値を求めよ。

(2) 直線 $ax - 4y + 1 = 0$ が直線 $4x - 3y - 9 = 0$ に垂直であるとき，定数 a の値を求めよ。

(3) 点 $(2, 1)$ と直線 $2x - 3y + 4 = 0$ の距離を求めよ。

(4) 平行な 2 直線 $2x + y - 1 = 0$, $2x + y + 5 = 0$ の距離を求めよ。

(5) 3 点 $(4, 9)$, $(-4, -3)$, $(8, -7)$ を頂点とする三角形の面積を求めよ。

2　連立方程式 $\begin{cases} 2x + 6y - 3 = 0 & \cdots\cdots ① \\ ax - 4y - b = 0 & \cdots\cdots ② \end{cases}$ について，次の条件を求めよ。

(1) ただ 1 組の解をもつための条件。

(2) 解をもたないための条件。

(3) 無数の解をもつための条件。

§41 直線の利用 #2

目標時間 10 分

1 次の各問いに答えよ。

(1) $(a+1)x - 3y = 2$, $(2a+1)x + 4y = 5$ が平行であるとき，定数 a の値を求めよ。

(2) $ax + (a+1)y = 5$ と $2x + 3y = 1$ が垂直となるように a の値を定めよ。

(3) 点 $(3, 1)$ と $3x - y + 5 = 0$ の距離を求めよ。

(4) 平行な 2 直線 $3x - y = 4$, $3x - y + 1 = 0$ の距離を求めよ。

(5) 3 点 $(1, -1), (2, 3), (-3, 5)$ を頂点とする三角形の面積を求めよ。

2 連立方程式 $\begin{cases} 3x + y = kx + 1 & \cdots\cdots ① \\ 5x - y = ky - 5 & \cdots\cdots ② \end{cases}$ について，次の条件を求めよ。

(1) ただ 1 組の解をもつための条件。

(2) 解をもたないための条件。

(3) 無数の解をもつための条件。

§42 円の方程式 #1　　目標時間 15 分

1　次の円の方程式を求めよ。

(1) 中心の座標が $(-1, 3)$ で，半径が 3 の円。

(2) 2 点 $(-3, -2)$, $(1, 4)$ を直径の両端とする円。

(3) 2 点 $(4, 1)$, $(-3, 8)$ を通り，x 軸に接する円。

(4) 中心が直線 $2x - y + 3 = 0$ 上にあって，2 点 $(2, 2)$, $(1, 0)$ を通る円。

(5) 3 点 $(5, 1)$, $(1, 3)$, $(4, 2)$ を頂点とする三角形の外接円。

2　点 A$(5, 12)$ と円 $x^2 + y^2 = 4$ ……① について，次の問いに答えよ。

(1) 点 A を中心とし，円①に接する円の半径 r を求めよ。

(2) 点 A を中心とし，円①を内部に含む円の半径 r の値の範囲を求めよ。ただし，接する場合を除く。

(3) 点 A を中心とし，円①と共有点をもたないような円の半径 r の値の範囲を定めよ。

§42 円の方程式 #2 目標時間 15 分

1 次の円の方程式を求めよ。
- (1) 中心の座標が $(3, -1)$ で,半径が 2 の円。

- (2) 2 点 $(3, -1), (5, 3)$ を直径の両端とする円。

- (3) 2 点 $(1, \sqrt{3}), (4, 0)$ を通り,y 軸に接する円。

- (4) 3 直線 $y = 0, 5x + 12y - 315 = 0, 4x - 3y = 0$ によって作られる三角形の内接円。

- (5) 3 点 $(2, 1), (-2, -1), (5, 0)$ を通る円。

2 点 A$(4, 9)$ と円 $(x-1)^2 + y^2 = 4$ …① について,次の問いに答えよ。
- (1) 点 A を中心とし,円①に接する円の半径 r を求めよ。

- (2) 点 A を中心とし,円①と共有点をもたないような円の半径 r の値の範囲を求めよ。

- (3) 点 A を中心とし,円①と直交する円の半径 r を求めよ。ただし,2 円が直交するとは,2 円の交点において,お互いの接線が直交することをいう。

§43 円と直線 #1　　目標時間 10 分

1
次の円と直線の共有点の個数を(1)(2)は判別式を利用して，(3)(4)は点と直線の距離公式を利用して求めよ。

- (1) $x^2 + y^2 = 9,\ y = x - 2$

- (2) $(x-3)^2 + (y+2)^2 = 5,\ y = 2x - 3$

- (3) $x^2 + y^2 = 1,\ 3x - 2y - 4 = 0$

- (4) $x^2 + y^2 + 8x - 2y + 13 = 0,\ x + 5y - 15 = 0$

2
次の条件を満たす接線の方程式を求めよ。

- (1) 円 $x^2 + (y-1)^2 = 5$ に，点 $(2,\ 2)$ で接する。

- (2) 円 $(x-2)^2 + (y-2)^2 = 2$ に，点 $(3,\ 3)$ で接する。

- (3) 円 $x^2 + (y-4)^2 = 7$ に，点 $(-\sqrt{7},\ 4)$ で接する。

- (4) 傾きが $\dfrac{2}{3}$ で，円 $(x+1)^2 + (y-2)^2 = 13$ に接する。

§43 円と直線 #2　　目標時間 10 分

1　次の円と直線の共有点の個数を(1)(2)は判別式を利用して，(3)(4)は点と直線の距離公式を利用して求めよ。

□ (1)　$x^2 + 4x + y^2 - 2y + 1 = 0,\ x + 2y = 4$

□ (2)　$x^2 + y^2 = 4,\ y = \dfrac{1}{3}x + 3$

□ (3)　$x^2 + y^2 + 5x + 7y + 2 = 0,\ 4x + 2y = 5$

□ (4)　$x^2 + y^2 - 6x + 8y = 0,\ y = -\dfrac{3}{5}x + \dfrac{7}{10}$

2　次の条件を満たす接線の方程式を求めよ。

□ (1)　円 $(x-3)^2 + (y-1)^2 = 5$ に，点 $(4,\ 3)$ で接する。

□ (2)　円 $x^2 + y^2 - 4x + 2y = 0$ に，点 $(3,\ 1)$ で接する。

□ (3)　点 $(3,\ 2)$ を通り，円 $x^2 + (y-1)^2 = 4$ に接する。

□ (4)　2円 $x^2 + y^2 = 4,\ (x-5)^2 + y^2 = 25$ に接する。

§44 軌跡 #1　　　目標時間 15 分

[1] 次の点の軌跡を求めよ。

□(1) 2 点 A$(-1, 0)$, B$(2, 0)$ からの距離の比が $2:1$ である点 P。

□(2) 2 直線 $l : x + 2y - 4 = 0$, $m : 2x - y - 3 = 0$ があるとき，2 直線 l, m までの距離が等しい点 P。

□(3) 放物線 $y = x^2$ と点 A$(3, -1)$ がある。点 Q がこの放物線上を動くとき，線分 AQ の中点 P。

□(4) 放物線 $y = x^2 - ax + a^2$ の頂点 P。

□(5) 放物線 $y = x^2 - 4x + 1$ と直線 $y = kx$ が異なる 2 点 A, B で交わるとき，線分 AB の中点 P。

□(6) 円 $(x-5)^2 + y^2 = 9$ と直線 $y = kx$ が異なる 2 点 A, B で交わるとき，弦 AB の中点 P。

§44 軌跡 #2

目標時間 15 分

1 次の点の軌跡を求めよ。

(1) 点 $(1, 3)$ と直線 $x - 2y - 1 = 0$ の上の点を結ぶ線分の中点 P。

(2) 点 $A(4, 2)$ と円 $x^2 + y^2 = 4$ 上の点 Q とを結ぶ線分 AQ の中点 P。

(3) 直線 $l : y = -3$ と点 $F(0, 3)$ があるとき,直線 l と点 F までの距離が等しい点 P。

(4) 点 $B(2, -2)$ と放物線 $y = x^2$ 上の点 Q とを結ぶ線分 BQ を $1 : 2$ の比に内分する点 P。

(5) $y = x^2$ と $y = -x^2 + ax + a$ のグラフが異なる 2 点 A, B で交わるとき,線分 AB の中点 P。

(6) t が任意の実数値をとるとき,2 直線 $2^t x + y = 1$, $2x - 2^{t+1} y = 3$ の交点 P。

§45 領域 #1

目標時間 15 分

1 次の不等式の満たす領域を図示せよ。

- (1) $3x - 2y + 6 \leqq 0$

- (2) $x^2 + y^2 - 4x + 6y < 0$

- (3) $\begin{cases} y < x^2 \\ y < x + 2 \end{cases}$

- (4) $\begin{cases} x^2 + y^2 + 6x + 5 \geqq 0 \\ x^2 + y^2 + 2x - 15 < 0 \end{cases}$

- (5) $(x + y - 6)(y - x^2) < 0$

- (6) $(x + y - 4)(x^2 + y^2 - 16) \geqq 0$

- (7) $\dfrac{x^2 + y^2 - 4}{x - 1} \leqq 2$

- (8) $y \geqq |2x - 6|$

- (9) $|x - 2| + |y + 1| > 3$

2 x, y が不等式 $x + y \leqq 3$, $x - 2y \leqq 0$, $2x - y \geqq -6$ を同時に満たすとき、$y - x$ の最大値および最小値を求めよ。

§45 領域 #2

目標時間 15 分

1 次の不等式の満たす領域を図示せよ。

(1) $\begin{cases} x+2y-5>0 \\ x^2-2y+3>0 \end{cases}$

(2) $1 \leqq |x|+|y| \leqq 2$

(3) $xy(x^2+y^2-1)>0$

(4) $(y-\log_2 x)(x+y-3)<0$

(5) $(x+y-3)(x^2+y^2-9)<0$

(6) $\dfrac{x^2+y^2-4}{x+y} \leqq 2$

2 次の領域を与えるような不等式を答えよ。ただし，境界は実線部を含み，点線部は含まないものとする。

(1)

(2)

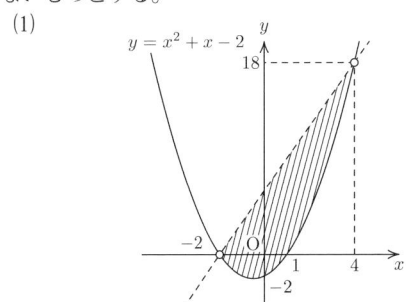

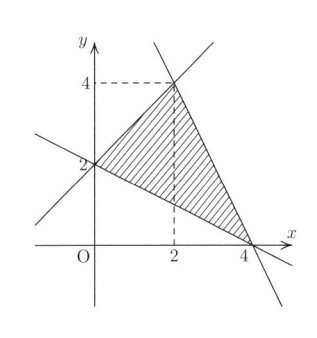

3 x, y が不等式 $(x-1)^2+y^2 \leqq 1$ を満たすとき，$x+y$ の最大値と最小値を求めよ。

§46 分点公式 #1   目標時間 10 分

1 次の等式を証明せよ。

- (1) $\overrightarrow{AB} + \overrightarrow{BC} + \overrightarrow{CA} = \vec{0}$

- (2) $\overrightarrow{BA} + 3\overrightarrow{CB} + 5\overrightarrow{AC} = 2(\overrightarrow{AB} + \overrightarrow{AC})$

2 次の位置ベクトルを求めよ。

- (1) 2点 $A(\vec{a})$, $B(\vec{b})$ を $2:3$ に内分する点 P の位置ベクトルを $\vec{a}$, $\vec{b}$ で表せ。

- (2) 2点 $A(\vec{a})$, $B(\vec{b})$ を $3:1$ に外分する点 P の位置ベクトルを $\vec{a}$, $\vec{b}$ で表せ。

- (3) 3点 $A(\vec{a})$, $B(\vec{b})$, $C(\vec{c})$ でできる三角形の重心の位置ベクトルを $\vec{a}$, $\vec{b}$, $\vec{c}$ で表せ。

- (4) 2点 $A(\vec{a})$, $B(\vec{b})$ を $3:5$ に内分する点を D として，$C(\vec{c})$ と D を $2:1$ に内分する点 P の位置ベクトルを $\vec{a}$, $\vec{b}$, $\vec{c}$ を用いて表せ。

3 次の位置ベクトルで与えられる点 $P(\vec{p})$ は，どのような位置にあるか。ただし，A, B, C の位置ベクトルをそれぞれ $\vec{a}$, $\vec{b}$, $\vec{c}$ とする。

- (1) $\vec{p} = 2\vec{a} - 3\vec{b}$

- (2) $\vec{p} = \dfrac{3}{2}\vec{a} + \dfrac{1}{3}\vec{b} - \vec{c}$

- (3) $3\overrightarrow{PA} + 4\overrightarrow{PB} + 5\overrightarrow{PC} = \vec{0}$

§46 分点公式 #2　　目標時間 10 分

1 次の等式を証明せよ。

(1) $\vec{AD} + \vec{BC} - 2\vec{AC} + \vec{DB} - \vec{CA} = \vec{0}$

(2) $\vec{AB} + 2\vec{BC} - 3\vec{AC} = \vec{BA} + \vec{CA}$

2 次の位置ベクトルを求めよ。

(1) 2点 $A(\vec{a})$, $B(\vec{b})$ を $2:5$ に外分する点 P の位置ベクトルを $\vec{a}, \vec{b}$ で表せ。

(2) 2点 $A(\vec{a})$, $B(\vec{b})$ を $4:1$ に内分する点 P の位置ベクトルを $\vec{a}, \vec{b}$ で表せ。

(3) 2点 $A(\vec{a})$, $B(\vec{b})$ を結んだ線分 AB の中点 M の位置ベクトルを $\vec{a}, \vec{b}$ で表せ。

(4) 2点 $A(\vec{a})$, $B(\vec{b})$ を $2:1$ に内分する点を D として，$C(\vec{c})$ と D を $1:2$ に外分する点 P の位置ベクトルを $\vec{a}, \vec{b}, \vec{c}$ を用いて表せ。

3 次の位置ベクトルで与えられる点 $P(\vec{p})$ は，どのような位置にあるか。ただし，A, B, C の位置ベクトルをそれぞれ $\vec{a}, \vec{b}, \vec{c}$ とする。

(1) $\vec{p} = 4\vec{a} + 3\vec{b}$

(2) $\vec{p} = 3\vec{a} - 3\vec{b}$

(3) $3\vec{AP} - \vec{BP} + 2\vec{CP} = \vec{0}$

§47 成分計算 #1　　　目標時間 10 分

1 次の値を計算せよ。

☐ (1) $\vec{a} = \begin{pmatrix} 1 \\ 3 \end{pmatrix}$ に対して，$|\vec{a}|$ の値。

☐ (2) $\vec{a} = \begin{pmatrix} 3 \\ 2 \end{pmatrix}$，$\vec{b} = \begin{pmatrix} -2 \\ 0 \end{pmatrix}$ に対して，$\vec{a} \cdot \vec{b}$ の値，および $|\vec{a}||\vec{b}|$ の値。

☐ (3) $\vec{a} = \begin{pmatrix} 14 \\ 21 \end{pmatrix}$ のとき，$|\vec{a}|$ の値。

☐ (4) $\vec{a} = \begin{pmatrix} 2t-1 \\ 3-6t \end{pmatrix}$ に対して，$|\vec{a}|$ の値。

☐ (5) $\vec{a} = \begin{pmatrix} \frac{3}{2} \\ \frac{2}{15} \end{pmatrix}$，$\vec{b} = \begin{pmatrix} 12 \\ 18 \end{pmatrix}$ に対して，$\vec{a} \cdot \vec{b}$ の値。

2 次の各問いに答えよ。

☐ (1) 2 直線 l_1, l_2 が平行になるように，a の値を定めよ。
$$l_1 : 2x - 3y + 5 = 0, \ l_2 : 3x + ay + 1 = 0$$

☐ (2) 2 直線 l_1, l_2 が垂直になるように，a の値を定めよ。
$$l_1 : (a-2)x + (3+a)y = 2, \ l_2 : ax - 2(a+1)y = 2$$

§47 成分計算 #2

目標時間 10 分

1 次の値を計算せよ。

(1) $\vec{a} = \begin{pmatrix} 3 \\ -2 \end{pmatrix}$ に対して, $|\vec{a}|$ の値。

(2) $\vec{a} = \begin{pmatrix} 3 \\ -2 \end{pmatrix}, \vec{b} = \begin{pmatrix} 3+\sqrt{3} \\ 1+\sqrt{3} \end{pmatrix}$ に対して, $\vec{a} \cdot \vec{b}$ の値および, $|\vec{a}||\vec{b}|$ の値。

(3) $\vec{a} = \begin{pmatrix} 3+\sqrt{11} \\ 11+3\sqrt{11} \end{pmatrix}$ のとき, $|\vec{a}|$ の値。

(4) $\vec{a} = \begin{pmatrix} 1-\cos 2\theta \\ \sin 2\theta \end{pmatrix}$ に対して, $|\vec{a}|$ の値。

(5) $\vec{a} = \begin{pmatrix} \frac{4}{3} \\ \frac{8}{9} \end{pmatrix}, \vec{b} = \begin{pmatrix} 21 \\ 7 \end{pmatrix}$ に対して, $\vec{a} \cdot \vec{b}$ の値。

2 次の各問いに答えよ。

(1) 2 直線 l_1, l_2 が一致するように, a の値を定めよ。
$$l_1 : (a+2)x + (2a+3)y = a+7, \quad l_2 : 3ax + (7a-2)y = 4a+4$$

(2) 2 直線 l_1, l_2 が垂直になるように, a の値を定めよ。
$$l_1 : (a+1)x + (2a-1)y = 3, \quad l_2 : (a-1)x + (2a-2)y = 4$$

§48 交点の位置ベクトル #1

目標時間 15 分

1 右の図において, 点 C は OA を 2 : 1 に内分する点, 点 D は OB を 1 : 3 に外分する点とする。また, $\overrightarrow{OA} = \vec{a}$, $\overrightarrow{OB} = \vec{b}$ とする。次の各問いに答えよ。

□ (1) 直線 AD と直線 BC の交点を P として, $\overrightarrow{OP}$ を $\vec{a}$, $\vec{b}$ で表せ。

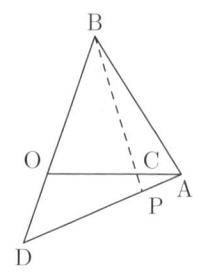

□ (2) BC : CP を求めよ。

□ (3) OP と CD の交点を Q とするとき, $\overrightarrow{OQ}$ を $\vec{a}$ と $\vec{b}$ を用いて表せ。

□ (4) B, Q, R が一直線上にあるように AD 上に R をとるとき, AR : DR を求めよ。

§48 交点の位置ベクトル #2

1 右の図において，2 点 D, E はそれぞれ辺 BC, CA を 4 : 3, 2 : 3 に内分する点とする。位置ベクトルの始点を A とし，$\vec{AB} = \vec{b}$, $\vec{AC} = \vec{c}$ として，以下の問いに答えよ。

☐ (1)　AD, BE の交点を P とするとき，$\vec{AP}$ を $\vec{b}$, $\vec{c}$ で表せ。

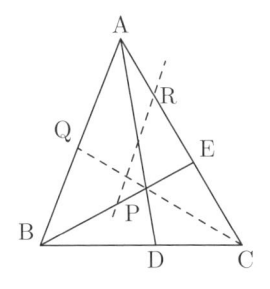

☐ (2)　CP の延長と AB の交点を Q とするとき，AQ : QB を求めよ。

☐ (3)　BE, AD の中点をそれぞれ M, N とするとき，直線 MN と AC の交点 R の位置ベクトル $\vec{AR}$ を $\vec{b}$, $\vec{c}$ を用いて表せ。

☐ (4)　Q, R, S が一直線上にあるように，直線 BC 上に点 S をとる。このとき S は BC をどのように内分または外分するか。

§49 内積計算 #1　　目標時間 10 分

1 $|\vec{a}| = p,\ |\vec{b}| = q,\ \vec{a} \cdot \vec{b} = r$ とするとき，次の値を $p,\ q,\ r$ で表せ。なお，与えられた式自体が定義されないときは，×と記せ。

(1) $(|\vec{a}| + |\vec{b}|)^2$

(2) $|\vec{a} + \vec{b}|^2$

(3) $\vec{a}(\vec{b} - |\vec{a}|)$

(4) $(\vec{a} + \vec{b}) \cdot (\vec{a} - \vec{b})$

(5) $|\vec{a} + \vec{b}|^4$

(6) $\dfrac{1}{\vec{a}} \cdot \vec{a}$

(7) $\dfrac{\vec{a} + \vec{b}}{|\vec{a}|} \cdot \vec{b}$

(8) $(|\vec{a}| + |\vec{b}|)(|\vec{a}| - |\vec{b}|)$

§49 内積計算 #2　　目標時間 10 分

1 $|\vec{a}| = p$, $|\vec{b}| = q$, $\vec{a} \cdot \vec{b} = r$ とするとき，次の値を p, q, r で表せ。なお，与えられた式自体が定義されないときは，×と記せ。

- (1) $(\vec{a} + \vec{b}) \cdot (\vec{a} + 2\vec{b})$

- (2) $(\vec{a} + 2\vec{b}) \cdot (\vec{a} + 3\vec{b}) \cdot (\vec{a} - 3\vec{b})$

- (3) $\dfrac{\vec{a} \cdot (\vec{a} - 2\vec{b})}{|\vec{a} - 2\vec{b}|}$

- (4) $\dfrac{|\vec{a} + \vec{b}|}{\vec{a}}$

- (5) $|\vec{a} + \vec{b}| + |\vec{a} - \vec{b}|$

- (6) $\bigl||\vec{a}| - |\vec{b}|\bigr|^2$

- (7) $(\vec{a} + \vec{b})^2$

- (8) $(2\vec{a} - \vec{b}) \cdot (\vec{a} + \vec{b}) \cdot |\vec{a} + \vec{b}|$

§50 ベクトル方程式 #1　　目標時間 10 分

1 次の図形上の点 $\vec{p}$ の満たすべきベクトル方程式を求めよ。ただし，点 A, B の位置ベクトルを $\vec{a}, \vec{b}$ とする。

- (1) 2点 $\vec{a}, \vec{b}$ を結ぶ線分の垂直2等分線。

- (2) AB に平行で，点 $2\vec{a} - \vec{b}$ を通る直線。

- (3) △OAB の重心を通り，$\vec{a}$ に垂直な直線。

- (4) $\vec{a}$ を中心として，半径3の円。

- (5) $\vec{a}, \vec{b}$ を直径の両端とする円。

2 次のベクトル方程式の与える図形を答えよ（変ベクトルを $\vec{x}$，それ以外を定ベクトルとする）。

- (1) $3\vec{x} + (2t+1)\vec{a} - 3(t-1)\vec{b} = \vec{0}$

- (2) $\vec{x} \cdot \vec{a} - 2\vec{x} \cdot \vec{b} + \vec{a} \cdot \vec{b} - 2|\vec{b}|^2 = 0$

- (3) $|\vec{x} - 3\vec{a}| = 2|\vec{x} + \vec{a}|$

- (4) $(\vec{x} - \vec{a}) \cdot \vec{x} = 2(\vec{x} - \vec{b}) \cdot \vec{x}$

§50 ベクトル方程式 #2　　目標時間 10 分

[1] 次の図形上の点 $\vec{p}$ の満たすべきベクトル方程式を求めよ。ただし，点 A, B の位置ベクトルを $\vec{a}, \vec{b}$ とする。

□ (1) 2 点 $3\vec{a}, 2\vec{b}$ を結ぶ線分の垂直 2 等分線。

□ (2) AB に平行で，$3\vec{a} + \vec{b}$ を通る直線。

□ (3) $\vec{a} - \vec{b}$ に垂直で，△OAB の重心を通る直線。

□ (4) B を通り，△OAB の重心を中心とする円。

□ (5) 2 点 A, B からの距離の比が 3 : 1 のアポロニウスの円。

[2] 次のベクトル方程式の与える図形を答えよ（変ベクトルを $\vec{x}$，それ以外を定ベクトルとする）。

□ (1) $\vec{x} = 2t\vec{a} - 3\vec{a} + (3t+1)\vec{b}$ $(0 \leqq t \leqq 1)$

□ (2) $\vec{a} \cdot \vec{x} = k$ (k は定数)

□ (3) $2|\vec{x}|^2 - 3\vec{a} \cdot \vec{x} + \vec{b} \cdot \vec{x} + |\vec{a}|^2 - \vec{a} \cdot \vec{b} = 0$

□ (4) $|\vec{x}|^2 + 2\vec{a} \cdot \vec{x} - \vec{a} \cdot \vec{b} = |\vec{x} - \vec{b}|^2$

§51 空間ベクトル #1

目標時間 15 分

1 平行六面体 ABCD-EFGH において，$\vec{AB} = \vec{b}$，$\vec{AD} = \vec{d}$，$\vec{AE} = \vec{e}$ とする．次の問いに答えよ．

- (1) $\vec{CE}$, $\vec{FH}$ を $\vec{b}$, $\vec{d}$, $\vec{e}$ で表せ．

- (2) △CEF の重心を I とするとき，$\vec{AI}$ を $\vec{b}$, $\vec{d}$, $\vec{e}$ で表せ．

- (3) $\vec{AG} - \vec{BH} + \vec{CE} - \vec{DF}$ を計算せよ．

2 四面体 OABC において，辺 OA, AB, CO を 1:2 に内分する点をそれぞれ D, E, F とし，BC を 8:1 に内分する点を G とする．

- (1) 4 点 D, E, F, G は同一平面上にあることを示せ．

- (2) 線分 DG を 3:2 に内分する点 H は，線分 EF 上にあることを示せ．

3 四面体 OABC において，OA の中点を D，AB を 3:1 に内分する点を E，OC を 2:1 に内分する点を F，△DEF の重心を G とする．$\vec{OA} = \vec{a}$, $\vec{OB} = \vec{b}$, $\vec{OC} = \vec{c}$ とおくとき，次の問いに答えよ．

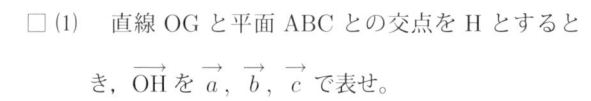

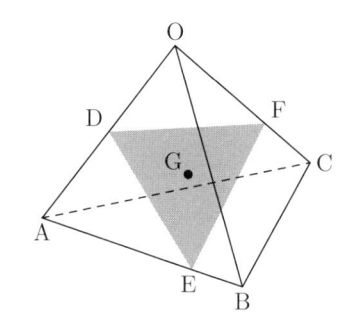

- (1) 直線 OG と平面 ABC との交点を H とするとき，$\vec{OH}$ を $\vec{a}$, $\vec{b}$, $\vec{c}$ で表せ．

- (2) 辺 BC 上に点 I を，4 点 D, E, F, I が同一平面上に存在するようにとるとき，BI : IC を求めよ．

§51 空間ベクトル #2

目標時間 15 分

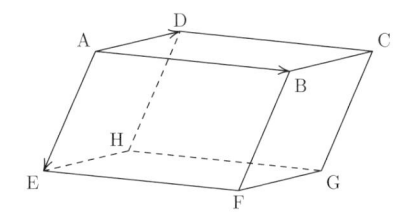

1
平行六面体 ABCD-EFGH で，$\vec{AB} = \vec{a}$，$\vec{AD} = \vec{b}$，$\vec{AE} = \vec{c}$ とする。次の各問に答えよ。

□ (1) $\vec{CF}$ を $\vec{a}$，$\vec{b}$，$\vec{c}$ を用いて表せ。

□ (2) $\vec{HB}$ を $\vec{a}$，$\vec{b}$，$\vec{c}$ を用いて表せ。

□ (3) $\vec{EC} + \vec{AG}$ を $\vec{a}$，$\vec{b}$，$\vec{c}$ を用いて表せ。

□ (4) $\vec{AC} + \vec{AH} + \vec{AF} = 2\vec{AG}$ が成り立つことを示せ。

□ (5) $\vec{AG} + \vec{BH} + \vec{CE} + \vec{DF} = 4\vec{AE}$ が成り立つことを示せ。

2
四面体 ABCD において，辺 AB の中点を M，四面体 ABCD の重心を G とする。このとき，以下の問いに答えよ。

□ (1) 4 点 C, D, M, G は同一平面上にあることを示せ。

□ (2) AG の延長と平面 BCD の交点を N とするとき，AG : GN を求めよ。

§52 空間における直線 #1　　　目標時間 10 分

[1] 次の直線を x, y, z の座標方程式の形で表せ。

(1) 点 $(2, 3, -1)$ を通り，方向ベクトルが $\begin{pmatrix} -1 \\ 3 \\ 2 \end{pmatrix}$ の直線

(2) 点 $(1, 2, -3)$ を通り，方向ベクトルが $\begin{pmatrix} 2 \\ -1 \\ 0 \end{pmatrix}$ の直線

[2] 次の直線をベクトル表示せよ。

(1) $\dfrac{x-3}{2} = \dfrac{y+1}{3} = \dfrac{z}{5}$

(2) $2-x = \dfrac{3+y}{2} = \dfrac{z-2}{5}$

(3) $x = 2,\ \dfrac{y-1}{3} = z+1$

(4) $x = -1,\ y = 2$

(5) $\begin{cases} x + 2y = 5 \\ 3y - z = 1 \end{cases}$

[3] 2 本の直線 $l : x-2 = \dfrac{y+1}{2} = \dfrac{z}{3}$, $m : \dfrac{x-5}{-3} = \dfrac{y+13}{2} = z-9$ の両方に垂直に交わる直線の方程式を次の手順で求めよ。

(1) l 上の点 P，m 上の点 Q をパラメータを用いて表せ。

(2) $PQ \perp l$, $PQ \perp m$ を解いて，P, Q の座標と直線 PQ の式を求めよ。

§52 空間における直線 #2　　目標時間 10 分

1　次の直線を x, y, z の座標方程式の形で表せ。

- (1) 点 $(1, 2, 3)$ を通り，方向ベクトルが $\begin{pmatrix} 3 \\ -1 \\ 4 \end{pmatrix}$ の直線

- (2) 点 $(3, 1, 1)$ を通り，方向ベクトルが $\begin{pmatrix} 0 \\ -3 \\ 0 \end{pmatrix}$ の直線

2　次の直線をベクトル表示せよ。

- (1) $\dfrac{1-x}{4} = \dfrac{2y+2}{5} = 4-z$

- (2) $3+x = \dfrac{y+1}{2} = \dfrac{z-2}{4}$

- (3) $x=3,\ y=z-1$

- (4) $y=3,\ z=1$

- (5) $\begin{cases} 2x+3y+z=1 \\ x+2y+z=0 \end{cases}$

3　2 本の直線 $l: \dfrac{x-1}{2} = -z-2,\ y=-1,\ m: \dfrac{x+1}{3} = 1-y = 1-z$ の両方に垂直に交わる直線の方程式を次の手順で求めよ。

- (1) l 上の点 P，m 上の点 Q をパラメータを用いて表せ。
- (2) $PQ \perp l$，$PQ \perp m$ を解いて，P, Q の座標と直線 PQ の式を求めよ。

§53 空間のベクトル方程式 #1　　目標時間 10 分

1 空間内の動点 $\vec{x}$ が次の式を満たすとき，$\vec{x}$ の描く図形を答えよ。

(1)　$\vec{x} \cdot \vec{a} + |\vec{x}|^2 = 0$

(2)　$|\vec{x} - \vec{a}| = |\vec{x} - \vec{b}|$

(3)　$\vec{x} = (2t+1)\vec{a} + (1-t)\vec{b}$

2 次の方程式で与えられる図形はどのような図形か。

(1)　$3x + 2y - z = 4$

(2)　$2x + y = 2$

(3)　$x = 5$

3 次の平面の方程式を $ax + by + cz = d$ の形で表せ。

(1)　法線ベクトルが $\begin{pmatrix} 3 \\ 2 \\ -5 \end{pmatrix}$ で，点 $(2, -1, 3)$ を通る平面。

(2)　$(1, 3, -2)$ を通り，$\begin{pmatrix} 1 \\ -2 \\ 3 \end{pmatrix}$, $\begin{pmatrix} 3 \\ 0 \\ 1 \end{pmatrix}$ を含む平面。

4 次の 2 平面のなす角を求めよ。

$$3x + 2y + z = 5,\ 2x - y + 3z = 2$$

§53　空間のベクトル方程式 #2　　目標時間 10 分

1　空間内の動点 $\vec{x}$ が次の式を満たすとき，$\vec{x}$ の描く図形を答えよ。

(1)　$|\vec{x} - \vec{a}|^2 = (\vec{x} - \vec{b}) \cdot (\vec{x} - \vec{a})$

(2)　$|\vec{x}|^2 - 3\vec{x} \cdot \vec{a} + 2|\vec{a}|^2 = 0$

(3)　$3\vec{x} + 2t\vec{a} - 4\vec{a} + (3t+2)\vec{b} = 0$

2　次の方程式で与えられる図形はどのような図形か。

(1)　$3x - y + 4z = 1$

(2)　$3x + 3y = 4$

(3)　$z = -1$

3　次の平面の方程式を $ax + by + cz = d$ の形で表せ。

(1)　法線ベクトルが $\begin{pmatrix} 1 \\ -2 \\ 4 \end{pmatrix}$ で，点 $\left(1, \dfrac{1}{2}, 3\right)$ を通る平面。

(2)　点 $(3, 1, -2)$ を通り，$\begin{pmatrix} 1 \\ 1 \\ 2 \end{pmatrix}$, $\begin{pmatrix} 3 \\ -1 \\ 1 \end{pmatrix}$ を含む平面。

4　次の2平面のなす角を求めよ。
$$x - 2y + 3z = 3,\ 2x + 3y - z = 1$$

鉄緑会
基礎力完成
数学 I・A ＋ II・B

解答篇

§1 展開・因数分解

#1

【解答】

1
(1) $2x^3 - 3x^2 - 5x + 6$
(2) $3a^2 - b^2 - c^2 - 2ab + 2bc + 2ca$
(3) $2x^4 - 2x^3 - 13x^2 + 9x + 9$
(4) $x^4 - 2x^3 - 13x^2 + 14x + 24$
(5) $a^4 - 16b^4$

2
(1) $(x+y+1)(x-2y-3)$
(2) $(x+2y-2z)(2x-y+z)$
(3) $(2x+y-4z)^2$
(4) $(x-2)(x+3)(x-1)(x+2)$
(5) $(x-2)(x+3)(x^2+x-8)$
(6) $-(3y-2z)(x-3y)(x-2z)$
(7) $(a-2)(a+3)(a^2+2a+4)(a^2-3a+9)$
(8) $(4x-2y-1)(16x^2+4y^2+1+8xy+4x-2y)$

【解説】

1 (1)〜(3)はそのまま展開のため,省略。

(4) 2つずつに区切れば,$x^2 - x$ の塊が見えてくる。

$$（与式）= (x^2 - x - 2)(x^2 - x - 12)$$
$$= (x^2 - x)^2 - 14(x^2 - x) + 24$$
$$= \boldsymbol{x^4 - 2x^3 - 13x^2 + 14x + 24}$$

(5) これもそのまま展開すればよい。

2
(1) 1文字整理が基本。

$$（与式）= x^2 - (y+2)x - 2y^2 - 5y - 3$$
$$= x^2 - (y+2)x - (y+1)(2y+3)$$
$$= \boldsymbol{(x+y+1)(x-2y-3)}$$

(2) これも同様。

$$（与式）= 2x^2 + 3(y-z)x - 2y^2 + 4yz - 2z^2$$
$$= 2x^2 + 3(y-z)x - 2(y-z)^2$$
$$= \{x + 2(y-z)\}\{2x - (y-z)\}$$
$$= \boldsymbol{(x+2y-2z)(2x-y+z)}$$

(3) $$（与式）= 4x^2 + 4(y-4z)x + (y-4z)^2$$
$$= \{2x + (y-4z)\}^2$$
$$= \boldsymbol{(2x+y-4z)^2}$$

(4) $A = x^2 + x$ とすればよい。

$$（与式）= (A-1)(A-7) + 5$$
$$= A^2 - 8A + 12$$
$$= (A-6)(A-2)$$
$$= (x^2+x-6)(x^2+x-2)$$
$$= \boldsymbol{(x-2)(x+3)(x-1)(x+2)}$$

(5) 展開はいつでも可能。まずは因数分解を考える。

$$（与式）= \{(x-1)(x-3)\}\{(x+2)(x+4)\} + 24$$
$$= \{(x-1)(x+2)\}\{(x-3)(x+4)\} + 24$$

$A = x^2 + x$ とおくと,

$$（与式）= (A-2)(A-12) + 24$$
$$= A^2 - 14A + 48$$
$$= (A-6)(A-8)$$
$$= \boldsymbol{(x-2)(x+3)(x^2+x-8)}$$

(6) x について展開してから,因数分解する。

$$（与式）= -x^2(3y-2z) + x(9y^2-4z^2)$$
$$\qquad\qquad - 6yz(3y-2z)$$
$$= -(3y-2z)\{x^2 - x(3y+2z) + 6yz\}$$
$$= \boldsymbol{-(3y-2z)(x-3y)(x-2z)}$$

(7) まずは a^3 の2次式と見る。

$$（与式）= (a^3-8)(a^3+27)$$
$$= (a-2)(a^2+2a+4)(a+3)(a^2-3a+9)$$
$$= \boldsymbol{(a-2)(a+3)(a^2+2a+4)(a^2-3a+9)}$$

(8) $x^3 + y^3 + z^3 - 3xyz$ の因数分解公式は必ず覚えておくこと。

$$（与式）= (4x)^3 + (-2y)^3 + (-1)^3$$
$$\qquad\qquad - 3(4x)(-2y)(-1)$$
$$= \boldsymbol{(4x-2y-1)(16x^2+4y^2+1}$$
$$\boldsymbol{+ 8xy+4x-2y)}$$

§1 展開・因数分解 #2

【解答】

1
(1) $8x^3 - 36x^2 + 54x - 27$
(2) $x^4 + 3x^2 + 4$
(3) $a^2 - b^2 - c^2 + d^2 - 2ad + 2bc$
(4) $x^6 - 64y^6$

2
(1) $2(7a + 8b + 6)(4a - b + 3)$
(2) $5(3x + 4)(3x - 4)$
(3) $(x^2 + x + 1)(x^2 - x + 1)$
(4) $3(t + 4)(t^2 - 4t + 16)$
(5) $(x + 2)(x - 3)(x^2 - x - 8)$
(6) $-(5t^2 + 7t + 10)(t^2 + 3t - 6)$
(7) $(x + 4y + 3)(x + 4y - 5)$
(8) $(a + 2)(a + 3)(a^2 + 5a + 5)$
(9) $3(a - b)(b - c)(c - a)$

【解説】

1
(1) 3乗の展開公式。
$$（与式）= \bm{8x^3 - 36x^2 + 54x - 27}$$

(2) 似た形の積は,「和と差の積」の利用。
$$（与式）= \{(x^2 + 2) + x\}\{(x^2 + 2) - x\}$$
$$= (x^2 + 2)^2 - x^2$$
$$= \bm{x^4 + 3x^2 + 4}$$

(3) (2)と同じ。符号の違う項だけ分ける。
$$（与式）= \{(a - d) - (b - c)\}\{(a - d) + (b - c)\}$$
$$= (a - d)^2 - (b - c)^2$$
$$= \bm{a^2 - b^2 - c^2 + d^2 - 2ad + 2bc}$$

(4) まずは3乗差・3乗和の展開公式から。
$$（与式）= (x + 2y)(x^2 - 2xy + 4y^2)$$
$$\times (x - 2y)(x^2 + 2xy + 4y^2)$$
$$= (x^3 + 8y^3)(x^3 - 8y^3)$$
$$= \bm{x^6 - 64y^6}$$

[参考] (4)は, 先に「和と差の積」を考えてもよい。
$$（与式）= (x^2 - 4y^2)\{(x^2 + 4y^2)^2 - (2xy)^2\}$$
$$= (x^2 - 4y^2)(x^4 + 4x^2y^2 + 16y^4)$$
$$= \bm{x^6 - 64y^6} \quad (\because 3乗差の公式)$$

2
(1) まず共通因数をくくり出しておくこと。そのあとは, 1文字整理が基本。
$$（与式）= 2(28a^2 + 25ab - 8b^2 + 45a + 18b + 18)$$
$$= 2\{28a^2 + (25b + 45)a - 2(4b + 3)(b - 3)\}$$
$$= \bm{2(7a + 8b + 6)(4a - b + 3)}$$

(2) まず共通因数でくくるのを忘れない。
$$（与式）= 5(9x^2 - 16) = \bm{5(3x + 4)(3x - 4)}$$

(3) 複2次式は, x^2 を塊におくか, 2乗の差を作るか, で因数分解に入る。
$$（与式）= (x^2 + 1)^2 - x^2$$
$$= (x^2 + 1 + x)(x^2 + 1 - x)$$
$$= \bm{(x^2 + x + 1)(x^2 - x + 1)}$$

(4) $（与式）= 3(t^3 + 64)$
$$= \bm{3(t + 4)(t^2 - 4t + 16)}$$

(5) $（与式）= (x^2 - x - 2)(x^2 - x - 12) + 24$
$x^2 - x = A$ とおくと,
$$（与式）= A^2 - 14A + 48$$
$$= (A - 6)(A - 8)$$
$$= (x^2 - x - 6)(x^2 - x - 8)$$
$$= \bm{(x + 2)(x - 3)(x^2 - x - 8)}$$

(6) 「2乗の差」になっていることに注意。
$$（与式）= \{2(t^2 + t + 4) + (3t^2 + 5t + 2)\}$$
$$\times \{2(t^2 + t + 4) - (3t^2 + 5t + 2)\}$$
$$= \bm{-(5t^2 + 7t + 10)(t^2 + 3t - 6)}$$

(7) $A = x + 4y$ として,
$$（与式）= A(A - 2) - 15 = (A + 3)(A - 5)$$
$$= \bm{(x + 4y + 3)(x + 4y - 5)}$$

(8) $A = a^2 + 5a + 1$ とすると,
$$（与式）= A(A + 9) + 20 = (A + 4)(A + 5)$$
$$= (a^2 + 5a + 5)(a^2 + 5a + 6)$$
$$= \bm{(a + 2)(a + 3)(a^2 + 5a + 5)}$$

(9) 3乗和は,
$$x^3 + y^3 + z^3 - 3xyz$$
$$= (x + y + z)(x^2 + y^2 + z^2 - xy - yz - zx)$$
で扱うのが基本。
$A = a - b, B = b - c, C = c - a$ とすると,
$$A^3 + B^3 + C^3 - 3ABC$$
$$= (A + B + C)(A^2 + B^2 + C^2 - AB - BC - CA)$$
で, $A + B + C = (a - b) + (b - c) + (c - a) = 0$ より,
$$（与式）= 3ABC = \bm{3(a - b)(b - c)(c - a)}$$

§2 係数計算   #1

【解答】

$\boxed{1}$
(1) $-x^2 - 20x - 9$
(2) $-x^2 + x - 21$
(3) $16x - 9$
(4) $x^3 - 7x^2 + 8x + 5$

$\boxed{2}$
(1) $x^2 - x + 5$
(2) $5a^2 + a + 2$
(3) $5x^2 + 6xy + 8y^2$
(4) $4x^2 - 8x - 4$
(5) $3x^2 + 2x - 7$
(6) $x^2 + 6xy - 3y^2$

【解説】

$\boxed{1}$
(1) x の 2 次式なので，

x^2 の係数：$1 + 3 - 5 = -1$

x の係数：$(-4 + 2) + 3 \cdot (1 - 2) - 5 \cdot 3 = -20$

定数項：$-8 - 6 + 5 = -9$

以上より，（与式）$= \boldsymbol{-x^2 - 20x - 9}$

(2) これも x の 2 次式なので，

x^2 の係数：$-3 + 5 - 3 = -1$

x の係数：$3(3 + 2) + 5 \cdot (-4) - 3 \cdot (-2) = 1$

定数項：$3 \cdot (-6) - 3 \cdot 1 = -21$

以上より，（与式）$= \boldsymbol{-x^2 + x - 21}$

(3) x の 3 次式なので，

x^3 の係数：$1 - 1 = 0$

x^2 の係数：$3 - (-2 + 3) - 2 = 0$

x の係数：$3 - (-5 - 6) + 2 = 16$

定数項：$1 - 10 = -9$

以上より，（与式）$= \boldsymbol{16x - 9}$

(4) $(x+1)(x^2 - x + 1) = x^3 + 1$,
$(2x-1)(2x+1) = 4x^2 - 1$ に注意．
与式は x の 3 次式なので，

x^3 の係数：1

x^2 の係数：$-4 - 3 = -7$

x の係数：$-(-9 + 1) = 8$

定数項：$1 - (-1) - (-3) = 5$

以上から，（与式）$= \boldsymbol{x^3 - 7x^2 + 8x + 5}$

$\boxed{2}$
(1) 3 次式を 1 次式で割るので，商は 2 次式。
最高次の係数および定数項を比較して，

$$商 : x^2 + px + 5$$

あとは x^2 の係数が -10 になるように p を設定すればよい．

$$4p - 6 = -10 \Leftrightarrow p = -1$$

したがって，商は $\boldsymbol{x^2 - x + 5}$

(2) 3 次式を 1 次式で割るので，商は 2 次式。
最高次の係数および定数項を比較して，

$$商 : 5a^2 + pa + 2$$

a^2 の係数が 12 になるように p を設定すればよく，

$$5 + 7p = 12 \Leftrightarrow p = 1$$

したがって，商は $\boldsymbol{5a^2 + a + 2}$

(3) x についての式と見て，4 次式を 2 次式で割るので商は 2 次式。
最高次の係数および定数項を比較して，

$$商 : 5x^2 + px + 8y^2$$

x^3 の係数が $46y$ となるように p を定めればよく，

$$10y + 6p = 46y \Leftrightarrow p = 6y$$

したがって，商は $\boldsymbol{5x^2 + 6xy + 8y^2}$

(4) 4 次式を 2 次式で割るので商は 2 次式。最高次の係数および定数項を比較して，

$$商 : 4x^2 + px - 4$$

x^3 の係数が -56 になればよいので，

$$8 + 8p = -56 \Leftrightarrow p = -8$$

よって，商は $\boldsymbol{4x^2 - 8x - 4}$

(5) 5 次式を 3 次式で割るので商は 2 次式。最高次の係数および定数項を比較して，

$$商 : 3x^2 + px - 7$$

となる．x^4 の係数が 22 だから，

$$6 + 8p = 22 \Leftrightarrow p = 2$$

よって，商は $\boldsymbol{3x^2 + 2x - 7}$

(6) x の式と見て考える。5 次式を 3 次式で割るので，商は 2 次式。最高次の係数および定数項を比較して，

$$商 : x^2 + px - 3y^2$$

x^4 の係数を比較して，

$$-8y + 5p = 22y \Leftrightarrow p = 6y$$

よって，商は $\boldsymbol{x^2 + 6xy - 3y^2}$

§2 係数計算 #2

【解答】

1
(1) $2x^3 + 4x^2 + 2x$
(2) $-12x^2 - 18x + 9$
(3) $-10x^3 + 15x^2 - 4x - 191$
(4) $-21x^3 + 41x^2 - 12x + 24$

2
(1) $3a^2 + 3ab - 5b^2$
(2) $8a^2 + 2ab - b^2$
(3) $2a^2 + 8a - 2$
(4) $8x^2 - 6x + 3$
(5) $2a + 6b - 2c$
(6) $a^3 - 3a^2b - 2b^3$

【解説】

1
(1) x の 3 次式なので，

x^3 の係数：$1 + 1 = 2$

x^2 の係数：$3 + 3 + (1-3) = 4$

x の係数：$3 + (2-3) = 2$

定数項：$1 - 3 + 2 = 0$

以上より，（与式）$= \bm{2x^3 + 4x^2 + 2x}$

(2) x の 2 次式なので，

x^2 の係数：$2 \cdot (-1) \cdot (-2) + 4 - 5 \cdot 2^2 = -12$

x の係数：$2(-3-2) + 4(1+2) - 5 \cdot 4 = -18$

定数項：$2 \cdot 3 + 4 \cdot 2 - 5 = 9$

以上より，（与式）$= \bm{-12x^2 - 18x + 9}$

(3) 真ん中の項は 3 乗和の展開公式．

x の 3 次式なので，

x^3 の係数：$1 - 3 - 8 = -10$

x^2 の係数：$(1+2) - 3 \cdot 2^2 \cdot (-1) = 15$

x の係数：$2 - 3 \cdot 2 \cdot (-1)^2 = -4$

定数項：$-3 \cdot 4 \cdot 16 + 1 = -191$

以上より，（与式）$= \bm{-10x^3 + 15x^2 - 4x - 191}$

(4) x の 3 次式なので，

x^3 の係数：$3 \cdot 2 - 3^3 = -21$

x^2 の係数：$3\{2 \cdot (-4) + 1\} + 4 \cdot 2 - 3 \cdot 3^2 \cdot (-2) = 41$

x の係数：$3(2 \cdot 2^2 - 4) + 4(1+2) - 3 \cdot 3 \cdot (-2)^2 = -12$

定数項：$3 \cdot 1 \cdot 2^2 + 4 - (-2)^3 \cdot 24$

以上より，（与式）$= \bm{-21x^3 + 41x^2 - 12x + 24}$

2
(1) a の式と見て考える．3 次式を 1 次式で割るので，商は 2 次式．最高次の係数および定数項を比較して，

商：$3a^2 + pab - 5b^2$

a^2 の係数を比較して，

$-3b + 3pb = 6b \Leftrightarrow p = 3$

よって，商は $\bm{3a^2 + 3ab - 5b^2}$

(2) a の式と見て考える．3 次式を 1 次式で割るので，商は 2 次式．最高次の係数および定数項を比較して，

商：$8a^2 + pab - b^2$

a^2 の係数を比較して，

$64b + 4pb = 72b \Leftrightarrow p = 2$

よって，商は $\bm{8a^2 + 2ab - b^2}$

(3) 4 次式を 2 次式で割るので，商は 2 次式．最高次の係数および定数項を比較して，

商：$2a^2 + pa - 2$

a^3 の係数を比較して，

$14 + 5p = 54 \Leftrightarrow p = 8$

よって，商は $\bm{2a^2 + 8a - 2}$

(4) 4 次式を 2 次式で割るので，商は 2 次式．最高次の係数および定数項を比較して，

商：$8x^2 + px + 3$

x^3 の係数を比較して，

$32 + 5p = 2 \Leftrightarrow p = -6$

よって，商は $\bm{8x^2 - 6x + 3}$

(5) a の式と見て考える．2 次式を 1 次式で割るので，b，c の式と見ても同様．また，全体の次数を見ても 2 次式を 1 次式で割るので商は 1 次式．したがって，a^2，b^2，c^2 の係数を比較して，

商は $\bm{2a + 6b - 2c}$

(6) a の式と見て考える．6 次式を 3 次式で割るので，商は 3 次式．最高次の係数と定数項を比較して，

商：$a^3 + pa^2 + qa - 2b^3$

a^5，a の項の係数を比較して，

$-8b + 8p = -32b \Leftrightarrow p = -3b$

$-2b^5 + 7q = -2b^5 \Leftrightarrow q = 0$

よって，商は $\bm{a^3 - 3a^2b - 2b^3}$

§3　因数定理・剰余定理　#1

【解答】

1
(1) 商：$x^2 - 2xy + 2y^2$, 余り：$-3y^3$
(2) 商：$x - 2$, 余り：$2x - 3$
(3) 商：$x + 1$, 余り：$-3x - 2$

2
(1) $2x + 7$
(2) $x^2 + 2x - 1$

3
(1) $a = -24$
(2) $a = -8, b = -5$
(3) $a = -56, b = 51$

【解説】

1
(1) $x = -y$ を代入して, 余り：$\boldsymbol{-3y^3}$
したがって, $f(x) + 3y^3 = x^3 - x^2y + 2y^3$ は $x + y$ で割り切れる。
$$f(x) + 3y^3 = (x+y)(x^2 - 2xy + 2y^2)$$
より, 商は $\boldsymbol{x^2 - 2xy + 2y^2}$

(2) $g(x)$ が 2 次式なので, 余りは 1 次以下でこれを $ax + b$ とおく。商を $q(x)$ として,
$$f(x) = (x-3)(x+5)q(x) + ax + b$$
$x = 3, -5$ を代入して,
$$f(3) = 3 = 3a + b$$
$$f(-5) = -13 = -5a + b$$
これを解いて, $a = 2, b = -3$ となるから,
余り：$\boldsymbol{2x - 3}$
$f(x) - 2x + 3 = x^3 - 19x + 30$ が $g(x)$ で割り切れるので,
$$x^3 - 19x + 30 = (x-3)(x+5)(x-2)$$
より, 商は $\boldsymbol{x - 2}$

(3) $g(x)$ が 2 次式なので, 余りは 1 次以下で, これを $ax + b$ とおき, 商を $q(x)$ とすると,
$$f(x) = (2x-1)(x-2)q(x) + ax + b$$
$x = 2, \dfrac{1}{2}$ を代入して,
$$f(2) = -8 = 2a + b, \ f\left(\dfrac{1}{2}\right) = -\dfrac{7}{2} = \dfrac{a}{2} + b$$
これを解くと, $a = -3, b = -2$ で,
余り：$\boldsymbol{-3x - 2}$

よって, $f(x) + 3x + 2 = 2x^3 - 3x^2 - 3x + 2$ が $g(x)$ で割り切れるので,
$$f(x) + 3x + 2 = (2x-1)(x-2)(x+1)$$
よって, 商は $\boldsymbol{x + 1}$

2
(1) $x - 1$ で割ると 9 余るので, $P(1) = 9$, $x + 5$ で割ると -3 余るので, $P(-5) = -3$ となる。
$(x-1)(x+5)$ で割ったときの余りは 1 次以下だから, $ax + b$ とおけ, 商を $q(x)$ とすると,
$$P(x) = (x-1)(x+5)q(x) + ax + b$$
条件から,
$$P(1) = a + b = 9, \ P(-5) = -5a + b = -3$$
これを解いて, $a = 2, b = 7$
よって, 求める余りは, $\boldsymbol{2x + 7}$

(2) ※剰余定理・因数定理は虚数解を代入しても成立することに注意。
$f(x)$ を $x^2 + 1$ で割ると $2x - 2$ 余るので,
$$f(i) = 2i - 2, \ f(-i) = -2i - 2$$
また, $x + 1$ で割ると -2 余るので, $f(-1) = -2$
ここで, 求める余りは 2 次以下でこれを $ax^2 + bx + c$ とおき, 商を $q(x)$ とすると,
$$f(x) = (x^2+1)(x+1)q(x) + ax^2 + bx + c$$
$x = \pm i, -1$ を代入して,
$$\begin{cases} -a + bi + c = 2i - 2 \\ -a - bi + c = -2i - 2 \\ a - b + c = -2 \end{cases}$$
$\Leftrightarrow (a, b, c) = (1, 2, -1)$
よって, 求める余りは $\boldsymbol{x^2 + 2x - 1}$

3
(1) $f(-3) = 0$ だから, $\boldsymbol{a = -24}$

(2) $f(-1) = 0$ かつ $f\left(\dfrac{2}{3}\right) = 0$ だから,
$$a - b + 3 = 0, \ \dfrac{4a}{9} + \dfrac{2b}{3} + \dfrac{62}{9} = 0$$
これを解いて, $\boldsymbol{a = -8, b = -5}$

(3) $g(x) = (x-1)(x-3)$ より, $f(1) = f(3) = 0$
$$\therefore \begin{cases} a + b + 5 = 0 \\ 3a + b + 117 = 0 \end{cases} \Leftrightarrow \boldsymbol{a = -56, b = 51}$$

§3　因数定理・剰余定理
#2

―【解答】―

$\boxed{1}$
(1) 商：$x+3a$, 余り：$4a^2$
(2) 商：$2x+3y+4$, 余り：$-y^2+11y+8$

$\boxed{2}$
(1) $2x^2+4x+3$
(2) $\dfrac{1}{2}x^3-\dfrac{1}{2}x^2+\dfrac{5}{2}x+\dfrac{5}{2}$
(3) $x^2+2x+6+\dfrac{11}{x-2}$

$\boxed{3}$
(1) $a=-8,\ b=-6$
(2) $a=-4,\ b=-6$
(3) $a=\dfrac{44}{7},\ b=-\dfrac{93}{7}$

【解説】

$\boxed{1}$
(1) $x=\dfrac{a}{2}$ を代入して，　余り：$4a^2$
したがって，$f(x)-4a^2=2x^2+5ax-3a^2$ は $2x-a$ で割り切れる。
$$f(x)-4a^2=(2x-a)(x+3a)$$
より，商は $x+3a$

(2) $x=-y+3$ を代入して，余りは，
$$f(-y+3)=2(-y+3)^2+5(-y+3)y+2y^2$$
$$-2(-y+3)+6y-4$$
$$=-y^2+11y+8$$
また，$f(x)+y^2-11y-8$ は $x+y-3$ で割り切れるので，
$$2x^2+5xy+3y^2-2x-5y-12$$
は $x+y-3$ で割り切れる。2次式を1次式で割るので商は1次式で，x^2, y^2 の係数および定数項を比較して，商は，$2x+3y+4$

$\boxed{2}$
(1) $x-1,\ x+1,\ x+2$ で割るとそれぞれ $9, 1, 3$ 余るので，$f(1)=9,\ f(-1)=1,\ f(-2)=3$
$(x-1)(x+1)(x+2)$ で割ったときの余りは高々2次だから，ax^2+bx+c とおき，商を $q(x)$ とすると，
$$f(x)=(x-1)(x+1)(x+2)q(x)+ax^2+bx+c$$
条件から，
$$f(1)=a+b+c=9$$
$$f(-1)=a-b+c=1$$
$$f(-2)=4a-2b+c=3$$
これを解いて，$a=2,\ b=4,\ c=3$

よって，求める余りは，$2x^2+4x+3$

(2) $P(x)$ を x^2+1 で割ると $2x+3$ 余るので，
$$P(i)=2i+3,\ P(-i)=-2i+3\ \cdots ①$$
また，$P(x)$ を x^2-1 で割ると $3x+2$ 余るので，
$$P(1)=5,\ P(-1)=-1\ \cdots ②$$
ここで，求める余りは3次以下でこれを ax^3+bx^2+cx+d とおき，商を $q(x)$ とすると，
$$P(x)=(x^2+1)(x^2-1)q(x)+ax^3+bx^2+cx+d$$
①より，
$$-ai-b+ci+d=2i+3$$
$$ai-b-ci+d=-2i+3$$
したがって，$c-a=2,\ d-b=3\ \cdots ③$
また，②より，
$$a+b+c+d=5,\ -a+b-c+d=-1$$
$$\Leftrightarrow a+c=3,\ b+d=2\ \cdots ④$$
③，④を解いて，
$$(a,\ b,\ c,\ d)=\left(\dfrac{1}{2},\ -\dfrac{1}{2},\ \dfrac{5}{2},\ \dfrac{5}{2}\right)$$
よって，求める余りは，$\dfrac{1}{2}x^3-\dfrac{1}{2}x^2+\dfrac{5}{2}x+\dfrac{5}{2}$

(3) ※分子÷分母も整式の割り算と同じ。s は分子÷分母の余り，px^2+qx+r は商になることに注意する。
$$\dfrac{x^3+2x-1}{x-2}=px^2+qx+r+\dfrac{s}{x-2}$$
の分母を払って，
$$x^3+2x-1=(x-2)(px^2+qx+r)+s$$
両辺に $x=2$ を代入して，$s=11$
また，$x^3+2x-1-11=x^3+2x-12$ が $x-2$ で割り切れるので，最高次の係数，定数項に注意して，
$$x^3+2x-12=(x-2)(x^2+2x+6)$$
したがって，(与式)$=x^2+2x+6+\dfrac{11}{x-2}$

$\boxed{3}$
(1) $g(x)=(x+3)(x-1)$ より，$f(-3)=0,\ f(1)=0$
$$\therefore \begin{cases} -9a+b-66=0 \\ -a+b-2=0 \end{cases} \Leftrightarrow a=-8,\ b=-6$$

(2) $g(x)=(x-1)(x-4)$ より，$f(1)=f(4)=0$
$$\therefore \begin{cases} a+b+10=0 \\ 64a+4b+280=0 \end{cases} \Leftrightarrow a=-4,\ b=-6$$

(3) $g(x)=(2x+3)(x-1)$ より，$f\left(-\dfrac{3}{2}\right)=f(1)=0$
$$\therefore \begin{cases} -\dfrac{27}{8}a+b+\dfrac{69}{2}=0 \\ a+b+7=0 \end{cases}$$
$$\Leftrightarrow a=\dfrac{44}{7},\ b=-\dfrac{93}{7}$$

§4 高次方程式・不等式 #1

【解答】

1

(1) $x = -1, -2, -3$

(2) $x = 5, \dfrac{-5 \pm \sqrt{71}\,i}{2}$

(3) $x = 1, -4, \dfrac{-3 \pm \sqrt{15}\,i}{2}$

(4) $x < -3, -1 < x < 2$

(5) $-4 < x < -3, x > -2$

(6) $-1 < x < 0, 0 < x < 3$

(7) $x \leqq -3, 1 < x$

(8) $x < -1, 1 < x < 3$

(9) $1 - \sqrt{3} \leqq x < 2, 1 + \sqrt{3} \leqq x$

【解説】

1

(1) $f(x) = x^3 + 6x^2 + 11x + 6$ とおくと，
$$f(-1) = -1 + 6 - 11 + 6 = 0$$
したがって，$f(x)$ は $(x+1)$ で割り切れる。
$$\therefore (x+1)(x^2 + 5x + 6) = (x+1)(x+2)(x+3) = 0$$
よって，求める解は $\boldsymbol{x = -1, -2, -3}$

(2) $x = 5$ を代入すると，$(5-1) \cdot 5 \cdot (5+1) = 4 \cdot 5 \cdot 6$ より，$x = 5$ は解の 1 つ。
与えられた方程式を展開・整理すると，
$$x^3 - x - 120 = 0$$
で，これが $(x-5)$ で割り切れるのだから，
$$(x-5)(x^2 + 5x + 24) = 0$$
これを解いて，$\boldsymbol{x = 5, \dfrac{-5 \pm \sqrt{71}\,i}{2}}$

(3) $f(x) = x^4 + 6x^3 + 11x^2 + 6x - 24$ とおくと，
$$f(1) = f(-4) = 0$$
したがって，$f(x)$ は $(x-1), (x+4)$ で割り切れる。
$$x^4 + 6x^3 + 11x^2 + 6x - 24 = (x-1)(x+4)(x^2 + 3x + 6)$$
したがって，求める解は $\boldsymbol{x = 1, -4, \dfrac{-3 \pm \sqrt{15}\,i}{2}}$

(4) $x^3 + 2x^2 - 5x < 6 \Leftrightarrow (x+3)(x+1)(x-2) < 0$
$$\therefore \boldsymbol{x < -3, -1 < x < 2}$$

(5) $(x+1)(x+3)(x+5) > -3(x+3)$ より，
$$\{(x+1)(x+5) + 3\}(x+3) > 0$$
$$\Leftrightarrow (x+2)(x+3)(x+4) > 0$$
$$\therefore \boldsymbol{-4 < x < -3, x > -2}$$

(6) $\dfrac{2x+3}{x^2} > 1 \Leftrightarrow 2x + 3 > x^2$ かつ $x \neq 0$
$$\Leftrightarrow (x-3)(x+1) < 0 \text{ かつ } x \neq 0$$
$$\therefore \boldsymbol{-1 < x < 0, 0 < x < 3}$$

(7) $\dfrac{x^2 + 4x + 3}{x^2 - 1} \geqq 0$
$$\Leftrightarrow (x^2 + 4x + 3)(x^2 - 1) \geqq 0 \text{ かつ } x^2 - 1 \neq 0$$
$$\Leftrightarrow (x+3)(x+1)^2(x-1) \geqq 0 \text{ かつ } x \neq \pm 1$$
$$\therefore \boldsymbol{x \leqq -3, 1 < x}$$

(8) 両辺 $(x-1)^2(x+1)^2$ をかけて，
$$(x+1)^2(x-1) > 2(x+1)(x-1)^2 \text{ かつ } x \neq \pm 1$$
$$\therefore (x+1)(x-1)\{2(x-1) - (x+1)\} < 0 \text{ かつ } x \neq \pm 1$$
$$(x+1)(x-1)(x-3) < 0 \text{ かつ } x \neq \pm 1$$
したがって，$\boldsymbol{x < -1, 1 < x < 3}$

(9) 両辺 $(x-2)^2$ をかけて，
$$x(x-2) \leqq (x+1)(x-2)^2 \text{ かつ } \underbrace{x \neq 2}_{\text{分母} \neq 0}$$
$$\therefore (x-2)(x^2 - 2x - 2) \geqq 0 \quad \text{かつ} \quad x \neq 2$$
したがって，$\boldsymbol{1 - \sqrt{3} \leqq x < 2, 1 + \sqrt{3} \leqq x}$

§4 高次方程式・不等式 #2

【解答】

1
(1) $x = 1, 2, 3$
(2) $x = \pm 1$
(3) $x = 1, -1 \pm \sqrt{5}$
(4) $-2 \leqq x \leqq 1$
(5) $-7 < x < 1, 1 < x$
(6) $x < -3, -2 < x < 2$
(7) $x < 2$
(8) $-1 < x < \dfrac{7}{3}$
(9) $-3 < x < 2, 7 \leqq x$

【解説】

1

(1) $f(x) = x^3 - 6x^2 + 11x - 6$ とおくと,
$$f(1) = 1 - 6 + 11 - 6 = 0$$
したがって, $f(x)$ は $(x-1)$ で割り切れる。
$$\therefore (x-1)(x^2 - 5x + 6) = (x-1)(x-2)(x-3) = 0$$
よって, 求める解は $\boldsymbol{x = 1, 2, 3}$

(2) $f(x) = x^3 + x^2 - x - 1$ とおくと,
$$f(1) = 1 + 1 - 1 - 1 = 0$$
したがって, $f(x)$ は $(x-1)$ で割り切れる。
$$\therefore (x-1)(x^2 + 2x + 1) = (x-1)(x+1)^2 = 0$$
よって, 求める解は $\boldsymbol{x = \pm 1}$

(3) $f(x) = x^3 + x^2 - 6x + 4$ とおくと,
$$f(1) = 1 + 1 - 6 + 4 = 0$$
したがって, $f(x)$ は $(x-1)$ で割り切れる。
$$\therefore (x-1)(x^2 + 2x - 4) = 0$$
これを解いて, $\boldsymbol{x = 1, \ -1 \pm \sqrt{5}}$

(4) $x^4 + 2x^3 - x - 2 \leqq 0$
$$\Leftrightarrow (x-1)(x+2)(x^2 + x + 1) \leqq 0$$
ここで, $x^2 + x + 1 = \left(x + \dfrac{1}{2}\right)^2 + \dfrac{3}{4} > 0$ より,
$$(x-1)(x+2) \leqq 0$$
$$\therefore \boldsymbol{-2 \leqq x \leqq 1}$$

(5) $x^3 + 5x^2 - 13x + 7 > 0 \Leftrightarrow (x-1)^2(x+7) > 0$
$$\therefore \boldsymbol{-7 < x < 1, \ 1 < x}$$

(6) $x^3 + 2x^2 - 2x - 5 < -x^2 + 2x + 7$ より,
$$x^3 + 3x^2 - 4x - 12 < 0$$
$$\Leftrightarrow (x+2)(x-2)(x+3) < 0$$
$$\therefore \boldsymbol{x < -3, \ -2 < x < 2}$$

(7) 両辺 $(x-2)^2$ をかけて,
$$x(x-2)^2 < (x-2)^2 - 2x(x-2) \text{ かつ } x \neq 2$$
$$\Leftrightarrow (x-2)\{x(x-2) - (x-2) + 2x\} < 0 \text{ かつ } x \neq 2$$
$$\Leftrightarrow (x-2)(x^2 - x + 2) < 0 \text{ かつ } x \neq 2$$
$x^2 - x + 2 = \left(x - \dfrac{1}{2}\right)^2 + \dfrac{7}{4} > 0$ より,
$$\boldsymbol{x < 2}$$

(8) 両辺 $(x+1)^2$ をかけて,
$$(x+1)(x^2 - 2x + 7) > x(x+1)^2 \text{ かつ } x \neq -1$$
$$\therefore (x+1)\{x(x+1) - x^2 + 2x - 7\} < 0 \text{ かつ } x \neq -1$$
$$\Leftrightarrow (x+1)(3x - 7) < 0 \text{ かつ } x \neq -1$$
$$\therefore \boldsymbol{-1 < x < \dfrac{7}{3}}$$

(9) 両辺 $(x-2)^2(x+3)^2$ をかけて,
$$(x-2)(x+3)^2 \leqq 2(x-2)^2(x+3) \text{ かつ } x \neq 2, \ x \neq -3$$
$$\Leftrightarrow (x-2)(x+3)\{2(x-2) - (x+3)\} \geqq 0 \text{ かつ } x \neq 2, -3$$
$$\Leftrightarrow (x-2)(x+3)(x-7) \geqq 0 \text{ かつ } x \neq 2, -3$$
$$\therefore \boldsymbol{-3 < x < 2, \ 7 \leqq x}$$

§5 素数・互いに素   #1

【解答】

1

(1) $x = \dfrac{p+1}{2}$, $y = \dfrac{p-1}{2}$

(2)〜(5) 解説参照

(6) g

【解説】

1

(1) 与式より, $(x+y)(x-y) = p$ で, p は素数なので,

$(x+y,\ x-y) = (\pm 1,\ \pm p),\ (\pm p,\ \pm 1)$（複号同順）

ここで, $x,\ y$ は自然数で, $x+y \geq 2$ だから,

$(x+y,\ x-y) = (p,\ 1)$

これを解いて, $\boldsymbol{x = \dfrac{p+1}{2},\ y = \dfrac{p-1}{2}}$

（p は 3 以上の素数なので, 奇数となり $x,\ y$ は確かに自然数）

(2) 「互いに素」を使う場合は, まず両辺を整数の式に直すこと。

題意より, $pb = aq$

$a,\ b$ は互いに素だから,

$p = ak,\ q = bk$（k は整数）

よって, k は $p,\ q$ の公約数となるが, $p,\ q$ は互いに素だから,

$k = 1$

代入して, $p = a,\ b = q$ となり,

$\dfrac{p}{a} = \dfrac{q}{b} = 1$ □

(3) 与式より, $p,\ q$ は互いに素だから,

$x = qk,\ y = pk$（k は整数）

これを代入して, $x+y = qk + pk = (p+q)k$ より, $x+y$ は $p+q$ の倍数。 □

(4) 与式より, $(p-2)x = py$

p は素数だから, $p,\ p-2$ は互いに素。

∴ $x = pk,\ y = (p-2)k$（k は整数）

したがって, k は $x,\ y$ の公約数で, $p,\ p-2$ が互いに素であることに注意すれば,

$x,\ y$ の最大公約数 $= k$

与式の値も,

$\dfrac{x}{p} = \dfrac{y}{p-2} = k$

となるから, 題意は成立する。 □

(5) $x+2y,\ 3x+5y$ の公約数を g とすると,

$x+2y = ga,\ 3x+5y = gb$（$a,\ b$ は整数）

とおける。この 2 式を $x,\ y$ について解くと,

$x = g(-5a + 2b),\ y = g(3a - b)$

g は $x,\ y$ の公約数だが, $x,\ y$ は互いに素なので,

$g = \pm 1$

したがって, $x+2y,\ 3x+5y$ は互いに素。 □

(6) $x,\ y$ の最大公約数が g なので,

$x = gx',\ y = gy'$（$x',\ y'$ は互いに素）

とおける。このとき,

$5x - 6y = g(5x' - 6y'),\ x - y = g(x' - y')$ …①

$M = 5x' - 6y',\ N = x' - y'$ としてこれらが互いに素であることを示す。

$M,\ N$ の公約数を d とすると,

$M = 5x' - 6y' = md,\ N = x' - y' = nd$（$m,\ n$ は整数）

とおけ,

$x' = d(6n - m),\ y' = d(5n - m)$

$x',\ y'$ は互いに素だから $d = \pm 1$ となり, $M,\ N$ は互いに素。

よって, ①より, $5x - 6y,\ x - y$ の最大公約数は $\boldsymbol{g}$

§5 素数・互いに素 #2

―【解答】―

$\boxed{1}$
(1)　$x = 1, p = 2$

(2), (3)　解説参照

(4)　$a = 1, b = 3$

(5), (6)　解説参照

―【解説】―

$\boxed{1}$

(1) 与式より,
$$(x+1)(x^2 - x + 1) = p$$
ここで, p は素数, x は自然数なので, $x+1 \geqq 2$ に注意すると,
$$(x+1,\ x^2 - x + 1) = (p,\ 1)$$
このとき, $x^2 - x + 1 = 1 \Leftrightarrow x = 0,\ 1$
x は自然数より, $\boldsymbol{x = 1}$
これを代入して, $\boldsymbol{p = 2}$（これは確かに素数）

(2) $p,\ q$ は互いに素な整数だから,
$$px = qy \Leftrightarrow \begin{cases} x = qk \\ y = pk \end{cases} \quad (k \text{ は整数})$$
と表される。このとき,
$$qx + py = q(qk) + p(pk) = (p^2 + q^2)k$$
より, $qx + py$ は $p^2 + q^2$ の倍数となる。　□

(3) 与えられた式の分母を払って,
$$(p-1)x = py$$
$p,\ p-1$ は互いに素なので, 整数 k を用いて,
$$x = pk,\ y = (p-1)k$$
と表され, $p,\ p-1$ は互いに素であることに注意すれば,
　k は $x,\ y$ の最大公約数

このとき, 与えられた式の値は,
$$\frac{x}{p} = \frac{y}{p-1} = k$$
となるので題意は示された。　□

(4) 互いに素な2文字で整理する。
$3a^2 + 2ab = b^2$ より,
$$a(3a + 2b) = b^2$$
$a,\ b$ は互いに素なので, $a,\ b^2$ も互いに素となり,
　1 は a の倍数 $\Leftrightarrow a$ は 1 の約数

したがって $a = 1$ となり, これを代入して,
$$2b + 3 = b^2 \Leftrightarrow (b-3)(b+1) = 0$$
b は自然数なので, $b = 3$

∴ $\boldsymbol{a = 1,\ b = 3}$

(5) $xy,\ x^2 + y^2$ の共通素因数を p とすると, xy が p の倍数なので, p が素数であることに注意して, x または y が p の倍数。

x が p の倍数として一般性を失わない。

$x = pk$（k は整数）とおくと,
$$x^2 + y^2 = p^2 k^2 + y^2 \text{ も } p \text{ の倍数}$$
$$\therefore\ y^2 \text{ も } p \text{ の倍数}$$
ここで, p は素数なので, y も p の倍数となる。これは $x,\ y$ が互いに素であることに矛盾。よって, $xy,\ x^2 + y^2$ は互いに素。　□

(6) $5x - 6y,\ x - y$ の公約数を d とすると,
$$5x - 6y = da,\ x - y = db\ (a,\ b \text{ は整数})$$
とおける。これらを $x,\ y$ について解くと,
$$x = d(6b - a),\ y = d(5b - a)$$
$x,\ y$ は互いに素なので, $d = \pm 1$ となり, $5x - 6y,\ x - y$ は互いに素。　□

§6 1次不定方程式

#1

―【解答】―

$\boxed{1}$

(1) $x = 5k - 1,\ y = -2k + 1$ (k は整数)
(2) $x = 5k + 428,\ y = 3k + 214$ (k は整数)
(3) $x = 533k + 60,\ y = 231k + 26$ (k は整数)
(4) $x = 321k + 3927,\ y = 491k + 6006$ (k は整数)
(5) 解なし

$\boxed{2}$

(1) 10 組
(2) 5 組
(3) 0

【解説】

$\boxed{1}$

(1)
$$\begin{array}{r|ccccc} & 2\cdot(-1) & + & 5\cdot 1 & = & 3 \\ & 2x & + & 5y & = & 3 \\ \hline & 2(x+1) & + & 5(y-1) & = & 0 \end{array}$$

$\therefore\ 2(x+1) = -5(y-1)$

2, 5 は互いに素だから,

$x + 1 = 5k,\ -(y-1) = 2k$ (k は整数)

$\therefore\ \boldsymbol{x = 5k - 1,\ y = -2k + 1}$ (k は整数)

(2) $3 \cdot 2 - 5 \cdot 1 = 1$ より,両辺 214 倍して,

$$\begin{array}{r|ccccc} & 3 \cdot 428 & - & 5 \cdot 214 & = & 214 \\ & 3x & - & 5y & = & 214 \\ \hline & 3(x - 428) & - & 5(y - 214) & = & 0 \end{array}$$

$\therefore\ 3(x - 428) = 5(y - 214)$

3, 5 は互いに素だから,

$x - 428 = 5k,\ y - 214 = 3k$ (k は整数)

これを解いて,

$\boldsymbol{x = 5k + 428,\ y = 3k + 214}$ (k は整数)

(3) $231x - 533y = (x,\ y)$ と表すとして,

$231 = (1,\ 0),\ 533 = (0,\ -1)$

$533 = 231 \times 2 + 71$ より,$71 = (-2,\ -1)$
$231 = 71 \times 3 + 18$ より,

$18 = (1,\ 0) - 3(-2,\ -1) = (7,\ 3)$

$71 = 18 \times 3 + 17$ より,

$17 = (-2,\ -1) - 3(7,\ 3) = (-23,\ -10)$

$18 = 17 + 1$ より,

$1 = (7,\ 3) - (-23,\ -10) = (30,\ 13)$

よって,$231 \cdot 30 - 533 \cdot 13 = 1$ だから,両辺 2 倍して,

$$\begin{array}{r|ccccc} & 231x & - & 533y & = & 2 \\ & 231 \cdot 60 & - & 533 \cdot 26 & = & 2 \\ \hline & 231(x - 60) & - & 533(y - 26) & = & 0 \end{array}$$

$231(x - 60) = 533(y - 26)$ で,231, 533 は互いに素だから,

$x - 60 = 533k,\ y - 26 = 231k$ (k は整数)

$\therefore\ \boldsymbol{x = 533k + 60,\ y = 231k + 26}$ (k は整数)

(4) $491x - 321y = (x,\ y)$ と表すとして,

$491 = (1,\ 0),\ 321 = (0,\ -1)$

$491 = 321 + 170$ より,$170 = (1,\ 1)$
$321 = 170 + 151$ より,

$151 = (0,\ -1) - (1,\ 1) = (-1,\ -2)$

$170 = 151 + 19$ より,

$19 = (1,\ 1) - (-1,\ -2) = (2,\ 3)$

$151 = 19 \times 7 + 18$ より,

$18 = (-1,\ -2) - 7(2,\ 3) = (-15,\ -23)$

$19 = 18 + 1$ より,

$1 = (2,\ 3) - (-15,\ -23) = (17,\ 26)$

より,$491 \cdot 17 - 321 \cdot 26 = 1$ だから,両辺 231 倍して,

$$\begin{array}{r|ccccc} & 491x & - & 321y & = & 231 \\ & 491 \cdot 3927 & - & 321 \cdot 6006 & = & 231 \\ \hline & & & & & \end{array}$$

$\therefore\ 491(x - 3927) = 321(y - 6006)$

491, 321 は互いに素だから,

$x - 3927 = 321k,\ y - 6006 = 491k$ (k は整数)

$\boldsymbol{x = 321k + 3927,\ y = 491k + 6006}$ (k は整数)

(5) $2(2x + y) = 3$ で (左辺) = 偶数, (右辺) = 奇数 となるので,不適。よって,**解なし**

$\boxed{2}$

(1) $4 \cdot 1 + 3 \cdot (-1) = 1$ より,両辺 123 倍して,

$$\begin{array}{r|ccccc} & 4x & + & 3y & = & 123 \\ & 4 \cdot 123 & + & 3 \cdot (-123) & = & 123 \\ \hline & 4(x - 123) & + & 3(y + 123) & = & 0 \end{array}$$

4, 3 は互いに素だから,

$x - 123 = 3k,\ y + 123 = -4k$ (k は整数)

$\therefore\ x = 3k + 123,\ y = -4k - 123$ (k は整数)

よって,$x > 0,\ y > 0$ より,

$\begin{cases} 3k + 123 > 0 \\ -4k - 123 > 0 \end{cases} \Leftrightarrow -41 < k < -30.75$

これを満たす k (整数) の個数を求めればよく,

$-40 \leqq k \leqq -31$

となるから,

$-31 - (-40) + 1 = \boldsymbol{10}$ (組)

228 解答篇

(2) $7 \cdot 1 + 5 \cdot (-1) = 2$ より，与式と辺々引くと，
$$7(x-1) = -5(y+1)$$
5, 7 は互いに素だから，
$$x - 1 = 5k,\ y + 1 = -7k\ (k \text{ は整数})$$
$$\therefore\ x = 5k + 1,\ y = -7k - 1\ (k \text{ は整数})$$
よって，$-21 \leqq x \leqq 3$ より，
$$-21 \leqq 5k + 1 \leqq 3 \Leftrightarrow -\frac{22}{5} \leqq k \leqq \frac{2}{5}$$
よって，$k = -4,\ -3,\ -2,\ -1,\ 0$ の **5 組**

(3) $9 \cdot 0 - 2 \cdot (-1) = 2$ より，与式と辺々引いて，
$$9x = 2(y + 1)$$
2, 9 は互いに素だから，
$$x = 2k,\ y = 9k - 1\ (k \text{ は整数})$$
このとき，
$$xy = 2k(9k-1) = 18\left(k - \frac{1}{18}\right)^2 - \frac{1}{18}$$
よって，k は整数だから $k = 0$ のとき最小になり，
最小値：$xy = \mathbf{0}\ (k = 0,\ x = 0,\ y = -1)$

§6　1次不定方程式　#2

【解答】

1

(1)　$x = 7k + 6,\ y = 9k + 7\ (k \text{ は整数})$
(2)　$x = 7k + 219,\ y = -8k - 219\ (k \text{ は整数})$
(3)　$x = 123k + 21,\ y = 721k + 123\ (k \text{ は整数})$
(4)　$x = 213k + 264,\ y = -311k - 384\ (k \text{ は整数})$
(5)　$x = 7k + 4,\ y = -4k\ (k \text{ は整数})$

2

(1)　15 組　　　(2)　9 組　　　(3)　2

【解説】

1

(1)
$$\begin{array}{r|rcrcr}
 & 9x & - & 7y & = & 5 \\
- & 9 \cdot 6 & - & 7 \cdot 7 & = & 5 \\
\hline
 & 9(x-6) & - & 7(y-7) & = & 0
\end{array}$$
$$\therefore\ 9(x-6) = 7(y-7)$$
9, 7 は互いに素だから，
$$x - 6 = 7k,\ y - 7 = 9k\ (k \text{ は整数})$$
$$\therefore\ \boldsymbol{x = 7k + 6,\ y = 9k + 7}\ (k \text{ は整数})$$

(2) $8 \cdot 1 + 7 \cdot (-1) = 1$ より，両辺 219 倍して，
$$\begin{array}{r|rcrcr}
 & 8x & + & 7y & = & 219 \\
- & 8 \cdot 219 & + & 7 \cdot (-219) & = & 219 \\
\hline
 & 8(x-219) & + & 7(y+219) & = & 0
\end{array}$$
$$\therefore\ 8(x - 219) = -7(y + 219)$$
8, 7 は互いに素だから，
$$x - 219 = 7k,\ y + 219 = -8k\ (k \text{ は整数})$$
$$\therefore\ \boldsymbol{x = 7k + 219,\ y = -8k - 219}\ (k \text{ は整数})$$

(3) $721x - 123y = (x,\ y)$ と表すとして，
$$721 = (1,\ 0),\ 123 = (0,\ -1)$$
$721 = 123 \times 5 + 106$ より，$106 = (1,\ 5)$
$123 = 106 + 17$ より，
$$17 = (0,\ -1) - (1,\ 5) = (-1,\ -6)$$
$106 = 17 \times 6 + 4$ より，
$$4 = (1,\ 5) - 6(-1,\ -6) = (7,\ 41)$$
よって，$4 = 721 \cdot 7 - 123 \cdot 41$ だから，両辺 3 倍して，
$$\begin{array}{r|rcrcr}
 & 721x & - & 123y & = & 12 \\
- & 721 \cdot 21 & - & 123 \cdot 123 & = & 12 \\
\hline
 & 721(x-21) & - & 123(y-123) & = & 0
\end{array}$$
$721(x - 21) = 123(y - 123)$ で，721, 123 は互いに素だから，
$$x - 21 = 123k,\ y - 123 = 721k\ (k \text{ は整数})$$
$$\therefore\ \boldsymbol{x = 123k + 21,\ y = 721k + 123}\ (k \text{ は整数})$$

229

(4) $311x + 213y = (x, y)$ と表すとして,
$$311 = (1, 0),\ 213 = (0, 1)$$
$311 = 213 + 98$ より, $98 = (1, -1)$
$213 = 98 \cdot 2 + 17$ より,
$$17 = (0, 1) - 2(1, -1) = (-2, 3)$$
$98 = 17 \cdot 5 + 13$ より,
$$13 = (1, -1) - 5(-2, 3) = (11, -16)$$
よって, $13 = 311 \cdot 11 + 213 \cdot (-16)$ だから, 両辺 24 倍して,

$$
\begin{array}{r|rrrrr}
 & 311x & + & 213y & = & 312 \\
- & 311 \cdot 264 & + & 213 \cdot (-384) & = & 312 \\
\hline
 & 311(x - 264) & + & 213(y + 384) & = & 0
\end{array}
$$

$311(x - 264) = -213(y + 384)$ で, 311, 213 は互いに素だから,
$$\boldsymbol{x = 213k + 264,\ y = -311k - 384}\ (k \text{ は整数})$$

(5) 両辺 3 で割って,

$$
\begin{array}{r|rrrrr}
 & 4x & + & 7y & = & 16 \\
- & 4 \cdot 4 & + & 7 \cdot 0 & = & 16 \\
\hline
 & 4(x - 4) & + & 7y & = & 0
\end{array}
$$

よって, $4(x - 4) = -7y$ で, 4, 7 は互いに素だから,
$$x - 4 = 7k,\ y = -4k\ (k \text{ は整数})$$
$$\therefore\ \boldsymbol{x = 7k + 4,\ y = -4k}\ (k \text{ は整数})$$

$\boxed{2}$

(1) $3 \cdot 2 + 5 \cdot (-1) = 1$ より, 両辺 231 倍して,

$$
\begin{array}{r|rrrrr}
 & 3x & + & 5y & = & 231 \\
- & 3 \cdot 462 & + & 5 \cdot (-231) & = & 231 \\
\hline
 & 3(x - 462) & + & 5(y + 231) & = & 0
\end{array}
$$

3, 5 は互いに素だから,
$$x - 462 = 5k,\ y + 231 = -3k\ (k \text{ は整数})$$
よって, $x > 0$, $y > 0$ より,
$$\begin{cases} 5k + 462 > 0 \\ -3k - 231 > 0 \end{cases} \Leftrightarrow -92.4 < k < -77$$
これを満たす k (整数) の個数を求めればよく,
$$-92 \leqq k \leqq -78$$
となるから,
$$-78 - (-92) + 1 = \boldsymbol{15}\ (\text{組})$$

(2)
$$
\begin{array}{r|rrrrr}
 & 7x & + & 5y & = & 2 \\
- & 7 \cdot 1 & + & 5 \cdot (-1) & = & 2 \\
\hline
 & 7(x - 1) & + & 5(y + 1) & = & 0
\end{array}
$$

$\therefore\ 7(x - 1) = -5(y + 1)$

7, 5 は互いに素だから,
$$x - 1 = 5k,\ y + 1 = -7k\ (k \text{ は整数})$$
$$\therefore\ x = 5k + 1,\ y = -7k - 1\ (k \text{ は整数})$$
$2x + 3y$ に代入して,
$$7 \leqq -11k - 1 \leqq 100$$
$$\Leftrightarrow -\frac{101}{11} \leqq k \leqq -\frac{8}{11}$$
これを満たす k (整数) の個数を求めればよく,
$$-9 \leqq k \leqq -1$$
となるから,
$$-1 - (-9) + 1 = \boldsymbol{9}\ (\text{組})$$

(3)
$$
\begin{array}{r|rrrrr}
 & 2x & - & 5y & = & 7 \\
- & 2 \cdot 1 & - & 5 \cdot (-1) & = & 7 \\
\hline
 & 2(x - 1) & - & 5(y + 1) & = & 0
\end{array}
$$

$\therefore\ 2(x - 1) = 5(y + 1)$

2, 5 は互いに素だから,
$$x - 1 = 5k,\ y + 1 = 2k\ (k \text{ は整数})$$
$$\therefore\ x = 5k + 1,\ y = 2k - 1\ (k \text{ は整数})$$
$x^2 + y^2$ に代入して,
$$x^2 + y^2 = (5k + 1)^2 + (2k - 1)^2$$
$$= 29k^2 + 6k + 2$$
$$= 29\left(k + \frac{3}{29}\right)^2 + \frac{49}{29}$$

k は整数値を動くので, $-\dfrac{3}{29}$ に一番近い $k = 0$ で最小値となり,
$$\text{最小値}: x^2 + y^2 = \boldsymbol{2}\ (k = 0,\ x = 1,\ y = -1)$$

§7 2次関数のグラフ #1

【解答】

1 解説参照

【解説】

1

(1) $y = \dfrac{1}{2}\left(x + \dfrac{4}{3}\right)^2 + \dfrac{1}{2}$ より,頂点が $\left(-\dfrac{4}{3}, \dfrac{1}{2}\right)$ で 2 次係数 $\dfrac{1}{2}$ の放物線なので,

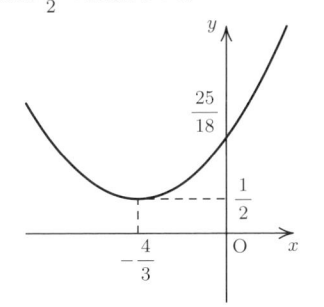

(2) $y = -\dfrac{1}{2}(x - 2)^2 + 1$ より,頂点が $(2, 1)$ で 2 次係数が $-\dfrac{1}{2}$ の放物線なので,

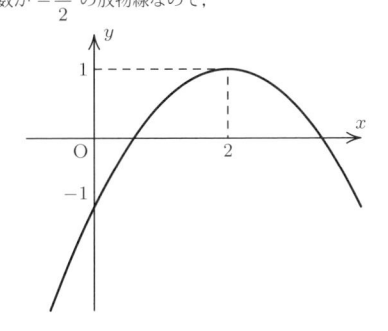

(3) $y = 2(x - 8)(x + 2)$ より,x 切片 $-2, 8$, 2 次係数 2 の放物線だから,

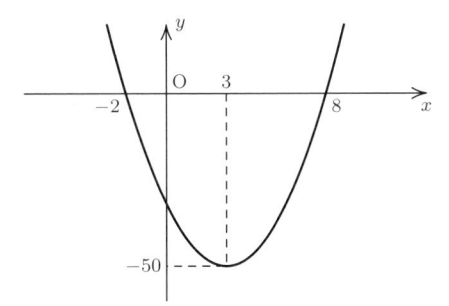

(4) $y = -(2x + 21)(x + 3)$ より,x 切片 $-\dfrac{21}{2}, -3$, 2 次係数 -2 の放物線だから,

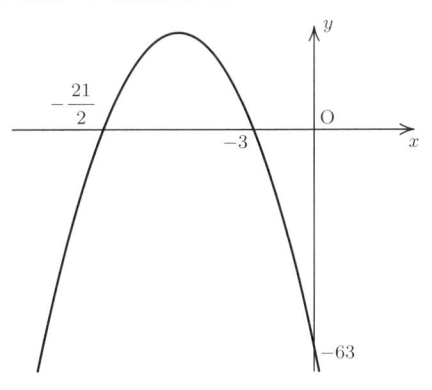

(5) $y = \dfrac{1}{9}(6x + 7)(3x + 1)$ より,x 切片 $-\dfrac{7}{6}, -\dfrac{1}{3}$, 2 次係数 2 の放物線だから,

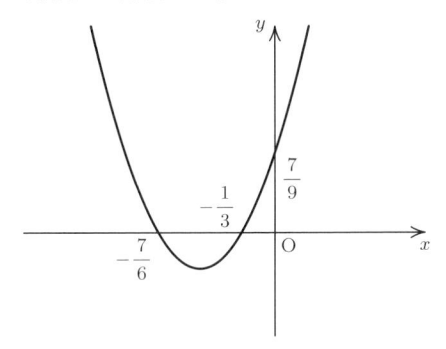

(6) $y = \dfrac{1}{2}(x - 12)(x + 3)$ より,x 切片 $12, -3$, 2 次係数 $\dfrac{1}{2}$ の放物線だから,

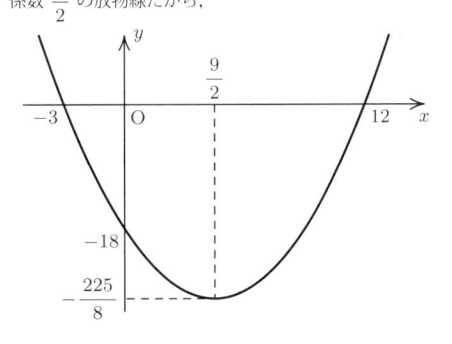

§7　2次関数のグラフ #2

【解答】

1 解説参照

【解説】

1

(1) $y = -\dfrac{1}{2}(x+1)^2 - \dfrac{1}{4}$ より，頂点が $\left(-1, -\dfrac{1}{4}\right)$ で 2 次係数 $-\dfrac{1}{2}$ の放物線なので，

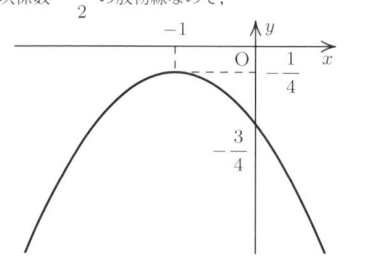

(2) $y = 2(x+1)^2 - 1$ より，頂点は $(-1, -1)$ で 2 次係数が 2 なので，

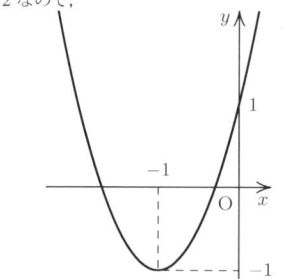

(3) $y = -2\left(x - \dfrac{3}{2}\right)^2 + \dfrac{25}{2}$ より，

頂点が $\left(\dfrac{3}{2}, \dfrac{25}{2}\right)$ で 2 次係数が -2 の放物線なので，

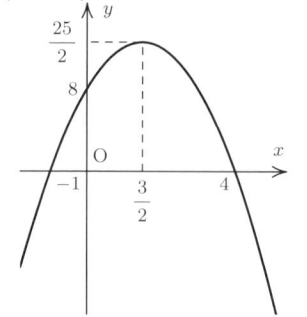

(4) $y = \dfrac{1}{16}(2x-1)(4x-7)$ より，x 切片 $\dfrac{1}{2}$, $\dfrac{7}{4}$, 2 次係数 $\dfrac{1}{2}$ の放物線だから，

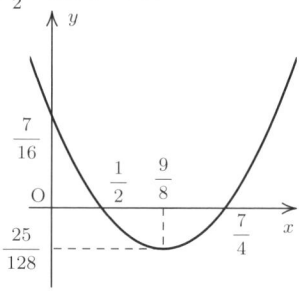

(5) $y = -\dfrac{2}{3}(x+1)(3x+1)$ より，x 切片 -1, $-\dfrac{1}{3}$, 2 次係数 -2 の放物線だから，

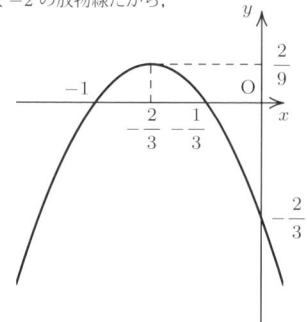

(6) $y = \dfrac{1}{54}(9x+22)(3x-2)$ より，x 切片 $-\dfrac{22}{9}$, $\dfrac{2}{3}$, 2 次係数 $\dfrac{1}{2}$ の放物線なので，

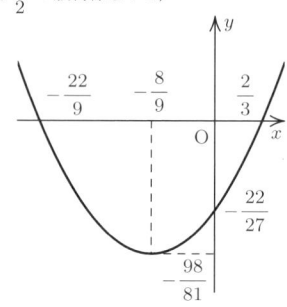

§8 区間つき最大・最小 #1

【解答】

1

(1)

a の範囲	最大値	最小値
$a < -3$	$f(4)$	$f(-2)$
$-3 \leq a < 3$	$f(4)$	$f\left(\dfrac{1}{2}a - \dfrac{1}{2}\right)$
$a = 3$	$f(-2) = f(4)$	$f(1)$
$3 < a \leq 9$	$f(-2)$	$f\left(\dfrac{1}{2}a - \dfrac{1}{2}\right)$
$9 < a$	$f(-2)$	$f(4)$

(2)

a の範囲	最大値	最小値
$a < -\dfrac{5}{2}$	$f(-2)$	$f(3)$
$-\dfrac{5}{2} \leq a < 0$	$f\left(a + \dfrac{1}{2}\right)$	$f(3)$
$a = 0$	$f\left(\dfrac{1}{2}\right)$	$f(-2) = f(3)$
$0 < a \leq \dfrac{5}{2}$	$f\left(a + \dfrac{1}{2}\right)$	$f(-2)$
$\dfrac{5}{2} < a$	$f(3)$	$f(-2)$

(3)

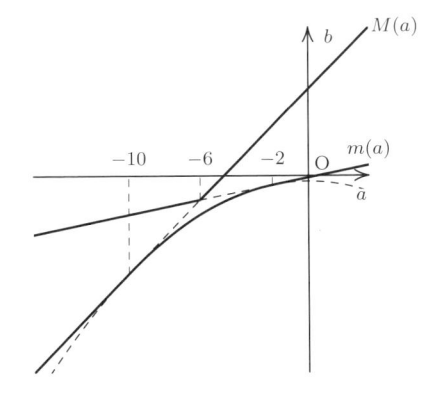

【解説】

1

(1) $f(x)$ の軸位置は $x = \dfrac{1}{2}a - \dfrac{1}{2}$ より，

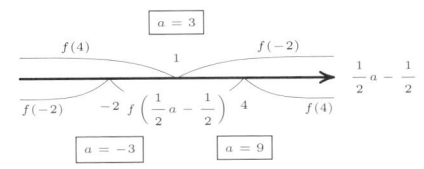

のように場合分けされる。

(2) $f(x)$ の軸位置は $x = a + \dfrac{1}{2}$ より，

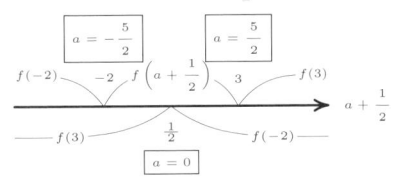

のように場合分けされる。

(3) $f(x)$ の軸位置は $x = \dfrac{1}{2}a$ より，

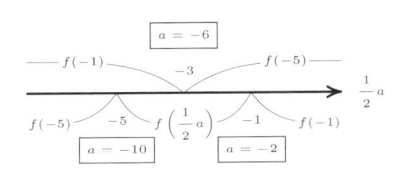

上の場合分けにしたがって，

$$\begin{cases} f(-5) = 10a + 47 \\ f(-1) = 2a - 1 \\ f\left(\dfrac{1}{2}a\right) = -\dfrac{1}{2}a^2 - 3 \end{cases}$$

の図を描けばよい。

§8 区間つき最大・最小 #2

【解答】

1

(1)

a の範囲	最大値	最小値
$a < -\dfrac{21}{2}$	$f(-4)$	$f(1)$
$-\dfrac{21}{2} \leq a < -\dfrac{11}{2}$	$f\left(\dfrac{1}{2}a + \dfrac{5}{4}\right)$	$f(1)$
$a = -\dfrac{11}{2}$	$f\left(-\dfrac{3}{2}\right)$	$f(-4) = f(1)$
$-\dfrac{11}{2} < a \leq -\dfrac{1}{2}$	$f\left(\dfrac{1}{2}a + \dfrac{5}{4}\right)$	$f(-4)$
$-\dfrac{1}{2} < a$	$f(1)$	$f(-4)$

(2)

a の範囲	最大値	最小値
$a < -\dfrac{1}{2}$	$f(3)$	$f(-2)$
$-\dfrac{1}{2} \leq a < 2$	$f(3)$	$f\left(a - \dfrac{3}{2}\right)$
$a = 2$	$f(-2) = f(3)$	$f\left(\dfrac{1}{2}\right)$
$2 < a \leq \dfrac{9}{2}$	$f(-2)$	$f\left(a - \dfrac{3}{2}\right)$
$\dfrac{9}{2} < a$	$f(-2)$	$f(3)$

(3)

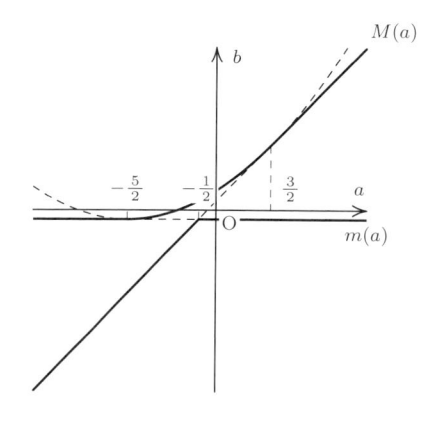

【解説】

1

(1) $f(x)$ の軸位置は $x = \dfrac{1}{2}a + \dfrac{5}{4}$ より,

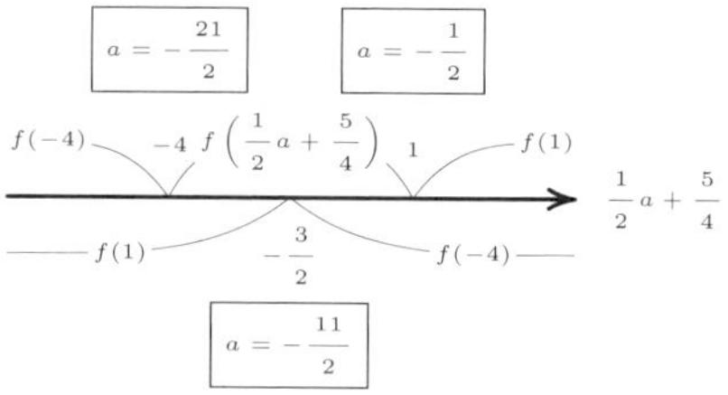

のように場合分けされる。

(2) $f(x)$ の軸位置は $x = a - \dfrac{3}{2}$ より,

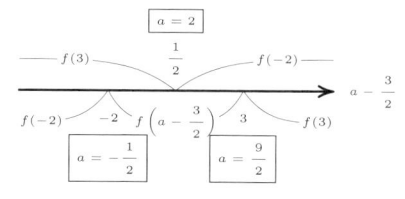

のように場合分けされる。

(3) $f(x)$ の軸位置は $x = a + \dfrac{5}{2}$ より,

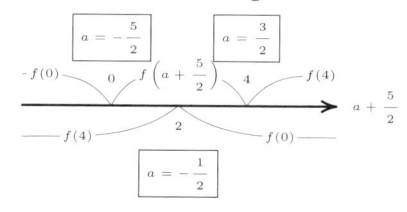

上の場合分けにしたがって,

$$\begin{cases} f(0) = -2 \\ f(4) = 8a + 2 \\ f\left(a + \dfrac{5}{2}\right) = a^2 + 5a + \dfrac{17}{4} \end{cases}$$

の図を描けばよい。

§9 解の配置

【解答】

1
(1) $f(-1) \geqq 0$, $f(1) \geqq 0$, $-1 \leqq$ 軸 $\leqq 1$, $D > 0$
(2) $f(0) < 0$
(3) $f(0) < 0$ または,「$f(0) = 0$, 軸 > 0」または, 「$f(0) > 0$, 軸 > 0, $D \geqq 0$」
(4) $f(-1) > 0$, $f(1) < 0$, $f(2) > 0$
(5) $f(-1) < 0$, $f(2) < 0$

2 $a > 0$

【解説】

1
(1) 右図のようになればよく,
$$\begin{cases} f(-1) \geqq 0, \ f(1) \geqq 0 \\ -1 \leqq 軸 \leqq 1 \\ D > 0 \end{cases}$$

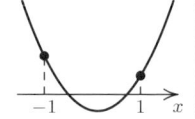

(2) 右のグラフのようになるので,
$$f(0) < 0$$

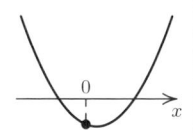

(3) グラフは下図のいずれかのようになればよい。
 (i) $f(0) < 0$ のときは題意を満たす。
 (ii) $f(0) = 0$ のとき:軸 > 0 が条件。
 (iii) $f(0) > 0$ のとき:軸 > 0, $D \geqq 0$ が条件。

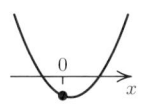

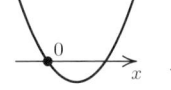

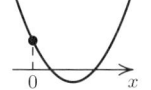

以上より,

$f(0) < 0$ または,「$f(0) = 0$, 軸 > 0」または,
「$f(0) > 0$, 軸 > 0, $D \geqq 0$」

(4) 右のグラフのようになるので,
$f(-1) > 0$, $f(1) < 0$,
$f(2) > 0$

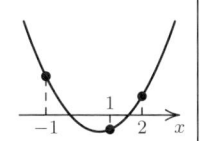

(5) 右のグラフのようになるので,
$f(-1) < 0$, $f(2) < 0$

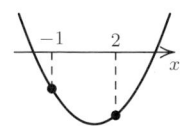

2
見かけの 2 次式は, 2 次係数の符号で場合分け。
$f(x) = 0$ の判別式を D とする。
(i) $a = 0$ のとき:2 実解をもたず不適。
(ii) $a < 0$ のとき:$f(0) > 0$ より下図のようになり, 不適。

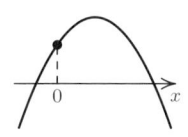

(iii) $a > 0$ のとき:下のグラフのようになるので,

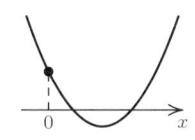

$f(0) > 0$, 軸 > 0, $D > 0$

が条件。

$$\therefore \ 2 > 0, \ \frac{a+1}{a} > 0, \ (a+1)^2 - 2a > 0$$

これらは, $a > 0$ より常に成立する。

以上より, 求める条件は, $\boldsymbol{a > 0}$

§9 解の配置 #2

【解答】

1

(1) $f(-2) \geqq 0, \ f(3) > 0, \ -2 \leqq 軸 < 3, \ D > 0$

(2) $f(-3) < 0, \ f(1) \leqq 0$

(3) $f(1) > 0, \ f(2) < 0, \ f(3) < 0, \ f(5) > 0$

(4) $f(2) \cdot f(3) < 0$

または,

「$f(2) = 0, \ f(3) > 0, \ 2 < 軸 < 3$」

または,

「$f(3) = 0, \ f(2) > 0, \ 2 < 軸 < 3$」

または,

「$f(2) > 0, \ f(3) > 0, \ 2 < 軸 < 3, \ D \geqq 0$」

2

(1) $f(2) > 0$ かつ $j > 2$ かつ $D \geqq 0$

(2) $f(-6) \leqq 0$ かつ $f(3) < 0$

(3) $a \neq 0$ かつ $D = 0$, または $a = 0$ かつ $b \neq 0$

(4) $f(-3) < 0$ かつ $j < -3$ かつ $D \geqq 0$

【解説】

1

(1) 右図のようになればよく,
$$\begin{cases} f(-2) \geqq 0, \ f(3) > 0 \\ -2 \leqq 軸 < 3 \\ D > 0 \end{cases}$$

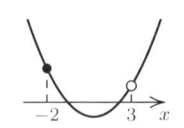

(2) 右のグラフのようになるので,
$$f(-3) < 0, \ f(1) \leqq 0$$

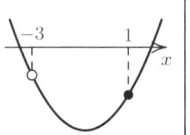

(3) 右のグラフのようになるので,
$$f(1) > 0, \ f(2) < 0,$$
$$f(3) < 0, \ f(5) > 0$$

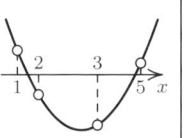

(4) グラフは下図のいずれかのようになればよい。

(i) $f(2) \cdot f(3) < 0$ のときは題意を満たす。

(ii) $f(2) \cdot f(3) = 0$ のとき:
- $f(2) = 0$ のとき, $f(3) > 0, \ 2 < 軸 < 3$
- $f(3) = 0$ のとき, $f(2) > 0, \ 2 < 軸 < 3$

(iii) $f(2) \cdot f(3) > 0$ のとき:
$$f(2) > 0, \ f(3) > 0, \ 2 < 軸 < 3, \ D \geqq 0$$
が条件。

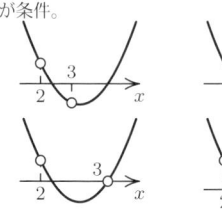

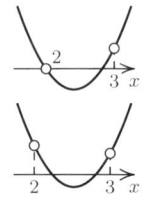

以上より,

$f(2) \cdot f(3) < 0$ または,

「$f(2) = 0, \ f(3) > 0, \ 2 < 軸 < 3$」 または,

「$f(3) = 0, \ f(2) > 0, \ 2 < 軸 < 3$」 または,

「$f(2) > 0, \ f(3) > 0, \ 2 < 軸 < 3, \ D \geqq 0$」

2

(1) 2次係数 > 0 に注意して,グラフは右図のようになればよい。よって,
$$f(2) > 0 \text{ かつ } j > 2 \text{ かつ } D \geqq 0$$

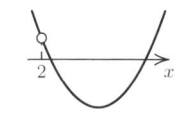

(2) 2次係数 > 0 に注意して,グラフは右図のようになればよい。よって,
$$f(-6) \leqq 0 \text{ かつ } f(3) < 0$$

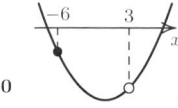

(3) まずは2次係数で場合分け。

(i) $a \neq 0$ のとき:重解をもつことが条件で,
$$D = 0$$

(ii) $a = 0$ のとき:与えられた方程式は1次以下で,
$$bx + c = 0$$
したがって, $b \neq 0$ のときは $x = -\dfrac{c}{b}$ というただ1つの実数解をもつ。

$b = 0$ のときは $c = 0$ となり, x は1つに定まらず不適。

以上より,求める条件は,

$a \neq 0$ かつ $D = 0$, または $a = 0$ かつ $b \neq 0$

(4) 2次係数 < 0 に注意して,右のグラフのようになればよい。よって,
$$\begin{cases} f(-3) < 0 & \text{かつ} \\ j < -3 & \text{かつ} \\ D \geqq 0 \end{cases}$$

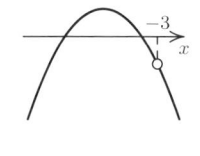

§10 2次関数の接線

#1

【解答】

1
(1) $y=-2x+1,\ y=6x-7$
(2) $y=7x+9,\ y=-x+1$
(3) $y=5x$
(4) $y=2x-\dfrac{9}{8}$
(5) $y=-15x-23$

2 $a=-3,\ 1$

【解説】

1
(1) 差グラフを考える。

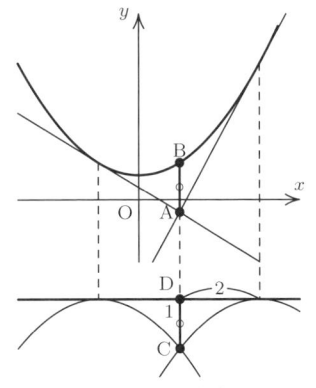

上図から，AB = CD = 4 に注意して，下のグラフで放物線の top 係数は -1 だから，2 接点の x 座標は $x=-1,\ 3$ となる。
したがって，2 接点は $(-1,\ 3)$，$(3,\ 11)$ で，差グラフを考えて，求める 2 接線は，

$$y=-2x+1,\ y=6x-7$$

(2) 差グラフを考える。

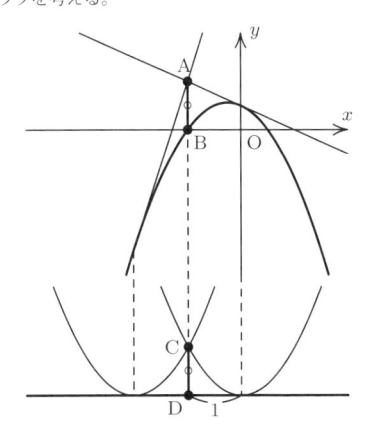

グラフで AB = CD = 2，下のグラフで放物線の top 係数は 2 だから，接点の x 座標は，$x=-2,\ 0$ となる。よって，2 接点は $(-2,\ -5)$，$(0,\ 1)$ となるから，差グラフを考えて，求める 2 接線は，

$$y=7x+9,\ y=-x+1$$

(3) 接点が分かっているので，$x+1$ で平方完成をするつもりで，

$$y=-(x+1)^2+5x$$

したがって，$y=5x$ と元の放物線を連立すれば，これは $x=-1$ で重解をもつ，つまり接することが分かるので，

$$y=5x$$

(4) 求める接線を $y=2x+k$ として，与えられた曲線と連立して，判別式 $=0$ を解く。

$$2x^2-3x+2=2x+k \Leftrightarrow 2x^2-5x+2-k=0$$

判別式 $=25-8(2-k)=0$ を解いて，$k=-\dfrac{9}{8}$ だから，

$$y=2x-\dfrac{9}{8}$$

(5) $y=2(x+3)^2-15x-23$ だから，与えられた放物線と，$y=-15x-23$ を連立すると $x=-3$ で重解をもつ。よって，求める接線は，

$$y=-15x-23$$

2
パラメータ 1 次の直線はパラメータで整理。定点通過を考える。
$y=ax+2a-3=a(x+2)-3$ より，この直線は定点 $(-2,\ -3)$ を通り，傾き a の直線を表す。差グラフを考えると下図。

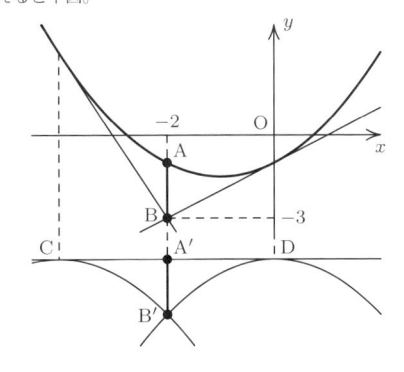

AB = A′B′ = 2 で，下のグラフにおいて放物線の top 係数が $-\dfrac{1}{2}$ だから，A′C = A′D = 2
よって，2 接点は $(0,\ -1)$，$(-4,\ 3)$ で，傾きは，

$$a=-3,\ 1$$

§10　2次関数の接線　#2

――【解答】――

$\boxed{1}$

(1) $y = x + 3$

(2) $y = 2x + \dfrac{5}{4}$

(3) $y = x + \dfrac{3}{4},\ y = 3x - \dfrac{5}{4}$

(4) $y = 7x - 16$

(5) $y = 2x + 1,\ y = -1$

$\boxed{2}$　$a = -10,\ 2$

【解説】

$\boxed{1}$

(1) $y = 2(x-1)^2 + x + 3$ だから，与えられた放物線と $y = x + 3$ を連立すると，$x = 1$ で重解をもつ。よって，求める接線は，

$y = x + 3$

(2) 求める接線を $y = 2x + k$ とおくと，与えられた放物線と連立して，

$-x^2 + 3x + 1 = 2x + k \Leftrightarrow x^2 - x + k - 1 = 0$

この判別式を D とすると，$D = 0$ が条件。

$\therefore\ D = 1 - 4(k-1) = 0 \Leftrightarrow k = \dfrac{5}{4}$

よって，求める接線は，

$y = 2x + \dfrac{5}{4}$

(3) 差グラフで考える。

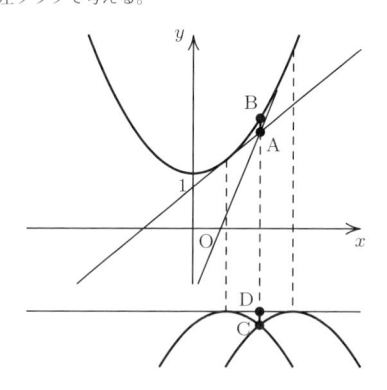

グラフで $\text{AB} = \text{CD} = \dfrac{1}{4}$，下のグラフで放物線の top 係数は -1 だから，接点の x 座標は，$x = \dfrac{1}{2},\ \dfrac{3}{2}$ となる。よって，2 接点は $\left(\dfrac{1}{2},\ \dfrac{5}{4}\right),\ \left(\dfrac{3}{2},\ \dfrac{13}{4}\right)$ となるから，差グラフを考えて，求める 2 接線は，

$y = x + \dfrac{3}{4},\ y = 3x - \dfrac{5}{4}$

(4) $y = 3(x-2)^2 + 7x - 16$ より，与えられた放物線と $y = 7x - 16$ を連立すると，$x = 2$ で重解をもつ。したがって，求める接線は，

$y = 7x - 16$

(5) 差グラフで考える。

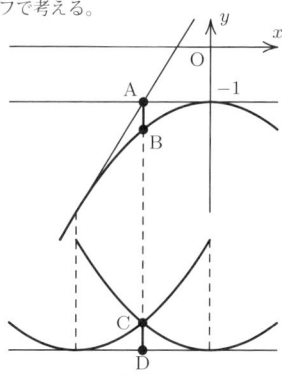

グラフで $\text{AB} = \text{CD} = \dfrac{1}{2}$，下のグラフで放物線の top 係数は $\dfrac{1}{2}$ だから，接点の x 座標は，$x = -2,\ 0$ となる。よって，2 接点は $(-2,\ -3),\ (0,\ -1)$ となるから，差グラフを考えて，求める 2 接線は，

$y = 2x + 1,\ y = -1$

$\boxed{2}$

$y = ax + a - \dfrac{3}{2} = a(x+1) - \dfrac{3}{2}$ より，この直線は，傾き a，点 $\left(-1,\ -\dfrac{3}{2}\right)$ を通る直線。

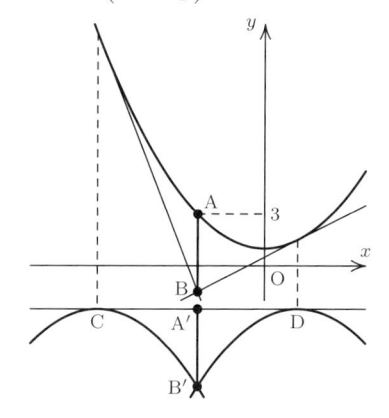

$\text{AB} = \text{A}'\text{B}' = \dfrac{9}{2}$ で，下のグラフにおいて放物線の top 係数が -2 だから，$\text{A}'\text{C} = \text{A}'\text{D} = \dfrac{3}{2}$

よって，2 接点は $\left(-\dfrac{5}{2},\ \dfrac{27}{2}\right),\ \left(\dfrac{1}{2},\ \dfrac{3}{2}\right)$ で，傾きは，

$a = -10,\ 2$

§11 種々の関数とグラフ #1

【解答】

1 解説参照

2
(1) $y = -\dfrac{2x}{x-1}$

(2) $y = (x-2)^2 + 3 \ (x \geqq 2)$

(3) $y = \dfrac{3x+1}{x+2}$

【解説】

1
(1) 分母 = 0 から，縦方向の漸近線：$x = -2$

x の係数比から，横方向の漸近線：$y = 2$

分子 = 0 から，x 切片：$\dfrac{3}{2}$

定数項の比から，y 切片：$-\dfrac{3}{2}$

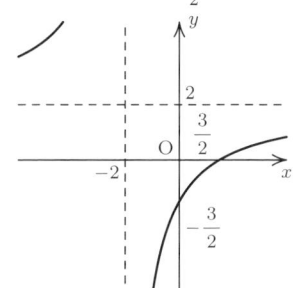

(2) 定義域は，$x \leqq \dfrac{3}{2}$ で，切片がそれぞれ，

$x = 1, \ y = \sqrt{3} - 1$

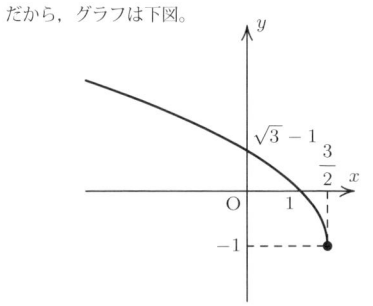

だから，グラフは下図。

(3) 分母 = 0 から，縦方向の漸近線：$x = -1$

x の係数比から，横方向の漸近線：$y = -2$

分子 = 0 から，x 切片：$\dfrac{3}{2}$

定数項の比から，y 切片：3

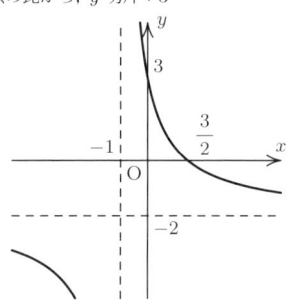

(4) 分母 = 0 から，縦方向の漸近線：$x = 3$

x の係数比から，横方向の漸近線：$y = -2$

切片は，原点を通る。

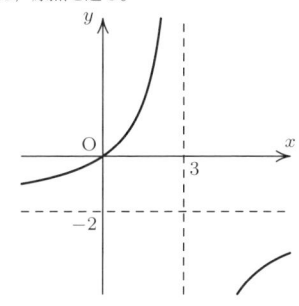

(5) 定義域は $x \geqq -\dfrac{1}{2}$ で，切片がそれぞれ，

$x = \dfrac{3}{2}, \ y = -\dfrac{1}{2}$

に注意してグラフは下図。

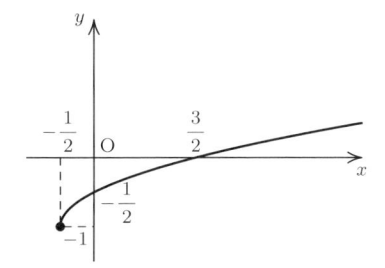

2

(1) 原点を通るので，$(0,0)$ を代入して，$d \neq 0$, $b = 0$
また，漸近線が $x = 1$, $y = -2$ だから，

分母 $= 0$: $-\dfrac{d}{c} = 1$ $(c \neq 0)$

x の係数比 : $\dfrac{a}{c} = -2$

よって，$d = -c$, $a = -2c$ $(c \neq 0)$ を代入して，

$$y = -\dfrac{2x}{x-1}$$

(2) $y = \sqrt{x-3} + 2$ の定義域，値域は，

定義域：$x \geqq 3$，値域：$y \geqq 2$

したがって，x, y を入れ替えて，

$x = \sqrt{y-3} + 2$ $(y \geqq 3, x \geqq 2)$

$x - 2 = \sqrt{y-3}$ より，両辺 0 以上だから 2 乗しても同値で，

$(x-2)^2 = y-3 \Leftrightarrow y = (x-2)^2 + 3$ $(x \geqq 2)$

(3) $y = \dfrac{2x-1}{3-x}$ の定義域，値域は，

定義域：$x \neq 3$，値域：$y \neq -2$

x, y を入れ替えて，

$x = \dfrac{2y-1}{3-y}$ $(y \neq 3, x \neq -2)$

$x(3-y) = 2y-1 \Leftrightarrow (x+2)y = 3x+1$

$x \neq -2$ より，

$$y = \dfrac{3x+1}{x+2}$$

§11　種々の関数とグラフ #2

―【解答】―

1　解説参照

2

(1) $y = x^2 - 2$ $(x \geqq 0)$（グラフは解説参照）

(2) $y = \dfrac{1-x}{x-3}$

(3) $y = \dfrac{5x-1}{x+3}$

【解説】

1

(1) 分母 $= 0$ から，縦方向の漸近線：$x = 1$
　x の係数比から，横方向の漸近線：$y = -1$
　分子 $= 0$ から，x 切片：2
　定数項の比から，y 切片：-2
　よって，グラフは下図のようになる。

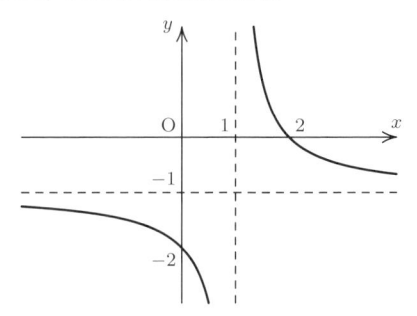

(2) 定義域は，$x \leqq \dfrac{1}{2}$ で，切片がそれぞれ，

$x = -\dfrac{3}{2}$, $y = 1$

だから，グラフは下図。

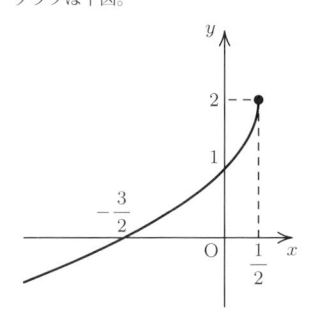

(3) 分母 $= 0$ から，縦方向の漸近線：$x = -\dfrac{4}{3}$

　x の係数比から，横方向の漸近線：$y = \dfrac{2}{3}$

分子 $=0$ から，x 切片：$-\dfrac{3}{2}$

定数項の比から，y 切片：$\dfrac{3}{4}$

よって，グラフは下図のようになる。

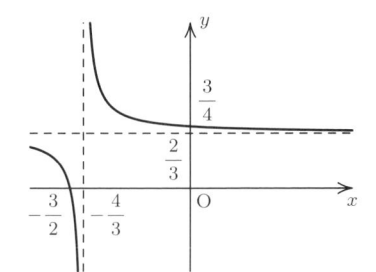

(4) （与式）$\Leftrightarrow y=2\ (x\neq 2)$ より，下図のようになる。
（$x=2$ は未定義であることに注意）

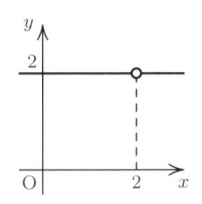

(5) 定義域は，$x\geqq -2$，切片がそれぞれ，
$$x=-\dfrac{7}{4},\ y=2\sqrt{2}-1$$
だから，グラフは下図。

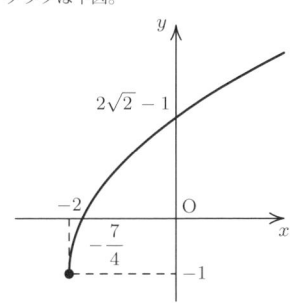

(6) 分母 $=0$ から，縦方向の漸近線：$x=3$
x の係数比から，横方向の漸近線：$y=-2$
分子 $=0$ から，x 切片：$x=-1$
定数項の比から，y 切片：$\dfrac{2}{3}$

よって，定義域に注意して，グラフは次のようになる。

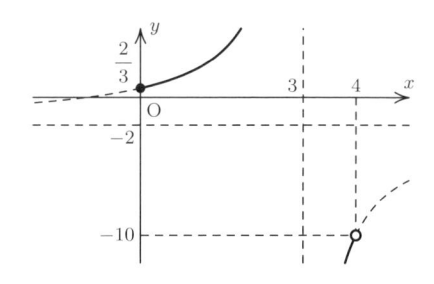

$\boxed{2}$
(1) $y=\sqrt{x+2}$ の値域は，$y\geqq 0$ …①
$y=\sqrt{x+2}$ を x について解くと，
$$y^2=x+2\Leftrightarrow x=y^2-2\ \cdots ②$$
①②の x と y を入れ替えて，逆関数は，
$$y=x^2-2\ (x\geqq 0)$$
これらのグラフは下図のようになる。

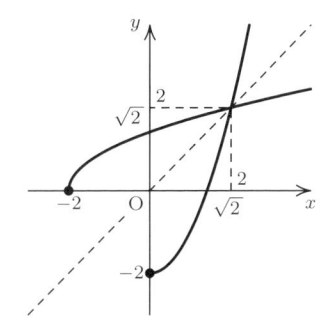

(2) 漸近線 $x=3,\ y=-1$ をもつので，
$$-\dfrac{d}{c}=3,\ \dfrac{a}{c}=-1$$
よって，$d=-3c,\ a=-c\ (c\neq 0)$ を代入して，
$$y=\dfrac{-cx+b}{cx-3c}$$
$(1,\ 0)$ を通るので，$b=c$ だから，
$$y=\dfrac{-cx+c}{cx-3c}=\dfrac{1-x}{x-3}$$

(3) $y=\dfrac{3x+1}{5-x}$ の定義域，値域は，
定義域：$x\neq 5$，値域：$y\neq -3$
$x,\ y$ を入れ替えて，
$$x=\dfrac{3y+1}{5-y}\ (y\neq 5,\ x\neq -3)$$
$$x(5-y)=3y+1\Leftrightarrow (x+3)y=5x-1$$
$x\neq -3$ より，$y=\dfrac{5x-1}{x+3}$

§12 絶対値関数のグラフ #1

【解答】

1

解説参照

【解説】

1

(1) $x \geqq 0$, $y \geqq 0$ において,$x + y = 1$ のグラフは下図。

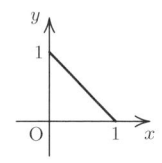

したがって,x を $|x|$,y を $|y|$ にかえるので,求めるグラフは下図。

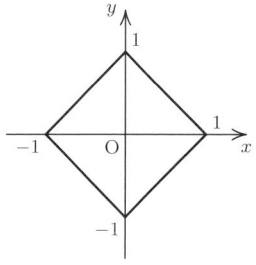

(2) $x \geqq 0$ で,$y = |3 - x|$ のグラフは,$y = 3 - x$ の $y \leqq 0$ の部分を x 軸に関して折り返すので,下図のようになる。

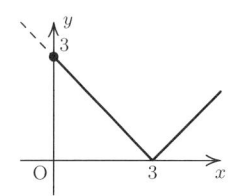

x を $|x|$ にかえると,これが y 軸対称にうつされるので,グラフは下図。

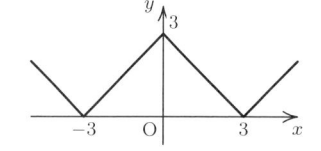

(3) $x \geqq 0$, $y \geqq 0$ において,$y = |2 - x|$ のグラフは,$y = 2 - x$ のグラフの $y \leqq 0$ の部分を x 軸で折り返したものなので,

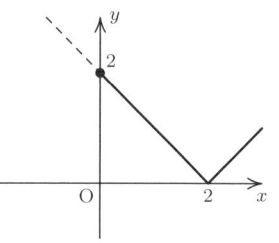

これの x を $|x|$ に,y を $|y|$ にかえるので,グラフを x,y 両軸に関して対称にうつして,下図のようになる。

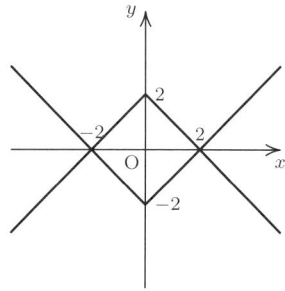

(4) $x \geqq 0$, $y \geqq 0$ において,
$$(x^2 - y^2)(x + y - 1) \geqq 0$$
$$\Leftrightarrow (x - y)(x + y)(x + y - 1) \geqq 0$$

の表す領域は下図網目部(境界含む)。

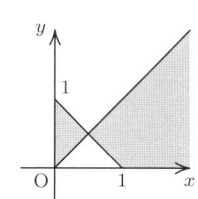

したがって,これを x,y 両軸に対称にうつして,下図斜線部が求める領域(境界含む)。

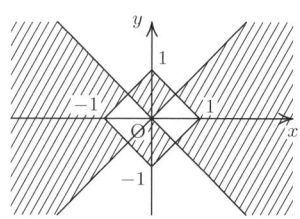

(5) $x \geqq 0$, $y \geqq 0$ において，$|x-y-1| \geqq 1$ は，
$$x - y - 1 \geqq 1 \quad \text{または，} \quad -x + y + 1 \geqq 1$$

したがって，「$y \leqq x - 2$ または $y \geqq x$」より下図網目部（境界含む）。

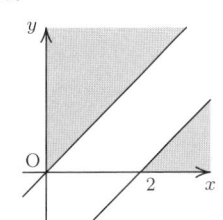

よって，これを x，y 両軸に関して対称にうつして，下図斜線部（境界含む）。

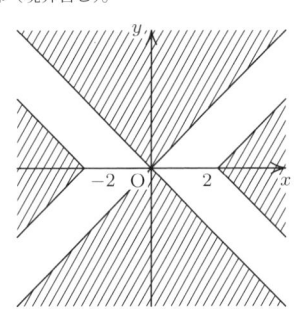

§12 絶対値関数のグラフ #2

【解答】
1 解説参照
2 解説参照

【解説】
1
(1) $y = f(x)$ について，
$$f(x) = -2 + \frac{2}{x-1}$$
だから，グラフは次のようになる。

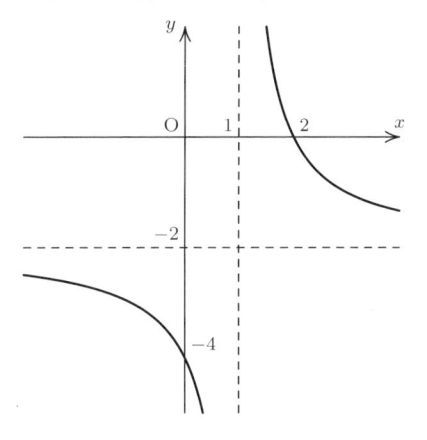

(2) $y = |f(x)|$ のグラフは，$y = f(x)$ の $y \leqq 0$ の部分を x 軸に関して折り返したものだから，次のようになる。

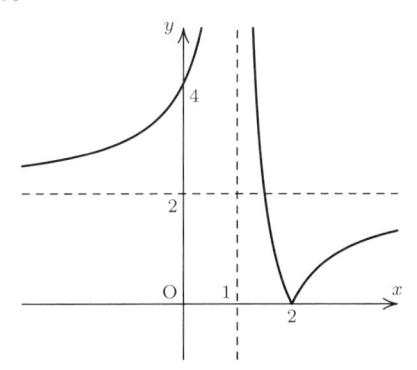

(3) $y = f(|x|)$ のグラフは，$y = f(x)$ の $x \geqq 0$ の部分を y 軸に関して折り返したものだから，次のようになる。

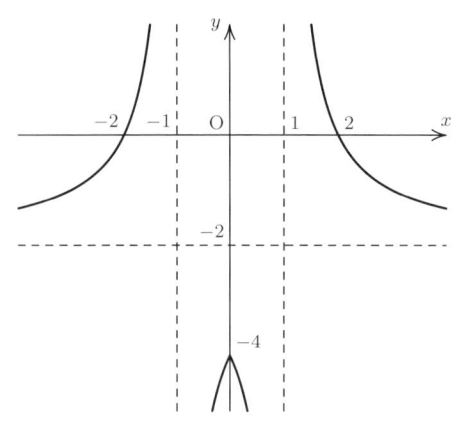

(4) $|y|=f(x)$ のグラフは，$y=f(x)$ の $y\geqq 0$ の部分を x 軸に関して折り返したものだから，次のようになる。

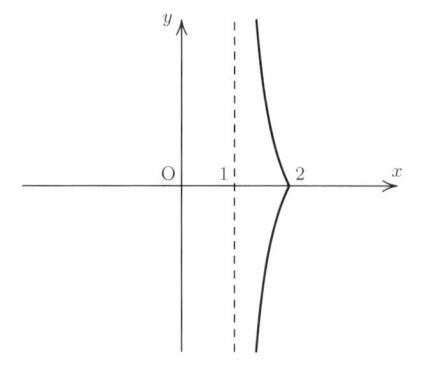

(5) $|y|=|f(x)|$ のグラフは，$y=|f(x)|$ の $y\geqq 0$ の部分を x 軸に関して折り返したものだから，次のようになる（$|y|=|f(x)|\Leftrightarrow y=\pm f(x)$ としても可能）。

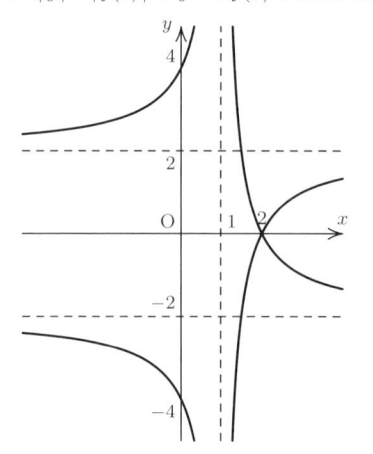

2

(1) 与えられた関数のグラフは，$y=\dfrac{x+1}{x-1}$ のグラフの $x\geqq 0$ の部分を y 軸に関して折り返したもの。

$y=\dfrac{x+1}{x-1}$ について，

漸近線は，$x=1$, $y=1$

切片が，$x=-1$, $y=-1$ なので，$y=\dfrac{|x|+1}{|x|-1}$ のグラフは下図のようになる。

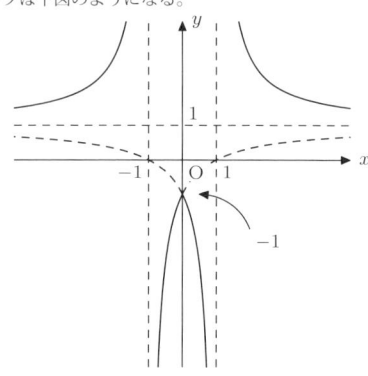

(2) $y=\dfrac{x}{x-1}$ のグラフは，

漸近線：$x=1$, $y=1$

切片：原点を通る

なので，これの $y\leqq 0$ の部分を x 軸で折り返して，グラフは下図のようになる。

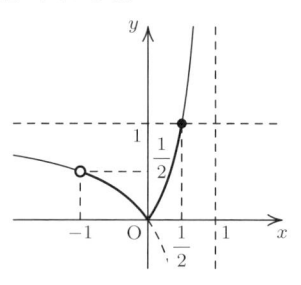

§13 順列・重複順列   #1

──【解答】──

1

(1) 720 通り (2) 540 個
(3) 2880 通り (4) 604800 通り
(5) 1296 通り (6) 243 通り
(7) 122 通り (8) 1440 通り

【解説】

1

(1) 女子 3 人を 1 つのグループとして扱えばよい。
$$_5P_5 \times _3P_3 = 5! \times 3! = \mathbf{720}\,(通り)$$

(2) 両端の数字が偶数であるような 5 つの数の並べ方は，両端の数字の並べ方が，$_4P_2$（通り）
両端以外の数字の並べ方が，残り 5 個から 3 個をならべて，
$$_5P_3\,(通り)$$
したがって，両端の数字が偶数であるような 5 つの数字の並べ方は，
$$_4P_2 \times _5P_3 = 720\,(個)$$
ここから，0 で始まるもの（4 桁のもの）を除けばよい。
左端は 0 なので，右端の数が，3（通り）
それ以外の数字の並べ方が，$_5P_3$（通り）
よって，0 で始まる両端が偶数の 5 桁の数字は，
$$3 \times _5P_3 = 180\,(個)$$
よって，求める整数の個数は，
$$720 - 180 = \mathbf{540}\,(個)$$

(3) 女子 4 人の並べ方は，4!（通り）
また，この女子 4 人を 1 つの固まりとみれば，男子 4 人と女子の並べ替えと考えられて，求める並べ方の総数は，
$$4! \times 5! = \mathbf{2880}\,(通り)$$

(4) まず男子 6 人を並べておいて，両端か，男子の間に女子を 1 人ずつ並べればよい。

↑○↑○↑○↑○↑○↑○↑

$$\therefore\ _6P_6 \times _7P_4 = \mathbf{604800}\,(通り)$$

(5) 6 個から 4 個を選んで並べる重複順列なので，
$$6^4 = \mathbf{1296}\,(通り)$$

(6) 1 人 1 人が，3 つの数から 1 つを選ぶ重複順列。
$$\therefore\ 3^5 = \mathbf{243}\,(通り)$$

(7) 0 人のグループ同士は区別がつかないので，0 人のグループが何個あるかで重複度が変わってくることに注意。
まず，グループ名をつけて考える。その後グループ名の区別をなくせばよい。

(i) 0 人のグループが 2 つのとき：
グループ名を A, B, C とすれば，このような分け方は 6 人をどのグループに入れるかで 3 通り。グループ名の区別をなくせば，1 通りとなる。

(ii) 0 人のグループが 1 つ以下のとき：
グループ名を A, B, C とすれば，このような分け方は，全体から 2 つ 0 人の分け方を除いて，
$$3^6 - 3 = 726\,(通り)$$
グループ名の区別をなくす。例えば下のような分け方に対して，グループ名のつけ方が 6 通りあることに注意すると，

A	B	C
1〜3	4, 5	6
1〜3	6	4, 5
4, 5	1〜3	6
4, 5	6	1〜3
6	1〜3	4, 5
6	4, 5	1〜3

上の 6 通りは，グループ名をなくすと 1 通りとして数えられる。
$$\therefore\ \frac{726}{6} = 121\,(通り)$$
以上より，求める分け方は，
$$1 + 121 = \mathbf{122}\,(通り)$$

(8) 女子 5 人を円形に並べる方法は，
女子 1 人を固定して，4!（通り）
この女子の間 5 ヶ所に男子 3 人を並べればよく，
$$_5P_3\,(通り)$$
以上より，求める並べ方は，
$$\therefore\ 4! \times _5P_3 = \mathbf{1440}\,(通り)$$

§13 順列・重複順列 #2

【解答】

1
- (1) 343 通り
- (2) 14400 通り
- (3) 2304 通り
- (4) 28800 通り
- (5) 51 通り
- (6) 2187 通り
- (7) 3600 通り
- (8) 3600 通り

【解説】

1

(1) 7 種類の数字から重複を許して 3 個を並べる重複順列なので，

$$7^3 = \mathbf{343}\,(通り)$$

(2) まず，両端の男子を並べて，${}_5P_2$ (通り)
残り 6 人を並べて，6! (通り)
よって，題意の並べ方は，

$${}_5P_2 \times 6! = \mathbf{14400}\,(通り)$$

(3) 左から 3 番目が初めての奇数なので，左から 1 番目，2 番目，5 番目は偶数。4 つの偶数から 1, 2, 5 番目を並べて，

$${}_4P_3 \,(通り)$$

また，3 番目の奇数の並べ方が，4 通り。
残り 4 枚を並べて，4! 通りなので，総数は，

$${}_4P_3 \times 4 \times 4! = \mathbf{2304}\,(通り)$$

(4) 「男女男女男女男女男女」と並ぶか「女男女男女男女男女男」で 2 通り。
男子 5 人，女子 5 人をそれぞれ並べて，5! 通りずつ。

$$\therefore\ 2 \times 5! \times 5! = \mathbf{28800}\,(通り)$$

(5) グループ名に区別があるとき，$4^5 = 1024$ 通り。
　(i) 0 人のグループが 3 つのとき：
　　グループ名があるときには 4 通りの分け方があるが，グループ名をなくすと 1 通り。
　(ii) 0 人のグループが 2 つのとき：
　　0 人のグループ 2 つを選んで，${}_4C_2$ 通り。
　　5 人を残り 2 グループに分けて，$2^5 - 2$ 通り。

$$\therefore\ {}_4C_2(2^5-2)\,(通り)$$

ここからグループ名をなくせばよい。グループ名を A, B, C, D として，次のようなグループ分けを考えてみる。

A	B	C	D
1〜3	4, 5	0	0
4, 5	1〜3	0	0
1〜3	0	4, 5	0
4, 5	0	1〜3	0
1〜3	0	0	4, 5
4, 5	0	0	1〜3
0	1〜3	4, 5	0
0	4, 5	1〜3	0
0	1〜3	0	4, 5
0	4, 5	0	1〜3
0	0	1〜3	4, 5
0	0	4, 5	1〜3

上の 12 通りは，グループ名をなくせばすべて 1 通りと数えられる。したがって，

$$\frac{{}_4C_2(2^5-2)}{12} = 15\,(通り)$$

　(iii) 0 人のグループが 1 つ以下のとき：
　　グループ名がある状態では，

$$4^5 - 4 - {}_4C_2(2^5-2) = 840\,(通り)$$

グループ名をなくすと，上と同様に考えると，4! = 24 通りの重複があるので，

$$\frac{4^5 - 4 - {}_4C_2(2^5-2)}{4!} = 35\,(通り)$$

以上より，求める分け方は，

$$1 + 15 + 35 = \mathbf{51}\,(通り)$$

(6) 3 人の候補者を 7 人の投票者分だけ，重複を許して並べる重複順列。

$$\therefore\ 3^7 = \mathbf{2187}\,(通り)$$

(7) まず特定の女子以外の 6 人を並べて，6! (通り)

$$\bigcirc \uparrow \bigcirc \uparrow \bigcirc \uparrow \bigcirc \uparrow \bigcirc \uparrow \bigcirc$$

既に並んでいる 6 人の両端を除く間 5 ヶ所に特定の女子を入れればよく，5 通り。

$$\therefore\ 6! \times 5 = \mathbf{3600}\,(通り)$$

(8) 特定の男女以外の 6 人を円形に並べる方法は，

$$5! = 120\,(通り)$$

既に並んでいる 6 人の間 6 ヶ所に，特定の男女 2 人を並べればよく，

$${}_6P_2 = 30\,(通り)$$

以上より，求める並べ方は，

$$120 \times 30 = \mathbf{3600}\,(通り)$$

§14 組合せ #1

【解答】

1
(1) 7920 通り　　(2) 364 通り
(3) 14 通り　　(4) 1680 通り
(5) 907200 通り　　(6) 34650 通り
(7) 120 通り

2
(1) 210 通り　　(2) 80 通り

【解説】

1
(1) 男子 12 人から 2 人，女子 16 人から 2 人をそれぞれ選んで，
$$_{12}C_2 \times {}_{16}C_2 = 66 \times 120 = \mathbf{7920}\,(通り)$$

(2) 特定の 2 人を除いた 14 人から，残りの 11 人を選べばよい．
$$\therefore \ {}_{14}C_{11} = {}_{14}C_3 = \mathbf{364}\,(通り)$$

(3) 特定の 2 人を除いた 14 人から，13 人を選べばよい．
$$\therefore \ {}_{14}C_{13} = {}_{14}C_1 = \mathbf{14}\,(通り)$$

(4) 8 つの場所から，d の入る場所が，${}_8C_1$
残り 7 個から，c の入る場所が，${}_7C_2$
残り 5 個から，b の入る場所が，${}_5C_2$
最後に a を入れればよく，
$$_8C_1 \times {}_7C_2 \times {}_5C_2 = \mathbf{1680}\,(通り)$$

(5) ⓣ E ⓣ SURYOKU の 10 文字を 1 列に並べるので，
10 文字から，E, S, R, Y, O, K の並べ方が，${}_{10}P_6$
残り 4 個の場所から，T の入る場所が，${}_4C_2$
$$\therefore \ {}_{10}P_6 \times {}_4C_2 = \mathbf{907200}\,(通り)$$

(6) M ⓣ SS ⓣ SS ⓣ PP ⓣ の 11 文字を並べるので，
(4)と同様に考えれば，
$$_{11}C_1 \times {}_{10}C_2 \times {}_8C_4 = \mathbf{34650}\,(通り)$$

(7) 4 人の子供のもらうみかんの個数を x, y, z, w とすると，
$$x + y + z + w = 7 \ (x, y, z, w \geqq 0)$$
よって，○ 7 個と | 3 個を並び替えればよく，
$$_{10}C_3 = \mathbf{120}\,(通り)$$

2
(1) ↑ 4 個と，→ 6 個の並び替えに対して，道順が 1 つ対応する．
$$\therefore \ {}_{10}C_4 = \mathbf{210}\,(通り)$$

(2) A→C の道順は，図より，
　　↑ 3 個と，→ 3 個の並び替え．　∴ ${}_6C_3$
また，C→B の道順は，図より，
　　↑ 1 個と，→ 3 個の並び替え．　∴ ${}_4C_1$
したがって，求める場合の数は，
$$_6C_3 \times {}_4C_1 = \mathbf{80}\,(通り)$$

§14 組合せ   #2

【解答】

1
(1) 32319 通り
(2) 15 通り
(3) 36 通り
(4) 36 個
(5) 20 個
(6) 495 通り
(7) 2220 通り

2
(1) 2905 通り
(2) 3148 通り

【解説】

1

(1) 特定の 2 人を選ばないものを除けばよい。よって，
$${}_{23}\mathrm{C}_{18} - {}_{21}\mathrm{C}_{18} = 33649 - 1330 = \mathbf{32319}\,(通り)$$

(2) 3 個のサイコロの目を a, b, c とすれば，
$$a+b+c = 7,\ 1 \leqq a,\ b,\ c \leqq 6$$
$a+b+c = 7$ で，$a \sim c$ のいずれかが 6 を超えることはないので，
$$a+b+c = 7,\ a \geqq 1,\ b \geqq 1,\ c \geqq 1$$
を満たす整数 (a, b, c) の組の数に等しい。よって，○ 7 個の間 6 ヶ所（両端を除く）に│を 2 個並べる方法を考えればよく，
$${}_6\mathrm{C}_2 = \mathbf{15}\,(通り)$$

(3) 3 人の得票数を a, b, c とすると，
$$a+b+c = 7,\ a \geqq 0,\ b \geqq 0,\ c \geqq 0$$
を満たす整数 (a, b, c) の組の数を考えればよい。よって，○ 7 個と│2 個の並べ替えを考えて，
$${}_9\mathrm{C}_2 = \mathbf{36}\,(通り)$$

(4) 2 本の直線を選べば，交点は 1 つに定まるので，
$${}_9\mathrm{C}_2 = \mathbf{36}\,(個)$$

(5) 3 頂点を選べば，三角形は定まる。よって，
$${}_6\mathrm{C}_3 = \mathbf{20}\,(個)$$

(6) $C = c-1,\ D = d-1$ とすれば，
$$1 \leqq a \leqq b \leqq C \leqq D \leqq 9$$
よって，1～9 から重複を許して 4 つ選べば大小関係から a, b, C, D，つまり a, b, c, d は，ただ 1 組に決まる。
$$\therefore\ {}_9\mathrm{H}_4 = {}_{12}\mathrm{C}_4 = \mathbf{495}\,(通り)$$

[注意] ${}_9\mathrm{H}_4$ を用いないのであれば，重複組合せは○と│に読み替えることになる。
このときは，「○ 4 個と│8 個の並び替え」と読み替えればよい。

(7) e, n, t が隣り合う並べ方の集合をそれぞれ A, B, C とすると，求める並べ方は，
$$n(\overline{A} \cap \overline{B} \cap \overline{C})$$

$n(A),\ n(B)$ や $n(C)$ の方が数えやすいため，internet の並べ替え方全体の集合を U とすると，
$$n(\overline{A} \cap \overline{B} \cap \overline{C}) = n(\overline{A \cup B \cup C})$$
$$= n(U) - n(A \cup B \cup C)$$
$$= n(U) - \{n(A) + n(B) + n(C) - n(A \cap B)$$
$$- n(B \cap C) - n(C \cap A) + n(A \cap B \cap C)\}$$

ここで，$n(A)$ について，e が隣り合う並べ方なので，2 つの e をまとめて考えればよい。よって，7 文字の中で，n, t 以外の 3 文字を並べ，
$${}_7\mathrm{P}_3 = 210\,(通り)$$
残り 4 ヶ所から n を入れる 2 ヶ所を選んで，
$${}_4\mathrm{C}_2 = 6\,(通り)$$
$$\therefore\ n(A) = 210 \times 6 = 1260\,(通り)$$

$n(B),\ n(C)$ も同様に 2 個まとめて考えて，それぞれ，
$$n(B) = n(C) = 1260\,(通り)$$

$n(A \cap B)$ について，2 個の e と 2 個の n をそれぞれ 1 つにまとめて考えればよく，6 文字から 2 個の t 以外の 4 ヶ所を並べればよい。
$$\therefore\ {}_6\mathrm{P}_4 = 360\,(通り)$$

$n(B \cap C),\ n(C \cap A)$ も同様にして，360（通り）
$n(A \cap B \cap C)$ について，e, n, t をそれぞれ 1 つにまとめて考えればよい。したがって，5 文字を並べればよく，
$$5! = 120\,(通り)$$
また，$n(U) = {}_8\mathrm{C}_2 \cdot {}_6\mathrm{C}_2 \cdot {}_4\mathrm{C}_2 \cdot 2! = 5040\,(通り)$
以上より，求める場合の数は，
$$5040 - (1260 \times 3 - 360 \times 3 + 120) = \mathbf{2220}\,(通り)$$

2

(1) A から B への最短経路の数は，↑が 6 個と，→ が 9 個の並び替えで，
$${}_{15}\mathrm{C}_6 = 5005\,(通り)$$
このうち C を通るものは，
A から C が ${}_5\mathrm{C}_2 = 10\,(通り)$
C から B が ${}_{10}\mathrm{C}_4 = 210\,(通り)$
よって，求める経路の数は，
$$5005 - 10 \times 210 = \mathbf{2905}\,(通り)$$

(2) C を通る経路の数は，(1)から 2100（通り）
D を通る経路の数は，${}_{11}\mathrm{C}_5 \times {}_4\mathrm{C}_1 = 1848\,(通り)$
C, D を両方通る経路の数は，
$${}_5\mathrm{C}_2 \times {}_6\mathrm{C}_3 \times {}_4\mathrm{C}_1 = 800\,(通り)$$
$$\therefore\ 2100 + 1848 - 800 = \mathbf{3148}\,(通り)$$

§15 確率計算(1)

【解答】

1
(1) $\dfrac{1}{4}$
(2) $\dfrac{7}{72}$
(3) $\dfrac{28}{65}$
(4) $\dfrac{5}{38}$
(5) $\dfrac{91}{216}$
(6) $\dfrac{47}{442}$
(7) $\dfrac{28}{165}$

【解説】

1

(1) 分母は，$2^4 = 16$ 通り。
　そのうち，表 3 枚が出るのは，$_4\mathrm{C}_3 = 4$ 通り。
　よって，$\dfrac{_4\mathrm{C}_3}{2^4} = \dfrac{1}{4}$

[別解] 反復試行なので，$_4\mathrm{C}_3 \left(\dfrac{1}{2}\right) \cdot \left(\dfrac{1}{2}\right)^3$ と計算しても OK。

(2) 分母は，$6^3 = 216$ 通り。
　そのうち，A, B, C の 3 つのサイコロの目の和が 8 となるのは，
$$A + B + C = 8\ (\text{このとき } A, B, C \text{ は 6 以下})$$
で，$A \geqq 1$, $B \geqq 1$, $C \geqq 1$ となる。
　$\therefore\ _7\mathrm{C}_2 = 21$ 通り
　よって，$\dfrac{_7\mathrm{C}_2}{6^3} = \dfrac{7}{72}$

(3) 分母は，$_{15}\mathrm{C}_3 = 455$ 通り。
　そのうち，赤 2 個，白 1 個を取り出すのは，
$$_8\mathrm{C}_2 \times _7\mathrm{C}_1 = 28 \times 7$$
　よって，$\dfrac{_8\mathrm{C}_2 \times _7\mathrm{C}_1}{_{15}\mathrm{C}_3} = \dfrac{28}{65}$

(4) 分母は，$_{20}\mathrm{C}_3 = 1140$ 通り。
　そのうち，当たり 2 本，はずれ 1 本を引くのは，
$$_5\mathrm{C}_2 \times _{15}\mathrm{C}_1 = 150 \text{ 通り}$$
　よって，$\dfrac{_5\mathrm{C}_2 \times _{15}\mathrm{C}_1}{_{20}\mathrm{C}_3} = \dfrac{5}{38}$

[別解] 当然，20 本すべての順列とみてもよい。その場合は，
$$\dfrac{\overbrace{_3\mathrm{C}_2}^{\text{初め 3 回}} \times \overbrace{_{17}\mathrm{C}_3}^{\text{残り}}}{_{20}\mathrm{C}_5}$$
と計算すればよい。

(5) 「1 の目が少なくとも 1 つ出る」
　　　＝「2～6 の目がすべて出る」わけではない。
　だから，$1 - \left(\dfrac{5}{6}\right)^3 = 1 - \dfrac{125}{216} = \dfrac{91}{216}$

(6) 2 枚ともハートとなる事象を A，2 枚とも絵札となる事象を B とすると，
$$\begin{aligned}P(A \cup B) &= P(A) + P(B) - P(A \cap B) \\ &= \dfrac{_{13}\mathrm{C}_2 + _{12}\mathrm{C}_2 - _3\mathrm{C}_2}{_{52}\mathrm{C}_2} \\ &= \dfrac{78 + 66 - 3}{1326} = \dfrac{47}{442}\end{aligned}$$

(7) すべての球を区別して考えると，
$$\dfrac{8}{12} \times \dfrac{4}{11} \times \dfrac{7}{10} = \dfrac{28}{165}$$

[参考]　[排反と独立]
事象 A, B について，この 2 つの事象が**排反である**(disjoint) とは，
$$\boldsymbol{A \cap B = \phi}\ \text{つまり，} A \text{かつ} B \text{が起こり得ない}$$
場合を指す。なので，互いに交わりなく場合分けをした場合などは，排反で，
$$P(A \cup B) = P(A) + P(B)\ (\text{和の法則})$$
と計算できることに注意すること。
また，2 つの事象が**独立である**(independent) とは，積の法則が成り立つことで，
$$P(A \cap B) = P(A) \cdot P(B)$$
が成立することを指す。この A, B が独立かどうかというのは，感覚とは大きくずれてくるため，安易に積の法則を用いてしまわないこと。反復試行のように普段からよく用いるもの以外は，独立かどうかはそう自明ではないことに注意。

§15 確率計算(1)　　　　#2

【解答】

1
(1) ① $\dfrac{1}{8}$　② $\dfrac{1}{24}$　(2) $\dfrac{1}{7}$

(3) $\dfrac{2}{9}$　(4) $\dfrac{1}{126}$

(5) $\dfrac{n \cdot 5^{n-1}}{6^n}$　(6) $\dfrac{1}{5}$

(7) $\dfrac{4}{105}$

(8) $\dfrac{n(n-1)(n-2)}{2^{n+4}}$

【解説】

1

(1) 3つのサイコロすべての目の出方は 6^3 通りで，これらは同様に確からしい。

① すべてのサイコロの目が奇数であればよい。求める確率は，
$$\left(\dfrac{3}{6}\right)^3 = \dfrac{1}{8}$$

② サイコロの目の積が $72 (= 2^3 \times 3^2)$ となるような目の組合せは，$(2, 6, 6)$，$(3, 4, 6)$ のいずれかである。$(2, 6, 6)$ については，大・中・小どのサイコロで 2 の目が出るかで 3 通り。$(3, 4, 6)$ については，順列を考えて $3!$ 通り。よって求める確率は，
$$\dfrac{3 + 3!}{6^3} = \dfrac{1}{24}$$

(2) 7 本のくじをすべて区別し，1 列に並べる。4 人目と 6 人目がはずれるのは 4 番目，6 番目にはずれを並べればよく，求める確率は，
$$\dfrac{_3\mathrm{P}_2 \times 5!}{7!} = \dfrac{1}{7}$$

(3) 9 個の球をすべて区別して考えれば，並べ方は $9!$ 通りで，同様に確からしい。
白球 2 個をまとめて考えればよく，白球 2 個の並び替えは $2!$ 通りであることに注意して，
$$\dfrac{8! \times 2!}{9!} = \dfrac{2}{9}$$

(4) 9 個の球をすべて区別して考えれば，並べ方は $9!$ 通りで，同様に確からしい。
赤球 5 個を並べ，その間 4 ヶ所に残り 4 つを 1 つずつ入れなければならない。したがって，
$$\dfrac{5! \times 4!}{9!} = \dfrac{1}{126}$$

(5) サイコロを n 回ふって出る目の出方は 6^n 通りあり，これらは同様に確からしい。

5 が 1 回出る事象を B とすると，5 以外が $n - 1$ 回出ればよく，5 が何回目に出るかも考慮して，求める確率は，
$$P(B) = \dfrac{_n\mathrm{C}_1 \cdot 1 \cdot 5^{n-1}}{6^n} = \dfrac{n \cdot 5^{n-1}}{6^n}$$

(6) 当たり，はずれ同士もすべて区別して考えると，全体のくじの引き方は $10!$ 通りで，これらは同様に確からしい。

当たり 4 本を 3 本，1 本に分けて並べる方法が，
$$_4\mathrm{P}_3 \text{ (通り)}$$

先にはずれ 6 本を並べて，それらの間に当たり 3 本，1 本を入れればよく，求める確率は，
$$\dfrac{6! \cdot _7\mathrm{P}_2 \cdot _4\mathrm{P}_3}{10!} = \dfrac{1}{5}$$

(7) 当たり，はずれ同士もすべて区別して考えると，全体のくじの引き方は $10!$ 通りで，これらは同様に確からしい。

4～7 人目で 1 人当たりを引くので，その人の選び方が $_4\mathrm{C}_1$ 通り。
また，3 人目，8 人目とあわせて，どの当たりを引くかで，$_4\mathrm{P}_3$ 通り。
3 人目，8 人目，4～7 人目で当たりを引く人以外ははずれなので，これら 5 人分の引き方が，$_6\mathrm{P}_5$ 通り。
他は特に制限がないので求める確率は，
$$\dfrac{_4\mathrm{C}_1 \cdot _4\mathrm{P}_3 \cdot _6\mathrm{P}_5 \cdot 2!}{10!} = \dfrac{4}{105}$$

(8) 1 回の試行で，起こり得る状況は，(表・表)，(裏・裏)，(表・裏) で，それぞれ確率 $\dfrac{1}{4}$，$\dfrac{1}{4}$，$\dfrac{1}{2}$ で起こる。

n 回中，1 回が (表・表)，2 回が (裏・裏)，$n - 3$ 回が (表・裏) なので，この確率は，
$$_n\mathrm{C}_1 \cdot _{n-1}\mathrm{C}_2 \cdot \dfrac{1}{4} \cdot \left(\dfrac{1}{4}\right)^2 \cdot \left(\dfrac{1}{2}\right)^{n-3}$$
$$= \dfrac{n(n-1)(n-2)}{2^{n+4}}$$

§16 確率計算(2) #1

【解答】

1
(1) $\dfrac{1}{2}$
(2) $\dfrac{4}{19}$
(3) $\dfrac{6}{13}$
(4) $\dfrac{135}{1024}$
(5) $\dfrac{875}{4}$ 円
(6) 2 個

【解説】

1

(1) 集合を用いて表すと，下図より，

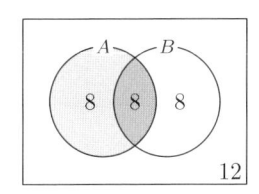

$$P_A(B) = \frac{P(A \cap B)}{P(A)} = \boldsymbol{\frac{1}{2}}$$

(2) B が当たる確率は $\dfrac{5}{20}$ で，A, B ともに当たる確率は，$\dfrac{5}{20} \times \dfrac{4}{19}$ だから，

$$\therefore \frac{5}{20} \times \frac{4}{19} \div \frac{5}{20} = \boldsymbol{\frac{4}{19}}$$

[別解] A が当たったとき B も当たる確率に等しいので，$\dfrac{4}{19}$ と考えても OK。

(3) 3 回目が赤球となる確率は $\dfrac{8}{14}$

このうち，1, 2 回目が同色となるのは，（白白赤）または（赤赤赤）のときだから，

$$\left(\frac{6}{14} \times \frac{5}{13} \times \frac{8}{12} + \frac{8}{14} \times \frac{7}{13} \times \frac{6}{12}\right) \div \frac{8}{14}$$

$$= \frac{6}{13} \times \frac{5}{12} + \frac{7}{13} \times \frac{6}{12} = \boldsymbol{\frac{6}{13}}$$

[別解] 1 回目が赤球のとき，2, 3 回目が同色となる確率に等しい。

$$\therefore \frac{7}{13} \times \frac{6}{12} + \frac{6}{13} \times \frac{5}{12} = \frac{6}{13}$$

(4) 1 回の実験で成功する確率は $\dfrac{3}{4}$ だから，

$$_6C_3 \left(\frac{3}{4}\right)^3 \cdot \left(1 - \frac{3}{4}\right)^3 = \frac{20 \times 27}{4096}$$

$$= \boldsymbol{\frac{135}{1024}}$$

(5) もらえる金額を X 円とすると，

X	-1000	100	200	300	400	500
$P(X)$	$\dfrac{1}{2^5}$	$\dfrac{{}_5C_1}{2^5}$	$\dfrac{{}_5C_2}{2^5}$	$\dfrac{{}_5C_3}{2^5}$	$\dfrac{{}_5C_4}{2^5}$	$\dfrac{{}_5C_5}{2^5}$

より，

$$E(X) = \frac{100}{2^5}\{-10 + 5 + 2 \cdot 10 + 3 \cdot 10 + 4 \cdot 5 + 5\}$$

$$= \frac{100}{32} \times 70 = \boldsymbol{\frac{875}{4}} \text{ (円)}$$

(6) 赤球の個数を X 個とすると，

X	0	1	2	3
$P(X)$	$\dfrac{{}_4C_3}{{}_{12}C_3}$	$\dfrac{{}_4C_2 \times {}_8C_1}{{}_{12}C_3}$	$\dfrac{{}_4C_1 \times {}_8C_2}{{}_{12}C_3}$	$\dfrac{{}_8C_3}{{}_{12}C_3}$

より，

$$\therefore E(X) = \frac{1}{220}(6 \times 8 + 2 \times 4 \times 28 + 3 \times 56)$$

$$= \frac{440}{220} = \boldsymbol{2} \text{ (個)}$$

§16 確率計算(2) #2

【解答】

1

(1) $\dfrac{461}{462}$

(2) $\dfrac{205}{1296}$

(3) $\dfrac{3}{8}$

(4) $\dfrac{4}{21}$

(5) $\dfrac{13}{8}$

(6) 240 円

【解説】

1

(1) $_{11}C_6$ 通りのすべての球の選び方のうち，赤を含む事象を R，白を含む事象を W とすると，求める確率は $P(R \cap W)$ である。

$$P(R \cap W) = 1 - P(\overline{R} \cup \overline{W})$$
$$= 1 - P(\overline{R}) - P(\overline{W}) + P(\overline{R} \cap \overline{W})$$
$$= 1 - \dfrac{_6C_6}{_{11}C_6} = \dfrac{\mathbf{461}}{\mathbf{462}}$$

(2) すべての目の出方のうち，1 が出ている事象を A，2 が出ている事象を B，3 が出ている事象を C とすると，求める確率は $P(A \cap B \cap C)$ である。

$$P(\overline{A}) = P(\overline{B}) = P(\overline{C}) = \dfrac{5^5}{6^5},$$

$$P(\overline{A} \cap \overline{B}) = P(\overline{B} \cap \overline{C}) = P(\overline{C} \cap \overline{A}) = \dfrac{4^5}{6^5}$$

また，$P(\overline{A} \cap \overline{B} \cap \overline{C}) = \dfrac{3^5}{6^5}$ より，

$$P(A \cap B \cap C) = 1 - P(\overline{A} \cup \overline{B} \cup \overline{C})$$
$$= 1 - P(\overline{A}) - P(\overline{B}) - P(\overline{C}) + P(\overline{A} \cap \overline{B})$$
$$\quad + P(\overline{B} \cap \overline{C}) + P(\overline{C} \cap \overline{A}) - P(\overline{A} \cap \overline{B} \cap \overline{C})$$
$$= 1 - \dfrac{5^5 \times 3 - 4^5 \times 3 + 3^5}{6^5} = \dfrac{\mathbf{205}}{\mathbf{1296}}$$

(3) 52 枚のトランプから 2 枚を引く方法は全部で，$_{52}C_2$ 通りあり，これらは同様に確からしい。
2 枚のトランプの数の和が 11 となる事象を A，絵札を引くという事象を B とする。
2 枚のトランプの数の和が 11 となる 2 数の組合せは，

$$(1, 10), (2, 9), (3, 8), (4, 7), (5, 6)$$

であり，$(1, 10)$ はそれぞれ 4 枚・16 枚から 1 枚ずつ，それ以外はそれぞれ 4 枚の中から 1 枚ずつ選べばよい。これらは排反ですべてを尽くすから，

$$P(A) = \dfrac{4 \cdot 16 + 4(4 \times 4)}{_{52}C_2} = \dfrac{128}{1326}$$

また，絵札 (10) とエース (1) を引く確率は，それぞれ 12 枚・4 枚あることから，

$$P(A \cap B) = \dfrac{12 \cdot 4}{_{52}C_2} = \dfrac{48}{1326}$$

よって，求める確率は，$P_A(B) = \dfrac{P(A \cap B)}{P(A)} = \dfrac{\mathbf{3}}{\mathbf{8}}$

(4) 8 人目が 3 本目の当たりを引くという事象を A，3 人目が初めの当たりを引くという事象を B とすると，求める確率は，

$$P_A(B) = \dfrac{P(A \cap B)}{P(A)}$$

$P(A)$ について，1~7 人目までのうち 2 人が当たりを引き，他ははずれを引くので，

$$_7C_2 \cdot {_4P_2} \cdot {_6P_5} \text{（通り）}$$

8 人目は残り 2 本の当たりくじのうち 1 つ，残り 2 人は制限がないので，

$$P(A) = \dfrac{_7C_2 \cdot {_4P_2} \cdot {_6P_5} \cdot {_2P_1} \cdot 2!}{10!} = \dfrac{1}{5}$$

$P(A \cap B)$ は，4~7 人目で 1 人当たりを引くので，その人の選び方が $_4C_1$ 通り。
また，3 人目，8 人目とあわせて，どの当たりを引くかで，$_4P_3$ 通り。
3 人目，8 人目，4~7 人目で当たりを引く人以外はずれなので，これら 5 人分の引き方が，$_6P_5$ 通り。
他は特に制限がないので，

$$P(A \cap B) = \dfrac{_4C_1 \cdot {_4P_3} \cdot {_6P_5} \cdot 2!}{10!} = \dfrac{4}{105}$$

よって，求める確率は，

$$P_A(B) = \dfrac{\dfrac{4}{105}}{\dfrac{1}{5}} = \dfrac{\mathbf{4}}{\mathbf{21}}$$

(5) 4 チームを a, b, c, d とする。1 位のチームの勝ち数は 3 または 2 である。

1° 勝ち数が 3 のとき：1 位のチーム数は 1 で，

$$_4C_1 \times \left(\dfrac{1}{2}\right)^3 = \dfrac{1}{2}$$

2° 勝ち数が 2 のとき：
- 1 位のチーム数が 3 のとき，全敗のチームが 1 つある。これを d とする。a が b に負けるか，c に負けるかで，他の勝敗はすべて決まる。

$$\therefore \quad _4C_1 \times 2 \left(\dfrac{1}{2}\right)^6 = \dfrac{1}{8}$$

- 1 位のチーム数が 2 のとき，余事象を考えて，

$$1 - \left(\dfrac{1}{2} + \dfrac{1}{8}\right) = \dfrac{3}{8}$$

以上より，求める期待値は，

$$1 \times \dfrac{1}{2} + 3 \times \dfrac{1}{8} + 2 \times \dfrac{3}{8} = \dfrac{\mathbf{13}}{\mathbf{8}}$$

(6) 参加費を x 円とすると，ゲームに参加して得られる金額 X の確率分布は，以下の表のようになる。

X	$-x$	20	30	40	50	100
$P(X)$	$\frac{1}{6}$	$\frac{1}{6}$	$\frac{1}{6}$	$\frac{1}{6}$	$\frac{1}{6}$	$\frac{1}{6}$

$$\frac{1}{6}(-x+20+30+40+50+100) = \frac{-x+240}{6}$$

これが 0 以上となればよいので，

$$\frac{-x+240}{6} \geqq 0 \Leftrightarrow x \leqq 240 \qquad \therefore \quad \textbf{240 円まで}$$

§17 三角関数の相互関係 #1

【解答】

$\boxed{1}$
(1) $\dfrac{12}{5}$ (2) 1

$\boxed{2}$
(1) 0 (2) 0
(3) 5 (4) 1

【解説】

$\boxed{1}$

(1) θ は第 3 象限の角なので，

$$\cos\theta < 0,\ \sin\theta < 0,\ \tan\theta > 0$$

また，$1+\tan^2\theta = \dfrac{1}{\cos^2\theta}$ より，

$$\tan^2\theta = \frac{1}{\cos^2\theta} - 1 = \frac{169}{25} - 1 = \frac{144}{25}$$

$$\therefore\quad \tan\theta = \frac{\mathbf{12}}{\mathbf{5}}\ (>0)$$

(2) $\tan\theta < 0,\ -\dfrac{\pi}{2} \leqq \theta \leqq \dfrac{\pi}{2}$ より，

θ は第 4 象限の角で，$\cos\theta > 0,\ \sin\theta < 0$

また，$1+\tan^2\theta = \dfrac{1}{\cos^2\theta}$ より，

$$\cos^2\theta = \frac{1}{1+\tan^2\theta} = \frac{1}{1+\dfrac{4}{5}} = \frac{5}{9}$$

よって，$\cos\theta = \dfrac{\sqrt{5}}{3}\ (>0)$

$$\therefore\quad \sin\theta = \cos\theta\cdot\tan\theta = -\frac{2}{3}$$

したがって，$\sin\theta + \sqrt{5}\cos\theta = \mathbf{1}$

$\boxed{2}$

(1) 位相ずれ公式より（必ず手を動かして確認すること。単位円を描いて，長さ・符号の順に確認すればすぐに導ける），

$$\cos\left(\frac{\pi}{2}-\theta\right) = \sin\theta,\ \cos(-\theta) = \cos\theta$$

$$\cos\left(\frac{\pi}{2}+\theta\right) = -\sin\theta,\ \cos(\pi+\theta) = -\cos\theta$$

したがって，辺々足して，(与式) $= \mathbf{0}$

(2) 位相ずれ公式より，

$$\sin(\pi-\theta) = \sin\theta,\ \sin\left(\frac{\pi}{2}-\theta\right) = \cos\theta$$

$$\sin(-\theta) = -\sin\theta,\ \sin\left(\frac{3}{2}\pi+\theta\right) = -\cos\theta$$

したがって，(与式) $= \mathbf{0}$

[注意] 位相ずれ公式はすべて覚える必要はないが，
$$\sin(-\theta) = -\sin\theta \quad (\sin x \text{ は奇関数})$$
$$\cos(-\theta) = \cos\theta \quad (\cos x \text{ は偶関数})$$
くらいは覚えておくこと。また，
$$\pm\frac{\pi}{2}, \pm\frac{3}{2}\pi \text{ ずれる} \iff \sin \text{ と } \cos \text{ が入れ替わる}$$
$$\pm\pi, \pm 2\pi \text{ ずれる} \iff \sin, \cos \text{ はそのまま}$$
と覚えておくと，あとは符号計算だけになるので便利。

(3) （与式）$= 5\sin^2\theta + 5\cos^2\theta = \mathbf{5}$
$$(\because \sin^2\theta + \cos^2\theta = 1)$$

(4) $\tan\theta = \dfrac{\sin\theta}{\cos\theta}$ より，

$$(\text{与式}) = \frac{\sin^2\theta + \cos^4\theta - \cos^4\theta \cdot \dfrac{\sin^4\theta}{\cos^4\theta}}{\cos^2\theta}$$

$$= \frac{\sin^2\theta}{\cos^2\theta} + \frac{(\cos^2\theta + \sin^2\theta)(\cos^2\theta - \sin^2\theta)}{\cos^2\theta}$$

$$= \frac{\sin^2\theta + \cos^2\theta - \sin^2\theta}{\cos^2\theta}$$
$$(\because \cos^2\theta + \sin^2\theta = 1)$$
$$= \mathbf{1}$$

§17 三角関数の相互関係 #2

【解答】

$\boxed{1}$

(1) $\cos\theta = -\dfrac{3\sqrt{34}}{34}, \ \sin\theta = \dfrac{5\sqrt{34}}{34}$

(2) $\tan\theta = -\dfrac{\sqrt{2}}{4}$

$\boxed{2}$

(1) 0 (2) $\dfrac{\pi}{2}$ (3) $\dfrac{3}{2}\pi$

(4) 10 (5) -2

【解説】

$\boxed{1}$

(1) θ は第 2 象限の角なので，
$$\cos\theta < 0, \ \sin\theta > 0 \ \cdots ①$$

$$\cos^2\theta = \frac{1}{1 + \tan^2\theta}$$
$$= \frac{1}{1 + \dfrac{25}{9}} = \frac{9}{34}$$

したがって，$\sin^2\theta = 1 - \cos^2\theta = \dfrac{25}{34}$ に注意して，①から，

$$\cos\theta = -\frac{3\sqrt{34}}{34}, \ \sin\theta = \frac{5\sqrt{34}}{34}$$

[参考] ①で符号を求めたあとは，絶対値だけ計算すればよい。したがって，右図のような，$|\tan\theta| = \dfrac{5}{3}$ となる直角三角形を考えれば，

$$|\cos\theta| = \frac{3}{\sqrt{34}}, \ |\sin\theta| = \frac{5}{\sqrt{34}}$$

と簡単に求まる。

(2) $\sin\theta < 0, \cos\theta > 0$ より，θ は第 4 象限の角。
$$\cos^2\theta = 1 - \sin^2\theta = \frac{8}{9}$$
より，$\cos\theta = \dfrac{2\sqrt{2}}{3} \ (>0)$

$$\therefore \ \tan\theta = \frac{\sin\theta}{\cos\theta} = -\frac{1}{2\sqrt{2}} = -\frac{\sqrt{2}}{4}$$

$\boxed{2}$

(1) 位相ずれ公式より，
$$\sin\left(\theta + \frac{3}{2}\pi\right) = -\cos\theta, \ \sin\left(\theta - \frac{3}{2}\pi\right) = \cos\theta$$
$$\sin(\pi - \theta) = \sin\theta, \ \sin(-\theta) = -\sin\theta$$

したがって，辺々足して，（与式）$= \mathbf{0}$

(2) sin, cos がかわっているので,
$$\alpha = \frac{\pi}{2}, \frac{3}{2}\pi$$
のいずれか。単位円周上で符号を考えて,

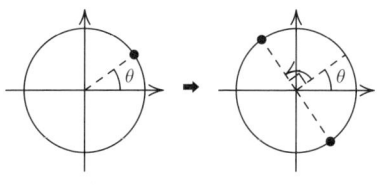

θ を第1象限にとって $\cdots$ → sin が正になっているものを選ぶ。

$$\alpha = \frac{\pi}{2}$$

(3) sin, cos がかわっているので,
$$\beta = \frac{\pi}{2}, \frac{3}{2}\pi$$
のいずれか。単位円周上で考えて,

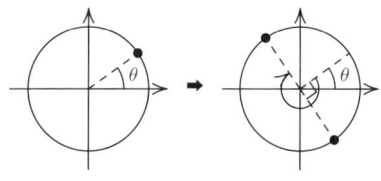

θ を第1象限にとって $\cdots$ → cos が負になっているものを選ぶ。

$$\therefore \boldsymbol{\beta = \frac{3}{2}\pi}$$

(4) （与式）$= 10\sin^2\theta + 10\cos^2\theta = \boldsymbol{10}$
$\qquad (\because \sin^2\theta + \cos^2\theta = 1)$

(5) 3乗和の因数分解公式から,
$$\sin^6\theta + \cos^6\theta = (\sin^2\theta + \cos^2\theta)$$
$$\times (\sin^4\theta - \sin^2\theta\cos^2\theta + \cos^4\theta)$$
$\sin^2\theta + \cos^2\theta = 1$ より,
$$\sin^6\theta + \cos^6\theta = \sin^4\theta - \sin^2\theta\cos^2\theta + \cos^4\theta$$
これを代入して,
$$\text{（与式）} = -4\sin^2\theta\cos^2\theta - 2\sin^4\theta - 2\cos^4\theta$$
$$= -2(\sin^2\theta + \cos^2\theta)^2$$
$$= \boldsymbol{-2} \quad (\because \sin^2\theta + \cos^2\theta = 1)$$

§ 18　正弦定理・余弦定理　　#1

---【解答】---

$\boxed{1}$
(1) $c = \dfrac{2\sqrt{6}}{3}, \ R = \dfrac{2\sqrt{3}}{3}$

(2) $c = 1$

(3) $a = \sqrt{7}, \ r = \dfrac{5\sqrt{3} - \sqrt{21}}{6}$

(4) $r = 4, \ R = \dfrac{65}{8}$

(5) c を斜辺とする直角三角形
　　（$C = 90°$ の直角三角形）

(6) a または b を斜辺とする直角三角形

【解説】

$\boxed{1}$
(1) 正弦定理より,
$$\frac{2}{\sin 60°} = \frac{c}{\sin 45°} = 2R$$
$$\therefore \boldsymbol{c = \frac{2\sqrt{6}}{3}, \ R = \frac{2\sqrt{3}}{3}}$$

(2) 余弦定理より,
$$c^2 = 1^2 + (\sqrt{3})^2 - 2 \cdot 1 \cdot \sqrt{3} \cdot \cos 30°$$
$$= 1 + 3 - 2\sqrt{3} \cdot \frac{\sqrt{3}}{2}$$
$$= 1$$
$$\therefore \boldsymbol{c = 1}$$

(3) 余弦定理より,
$$a^2 = c^2 + b^2 - 2cb\cos A$$
$$= 9 + 4 - 2 \cdot 3 \cdot 2 \cdot \frac{1}{2} = 7$$
$$\therefore \boldsymbol{a = \sqrt{7}}$$
また, $\triangle ABC = \dfrac{1}{2}bc\sin A = \dfrac{3\sqrt{3}}{2}$
ここで, $\triangle ABC = \dfrac{a+b+c}{2} \cdot r$ より,
$$\boldsymbol{r = \frac{2\triangle ABC}{a+b+c} = \frac{3\sqrt{3}}{5+\sqrt{7}} = \frac{5\sqrt{3} - \sqrt{21}}{6}}$$

(4) $\dfrac{a+b+c}{2} = \dfrac{13+14+15}{2} = 21$ より, ヘロンの公式から,
$$\triangle ABC = \sqrt{21(21-13)(21-14)(21-15)} = 84$$
ここで,
$$\triangle ABC = \frac{a+b+c}{2} \cdot r$$
したがって, $\boldsymbol{r = \dfrac{2\triangle ABC}{a+b+c} = 4}$

255

また，△ABC において正弦定理から，

$$\triangle ABC = \frac{1}{2}bc\sin A = \frac{abc}{4R} \quad (R \text{ は外接円の半径})$$

$$\therefore \quad R = \frac{abc}{4\triangle ABC} = \frac{13 \cdot 14 \cdot 15}{4 \cdot 84}$$

$$\therefore \quad \boldsymbol{R = \frac{65}{8}}$$

(5) 正弦定理より，外接円の半径を R とすると，

$$\frac{a^2}{2R} + \frac{b^2}{2R} = \frac{c^2}{2R}$$

$$\therefore \quad a^2 + b^2 = c^2$$

したがって，**c を斜辺とする直角三角形**

(6) 余弦定理より，

$$\frac{a(b^2+c^2-a^2)}{2bc} + \frac{b(c^2+a^2-b^2)}{2ca} = \frac{c(a^2+b^2-c^2)}{2ab}$$

両辺 $2abc$ をかけて，

$$a^2(b^2+c^2-a^2)+b^2(c^2+a^2-b^2) = c^2(a^2+b^2-c^2)$$

[注意] 上の式のままでは，次数が高すぎることに注意する。高くても 2 次まで落とさないと，三角形の決定はできないため，因数分解で次数を下げることを考える。

$$\therefore \quad (c^2+a^2-b^2)(c^2-a^2+b^2) = 0$$

したがって，$b^2 = c^2 + a^2$ または，$a^2 = b^2 + c^2$ となるので，**a または b を斜辺とする直角三角形**

§18 正弦定理・余弦定理 #2

【解答】

1

(1) $30°$

(2) $3\sqrt{2}$

(3) $r = \dfrac{3\sqrt{3} - \sqrt{7}}{2}$, $R = \sqrt{7}$

(4) $\dfrac{20\sqrt{3}}{9}$

(5) $a = b$ の二等辺三角形，$C = 90°$ の直角三角形

(6) $C = 90°$ の直角三角形

【解説】

1

(1) $a = \sqrt{2}k$, $b = (1+\sqrt{3})k$, $c = 2k$ $(k > 0)$ とおけ，余弦定理から，

$$\cos A = \frac{b^2+c^2-a^2}{2bc}$$

$$= \frac{\{(1+\sqrt{3})^2 + 2^2 - (\sqrt{2})^2\}k^2}{4(1+\sqrt{3})k^2}$$

$$= \frac{3+\sqrt{3}}{2(1+\sqrt{3})} = \frac{\sqrt{3}}{2}$$

$0° < A < 180°$ より，$A = \boldsymbol{30°}$

(2) $C = 180° - A - B = 30°$ だから，正弦定理より，

$$\frac{b}{\sin B} = \frac{c}{\sin C}$$

$$c = \frac{6}{\sin 45°} \times \sin 30° = \boldsymbol{3\sqrt{2}}$$

(3) 余弦定理より，

$$a^2 = b^2 + c^2 - 2bc\cos A$$

$$= 16 + 25 - 2 \cdot 4 \cdot 5 \cos 60°$$

$$= 21$$

$a > 0$ より，$a = \sqrt{21}$

正弦定理から，

$$R = \frac{a}{2\sin A} = \frac{\sqrt{21}}{2\sin 60°} = \boldsymbol{\sqrt{7}}$$

また，内接円の半径は，面積を利用して，

$$\triangle ABC = \frac{1}{2}bc\sin A = \frac{1}{2}r(a+b+c)$$

$$\therefore \quad 10\sqrt{3} = r(9+\sqrt{21})$$

$$r = \frac{10\sqrt{3}}{9+\sqrt{21}} = \boldsymbol{\frac{3\sqrt{3}-\sqrt{7}}{2}}$$

(4) 三角形の内部の線は面積を利用すると求めやすい。

$\triangle ABC = \triangle ABD + \triangle ACD$ で，

$$\triangle ABC = \frac{1}{2}bc\sin A = 5\sqrt{3}$$

$$\triangle ABD = \frac{1}{2}c \cdot AD \cdot \sin\frac{A}{2} = AD$$

$$\triangle \text{ACD} = \frac{1}{2} b \cdot \text{AD} \cdot \sin \frac{A}{2} = \frac{5}{4} \text{AD}$$

より，

$$5\sqrt{3} = \frac{9}{4} \text{AD} \Leftrightarrow \text{AD} = \frac{\mathbf{20\sqrt{3}}}{\mathbf{9}}$$

(5) 余弦定理より，

$$\cos A = \frac{b^2 + c^2 - a^2}{2bc}, \ \cos B = \frac{c^2 + a^2 - b^2}{2ac}$$

また，正弦定理より，

$$\sin A = \frac{a}{2R}, \ \sin B = \frac{b}{2R}$$

これらを代入して，

$$a^2 \cdot \frac{b^2 + c^2 - a^2}{2bc} \cdot \frac{b}{2R} = b^2 \cdot \frac{c^2 + a^2 - b^2}{2ac} \cdot \frac{a}{2R}$$
$$\Leftrightarrow a^2(c^2 + b^2 - a^2) = b^2(c^2 + a^2 - b^2)$$
$$\therefore (a^2 - b^2)(a^2 + b^2 - c^2) = 0$$

- $a^2 = b^2$ のとき：$a > 0$, $b > 0$ より，
  $a = b$ の二等辺三角形
- $a^2 + b^2 - c^2 = 0$ のとき：
  $C = 90°$ の直角三角形

(6) 余弦定理より，

$$\cos A = \frac{b^2 + c^2 - a^2}{2bc}, \ \cos B = \frac{a^2 + c^2 - b^2}{2ac}$$

正弦定理より，

$$\sin A = \frac{a}{2R}, \ \sin B = \frac{b}{2R}, \ \sin C = \frac{c}{2R}$$

これらを代入して，

$$\frac{c}{2R}\left(\frac{b^2 + c^2 - a^2}{2bc} + \frac{a^2 + c^2 - b^2}{2ac}\right) = \frac{a+b}{2R}$$
$$a(b^2 + c^2 - a^2) + b(a^2 + c^2 - b^2) = 2ab(a+b)$$
$$ac^2 + bc^2 - a^2b - ab^2 - a^3 - b^3 = 0$$
$$\Leftrightarrow (a+b)(c^2 - ab - a^2 + ab - b^2) = 0$$

$a > 0$, $b > 0$ より，$a + b > 0$ だから，

$$c^2 - a^2 - b^2 = 0$$

よって，**$C = 90°$ の直角三角形**

---

§19 加法定理と周辺の公式   #1

【解答】

$\boxed{1}$

(1) $\dfrac{2\sqrt{2} + \sqrt{3}}{6}$

(2)〜(5) 解説参照

(6) $2\cos\left(\dfrac{\pi}{4} + \dfrac{\theta}{2}\right)\cos\left(\dfrac{\pi}{4} - \dfrac{3}{2}\theta\right)$

(7) $\dfrac{\pi}{4}$

【解説】

$\boxed{1}$

(1) α は鋭角なので，$\cos \alpha > 0$

よって，$\sin \alpha = \dfrac{1}{2}$ から，

$$\cos \alpha = \sqrt{1 - \sin^2 \alpha} = \frac{\sqrt{3}}{2}$$

同様に，$\beta > 0$, $\sin \beta = \dfrac{1}{3}$ から，

$$\cos \beta = \sqrt{1 - \sin^2 \beta} = \frac{2\sqrt{2}}{3}$$

したがって，加法定理から，

$$\sin(\alpha + \beta) = \sin \alpha \cos \beta + \cos \alpha \sin \beta$$
$$= \frac{1}{2} \cdot \frac{2\sqrt{2}}{3} + \frac{\sqrt{3}}{2} \cdot \frac{1}{3}$$
$$= \frac{2\sqrt{2} + \sqrt{3}}{6}$$

(2) 加法定理で，$\alpha = \beta = \theta$ とすれば，

$$\cos 2\theta = \mathbf{\cos^2 \theta - \sin^2 \theta}$$
$$= \mathbf{2\cos^2 \theta - 1} \quad (\because \sin^2 \theta + \cos^2 \theta = 1)$$
$$= \mathbf{1 - 2\sin^2 \theta}$$

(3) $\cos$ の倍角公式より，$\cos \theta = 2\cos^2 \dfrac{\theta}{2} - 1$

したがって，$\cos^2 \dfrac{\theta}{2} = \dfrac{1 + \cos \theta}{2}$

同様に，$\cos \theta = 1 - 2\sin^2 \dfrac{\theta}{2}$

したがって，$\sin^2 \dfrac{\theta}{2} = \dfrac{1 - \cos \theta}{2}$

(4) $\sin$ の加法定理より，

$$\sin(\alpha + \beta) = \sin \alpha \cos \beta + \cos \alpha \sin \beta$$
$$\sin(\alpha - \beta) = \sin \alpha \cos \beta - \cos \alpha \sin \beta$$

辺々加えると，

$$\sin \alpha \cos \beta = \frac{1}{2}\{\sin(\alpha + \beta) + \sin(\alpha - \beta)\}$$

257

辺々引いて，
$$\cos\alpha\sin\beta = \frac{1}{2}\{\sin(\alpha+\beta) - \sin(\alpha-\beta)\}$$

また，$\cos$ の加法定理より，
$$\cos(\alpha+\beta) = \cos\alpha\cos\beta - \sin\alpha\sin\beta$$
$$\cos(\alpha-\beta) = \cos\alpha\cos\beta + \sin\alpha\sin\beta$$

辺々加えると，
$$\cos\alpha\cos\beta = \frac{1}{2}\{\cos(\alpha+\beta) + \cos(\alpha-\beta)\}$$

辺々引いて，
$$\sin\alpha\sin\beta = -\frac{1}{2}\{\cos(\alpha+\beta) - \cos(\alpha-\beta)\}$$

(5) 積和公式で，$A = \alpha+\beta$, $B = \alpha-\beta$ とすると，
$$\alpha = \frac{A+B}{2},\ \beta = \frac{A-B}{2}$$

したがって，
$$\sin A + \sin B = 2\sin\frac{A+B}{2}\cos\frac{A-B}{2}$$
$$\sin A - \sin B = 2\cos\frac{A+B}{2}\sin\frac{A-B}{2}$$
$$\cos A + \cos B = 2\cos\frac{A+B}{2}\cos\frac{A-B}{2}$$
$$\cos A - \cos B = -2\sin\frac{A+B}{2}\sin\frac{A-B}{2}$$

(6) 位相ずれ公式より，$\sin\theta = \cos\left(\dfrac{\pi}{2} - \theta\right)$

$\therefore\ \sin\theta + \cos 2\theta = \cos\left(\dfrac{\pi}{2} - \theta\right) + \cos 2\theta$

$\qquad = 2\cos\left(\dfrac{\pi}{4} + \dfrac{\theta}{2}\right)\cos\left(\dfrac{\pi}{4} - \dfrac{3}{2}\theta\right)$

[注意] 和積公式は，関数の殻をそろえないと使えないことに注意する。関数の殻を変えるのには，位相ずれ公式を用いる。

(7) 直線の傾き公式は，$\tan$ の加法定理。
$y = 3x+3$, $y = -2x+3$ と x 軸の正の方向とのなす角をそれぞれ α, β $\left(-\dfrac{\pi}{2} < \alpha,\ \beta < \dfrac{\pi}{2}\right)$ とすると，
$\tan\alpha = 3$, $\tan\beta = -2$

したがって，なす角 $\theta = |\alpha - \beta|$ なので，
$$\tan(\alpha-\beta) = \frac{\tan\alpha - \tan\beta}{1 + \tan\alpha\tan\beta} = \frac{5}{-5} = -1$$

したがって，$\alpha - \beta = -\dfrac{\pi}{4}$

$\therefore\ \theta = |\alpha-\beta| = \dfrac{\pi}{4}$

§19 加法定理と周辺の公式 #2

— 【解答】—

1

(1) $\dfrac{2\sqrt{6} - 2\sqrt{2}}{15}$

(2) $\alpha < \beta$

(3) $\cos 3\theta = 4\cos^3\theta - 3\cos\theta$

(4) $2\sin\left(\theta + \dfrac{\pi}{6}\right)$

(5) $\sqrt{2}\left|\cos\dfrac{\theta}{2}\right|$

(6) $\sqrt{2}\left|\sin\left(\dfrac{\theta}{2} - \dfrac{\pi}{4}\right)\right|$

(7) $\cos 2\theta(2\cos\theta + 1)$

(8) $-3,\ \dfrac{1}{3}$

【解説】

1

(1) α は第1象限の角なので，$\cos\alpha > 0$
$$\therefore\ \cos\alpha = \sqrt{1 - \sin^2\alpha} = \frac{2\sqrt{2}}{3}\ (>0)$$

同様に，β は第2象限の角なので，$\sin\beta > 0$
$$\therefore\ \sin\beta = \sqrt{1 - \cos^2\beta} = \frac{2\sqrt{6}}{5}\ (>0)$$

したがって，加法定理から，
$$\cos(\alpha-\beta) = \cos\alpha\cos\beta + \sin\alpha\sin\beta$$
$$= \frac{2\sqrt{2}}{3} \cdot \left(-\frac{1}{5}\right) + \frac{1}{3} \cdot \frac{2\sqrt{6}}{5}$$
$$= \frac{2\sqrt{6} - 2\sqrt{2}}{15}$$

(2) $\sin$, $\cos$ の値が角度の代わり。角度の大小は $\sin$ や $\cos$ の大小で比較すればよい。

α は第3象限の角なので，$\cos\alpha < 0$
$$\therefore\ \cos\alpha = -\sqrt{1 - \sin^2\alpha} = -\frac{2\sqrt{6}}{5}$$

ここで，$\cos\alpha$, $\cos\beta$ の大小を比較すると，
$$\sqrt{384} = 8\sqrt{6} > 15 = \sqrt{225}$$

だから，$-8\sqrt{6} < -15 \Leftrightarrow -\dfrac{2\sqrt{6}}{5} < -\dfrac{3}{4}$

$\therefore\ \cos\alpha < \cos\beta$

したがって，下の単位円を考えれば，$\alpha < \beta$

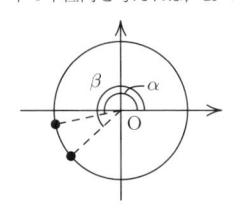

(3) $\cos 3\theta = \cos(2\theta + \theta)$ より，

$$\cos 3\theta = \cos 2\theta \cos\theta - \sin 2\theta \sin\theta$$
$$= (2\cos^2\theta - 1)\cos\theta - 2\cos\theta(1 - \cos^2\theta)$$
$$= \mathbf{4\cos^3\theta - 3\cos\theta}$$

(4) 合成公式から，

$$（与式）= \sqrt{(\sqrt{3})^2 + 1^2}\sin\left(\theta + \frac{\pi}{6}\right)$$
$$= \mathbf{2\sin\left(\theta + \frac{\pi}{6}\right)}$$

(5) 半角公式から，

$$\cos^2\frac{\theta}{2} = \frac{1+\cos\theta}{2}$$
$$\Leftrightarrow 1+\cos\theta = 2\cos^2\frac{\theta}{2}$$

したがって，（与式）$= \boldsymbol{\sqrt{2}\left|\cos\dfrac{\theta}{2}\right|}$

(6) 位相ずれ公式から，

$$1 - \sin\theta = 1 - \cos\left(\theta - \frac{\pi}{2}\right)$$

したがって，半角公式から，

$$（与式）= \sqrt{1 - \cos\left(\theta - \frac{\pi}{2}\right)}$$
$$= \sqrt{2\sin^2\left(\frac{\theta}{2} - \frac{\pi}{4}\right)}$$
$$= \boldsymbol{\sqrt{2}\left|\sin\left(\frac{\theta}{2} - \frac{\pi}{4}\right)\right|}$$

(7) $\cos\theta$, $\cos 3\theta$ で和積公式から，

$$\cos\theta + \cos 3\theta = 2\cos\left(\frac{\theta + 3\theta}{2}\right)\cos\left(\frac{\theta - 3\theta}{2}\right)$$
$$= 2\cos 2\theta\cos(-\theta) = 2\cos 2\theta\cos\theta$$

したがって，（与式）$= \boldsymbol{\cos 2\theta(2\cos\theta + 1)}$

(8) y 軸平行な直線と直線 $y = 2x+5$ のなす鋭角は $\dfrac{\pi}{4}$ ではないので，題意の直線は傾きを m とおける（$x = k$ の形ではないということ）。

このとき，題意より，

$$\tan\frac{\pi}{4} = \left|\frac{m-2}{1+2m}\right|$$
$$\Leftrightarrow \frac{m-2}{1+2m} = \pm 1$$

- $\dfrac{m-2}{1+2m} = 1$ を解くと，$m = -3$
- $\dfrac{m-2}{1+2m} = -1$ を解くと，$m = \dfrac{1}{3}$

$$\therefore\ \boldsymbol{m = -3,\ \frac{1}{3}}$$

§20 三角関数のグラフ #1

【解答】

[1]
(1) 周期：2π (2) 周期：π
(3) 周期：$\dfrac{\pi}{3}$ (4) 周期：π
(5) 周期：2π (6) 周期：π

グラフは解説参照

【解説】

[1]
(1) 与えられた関数のグラフは，

$y = \sin x$ を x 方向に $\dfrac{\pi}{4}$ 平行移動したものなので，

$$\therefore\ \boldsymbol{周期：2\pi}$$

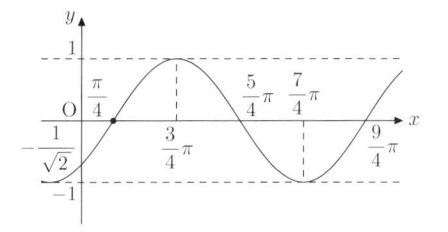

(2) $\cos$ の中身に注意して，

$$\begin{array}{ccc} x & \longmapsto & 2x \\ & \parallel & \\ t & \longmapsto & t + \dfrac{\pi}{3} \end{array}$$

したがって，$y = 2\cos x$ を，x 方向に $-\dfrac{\pi}{3}$ 平行移動し，x 方向に $\dfrac{1}{2}$ 倍すればよい。

$$\therefore\ \boldsymbol{周期：\pi}$$

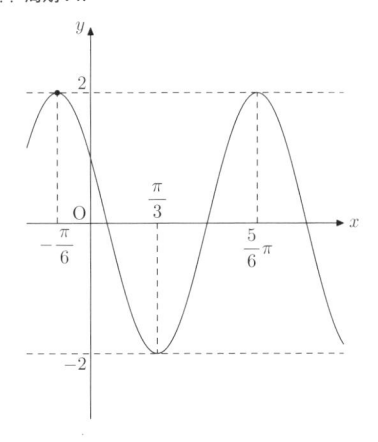

(3) tan の中身が, $3x+\dfrac{3}{2}\pi$ なので, 位相ずれ公式より,

$$y = \tan\left(3x+\dfrac{3}{2}\pi\right) = \tan\left(3x-\dfrac{\pi}{2}\right)$$

したがって, $y=\tan x$ のグラフを x 方向に $\dfrac{\pi}{2}$ 平行移動してから, x 方向に $\dfrac{1}{3}$ 倍すればよい.

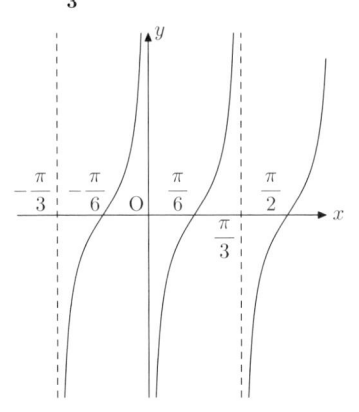

∴ 周期: $\dfrac{\pi}{3}$

(4) 倍角公式から,

$$y = \sin^2 x = \dfrac{1}{2} - \dfrac{1}{2}\cos 2x$$

したがって, $y=-\cos x$ のグラフを x 方向に $\dfrac{1}{2}$ 倍, y 方向に $\dfrac{1}{2}$ 倍して, y 方向に $\dfrac{1}{2}$ 平行移動すればよい.

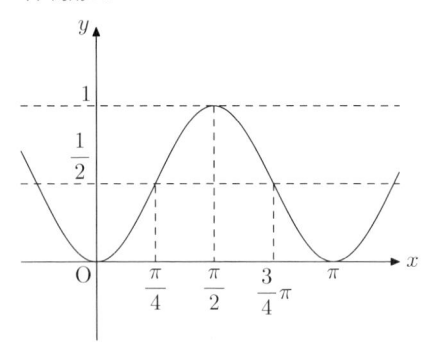

∴ 周期: π

(5) 合成公式から,

$$y = \sin x + \cos x = \sqrt{2}\sin\left(x+\dfrac{\pi}{4}\right)$$

したがって, $y=\sin x$ のグラフを x 方向に $-\dfrac{\pi}{4}$ 平行移動して, y 方向に $\sqrt{2}$ 倍すればよい.

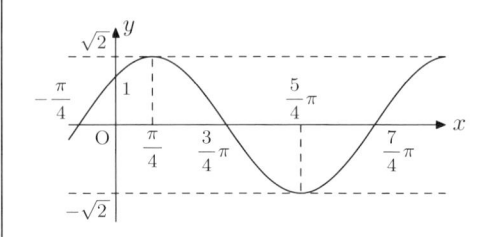

∴ 周期: 2π

(6) 倍角公式から,

$$y = \sin x \cos x = \dfrac{1}{2}\sin 2x$$

したがって, $y=\sin x$ を x 方向に $\dfrac{1}{2}$ 倍, y 方向に $\dfrac{1}{2}$ 倍すればよい.

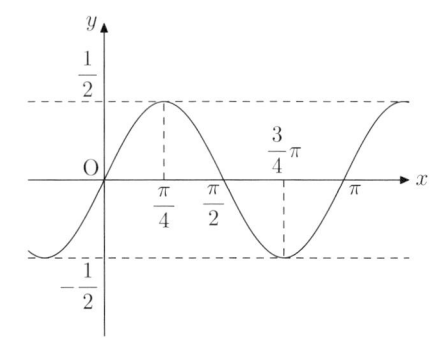

∴ 周期: π

[注意] (5), (6)のように, 変数が 2 ヶ所以上に散らばっているときは, 合成公式や積和, 和積公式で変数をまとめることを考える. 式を簡単な形に直し, グラフを描く.

§20 三角関数のグラフ #2

【解答】

$\boxed{1}$
- (1) 周期：π
- (2) 周期：4π
- (3) 周期：$\dfrac{\pi}{2}$
- (4) 周期：π
- (5) 周期：2π
- (6) 周期：π

グラフは解説参照

【解説】

$\boxed{1}$

(1) 周期は x の係数が 2 なので，
$$\dfrac{2\pi}{2} = \pi$$
また，$2x + \dfrac{\pi}{2} = 0$ を解いて，$x = -\dfrac{\pi}{4}$
大きさは 1，y 方向のズレはないので，グラフは下図のようになる。

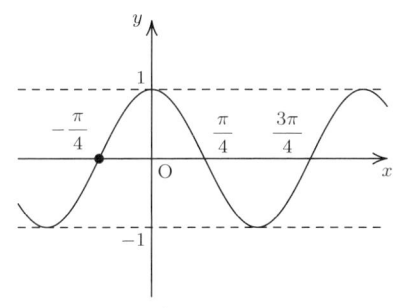

(2) 周期は x の係数が $\dfrac{1}{2}$ なので，
$$2\pi \cdot 2 = 4\pi$$
また，$\dfrac{x}{2} - \dfrac{\pi}{3} = 0$ を解いて，
$$x = \dfrac{2}{3}\pi$$
大きさは 1，y 方向のズレはないので（$y = -\cos x$ のグラフを移動して），グラフは下図のようになる。

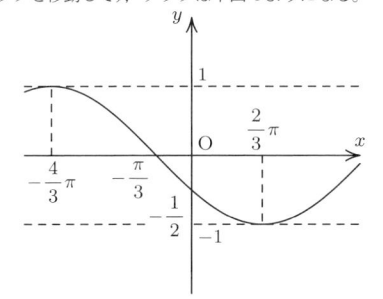

(3) 周期は x の係数が 2 なので，$\dfrac{\pi}{2}$
また，$2x - \dfrac{\pi}{3} = 0$ を解いて，$x = \dfrac{\pi}{6}$
したがって，グラフは下図のようになる。

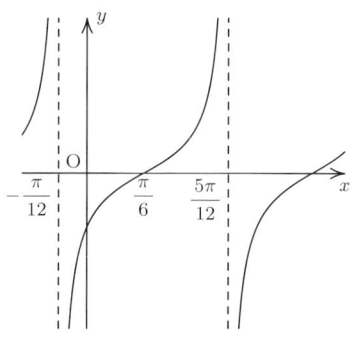

(4) $y = -\cos\left(2x - \dfrac{\pi}{4}\right) + 1$ より，
- 1° 周期は x の係数が 2 なので，π
- 2° $2x - \dfrac{\pi}{4} = 0$ を解いて，$x = \dfrac{\pi}{8}$
- 3° 大きさは，1
- 4° 定数項 $= 1$

したがって，グラフは下図のようになる。

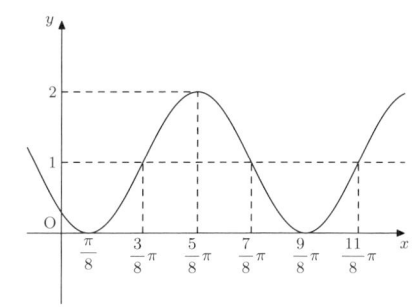

[参考] グラフの移動を捉えるならば，合成をしっかりと分解すること。例えば，(4)の場合，

$$\begin{array}{ccc} x & \longmapsto & 2x \\ & & \| \\ t & \longmapsto & t - \dfrac{\pi}{4} \end{array}$$

これらを<u>逆から読む</u>こと。

したがって，$y = -\cos x$ のグラフを x 方向に $\dfrac{\pi}{4}$ 平行移動し，x 方向に $\dfrac{1}{2}$ 倍して，最後に y 方向に 1 平行移動すればよい（定数項）。

(5) $y = \sqrt{1+\cos x} = \sqrt{2\cos^2 \dfrac{x}{2}} = \sqrt{2}\left|\cos \dfrac{x}{2}\right|$

これは $y = \sqrt{2}\,|\cos x|$ を原点中心に x 軸方向に 2 倍したグラフ。

ここで，$y = \sqrt{2}\,|\cos x|$ の周期は π だから，$y = \sqrt{2}\left|\cos \dfrac{x}{2}\right|$ の周期は $\boldsymbol{2\pi}$

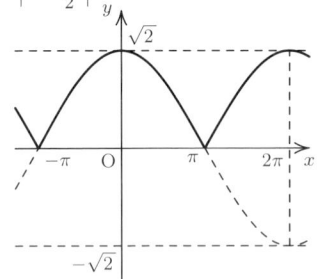

(6) 積和公式より，

$$y = \sin\left(x+\dfrac{\pi}{10}\right)\cos\left(x+\dfrac{4}{15}\pi\right)$$
$$= \dfrac{1}{2}\left\{\sin\left(2x+\dfrac{11}{30}\pi\right)+\sin\left(-\dfrac{\pi}{6}\right)\right\}$$
$$= \dfrac{1}{2}\sin\left(2x+\dfrac{11}{30}\pi\right)-\dfrac{1}{4}$$

したがって，周期は $2\pi \times \dfrac{1}{2} = \boldsymbol{\pi}$

中身 $= 0$ を解くと，$x = -\dfrac{11}{60}\pi$

大きさは $\dfrac{1}{2}$，定数項は $-\dfrac{1}{4}$ であることに注意して，グラフは下図のようになる。

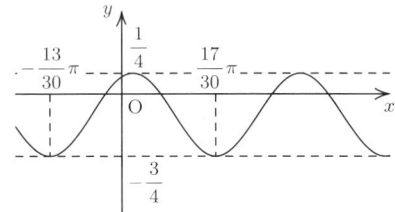

§21 等差数列・等比数列 #1

【解答】

$\boxed{1}$

(1) $a_n = 7 - 2n$
(2) $a_n = 2 \cdot 3^{n-1}$
(3) 初項 2，公差 3 : $a_n = 3n - 1$
(4) 初項 $\dfrac{1}{9}$，公比 -3 : $a_n = (-3)^{n-3}$
(5) $b_n = 9n + 1$; 初項 10，公差 9 の等差数列
(6) $b_n = 2^{2n-1}$; 初項 2，公比 4 の等比数列

【解説】

$\boxed{1}$

(1) $\{a_n\}$ は，初項 5，公差 -2 の等差数列なので，
$$a_n = 5 + (-2)(n-1) = \boldsymbol{7 - 2n}$$

(2) $\{a_n\}$ は，初項 2，公比 3 の等比数列なので，
$$\boldsymbol{a_n = 2 \cdot 3^{n-1}}$$

(3) $\{a_n\}$ は等差数列なので，初項を a，公差を d とおくと，
$$a_n = a + (n-1)d$$

したがって，第 3 項が 8，第 8 項が 23 なので，
$$a_3 = a + 2d = 8$$
$$a_8 = a + 7d = 23$$

辺々引いて， $5d = 15$ $\therefore$ $\boldsymbol{d = 3}$
したがって，$\boldsymbol{a = 2}$
また，一般項は，$\boldsymbol{a_n = 3n - 1}$

(4) $\{a_n\}$ は等比数列なので，初項を a，公比を r とおくと，
$$a_n = ar^{n-1}$$

したがって，第 2 項が $-\dfrac{1}{3}$，第 5 項が 9 なので，
$$a_2 = ar = -\dfrac{1}{3}$$
$$a_5 = ar^4 = 9$$

辺々割って，$r^3 = -27$ $\therefore$ $\boldsymbol{r = -3}$

したがって，$\boldsymbol{a = \dfrac{1}{9}}$

また，一般項は $a_n = \dfrac{1}{9}\cdot(-3)^{n-1} = \boldsymbol{(-3)^{n-3}}$

(5) $\boldsymbol{b_n} = a_{3n} = 3(3n)+1 = \boldsymbol{9n+1}$
したがって，$\{b_n\}$ は等差数列。
初項は，$n = 1$ を代入して，$\boldsymbol{b_1 = 10}$，公差は $\boldsymbol{9}$
[注意] 証明は，次のように行えばよいが，b_n が n の 1 次式であることから等差数列はすぐに見抜くべきであろう。n の係数が公差になることに注意。

☺ $b_n = 9n+1$ より，

$b_{n+1} - b_n$
$= \{9(n+1)+1\} - (9n+1)$
$= 9$

したがって，$\{b_n\}$ は等差数列。

(6) $b_n = a_{2n-1} = 2^{2n-1}$

したがって，$\{b_n\}$ は等比数列。

初項は，$n=1$ を代入して，$b_1 = 2$，公比は 4

[注意] これも(5)と同じ。n の指数関数から等比を見抜くべきであろう。また，公比に関しては，等比数列と見抜いたら b_1 と b_2 を比べればすぐに求まる。

☺ $b_n = 2^{2n-1}$ より，

$\dfrac{b_{n+1}}{b_n} = \dfrac{2^{2n+1}}{2^{2n-1}} = 4$

したがって，$\{b_n\}$ は等比数列。

§21 等差数列・等比数列 #2

―【解答】――

1

(1) $a_n = -5n+8$ (2) $a_n = -\dfrac{2}{3^{n-1}}$

(3) $a_n = 24 \cdot 5^{n-4}$ (4) $a_n = 7n-16$

(5) 初項 3，公比 $\dfrac{2}{9}$ の等比数列

(6) 初項 10，公差 11 の等差数列

(7) 5

【解説】

1

(1) $\{a_n\}$ は初項 3，公差 -5 の等差数列なので，
$$a_n = 3 - 5(n-1) = \boldsymbol{-5n+8}$$

(2) $\{a_n\}$ は初項 -2，公比 $\dfrac{1}{3}$ の等比数列なので，
$$a_n = (-2) \cdot \left(\dfrac{1}{3}\right)^{n-1} = \boldsymbol{-\dfrac{2}{3^{n-1}}}$$

(3) $n=4$ で 24 になるよう，指数部分を調整すればよい。
$$a_n = \boldsymbol{24 \cdot 5^{n-4}}$$

(4) $\{a_n\}$ は等差数列なので，初項を a，公差を d とすると，初めの 3 項の和は，
$a + (a+d) + (a+2d) = -6$
$\Leftrightarrow 3a + 3d = -6 \Leftrightarrow a+d = -2$ ···①

次の 3 項の和は，
$(a+3d) + (a+4d) + (a+5d) = 57$
$\Leftrightarrow 3a + 12d = 57 \Leftrightarrow a+4d = 19$ ···②

①，②を解いて，
$a = -9,\ d = 7$

よって，$a_n = -9 + 7(n-1) = \boldsymbol{7n-16}$

(5) $a_n = r^{n\text{ の }1\text{ 次式}}$ の形をしているので，これは等比数列ということに注意。

$n=1$ を代入して，
$a_1 = 2^0 \cdot 3^1 = 3$

(指数部分の n の係数に注意して，公比は $2^1 \cdot 3^{-2} = \dfrac{2}{9}$ だから)

∴ $\dfrac{a_{n+1}}{a_n} = 2 \cdot 3^{-2} = \dfrac{2}{9}$

以上より，$\{a_n\}$ は**初項 3，公比 $\dfrac{2}{9}$ の等比数列**となる。

(6) 与えられた数列は n の 1 次式なので，$\{a_n\}$ は等差数列であることに注意。
$$a_n = 11n - 1$$
したがって，$n = 1$ を代入して，$a_1 = 10$
また，n の係数に注意して，公差は 11 となる。
以上より，$\{a_n\}$ は **初項 10，公差 11 の等差数列** となる。

(7) 与えられた数列の一般項を a_n とすると，
$$a_n = 2 \cdot 3^{n-1}$$
公比 $\neq 1$ だから，等比数列の和の公式より，
$$242 = \frac{2(3^n - 1)}{3 - 1}$$
$$\Leftrightarrow 3^n = 243$$
となるから，$\boldsymbol{n = 5}$

§ 22　∑ 計算(1) #1

【解答】

$\boxed{1}$

(1) $\dfrac{1}{3}n(n+1)(n+2)$

(2) $\dfrac{1}{4}n^2(n+1)^2$

(3) $2^{2n+2} - 4$

(4) $3^n - 1$

(5) $2^{2n} - 2n^2 + n - 2$

(6) $\dfrac{1}{6}n(n-1)(n+1)$

(7) $\dfrac{1}{6}n(n+1)(4n-1)$

【解説】

$\boxed{1}$

(1) （与式）$= \displaystyle\sum_{k=1}^{n}(k^2 + k)$
$= \dfrac{1}{6}n(n+1)(2n+1) + \dfrac{1}{2}n(n+1)$
$= \boldsymbol{\dfrac{1}{3}n(n+1)(n+2)}$

(2) （与式）$= \boldsymbol{\dfrac{1}{4}n^2(n+1)^2}$

(3) 与えられた和は，初項 4，公比 2 の等比数列の初項から第 $2n$ 項までの和。
$$\therefore \text{（与式）} = \frac{4(2^{2n} - 1)}{2 - 1} = \boldsymbol{2^{2n+2} - 4}$$

(4) 与えられた和は，初項 2，公比 3 の等比数列の初項から第 n 項までの和。
$$\therefore \text{（与式）} = \frac{2(3^n - 1)}{3 - 1} = \boldsymbol{3^n - 1}$$

(5) （与式）$= \displaystyle\sum_{k=1}^{2n-1} 2^k - \sum_{k=1}^{2n-1} k$

ここで，$\displaystyle\sum_{k=1}^{2n-1} 2^k$ は初項 2，公比 2 の等比数列の初項から第 $2n-1$ 項までの和。
$$\therefore \sum_{k=1}^{2n-1} 2^k = \frac{2(2^{2n-1} - 1)}{2 - 1} = 2^{2n} - 2$$

また，$\displaystyle\sum_{k=1}^{2n-1} k = \dfrac{1}{2} \cdot 2n(2n-1) = n(2n-1)$

$$\therefore \text{（与式）} = \boldsymbol{2^{2n} - 2n^2 + n - 2}$$

(6) （与式）$= \sum_{k=1}^{n}(nk - k^2) = n\sum_{k=1}^{n} k - \sum_{k=1}^{n} k^2$

（k についての和なので，n は Σ の外に出せる）

$= \dfrac{1}{2}n^2(n+1) - \dfrac{1}{6}n(n+1)(2n+1)$

$= \dfrac{1}{6}\boldsymbol{n(n-1)(n+1)}$

(7) （与式）$= \sum_{k=1}^{n} k(2k-1) = \sum_{k=1}^{n}(2k^2 - k)$

$= \dfrac{2}{6}n(n+1)(2n+1) - \dfrac{1}{2}n(n+1)$

$= \dfrac{1}{6}\boldsymbol{n(n+1)(4n-1)}$

[参考]　Σ 計算が煩雑であっても，何が変数で何が定数なのかは決して見失わないようにする。次の各 Σ 計算の違いはどうであろうか？

① $\displaystyle\sum_{k=1}^{n} a_k$

② $\displaystyle\sum_{k=1}^{n} a_n$

①は，一般項が a_n という数列の初項から第 n 項までの和なので，その和は，

　① $= a_1 + a_2 + a_3 + \cdots\cdots + a_n$

一方②は，k についての和なのに，Σ の中身は a_n であり，k に無関係なので，

　② $= na_n$

となることに注意。ちなみに，Σ 計算の結果は Σ 記号の上の文字，n の式が出てくることにも注意しておくこと。

§ 22　$\sum$ 計算(1)　　#2

――【解答】――

1

(1)　$-\dfrac{1}{2}n(n+1)(n+2)(3n+1)$

(2)　$\dfrac{1}{6}n(4n^2 + 39n + 125)$

(3)　$\dfrac{1}{6}n(n+1)(3n^2 - 7n - 5)$

(4)　$-\dfrac{15}{4}\left\{1 - \left(-\dfrac{3}{5}\right)^{n-2}\right\}$

(5)　$\dfrac{3^{3n+2}}{2} - 9n^3 - \dfrac{27}{2}n^2 - \dfrac{13}{2}n - \dfrac{5}{2}$

(6)　$\dfrac{6}{7}\left\{1 - \left(\dfrac{2}{9}\right)^{2n+1}\right\}$

(7)　$\dfrac{1}{12}n(n+1)^2(n+2)$

【解説】

1

(1)　（与式）$= -6\sum_{k=1}^{n} k^3 - 6\sum_{k=1}^{n} k^2$

$= -\dfrac{3}{2}n^2(n+1)^2 - n(n+1)(2n+1)$

$= -\dfrac{1}{2}\boldsymbol{n(n+1)(n+2)(3n+1)}$

(2)　（与式）$= \sum_{k=1}^{n}(2k^2 + 11k + 15)$

$= 2\sum_{k=1}^{n} k^2 + 11\sum_{k=1}^{n} k + 15\sum_{k=1}^{n} 1$

$= \dfrac{1}{3}n(n+1)(2n+1) + \dfrac{11}{2}n(n+1) + 15n$

$= \dfrac{1}{6}\boldsymbol{n(4n^2 + 39n + 125)}$

(3)　（与式）$= \sum_{k=1}^{n}(2k^3 - 5k^2)$

$= 2\sum_{k=1}^{n} k^3 - 5\sum_{k=1}^{n} k^2$

$= \dfrac{1}{2}n^2(n+1)^2 - \dfrac{5}{6}n(n+1)(2n+1)$

$= \dfrac{1}{6}\boldsymbol{n(n+1)(3n^2 - 7n - 5)}$

(4)　与えられた和は，初項 -6，公比 $-\dfrac{3}{5}$ の等比数列の和。ここで，項数は，

$n + 1 - 4 + 1 = n - 2$

に注意すると,

$$（与式）= \frac{-6\left\{1-\left(-\frac{3}{5}\right)^{n-2}\right\}}{1+\frac{3}{5}}$$

$$= -\frac{\mathbf{15}}{\mathbf{4}}\left\{1-\left(-\frac{\mathbf{3}}{\mathbf{5}}\right)^{\mathbf{n-2}}\right\}$$

(5) $（与式）= \sum_{k=1}^{3n+1} 3^k - \sum_{k=1}^{3n+1} k^2$

ここで, $\sum_{k=1}^{3n+1} 3^k$ は初項 3, 公比 3 の等比数列の初項から第 $3n+1$ 項までの和。

$$\therefore \sum_{k=1}^{3n+1} 3^k = \frac{3(3^{3n+1}-1)}{3-1} = \frac{3}{2}(3^{3n+1}-1)$$

また,

$$\sum_{k=1}^{3n+1} k^2 = \frac{1}{6}(3n+1)(3n+2)(6n+3)$$

$$= \frac{1}{2}(2n+1)(3n+1)(3n+2)$$

$$= 9n^3 + \frac{27}{2}n^2 + \frac{13}{2}n + 1$$

$$\therefore （与式）= \frac{\mathbf{3^{3n+2}}}{\mathbf{2}} - \mathbf{9n^3} - \frac{\mathbf{27}}{\mathbf{2}}\mathbf{n^2} - \frac{\mathbf{13}}{\mathbf{2}}\mathbf{n} - \frac{\mathbf{5}}{\mathbf{2}}$$

(6) 与えられた和は, 初項 $\frac{2}{3}$, 公比 $2 \cdot 3^{-2} = \frac{2}{9}$ の等比数列の初項から第 $2n+1$ 項までの和。

$$\therefore （与式）= \frac{2}{3} \times \frac{1-\left(\frac{2}{9}\right)^{2n+1}}{1-\frac{2}{9}}$$

$$= \frac{\mathbf{6}}{\mathbf{7}}\left\{1-\left(\frac{\mathbf{2}}{\mathbf{9}}\right)^{\mathbf{2n+1}}\right\}$$

(7) $（与式）= \sum_{k=1}^{n}(n-k+1)k^2$

$$= (n+1)\sum_{k=1}^{n} k^2 - \sum_{k=1}^{n} k^3$$

$$= \frac{n+1}{6}n(n+1)(2n+1) - \frac{1}{4}(n+1)^2 \cdot n^2$$

$$= \frac{n(n+1)^2}{12}\{2(2n+1)-3n\}$$

$$= \frac{\mathbf{1}}{\mathbf{12}}\mathbf{n}(\mathbf{n+1})^2(\mathbf{n+2})$$

§ 23 ∑計算(2) #1

【解答】

1

(1) $\dfrac{n(3n+5)}{4(n+1)(n+2)}$

(2) $\dfrac{n}{2(n+1)}$

(3) $2^{2n-3} - 1$

(4) $\sqrt{n+1} - \sqrt{2}$

(5) $\dfrac{1}{9}(3n-1)2^{2n+1} + \dfrac{2}{9}$

(6) $\dfrac{-n(n-1)}{2(n+1)(n+2)}$

【解説】

1

(1) $\dfrac{1}{k(k+2)} = \dfrac{1}{2}\left(\dfrac{1}{k} - \dfrac{1}{k+2}\right)$ より,

$$（与式）= \frac{1}{2}\sum_{k=1}^{n}\left(\frac{1}{k} - \frac{1}{k+2}\right)$$

$$= \frac{1}{2}\left(1 + \frac{1}{2} - \frac{1}{n+1} - \frac{1}{n+2}\right)$$

$$= \frac{3}{4} - \frac{2n+3}{2(n+1)(n+2)}$$

$$= \frac{\mathbf{n(3n+5)}}{\mathbf{4(n+1)(n+2)}}$$

(2) $\dfrac{1}{k^2+3k+2} = \dfrac{1}{(k+1)(k+2)}$

$$= \frac{1}{k+1} - \frac{1}{k+2}$$ より,

$$（与式）= \sum_{k=1}^{2n}\left(\frac{1}{k+1} - \frac{1}{k+2}\right)$$

$$= \frac{1}{2} - \frac{1}{2n+2} = \frac{\mathbf{n}}{\mathbf{2(n+1)}}$$

(3) 与えられた和は, 初項 $2^{4-4} = 1$, 公比 2 の等比数列の初項から第 $2n-3$ 項までの和に等しく,

$$（与式）= \frac{2^{2n-3}-1}{2-1} = \mathbf{2^{2n-3} - 1}$$

[注意] ∑ の中身が等比数列であることに注意すれば, $k=4$ からの和なので, 初項は $k=4$ のとき, 公比は明らかに 2, また項数が $k=4$ から $k=2n$ までの $2n-3$ 項であることに注意する。

266 解答篇

(4) $\dfrac{1}{\sqrt{k}+\sqrt{k+1}} = \sqrt{k+1}-\sqrt{k}$ より,

（無理式は有理化）

$$（与式）= \sum_{k=2}^{n}\left(\sqrt{k+1}-\sqrt{k}\right)$$
$$= \boldsymbol{\sqrt{n+1}-\sqrt{2}}$$

(5) 与式の値を S とすると,
$$S = 1\cdot 2 + 2\cdot 2^3 + \cdots\cdots + n\cdot 2^{2n-1}$$
$$4S = 1\cdot 2^3 + \cdots + (n-1)\cdot 2^{2n-1} + n\cdot 2^{2n+1}$$
辺々引いて,
$$-3S = \underbrace{2 + 2^3 + \cdots\cdots + 2^{2n-1}}_{\text{初項 2, 公比 4 の等比数列の和}} - n\cdot 2^{2n+1}$$

$$\therefore S = -\dfrac{1}{3}\left\{\dfrac{2(4^n-1)}{4-1} - n\cdot 2^{2n+1}\right\}$$
$$= -\dfrac{2^{2n+1}-2}{9} + \dfrac{n\cdot 2^{2n+1}}{3}$$
$$= \boldsymbol{\dfrac{1}{9}(3n-1)2^{2n+1}+\dfrac{2}{9}}$$

(6) $a_k = \dfrac{2k-1}{k(k+1)}$ とすれば,

$$a_{k+1} = \dfrac{2k+1}{(k+1)(k+2)}$$

したがって,
$$（与式）= \sum_{k=1}^{n}(a_{k+1}-a_k)$$
$$= a_{n+1}-a_1 = \dfrac{2n+1}{(n+1)(n+2)} - \dfrac{1}{2}$$
$$= \boldsymbol{\dfrac{-n(n-1)}{2(n+1)(n+2)}}$$

§23 $\sum$ 計算(2) #2

【解答】

$\boxed{1}$

(1) $\dfrac{1}{4}n(n+1)(n+2)(n+3)$

(2) $\dfrac{1}{60} - \dfrac{1}{4(n+1)(2n+3)}\ (n\geq 2)$

(3) $\dfrac{1}{2n(n+1)} - \dfrac{1}{4(2n+1)(n+1)}$

(4) $\dfrac{1}{2}(\sqrt{3n+2}+\sqrt{3n+1}-\sqrt{n}-\sqrt{n+1})$

(5) $n\cdot 3^{n+1}$

(6) 0

【解説】

$\boxed{1}$

(1) $(k+2)(k+1)k = \dfrac{1}{4}\{(k+3)(k+2)(k+1)k$
$\phantom{(k+2)(k+1)k = \dfrac{1}{4}\{}-(k+2)(k+1)k(k-1)\}$

より,
$$（与式）= \dfrac{1}{4}\sum_{k=1}^{n}\{(k+3)(k+2)(k+1)k$$
$$\phantom{（与式）= \dfrac{1}{4}\sum_{k=1}^{n}\{}-(k+2)(k+1)k(k-1)\}$$
$$= \boldsymbol{\dfrac{1}{4}n(n+1)(n+2)(n+3)}$$

(2) $\dfrac{1}{(k+1)(k+2)(k+3)}$
$$= \dfrac{1}{2}\left\{\dfrac{1}{(k+1)(k+2)} - \dfrac{1}{(k+2)(k+3)}\right\}$$

より,
$$（与式）= \dfrac{1}{2}\sum_{k=4}^{2n}\left\{\dfrac{1}{(k+1)(k+2)}\right.$$
$$\left.-\dfrac{1}{(k+2)(k+3)}\right\}$$
$$= \dfrac{1}{2}\left\{\dfrac{1}{30} - \dfrac{1}{(2n+2)(2n+3)}\right\}$$
$$= \boldsymbol{\dfrac{1}{60} - \dfrac{1}{4(n+1)(2n+3)}}$$

(3) $k^3+3k^2+2k = k(k+1)(k+2)$ より,

$$\dfrac{1}{k^3+3k^2+2k}$$
$$= \dfrac{1}{2}\left\{\dfrac{1}{k(k+1)} - \dfrac{1}{(k+1)(k+2)}\right\}$$

267

したがって,

$$(\text{与式}) = \frac{1}{2}\sum_{k=n}^{2n}\left\{\frac{1}{k(k+1)} - \frac{1}{(k+1)(k+2)}\right\}$$
$$= \frac{1}{2}\left\{\frac{1}{n(n+1)} - \frac{1}{(2n+1)(2n+2)}\right\}$$
$$= \boldsymbol{\frac{1}{2n(n+1)} - \frac{1}{4(2n+1)(n+1)}}$$

(4) $\dfrac{1}{\sqrt{k}+\sqrt{k+2}} = \dfrac{1}{2}(\sqrt{k+2}-\sqrt{k})$ より,

2 個ずれの階差になっていることに注意する.

$$(\text{与式}) = \frac{1}{2}\sum_{k=n}^{3n}(\sqrt{k+2}-\sqrt{k})$$
$$= \boldsymbol{\frac{1}{2}(\sqrt{3n+2}+\sqrt{3n+1}}$$
$$\boldsymbol{-\sqrt{n}-\sqrt{n+1})}$$

(5) 求める和を S とする.このとき,

$$S = 3\cdot 3 + 5\cdot 3^2 + \cdots + (2n+1)\cdot 3^n$$
$$3S = 3\cdot 3^2 + 5\cdot 3^3 + \cdots + (2n-1)3^n + (2n+1)3^{n+1}$$

したがって,辺々引くと,

$$-2S = 3\cdot 3 + 2\cdot 3^2 + \cdots + 2\cdot 3^n$$
$$\qquad - (2n+1)\cdot 3^{n+1}$$
$$= 3 + 2\sum_{k=1}^{n} 3^k - (2n+1)3^{n+1}$$
$$= 3 + 3(3^n - 1) - (2n+1)\cdot 3^{n+1}$$
$$= -2n\cdot 3^{n+1}$$

したがって,$S = \boldsymbol{n\cdot 3^{n+1}}$

(6) 中身が階差形になっているので,

$$(\text{与式}) = {}_n\mathrm{C}_n - {}_n\mathrm{C}_0 = \boldsymbol{0}$$

§ 24 基本的な漸化式 #1

【解答】

1

(1) $a_n = -2n + 3$

(2) $a_n = 2\cdot 3^{n-1} + 1$

(3) $a_n = (-2)^{n-1}$

(4) $a_n = 2\cdot(-1)^{n-1} + 1$

(5) $a_n = \dfrac{1}{2}(n^2 - n + 2)$

(6) $a_n = \dfrac{1 - (-3)^n}{2}$

(7) $a_n = 2 - \dfrac{1}{n}$

【解説】

1

(1) $\{a_n\}$ は初項 $a_1 = 1$,公差 -2 の等差数列.

$$\therefore\quad a_n = 1 + (-2)(n-1) = \boldsymbol{-2n + 3}$$

(2) $a_{n+1} = 3a_n - 2$ より,

特性方程式 $\alpha = 3\alpha - 2$ を解いて,$\alpha = 1$

$$\therefore\quad a_{n+1} - 1 = 3(a_n - 1)$$

したがって,$b_n = a_n - 1$ とすれば,
$\{b_n\}$ は初項 $b_1 = a_1 - 1 = 2$,公比 3 の等比数列.
したがって,$a_n = b_n + 1 = \boldsymbol{2\cdot 3^{n-1} + 1}$

(3) $\{a_n\}$ は初項 $a_1 = 1$,公比 -2 の等比数列.

$$\therefore\quad \boldsymbol{a_n = (-2)^{n-1}}$$

(4) $a_{n+1} = -a_n + 2$ より,特性方程式 $\alpha = -\alpha + 2$ を解いて,$\alpha = 1$

$$\therefore\quad a_{n+1} - 1 = -(a_n - 1)$$

したがって,$b_n = a_n - 1$ とすれば,
$\{b_n\}$ は初項 $b_1 = 3 - 1 = 2$,公比 -1 の等比数列.
したがって,$a_n = b_n + 1 = \boldsymbol{2\cdot(-1)^{n-1} + 1}$

(5) $a_{n+1} - a_n = n$ より,
$\{a_n\}$ の階差数列を $\{b_n\}$ とすると,$b_n = n$
$\therefore$ $n \geqq 2$ において,

$$a_n = a_1 + \sum_{k=1}^{n-1} b_k = 1 + \frac{1}{2}n(n-1)$$
$$= \frac{1}{2}(n^2 - n + 2)$$

これは $n = 1$ でも成立する.

$$\therefore\quad \boldsymbol{a_n = \frac{1}{2}(n^2 - n + 2)}\ (n \geqq 1)$$

(6) $a_{n+1} = -3a_n + 2$ より,

特性方程式 $\alpha = -3\alpha + 2$ を解いて,$\alpha = \dfrac{1}{2}$

$$\therefore \quad a_{n+1} - \frac{1}{2} = -3\left(a_n - \frac{1}{2}\right)$$

したがって，$b_n = a_n - \dfrac{1}{2}$ とすると，

$\{b_n\}$ は初項 $b_1 = a_1 - \dfrac{1}{2} = \dfrac{3}{2}$，公比 -3 の等比数列．

$$\therefore \quad a_n = b_n + \frac{1}{2} = \frac{3}{2} \cdot (-3)^{n-1} + \frac{1}{2}$$
$$= \boldsymbol{\frac{1-(-3)^n}{2}}$$

(7) $a_{n+1} - a_n = \dfrac{1}{n(n+1)} = \dfrac{1}{n} - \dfrac{1}{n+1}$ より，

$\{a_n\}$ の階差数列を $\{b_n\}$ とすると，

$$\therefore \quad b_n = \frac{1}{n} - \frac{1}{n+1}$$

したがって，$n \geqq 2$ において，

$$a_n = a_1 + \sum_{k=1}^{n-1} b_k = 1 + \sum_{k=1}^{n-1}\left(\frac{1}{k} - \frac{1}{k+1}\right)$$
$$= 1 + 1 - \frac{1}{n} = 2 - \frac{1}{n}$$

これは $n=1$ でも成立する．

$$\therefore \quad \boldsymbol{a_n = 2 - \frac{1}{n}} \ (n \geqq 1)$$

§24 基本的な漸化式 #2

【解答】

[1]

(1) $a_n = 4 - \dfrac{1}{n}$

(2) $a_n = -(-2)^{n-1}$

(3) $a_n = (-8)^{n-1} - 7$

(4) $a_n = 5n^2 - 14n + 4$

(5) $a_n = -3n + 10$

(6) $a_n = -7 + 10 \cdot (-3)^{n-1}$

(7) $a_n = -(-7)^{n-1}$

【解説】

[1]

(1) $a_{n+1} - a_n = \dfrac{1}{n(n+1)}$ より，$\{a_n\}$ の階差数列を $\{b_n\}$ とすると，

$$b_n = \frac{1}{n(n+1)}$$

したがって，$n \geqq 2$ において，

$$a_n = a_1 + \sum_{k=1}^{n-1} b_k$$
$$= 3 + \sum_{k=1}^{n-1} \frac{1}{k(k+1)}$$
$$= 3 + \sum_{k=1}^{n-1}\left(\frac{1}{k} - \frac{1}{k+1}\right)$$
$$= 4 - \frac{1}{n}$$

これは $n=1$ でも成立する．

$$\therefore \quad \boldsymbol{a_n = 4 - \frac{1}{n}} \ (n \geqq 1)$$

(2) $\{a_n\}$ は初項 -1，公比 -2 の等比数列．

$$\therefore \quad \boldsymbol{a_n = -(-2)^{n-1}}$$

(3) $a_{n+1} = -8a_n - 63$ より，

特性方程式 $\alpha = -8\alpha - 63$ を解いて，$\alpha = -7$

$$\therefore \quad a_{n+1} + 7 = -8(a_n + 7)$$

したがって，$\{a_n + 7\}$ は初項 $a_1 + 7 = 1$，公比 -8 の等比数列だから，

$$a_n + 7 = (-8)^{n-1} \Leftrightarrow \boldsymbol{a_n = (-8)^{n-1} - 7}$$

(4) $a_{n+1} - a_n = 10n - 9$ より，$\{a_n\}$ の階差数列を $\{b_n\}$ とすると，

$$b_n = 10n - 9$$

よって，$n \geqq 2$ において，

$$a_n = a_1 + \sum_{k=1}^{n-1} b_k = -5 + \sum_{k=1}^{n-1} \underbrace{(10k - 9)}_{\text{等差の和}}$$
$$= -5 + \frac{1}{2}(n-1)\{1 + 10(n-1) - 9\}$$
$$= -5 + (n-1)(5n-9) = 5n^2 - 14n + 4$$

これは $n=1$ のときも成り立つので,
$$\therefore\ a_n = 5n^2 - 14n + 4\ (n \geq 1)$$

(5) $\{a_n\}$ は初項 7, 公差 -3 の等差数列。
$$\therefore\ a_n = 7 - 3(n-1) = \boldsymbol{-3n + 10}$$

(6) $a_{n+1} = -3a_n - 28$ より,
特性方程式 $\alpha = -3\alpha - 28$ を解いて, $\alpha = -7$
$$\therefore\ a_{n+1} + 7 = -3(a_n + 7)$$
したがって, $\{a_n + 7\}$ は初項 $a_1 + 7 = 10$, 公比 -3 の等比数列だから,
$$a_n + 7 = 10 \cdot (-3)^{n-1} \Leftrightarrow \boldsymbol{a_n = -7 + 10 \cdot (-3)^{n-1}}$$

(7) $\{a_n\}$ は初項 -1, 公比 -7 の等比数列だから,
$$\therefore\ \boldsymbol{a_n = -(-7)^{n-1}}$$

§25 種々の数列 #1

【解答】

$\boxed{1}$

(1) $a_n = 2n - 1$

(2) $a_n = \begin{cases} 3 & (n = 1) \\ 2 \cdot 3^{n-1} & (n \geq 2) \end{cases}$

$\boxed{2}$

(1) $(a,\ b,\ c) = (3,\ 5,\ 7),\ (7,\ 5,\ 3)$

(2) $(a,\ b,\ c) = (1,\ 3,\ 9),\ (9,\ 3,\ 1)$

(3) $a_n = \dfrac{1}{2}n(n-1)$

(4) 解説参照

【解説】

$\boxed{1}$

(1) $n \geq 2$ において,
$$a_n = S_n - S_{n-1} = n^2 - (n-1)^2$$
$$= 2n - 1\ (n \geq 2)$$
また $a_1 = S_1 = 1$ で, 上式は $n = 1$ を満たす。
$$\therefore\ \boldsymbol{a_n = 2n - 1}\ (n \geq 1)$$

(2) $n \geq 2$ において,
$$a_n = S_n - S_{n-1} = 3^n - 3^{n-1}$$
$$= 2 \cdot 3^{n-1}\ (n \geq 2)$$
ここで, $n = 1$ のとき, $a_1 = S_1 = 3$ より,
$$a_n = \begin{cases} \boldsymbol{3} & \boldsymbol{(n = 1)} \\ \boldsymbol{2 \cdot 3^{n-1}} & \boldsymbol{(n \geq 2)} \end{cases}$$

$\boxed{2}$

(1) 与えられた 3 数は, 等差数列をなすので, 公差を d として, 3 数は $b-d,\ b,\ b+d$ とおける。
$$2b = a + c \cdots\cdots\text{①}$$
ここで, 和が 15 なので①から,
$$a + b + c = 3b = 15 \quad \therefore\ b = 5$$
また, 積が 105 なので,
$$(b-d)b(b+d) = b(b^2 - d^2) = 105$$
ここで, $b = 5$ から, $25 - d^2 = 21$
したがって, $d = \pm 2$ で, 求める 3 数は 3, 5, 7
$$\therefore\ (\boldsymbol{a,\ b,\ c}) = (\boldsymbol{3,\ 5,\ 7}),\ (\boldsymbol{7,\ 5,\ 3})$$

(2) 与えられた 3 数は, 等比数列をなすので, 公比を $r\ (\neq 0)$ として, $\dfrac{b}{r},\ b,\ rb$ とおける。
$$b^2 = ac \cdots\cdots\text{①}$$

このとき，積が 27 なので①から，
$$\frac{b}{r}\cdot b\cdot rb = b^3 = 27 \quad \therefore\ b = 3$$
また，和が 13 なので，
$$\frac{b}{r} + b + rb = b\left(1 + r + \frac{1}{r}\right) = 13$$
したがって，$r + \dfrac{1}{r} = \dfrac{10}{3}$
よって，$3r^2 - 10r + 3 = (3r-1)(r-3) = 0$
$\therefore\ r = \dfrac{1}{3},\ 3$ より，求める 3 数は，1, 3, 9
$\therefore\ (a,\ b,\ c) = (1,\ 3,\ 9),\ (9,\ 3,\ 1)$

(3) n 本の直線がある状態に，新たに $n+1$ 本目の直線を引くと，交点は n 個増える。
$$\therefore\ a_{n+1} = a_n + n$$
よって，$a_{n+1} - a_n = n$ となり，$\{a_n\}$ の階差数列を $\{b_n\}$ とすると，$b_n = n$
$\therefore\ n \geqq 2$ において，
$$a_n = a_1 + \sum_{k=1}^{n-1} k$$
$$= 0 + \frac{1}{2}n(n-1)\ (\because\ a_1 = 0)$$
これは $n = 1$ も満たすので，$\boldsymbol{a_n = \dfrac{1}{2}n(n-1)}$

(4) (I) $n = 1$ のとき，
$$a_1 = 1 = \frac{2\cdot 1 - 1}{1}\ \text{より成り立つ。}$$

(II) $n = k$ のとき，
$$a_k = \frac{2k-1}{k}$$
であると仮定すると，$n = k+1$ のとき，
$$a_{k+1} = \frac{4 - a_k}{3 - a_k}\quad (\because\ 漸化式)$$
$$= \frac{4 - \dfrac{2k-1}{k}}{3 - \dfrac{2k-1}{k}}\quad (数学的帰納法の仮定)$$
$$= \frac{2k+1}{k+1}$$
となり，$n = k+1$ でも成り立つ。

(I), (II)から，数学的帰納法により，
$$a_n = \frac{2n-1}{n}\ (n \geqq 1)\ \text{が成り立つ。}\quad \square$$

§25　種々の数列　#2

【解答】

1

(1) $a_n = \begin{cases} 5 & (n = 1) \\ 3\cdot 4^{n-1} + 1 & (n \geqq 2) \end{cases}$

(2) $a_n = 3n - 3 + \dfrac{1}{n}$

2

(1) $\alpha = -2,\ \beta = 1,\ \gamma = 4$

(2)〜(4) 解説参照

【解説】

1

(1) $n \geqq 2$ において，
$$\sum_{k=1}^{n} a_k = 4^n + n$$
$$\sum_{k=1}^{n-1} a_k = 4^{n-1} + (n-1)$$
より，辺々引くと，
$$a_n = 4^n - 4^{n-1} + n - (n-1)$$
$$= 3\cdot 4^{n-1} + 1$$
ここで，$n = 1$ のとき，$a_1 = 4^1 + 1 = 5$ より，
$$a_n = \begin{cases} \boldsymbol{5} & \boldsymbol{(n = 1)} \\ \boldsymbol{3\cdot 4^{n-1} + 1} & \boldsymbol{(n \geqq 2)} \end{cases}$$

(2) $n \geqq 2$ において，
$$\sum_{k=1}^{n} ka_k = n^3$$
$$\sum_{k=1}^{n-1} ka_k = (n-1)^3$$
辺々引くと，
$$na_n = n^3 - (n-1)^3$$
$$= 3n^2 - 3n + 1$$
また，$n = 1$ のとき $1\cdot a_1 = 1^3 = 1$ より，上式は $n = 1$ でも成立する。
$$\therefore\ na_n = 3n^2 - 3n + 1\ (n \geqq 1)$$
$n \neq 0$ より，$\boldsymbol{a_n = 3n - 3 + \dfrac{1}{n}}\ (n \geqq 1)$

2

(1) 等差・等比中項は「どれが真ん中か」が大切。
ある順に並べると等差数列をなすので，公差が正でも負でも β が等差数列の真ん中の項で，
$$2\beta = \alpha + \gamma\ \cdots ①$$

また，題意より， $\alpha\beta\gamma = -8$ …②
したがって，②から，
(i) 3数とも負の数 ($\alpha < \beta < \gamma < 0$)
(ii) 1数のみ負，2数は正 ($\alpha < 0 < \beta < \gamma$)
のいずれか．

(i) 3数とも負のとき：等比数列は大小順に並び，β が真ん中の項となる．

$$\therefore \beta^2 = \alpha\gamma$$

②に代入して，$\beta^3 = -8 \Leftrightarrow \beta = -2$

$$\therefore \alpha + \gamma = -4, \ \alpha\gamma = 4$$

α, γ は $t^2 + 4t + 4 = 0$ の 2 解となるが，これは重解をもち，$\alpha \neq \gamma$ とならず不適．

(ii) 1数のみ負，残り 2数が正のとき：

$$\alpha < 0 < \beta < \gamma$$

で，公比は負となるので，1 つ異符号の α が等比数列の真ん中で，

$$\alpha^2 = \beta\gamma$$

②に代入して， $\alpha = -2$

$$\therefore \beta\gamma = 4, \ \gamma = 2\beta + 2$$

代入して，$2\beta(\beta+1) = 4 \Leftrightarrow \beta = 1, -2$
$\beta > 0$ に注意して，

$$\beta = 1, \ \gamma = 4 \ (\beta < \gamma を満たす)$$

以上より，**$\alpha = -2, \beta = 1, \gamma = 4$**

(2) 数学的帰納法で示す．
(i) $n = 1$ のとき：$a_1 = \dfrac{1 \cdot (1+1)}{2}$ より成立．

(ii) $n = k$ のとき，$a_k = \dfrac{k(k+1)}{2}$ とすると，

$$\left(a_{k+1} - \frac{k(k+1)}{2}\right)^2 = a_{k+1} + \frac{k(k+1)}{2}$$

$$\Leftrightarrow 4a_{k+1}^2 - 4(k^2 + k + 1)a_{k+1} + (k-1)k(k+1)(k+2) = 0$$

$$\therefore \{2a_{k+1} - k(k-1)\} \times \{2a_{k+1} - (k+1)(k+2)\} = 0$$

$a_{k+1} > a_k = \dfrac{k(k+1)}{2}$ に注意すれば，

$$a_{k+1} = \frac{(k+1)(k+2)}{2}$$

よって，$n = k+1$ でも成り立つ．

以上より，数学的帰納法から $a_n = \dfrac{n(n+1)}{2}$ □

(3) 数学的帰納法で示す．
(i) $n = 1, 2$ のとき，

$$a_1 = \frac{1}{2^{1-1}}, \ a_2 = \frac{1}{2^{2-1}}$$

より確かに成立する．

(ii) $n = k, k+1 \ (k \geq 1)$ のとき，

$$a_k = \frac{1}{2^{k-1}}, \ a_{k+1} = \frac{1}{2^k}$$

となることを仮定すると，

$$a_{k+2} = \frac{\dfrac{1}{2^{k-1}} \cdot \dfrac{1}{2^k}}{3 \cdot \dfrac{1}{2^{k-1}} - 2 \cdot \dfrac{1}{2^k}}$$

$$= \frac{2^{k-1}}{2^{2k-1}(3-1)} = \frac{1}{2^{k+1}}$$

したがって，$n = k+2$ でも成立する．

以上より，数学的帰納法から，$a_n = \dfrac{1}{2^{n-1}}$ □

(4) 数学的帰納法は**漸化式に沿ってまわす**のが基本．漸化式の立て方によって，数学的帰納法の形もガラリと変わることに注意．
$a_n = 2^{n+1} + 3^{2n-1}$ として，
$\underline{2^{n+1} にあわせて漸化式を立てると}$

$$a_{n+1} = 2^{n+2} + 3^{2n+1}$$
$$= 2(2^{n+1} + 3^{2n-1}) + 3^{2n+1} - 2 \cdot 3^{2n-1}$$
$$= 2a_n + 7 \cdot 3^{2n-1}$$

(i) $n = 1$ のとき，$a_1 = 7$ より 7 で割り切れる．
(ii) $n = k$ のとき，a_k が 7 の倍数と仮定すると，

$$a_k = 7l \quad (l は整数)$$

とおけて，

$$a_{k+1} = 2a_k + 7 \cdot 3^{2k-1} = 7(2l + 3^{2k-1})$$

よって，a_{k+1} も 7 の倍数となる．
以上より，数学的帰納法から，題意が成立する． □

[参考] $\underline{3^{2n-1} にあわせて漸化式を立てると}$

$$a_{n+1} = 2^{n+2} + 3^{2n+1}$$
$$= 9(2^{n+1} + 3^{2n-1}) - 9 \cdot 2^{n+1} + 2^{n+2}$$
$$= 9(2^{n+1} + 3^{2n-1}) - 7 \cdot 2^{n+1}$$

したがって，a_n が 7 の倍数と仮定すると，a_{n+1} も 7 の倍数となる．$n = 1$ とあわせて，数学的帰納法から題意が成立する． □

また，以下のような漸化式を作ることもできる（まだこの漸化式は自分で作れなくてもよい）．
$\underline{n 乗和の 3 項間漸化式を作ると}$

$$a_{n+1} = 2^{n+2} + 3^{2n+1}$$
$$= (2+9)(2^{n+1} + 3^{2n-1}) - 2 \cdot 9(2^n + 3^{2n-3})$$
$$= 11a_n - 18a_{n-1}$$

このときの数学的帰納法は下のようになる。
(i) $n = 1, 2$ のとき，
$$a_1 = 7, \ a_2 = 35$$
より確かに 7 の倍数になる。
(ii) $n = k - 1, \ k \ (k \geqq 2)$ で $a_{k-1}, \ a_k$ が 7 の倍数と仮定すると，
$$a_{k+1} = 11a_k - 18a_{k-1}$$
より，a_{k+1} も 7 の倍数となる。
以上より，数学的帰納法から，題意が成立する。 □

§26 指数・対数計算 #1

【解答】
1
(1) $6\sqrt[4]{2}$
(2) -4
(3) $\dfrac{9}{2}\sqrt[3]{2}$
(4) $a + \sqrt{ab} + b$
(5) $\sqrt[3]{a} + \sqrt[3]{b}$

2
(1) $-\dfrac{1}{2}$
(2) $\dfrac{37}{6}$
(3) $\dfrac{3}{2}$
(4) 6
(5) $\dfrac{1}{a}$
(6) 4

【解説】
1
(1) 素因数ごとに考えて，
$$（与式）= 2^{\frac{1}{4}} \times 3^{\frac{1}{4}} \times 2^{\frac{1}{2}} \times 3^{\frac{1}{2}} \times 2^{\frac{1}{2}} \times 3^{\frac{1}{4}}$$
$$= 2^{\frac{1}{4}+\frac{1}{2}+\frac{1}{2}} \times 3^{\frac{1}{4}+\frac{1}{2}+\frac{1}{4}}$$
$$= 2^{\frac{5}{4}} \times 3^1 = \boldsymbol{6\sqrt[4]{2}}$$

(2) $\sqrt[3]{\sqrt{64}} = \left\{(2^6)^{\frac{1}{2}}\right\}^{\frac{1}{3}}, \ \sqrt{16} = 4, \ \sqrt[3]{-8} = -2$ より，
$$（与式）= 2 \times 4 \div (-2) = \boldsymbol{-4}$$

(3) $54 = 2 \times 3^3, \ 16 = 2^4, \ 0.25 = 2^{-2}$ より，
$$\sqrt[3]{54} = (2 \times 3^3)^{\frac{1}{3}} = 3\sqrt[3]{2}$$
$$\sqrt[3]{16} = (2^4)^{\frac{1}{3}} = 2\sqrt[3]{2}$$
$$\sqrt[3]{0.25} = (2^{-2})^{\frac{1}{3}} = \dfrac{1}{2}\sqrt[3]{2}$$

よって，$（与式）= \boldsymbol{\dfrac{9}{2}\sqrt[3]{2}}$

(4) 和と差の積 = 2 乗の差 より，
$$（与式）= (a^{\frac{1}{2}} + b^{\frac{1}{2}})^2 - a^{\frac{1}{2}}b^{\frac{1}{2}}$$
$$= a + b + 2\sqrt{ab} - \sqrt{ab}$$
$$= \boldsymbol{a + \sqrt{ab} + b}$$

(5) $a + b = (a^{\frac{1}{3}} + b^{\frac{1}{3}})(a^{\frac{2}{3}} - a^{\frac{1}{3}}b^{\frac{1}{3}} + b^{\frac{2}{3}})$ より，
$$（与式）= a^{\frac{1}{3}} + b^{\frac{1}{3}} = \boldsymbol{\sqrt[3]{a} + \sqrt[3]{b}}$$

2
(1) 底は 2 にそろっているので，
$$（与式）= \dfrac{1}{2} \log_2 \left(\dfrac{7}{48} \times 12^2 \times \dfrac{1}{42}\right)$$
$$= \dfrac{1}{2} \log_2 \dfrac{1}{2} = \boldsymbol{-\dfrac{1}{2}}$$

273

(2) 底を 2 にそろえて，
$$(与式) = 4 + \frac{\log_2 8}{\log_2 4} + \frac{\log_2 4}{\log_2 8}$$
$$= 4 + \frac{3}{2} + \frac{2}{3} = \boldsymbol{\frac{37}{6}}$$

(3) 底を 4 にそろえる。
$$(与式) = \log_4 5 \cdot \frac{\log_4 6}{\log_4 5} \cdot \frac{\log_4 7}{\log_4 6} \cdot \frac{\log_4 8}{\log_4 7}$$
$$= \log_4 8 = \frac{\log_2 8}{\log_2 4} = \boldsymbol{\frac{3}{2}}$$

(4) $\log_3 4 + \log_9 4 = 2\log_3 2 + \dfrac{\log_3 4}{\log_3 9} = 3\log_3 2$

$\log_2 27 - \log_4 9 = 3\log_2 3 - \dfrac{\log_2 9}{\log_2 4} = 2\log_2 3$

したがって，
$$(与式) = 3\log_3 2 \times 2\log_2 3$$
$$= 6\log_2 3 \times \frac{1}{\log_2 3} = \boldsymbol{6}$$

(5) $(与式) = a^{-1} = \boldsymbol{\dfrac{1}{a}}$

(6) $\dfrac{\log_{10} 4}{\log_{10} 3} = \log_3 4$ より，

$(与式) = 3^{\log_3 4} = \boldsymbol{4}$

§26　指数・対数計算　　#2

【解答】

$\boxed{1}$
(1) $4\sqrt[3]{2}$　　　　　　　(2) $-\sqrt[3]{2}$
(3) $3\sqrt[3]{2}$　　　　　　　(4) 24
(5) $a - \dfrac{1}{b}$

$\boxed{2}$
(1) 6　　　　　　　　(2) $\dfrac{4}{3}$
(3) 2　　　　　　　　(4) 3
(5) 7　　　　　　　　(6) $\dfrac{1}{3}$

【解説】

$\boxed{1}$
(1) $54 = 2 \times 3^3,\ 4 = 2^2$ より，
$$\sqrt[3]{54} = (2 \times 3^3)^{\frac{1}{3}} = 3\sqrt[3]{2}$$
$$\frac{3}{2}\sqrt[6]{4} = \frac{3}{2}(2^2)^{\frac{1}{6}} = \frac{3}{2}\sqrt[3]{2}$$
$$\sqrt[3]{-\frac{1}{4}} = -\left(\frac{1}{2^2}\right)^{\frac{1}{3}} = -\frac{1}{2}\sqrt[3]{2}$$
よって，$(与式) = \boldsymbol{4\sqrt[3]{2}}$

(2) 素因数は 2 のみなので，
$$(与式) = 2^{\frac{1}{2}} \times (2^3)^{\frac{1}{4}} \times 2^{\frac{1}{12}} \times \{-(2^5)^{-\frac{1}{5}}\}$$
$$= -2^{\frac{1}{2}+\frac{3}{4}+\frac{1}{12}-1}$$
$$= -2^{\frac{1}{3}} = \boldsymbol{-\sqrt[3]{2}}$$

(3) $54 = 2 \times 3^3,\ 16 = 2^4$ より，
$$2\sqrt[3]{54} = 2(2 \times 3^3)^{\frac{1}{3}} = 6\sqrt[3]{2}$$
$$\sqrt[3]{16} = (2^4)^{\frac{1}{3}} = 2\sqrt[3]{2}$$
したがって，$(与式) = 6\sqrt[3]{2} - \sqrt[3]{2} - 2\sqrt[3]{2} = \boldsymbol{3\sqrt[3]{2}}$

(4) 素因数ごとに考えて，
$$(与式) = (2^2)^{-\frac{3}{2}} \times \{(2^4)^{-3}\}^{-\frac{1}{2}} \times (3^3)^{\frac{1}{3}}$$
$$= 2^{-3+6} \times 3 = \boldsymbol{24}$$

(5) 和と差の積 = 2 乗の差より，
$$(与式) = (a^{\frac{1}{2}} + b^{-\frac{1}{2}})(a^{\frac{1}{2}} - b^{-\frac{1}{2}})$$
$$= a - b^{-1} = \boldsymbol{a - \frac{1}{b}}$$

$\boxed{2}$
(1) 底を 2 にそろえて，
$$(与式) = \log_2 3^2 \times \frac{\log_2 5}{\log_2 3} \times \frac{\log_2 \frac{1}{8}}{\log_2 \frac{1}{5}}$$
$$= 2\log_2 3 \times \frac{\log_2 5}{\log_2 3} \times \frac{-3}{-\log_2 5}$$
$$= 2 \times 3 = \boldsymbol{6}$$

(2) 底を 2 にそろえて，

$$（与式）= \frac{\frac{1}{3}\log_2 5^2}{\log_2 9} \times \log_2 3^4 \times \frac{1}{\log_2 5}$$
$$= \frac{1}{3} \times \frac{\log_2 5}{\log_2 3} \times 4\log_2 3 \times \frac{1}{\log_2 5}$$
$$= \boldsymbol{\frac{4}{3}}$$

(3) 底を 3 にそろえて，

$$（与式）= -\log_3 4 \times \frac{-\log_3 5}{\log_3 4} \times \frac{-\log_3 6}{\log_3 5}$$
$$\times \frac{-\log_3 7}{\log_3 6} \times \frac{-\log_3 8}{\log_3 7} \times \frac{-\log_3 9}{\log_3 8}$$
$$= \log_3 9 = \boldsymbol{2}$$

(4) 底を 2 にそろえて，

$$（与式）= \log_2 4 - \log_2 3 + \frac{\log_2(2^2 \cdot 3^2)}{\log_2 2^2}$$
$$= 2 - \log_2 3 + 1 + \log_2 3 = \boldsymbol{3}$$

(5) 底を 3 にそろえて，

$$\log_3 4 + \log_9 8 = 2\log_3 2 + \frac{\log_3 8}{\log_3 3^2}$$
$$= 2\log_3 2 + \frac{3}{2}\log_3 2 = \frac{7}{2}\log_3 2$$

$$\log_4 27 + \log_{16} 9 = \frac{\log_3 3^3}{\log_3 4} + \frac{\log_3 3^2}{\log_3 16}$$
$$= \frac{3}{2\log_3 2} + \frac{1}{2\log_3 2}$$
$$= \frac{2}{\log_3 2}$$

したがって，（与式）$= \boldsymbol{7}$

(6) 分母について，底を 2 にそろえると，

$$\log_{\sqrt{2}} 0.125 = \frac{\log_2 \frac{1}{8}}{\log_2 2^{\frac{1}{2}}} = -6$$

また，

$$（分子）= \log_5(8 \times 0.005) = \log_5 0.04$$
$$= \log_5 \frac{1}{25} = -2$$

だから，（与式）$= \boldsymbol{\frac{1}{3}}$

§27 指数・対数のグラフ #1

―【解答】―

$\boxed{1}$ 解説参照

$\boxed{2}$

(1) $0.5^3 < 2^{-1} < 2^0 < 2^2 < 0.5^{-3}$
(2) $\sqrt[3]{2} < \sqrt[5]{4} < \sqrt{2}$
(3) $\log_3 \frac{3}{2} < \log_9 7 < \log_3 4$
(4) $\log_{0.5} 7 < \log_{0.5} 4 < \log_{0.5} \frac{1}{3}$

【解説】

$\boxed{1}$

(1) $y = 2^x$ を x 軸方向に 1 平行移動したもの（または $y = \frac{1}{2} \cdot 2^x$ より，$y = 2^x$ を y 軸方向に $\frac{1}{2}$ 倍したもの）なので，グラフは下図。

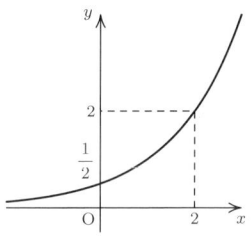

(2) $y = 3^{-x-1} + 1$ より，$y = 3^{-x}$ のグラフを x 軸方向に -1 平行移動，y 軸方向に 1 平行移動したもので，グラフは下図。

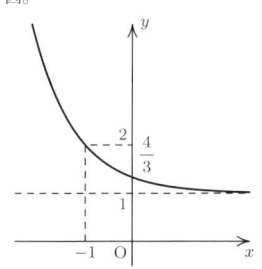

(3) $y = \log_2 x$ を x 軸方向に -2 平行移動したものなので，グラフは下図。

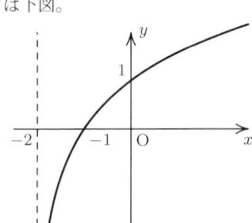

(4) ※底は 1 より大きくしておいた方が無難。
$$y = -\log_3(3x+2) = -\log_3\left(x+\frac{2}{3}\right) - 1$$
より，$y = -\log_3 x$ のグラフを x 軸方向に $-\frac{2}{3}$ 平行移動，y 軸方向に -1 平行移動したものなので，グラフは下図。

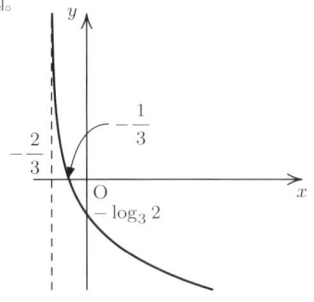

2

(1) まずは底か指数かをそろえること。底は 1 より大きくそろえておく方が無難。
底を 2 にそろえると，
$$0.5^{-3} = (2^{-1})^{-3} = 2^3$$
$$0.5^3 = (2^{-1})^3 = 2^{-3}$$
したがって，$2 > 1$ に注意すれば 2^x は単調増加で，
$$2^{-3} < 2^{-1} < 2^0 < 2^2 < 2^3$$
$$\therefore \ \mathbf{0.5^3 < 2^{-1} < 2^0 < 2^2 < 0.5^{-3}}$$

(2) 底を 2 にそろえると，
$$\sqrt[5]{4} = (2^2)^{\frac{1}{5}} = 2^{\frac{2}{5}}$$
$\frac{1}{3} < \frac{2}{5} < \frac{1}{2}$ で，$2 > 1$ より 2^x が単調増加であることに注意すれば，
$$\sqrt[3]{2} < \sqrt[5]{4} < \sqrt{2}$$

(3) 対数の大小比較は，**底を 1 より大きくそろえる**こと。
底を 3 にそろえて，
$$\log_9 7 = \frac{\log_3 7}{\log_3 9} = \frac{1}{2}\log_3 7$$
$\frac{3}{2} < \sqrt{7} < 4$ で，$3 > 1$ に注意すれば $\log_3 x$ は単調増加なので，
$$\therefore \ \mathbf{\log_3 \frac{3}{2} < \log_9 7 < \log_3 4}$$

(4) 底を 2 にそろえて，
$$\log_{0.5}\frac{1}{3} = -\log_2 \frac{1}{3}$$
$$\log_{0.5} 4 = -\log_2 4, \ \log_{0.5} 7 = -\log_2 7$$

よって，$2 > 1$ に注意して $\log_2 x$ は単調増加なので，
$$\log_2 \frac{1}{3} < \log_2 4 < \log_2 7$$
したがって，
$$-\log_2 \frac{1}{3} > -\log_2 4 > -\log_2 7$$
$$\therefore \ \mathbf{\log_{0.5} 7 < \log_{0.5} 4 < \log_{0.5} \frac{1}{3}}$$

§27 指数・対数のグラフ

【解答】
1 解説参照

2
(1) $\left(\dfrac{4}{3}\right)^{-3} < \left(\dfrac{4}{3}\right)^{-2} < \left(\dfrac{4}{3}\right)^{0.6} < \left(\dfrac{4}{3}\right)^{\frac{2}{3}} < \left(\dfrac{4}{3}\right)^{3}$

(2) $\log_{0.5} 8 < \log_2 5 < \log_{0.5} \dfrac{1}{7}$

(3) $\sqrt{3} < \sqrt[3]{9} < 2^{\frac{7}{2}\log_2 3}$

【解説】
1
(1) $y = \left(\dfrac{3}{2}\right)^{-x}$ より，$y = \left(\dfrac{3}{2}\right)^{x}$ を y 軸対称に移動すればよい．したがって，グラフは下図のようになる．

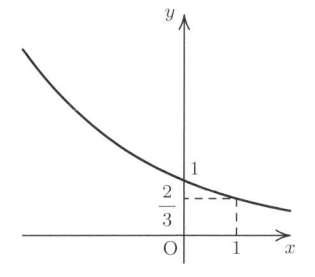

(2) $y = \begin{cases} 2^{x-1} - 2 & (x \geqq 1) \\ 2^{1-x} - 2 & (x < 1) \end{cases}$ なので，グラフは下図のようになる．

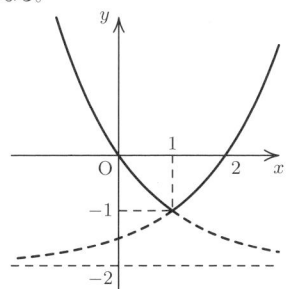

(3) $y = -2^{-x}$ より，$y = 2^x$ のグラフを x 軸，y 軸それぞれに関して対称移動すればよい．よって，次のようなグラフになる．

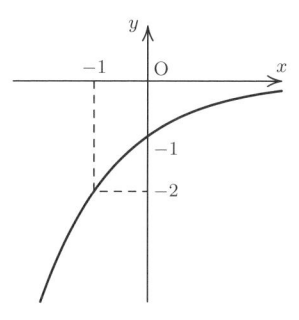

(4) $y = \log_3 x$ のグラフを x 軸方向に 2 平行移動すればよく，下図のようになる．

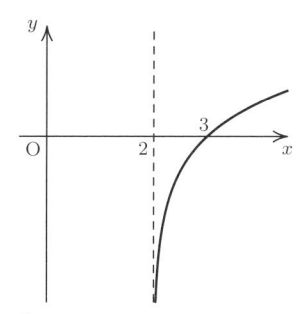

(5) $y = -\dfrac{1}{2}\log_3 x$ だから，$y = \log_3 x$ のグラフを y 方向に $\dfrac{1}{2}$ 倍し，x 軸対称に移動すればよい．したがって，下図のようになる．

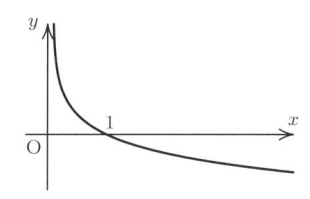

(6) ※ 定義域に注意する．$y = 2\log_2 x$ ではない．
$y = 2\log_2 |x|$ だから，$y = 2\log_2 x$ のグラフを y 軸対称にうつせばよい．したがって，下図のようになる．

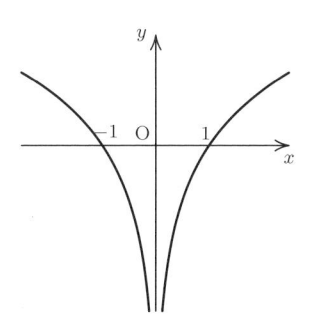

2

(1) $\frac{4}{3} > 1$ に注意して，
$$-3 < -2 < 0.6 < \frac{2}{3} < 3$$
だから，
$$\left(\frac{4}{3}\right)^{-3} < \left(\frac{4}{3}\right)^{-2} < \left(\frac{4}{3}\right)^{0.6}$$
$$< \left(\frac{4}{3}\right)^{\frac{2}{3}} < \left(\frac{4}{3}\right)^{3}$$

(2) 底を 2 にそろえると，
$$\log_{0.5} 8 = \frac{\log_2 8}{\log_2 0.5} = -\log_2 8 = \log_2 \frac{1}{8}$$
$$\log_{0.5} \frac{1}{7} = \frac{\log_2 \frac{1}{7}}{\log_2 0.5} = -\log_2 \frac{1}{7} = \log_2 7$$
$\frac{1}{8} < 5 < 7$ で，$2 > 1$ から $\log_2 x$ は単調増加なので，
$$\log_{0.5} 8 < \log_2 5 < \log_{0.5} \frac{1}{7}$$

(3) 底を 3 にそろえて，
$$\sqrt[3]{9} = 3^{\frac{2}{3}},\ 2^{\frac{7}{2} \log_2 3} = 3^{\frac{7}{2}}$$
ここで，$\frac{1}{2} < \frac{2}{3} < \frac{7}{2}$ で，$3 > 1$ から 3^x は単調増加なので，
$$\sqrt{3} < \sqrt[3]{9} < 2^{\frac{7}{2} \log_2 3}$$

---

§28 指数・対数の方程式 #1

【解答】

1

(1) $x = 2$ \quad (2) $x < -\dfrac{3}{4}$

(3) $x < -1$ \quad (4) $x = \dfrac{1}{2 - \log_3 5}$

(5) $x = 1$ \quad (6) $\dfrac{1}{10} \leqq x \leqq 10000$

(7) $3 < x < 7$

【解説】

1

(1) $2^x = t$ とおくと，$t > 0$
（置換をしたら，必ず範囲を追いかけること）
したがって，与えられた方程式は，
$$t^2 - 2t - 8 = (t-4)(t+2) = 0,\ t > 0$$
したがって，$t = 2^x = 4$ より，$\boldsymbol{x = 2}$

(2) $0.5 = \dfrac{1}{2} = 2^{-1}$ より，与えられた不等式は，
$$2^{-2x} > 2^{\frac{3}{2}}$$
よって，$2 > 1$ に注意すれば，
（必ず底と 1 の大小は注意すること）
$$-2x > \frac{3}{2} \quad \therefore\ \boldsymbol{x < -\frac{3}{4}}$$

(3) $\left(\dfrac{1}{3}\right)^x = 3^{-x} = t$ と置換すると，$t > 0$
このとき与えられた不等式は，
$$t^2 - t - 6 = (t-3)(t+2) > 0,\ t > 0$$
したがって，$t = 3^{-x} > 3$
よって，$3 > 1$ に注意すれば，$-x > 1$ $\therefore\ \boldsymbol{x < -1}$

(4) 両辺正なので，
（これが真数条件。正でないと対数がとれない）
両辺 $\log_3$ をとって，
$$2x - 1 = x \log_3 5 \qquad \therefore\ (2 - \log_3 5)x = 1$$
したがって，$\boldsymbol{x = \dfrac{1}{2 - \log_3 5}}$

(5) 真数条件より，$2x + 3 > 0$ かつ $4x + 1 > 0$
$$\therefore\ x > -\frac{1}{4} \cdots\cdots ①$$
このとき，$(2x+3)(4x+1) = 5^2$ より，
$$8x^2 + 14x - 22 = 2(4x+11)(x-1) = 0$$
よって，①に注意すれば，$\boldsymbol{x = 1}$

278 　解答篇

(6) 真数条件より，$x > 0$
ここで，$t = \log_{10} x$ と置換すると，t は実数全体を動き，
$$t^2 - 3t - 4 = (t-4)(t+1) \leqq 0$$
したがって，$-1 \leqq t = \log_{10} x \leqq 4$
真数条件とあわせて，
$$\frac{1}{10} \leqq x \leqq 10000$$

(7) 真数条件より，$x - 1 > 0$ かつ，$7 - x > 0$
$$\therefore \ 1 < x < 7 \cdots\cdots ①$$
$\log_{0.1}(x-1)^2 < \log_{0.1}(7-x)$ より，$0.1 < 1$ に注意すれば，
$$(x-1)^2 > 7-x$$
$$\therefore \ x^2 - x - 6 = (x-3)(x+2) > 0$$
したがって，①より，$3 < x < 7$

[注意] 今回のように指数・対数不等式で $0 < $ 底 < 1 のときは，大小関係が逆転することに注意。基本的には，ミスを減らすためにも，
$$\frac{2\log_{10}(x-1)}{\log_{10} 0.1} < \frac{\log_{10}(7-x)}{\log_{10} 0.1}$$
のように底の変換公式で，底 > 1 にしてしまうこと。

§28 指数・対数の方程式 #2

──【解答】──
[1]
(1) $x = 4$ (2) $x = -2$
(3) $x = \dfrac{1}{2}(1 - 2\log_{10} 2)$ (4) $x = \dfrac{1}{16}, 2$
(5) $x = 2$ (6) $-3 < x < 5$
(7) $1 < x < 16$
(8) $0 < x < 1, \ 2 < x < 64$

【解説】
[1]
(1) $2^x = t$ とおくと，$t > 0$
したがって，与えられた方程式は，
$$t^2 - 12t - 64 = 0 \Leftrightarrow (t-16)(t+4) = 0, \ t > 0$$
よって，$t = 2^x = 16$ より，$x = 4$

(2) $2^x = t$ とおくと，$t > 0$
したがって，与えられた方程式は，
$$4t - \frac{1}{t} = -3 \Leftrightarrow 4t^2 + 3t - 1 = 0$$
$$\therefore \ (4t-1)(t+1) = 0 \Leftrightarrow t = -1, \ \frac{1}{4}$$
$t > 0$ より，$t = 2^x = \dfrac{1}{4}$ だから，$x = -2$

(3) 指数部分がややこしいときは，両辺対数をとればよい。
両辺正より（真数条件），両辺 $\log_{10}$ をとると，
$$(1 - 2x)\log_{10} 5 = (2x+1)\log_{10} 2$$
ここで，$\log_{10} 5 = \log_{10} \dfrac{10}{2} = 1 - \log_{10} 2$ に注意して，
$$(1 - 2x)(1 - \log_{10} 2) = (2x+1)\log_{10} 2$$
$\log_{10} 2 = a$ とおくと，
$$(1-2x)(1-a) = (2x+1)a \Leftrightarrow x = \frac{1}{2}(1-2a)$$
$$\therefore \ x = \frac{1}{2}(1 - 2\log_{10} 2)$$

(4) 真数条件より，$x > 0$ だから，両辺正。したがって，$\log_2$ をとると，
$$(\log_2 x)^2 = \log_2 16 - \log_2 x^3$$
$$\therefore \ (\log_2 x)^2 + 3\log_2 x - 4 = 0$$
$$\therefore \ (\log_2 x + 4)(\log_2 x - 1) = 0$$
$$\therefore \ \log_2 x = -4, \ 1 \Leftrightarrow x = \frac{1}{16}, \ 2$$

(5) 真数条件より，
$$x - 1 > 0, \ 5 - x > 0, \ 7 - 2x > 0$$
$$\Leftrightarrow 1 < x < \frac{7}{2}$$

この条件の下で，与えられた方程式は，
$$\log_3(x-1)(5-x) = \log_3(7-2x)$$
$$\therefore (x-1)(5-x) = 7-2x \Leftrightarrow (x-2)(x-6) = 0$$
$1 < x < \dfrac{7}{2}$ に注意して，
$$\boldsymbol{x = 2}$$

(6) 真数条件より，
$$9 - x > 0, \ x + 3 > 0 \Leftrightarrow -3 < x < 9 \ \cdots ①$$
この条件の下で，底を 2 にそろえて，
$$\frac{\log_2(9-x)}{\log_2 2^2} - \log_2(x+3) + 2 > 0$$
$$\Leftrightarrow \log_2(9-x) + 4 > 2\log_2(x+3)$$
$$\Leftrightarrow 16(9-x) > (x+3)^2$$
$$\Leftrightarrow x^2 + 22x - 135 < 0$$
$$\Leftrightarrow (x+27)(x-5) < 0$$
①に注意して， $\boldsymbol{-3 < x < 5}$

(7) 真数条件より，
$$x > 0, \ \log_2 x > 0$$
$$\Leftrightarrow x > 0, \ x > 1 \ (\because \ 2 > 1 \ \text{より} \log_2 x \text{は単調増加})$$
$$\therefore \ x > 1 \ \cdots ①$$
この条件の下で，底を 2 にそろえて，
$$-\log_2(\log_2 x) > -2 \Leftrightarrow \log_2(\log_2 x) < 2$$
$2 > 1$ より，$\log_2 x$ は単調増加なので，
$$\log_2 x < 2^2 = 4$$
同様にして， $x < 2^4 = 16$
①とあわせて， $\boldsymbol{1 < x < 16}$

(8) 真数条件，底条件より，
$$x > 0, \ x \neq 1 \ \cdots ①$$
この条件の下で，底を 2 にそろえて，
$$\log_2 x + \frac{3\log_2 4}{\log_2 x} - 7 < 0$$
$$\therefore \ \log_2 x + \frac{6}{\log_2 x} - 7 < 0$$
両辺 $(\log_2 x)^2$ をかけて，
$$(\log_2 x)\{(\log_2 x)^2 - 7\log_2 x + 6\} < 0$$
$$\Leftrightarrow (\log_2 x)(\log_2 x - 6)(\log_2 x - 1) < 0$$
$$\therefore \ \log_2 x < 0, \ 1 < \log_2 x < 6$$
①に注意して，$\log_2 x$ は単調増加なので，
$$\boldsymbol{0 < x < 1, \ 2 < x < 64}$$

§29 極限 #1

【解答】

1
(1) -3 (2) -9
(3) $\dfrac{7}{8}$

2
(1) $a = 2, \ b = 3$ (2) $a = 1, \ b = -2$
(3) $a = 1, \ b = -3$ (4) $a = 2, \ b = 5$

【解説】

1
(1) (与式) $= \displaystyle\lim_{x \to 1} \frac{(x-1)(2x+1)}{(x-1)(x-2)}$
$= \displaystyle\lim_{x \to 1} \frac{2x+1}{x-2} = \frac{2 \cdot 1 + 1}{1 - 2} = \boldsymbol{-3}$

(2) (与式) $= \displaystyle\lim_{x \to 0} \frac{3}{x} \cdot \frac{3 - 3(x+1)}{x+1}$
$= \displaystyle\lim_{x \to 0} \left(-\frac{9}{x+1}\right) = \boldsymbol{-9}$

(3) (与式) $= \displaystyle\lim_{x \to -2} \frac{(x+2)(2x-3)}{(x+2)(3x-2)}$
$= \displaystyle\lim_{x \to -2} \frac{2x-3}{3x-2} = \frac{2 \cdot (-2) - 3}{3 \cdot (-2) - 2} = \boldsymbol{\dfrac{7}{8}}$

2
(1) (分母) $\longrightarrow 0$ より，左辺が有限値に収束するには，
$$(\text{分子}) = x^2 + 2ax + b \longrightarrow 0 \ (x \to -1)$$
が必要。$\therefore \ 1 - 2a + b = 0$
このとき，$b = 2a - 1 \cdots ①$ より，左辺に代入して，
$$(\text{左辺}) = \lim_{x \to -1} \frac{x^2 + 2ax + 2a - 1}{x^2 + 3x + 2}$$
$$= \lim_{x \to -1} \frac{(x+1)(x + 2a - 1)}{(x+1)(x+2)}$$
$$= \lim_{x \to -1} \frac{x + 2a - 1}{x + 2} = 2a - 2 = 2$$
これを解いて，$a = 2$，①から $\boldsymbol{a = 2, \ b = 3}$

(2) (分子) $\longrightarrow 0$ より，左辺が 0 以外の有限値に収束するには，
$$(\text{分母}) = x^2 + ax + b \longrightarrow 0 \ (x \to 1)$$
が必要。$\therefore \ 1 + a + b = 0$
このとき，$b = -a - 1 \cdots ①$ より，左辺に代入して，
$$(\text{左辺}) = \lim_{x \to 1} \frac{x^2 - x}{x^2 + ax - a - 1}$$
$$= \lim_{x \to 1} \frac{x(x-1)}{(x-1)(x+a+1)}$$
$$= \lim_{x \to 1} \frac{x}{x+a+1} = \frac{1}{a+2} = \frac{1}{3}$$
これを解いて，$a = 1$，①から $\boldsymbol{a = 1, \ b = -2}$

(3) (分母) $\longrightarrow 0$ より，左辺が有限値に収束するには，
$$(分子) = x^2 + ax + 2b \longrightarrow 0 \ (x \to 2)$$
が必要。∴ $4 + 2a + 2b = 0$

このとき，$b = -a - 2 \cdots\cdots$ ① より，左辺に代入して，
$$(左辺) = \lim_{x \to 2} \frac{x^2 + ax - 2a - 4}{x - 2}$$
$$= \lim_{x \to 2} \frac{(x-2)(x+a+2)}{x-2}$$
$$= a + 4 = 5$$

これを解いて，$a = 1$，① より，$\boldsymbol{a = 1, \ b = -3}$

(4) (分母) $\longrightarrow 0$ より，左辺が有限値に収束するには，
$$(分子) = ax^2 - 7x + b \longrightarrow 0 \ (x \to 1)$$
が必要。∴ $a + b - 7 = 0$

このとき，$b = -a + 7 \cdots\cdots$ ① より，左辺に代入して，
$$(左辺) = \lim_{x \to 1} \frac{ax^2 - 7x - a + 7}{x^2 + x - 2}$$
$$= \lim_{x \to 1} \frac{(x-1)(ax+a-7)}{(x-1)(x+2)}$$
$$= \lim_{x \to 1} \frac{a(x+1) - 7}{x+2} = \frac{2a - 7}{3} = -1$$

これを解いて，$a = 2$，① から，$\boldsymbol{a = 2, \ b = 5}$

§29　極限 #2

―【解答】―

$\boxed{1}$

(1) $\dfrac{5}{2}\sqrt{2}$ 　　　　(2) 7

(3) -1 　　　　(4) $-\dfrac{\sqrt{7}}{56}$

$\boxed{2}$

(1) $a = -3, \ b = -1$

(2) $a = -12, \ b = 16, \ c = 2$

(3) $a = 3, \ b = \dfrac{1}{2}$ 　　(4) $a = -1, \ b = -2$

【解説】

$\boxed{1}$

(1) 分母 $\to 0$ ではないので，普通に計算。
$$(与式) = \frac{5}{2}\sqrt{2}$$

(2) $(与式) = \lim_{x \to 2} \dfrac{(x-2)(3x+1)}{x-2}$
$$= \lim_{x \to 2} (3x+1) = \boldsymbol{7}$$

(3) $(与式) = \lim_{x \to -1} \dfrac{(x+1)(x^2 - x + 5)}{(x+1)(x-6)}$
$$= \lim_{x \to -1} \dfrac{x^2 - x + 5}{x - 6} = \boldsymbol{-1}$$

(4) $(与式) = \lim_{x \to 2} \dfrac{-x^2 + 3x - 2}{(x^2 - 4)\{\sqrt{3x+1} + \sqrt{x^2+3}\}}$
$$= \lim_{x \to 2} \dfrac{-(x-1)}{(x+2)\{\sqrt{3x+1} + \sqrt{x^2+3}\}}$$
$$= \boldsymbol{-\dfrac{\sqrt{7}}{56}}$$

$\boxed{2}$

(1) (分母) $\to 0$ より，左辺が有限値に収束するには，
$$(分子) = x^3 + ax^2 + 2 \to 0 \ (x \to 1)$$
が必要。
$$\therefore \ a + 3 = 0 \Leftrightarrow a = -3$$

これを左辺に代入して，
$$(左辺) = \lim_{x \to 1} \dfrac{(x-1)(x^2 - 2x - 2)}{(x-1)(x+2)}$$
$$= \lim_{x \to 1} \dfrac{x^2 - 2x - 2}{x+2} = -1$$

より，収束し十分。したがって，$\boldsymbol{a = -3, \ b = -1}$

(2) (分母) $\to 0$ より，左辺が有限値に収束するには，
$$(分子) = x^3 + ax + b \to 0 \ (x \to 2)$$
が必要。
$$\therefore \ 8 + 2a + b = 0 \Leftrightarrow b = -2a - 8$$

これを左辺に代入して，
$$（左辺） = \lim_{x \to 2} \frac{(x-2)(x^2+2x+a+4)}{(x-2)^2(x+1)}$$
$$= \lim_{x \to 2} \frac{x^2+2x+a+4}{(x-2)(x+1)}$$

これが収束するので，同様に，
$$（分子） = x^2+2x+a+4 \to 0 \quad (x \to 2)$$
$$\therefore a+12 = 0 \Leftrightarrow a = -12, \ b = 16$$

このとき，
$$（左辺） = \lim_{x \to 2} \frac{x^2+2x-8}{(x-2)(x+1)}$$
$$= \lim_{x \to 2} \frac{x+4}{x+1} = 2$$

より，左辺は収束し十分。したがって，
$$\boldsymbol{a = -12, \ b = 16, \ c = 2}$$

(3) （分母） $\to 0$ より，左辺が有限値に収束するには，
$$（分子） = \sqrt{3x+1} - \sqrt{x+a} \to 0 \quad (x \to 1)$$
が必要で，
$$2 - \sqrt{a+1} = 0 \Leftrightarrow a = 3$$

これを代入して，
$$（左辺） = \lim_{x \to 1} \frac{2(x-1)(\sqrt{2x-1}+1)}{2(x-1)(\sqrt{3x+1}+\sqrt{x+3})}$$
$$= \lim_{x \to 1} \frac{\sqrt{2x-1}+1}{\sqrt{3x+1}+\sqrt{x+3}}$$
$$= \frac{1}{2}$$

より，収束し十分。したがって，$\boldsymbol{a = 3, \ b = \dfrac{1}{2}}$

(4) $（左辺） = \lim_{x \to 0} \dfrac{\dfrac{a}{\sqrt{x+1}} - \dfrac{b}{\sqrt{x+4}}}{x}$ で，（分母）$\to 0$ より，
$$\lim_{x \to 0} \left(\frac{a}{\sqrt{x+1}} - \frac{b}{\sqrt{x+4}} \right) = a - \frac{b}{2} = 0$$
が必要。
$$\therefore b = 2a$$

このとき代入して，
$$（左辺） = \lim_{x \to 0} \frac{a}{x}\left(\frac{1}{\sqrt{x+1}} - \frac{2}{\sqrt{x+4}} \right)$$
$$= \lim_{x \to 0} \frac{a\{(x+4) - 4(x+1)\}}{x\sqrt{x+1}\sqrt{x+4}(\sqrt{x+4} + 2\sqrt{x+1})}$$
$$= -\frac{3a}{8}$$

したがって，$-\dfrac{3a}{8} = \dfrac{3}{8}$ より，$\boldsymbol{a = -1, \ b = -2}$

§30 微分計算 #1

―【解答】―

1

(1) $\quad f'(x) = 2x+3$
(2) $\quad f'(x) = 4x^3 - 2x^2 - 2x + 2$
(3) $\quad f'(x) = 5x^4 - 6x + 1$
(4) $\quad f'(x) = 2(x+2)$
(5) $\quad f'(x) = 15(3x+4)^4$
(6) $\quad f'(x) = 2(x+1)(3x+2)$
(7) $\quad f'(x) = -\dfrac{5}{2}\left(1 - \dfrac{1}{2}x\right)^4$

【解説】

1

(1) $f(x) = x^2 + 3x + 1$ より，
$$f'(x) = \boldsymbol{2x + 3}$$

(2) $f(x) = x^4 - \dfrac{2}{3}x^3 - x^2 + 2x - 1$ より，
$$f'(x) = \boldsymbol{4x^3 - 2x^2 - 2x + 2}$$

(3) $f(x) = x^5 - 3x^2 + x - 1$ より，
$$f'(x) = \boldsymbol{5x^4 - 6x + 1}$$

(4) $f(x) = (x+2)^2$ より，
$$f'(x) = \underbrace{2(x+2)}_{\text{中身で微分}} \cdot \underbrace{(x+2)'}_{\text{中身の微分}} = \boldsymbol{2(x+2)}$$

(5) $f(x) = (3x+4)^5$ より，
$$f'(x) = \underbrace{5(3x+4)^4}_{\text{中身で微分}} \cdot \underbrace{(3x+4)'}_{\text{中身の微分}} = \boldsymbol{15(3x+4)^4}$$

(6) $f(x) = (x+1)^2(2x+1)$ より，
$$f'(x) = \underbrace{\{(x+1)^2\}' \cdot (2x+1)}_{\text{前の微分}}$$
$$+ \underbrace{(x+1)^2 \cdot (2x+1)'}_{\text{後ろの微分}}$$
$$= 2(x+1) \cdot (2x+1) + 2(x+1)^2$$
$$= \boldsymbol{2(x+1)(3x+2)}$$

(7) $f(x) = \left(1 - \dfrac{1}{2}x\right)^5$
$$f'(x) = 5\left(1 - \frac{1}{2}x\right)^4 \cdot \left(1 - \frac{1}{2}x\right)'$$
$$= \boldsymbol{-\dfrac{5}{2}\left(1 - \dfrac{1}{2}x\right)^4}$$

§30 微分計算 #2

―【解答】―

$\boxed{1}$
(1) $f'(x) = -6x + 5$
(2) $f'(x) = 5x^4 - \dfrac{8}{3}x - 3$
(3) $f'(x) = 30(3x+1)^9$
(4) $f'(x) = -9x^2 + 6x - 5$
(5) $f'(x) = (x^2+x+1)^2(7x^2+10x+4)$
(6) $f'(x) = -(1-9x)^2$
(7) $f'(x) = 10a(2ax+3a^2)^4$

【解説】

$\boxed{1}$

(1) $f(x) = -3x^2 + 5x + 2$ より，
$$f'(x) = \boldsymbol{-6x+5}$$

(2) $f(x) = x^5 - \dfrac{4}{3}x^2 - 3x + 1$ より，
$$f'(x) = \boldsymbol{5x^4 - \dfrac{8}{3}x - 3}$$

(3) $f(x) = (3x+1)^{10}$ より，
$$f'(x) = \underbrace{10(3x+1)^9}_{\text{中身で微分}} \cdot \underbrace{(3x+1)'}_{\text{中身の微分}} = \boldsymbol{30(3x+1)^9}$$

(4) $f(x) = (1-x)(3x^2+5)$ より，
$$f'(x) = \underbrace{-(3x^2+5)}_{\text{前の微分}} + \underbrace{(1-x) \cdot 6x}_{\text{後ろの微分}}$$
$$= \boldsymbol{-9x^2 + 6x - 5}$$

(5) $f(x) = (x^2+x+1)^3(x+1)$ より，
$$f'(x) = \underbrace{\{(x^2+x+1)^3\}'(x+1)}_{\text{前の微分}} + \underbrace{(x^2+x+1)^3}_{\text{後ろの微分}}$$
$$= 3(x^2+x+1)^2 \cdot \underbrace{(2x+1)}_{\text{中身の微分}}(x+1)$$
$$\quad + (x^2+x+1)^3$$
$$= \boldsymbol{(x^2+x+1)^2(7x^2+10x+4)}$$

(6) $f(x) = \left(\dfrac{1}{3} - 3x\right)^3$ より，
$$f'(x) = \underbrace{3\left(\dfrac{1}{3}-3x\right)^2}_{\text{中身で微分}} \cdot \underbrace{-3}_{\text{中身の微分}}$$
$$= -9\left(\dfrac{1}{3}-3x\right)^2 = \boldsymbol{-(1-9x)^2}$$

(7) x で微分。a は定数扱いであることに注意。
$$f'(x) = \underbrace{5(2ax+3a^2)^4}_{\text{中身で微分}} \cdot \underbrace{(2ax+3a^2)'}_{\text{中身の微分}}$$
$$= \boldsymbol{10a(2ax+3a^2)^4}$$

§31 接線・法線 #1

―【解答】―

$\boxed{1}$
(1) $y = 5x - 2$ (2) $y = x + 3$
(3) $y = \dfrac{1}{4}x - \dfrac{13}{4}$ (4) $x = 0$
(5) $y = -4x - 1$, $y = 4x - 9$
(6) 接線：$y = x - 1$, 共有点：$(-2, -3)$

【解説】

$\boxed{1}$

(1) $y' = 2x + 3$ より，$x = 1$ における接線は，
$$y = (2 \cdot 1 + 3)(x-1) + (1^2 + 3 - 1) = \boldsymbol{5x - 2}$$

[別解]　明らかに y 軸には平行でないので（y 軸平行な直線は $y = ax + b$ と表せないことに注意），$(1, 3)$ を通ることに注意して，$y = a(x-1) + 3$ とおける。
∴ $x^2 + 3x - 1 = a(x-1) + 3$ が重解をもつことが必要十分。よって，判別式 $D = 0$ を解けば，$a = 5$ が導かれる。

[注意]　2次関数に関しては，接点を直接利用しなくても，通る点から**重解条件**にもち込めてしまうことに注意。この解法もしっかりと確認しておくこと。

(2) $y' = 3x^2 - 2$ より，$x = -1$ における接線の傾きは 1
したがって，点 $(-1, 2)$ を通ることに注意して，
$$y = (x+1) + 2 = \boldsymbol{x + 3}$$

(3) $y' = 4x^3 - 8x$ より，$x = 1$ における接線の傾きは -4
よって，法線の傾きは $\dfrac{1}{4}$
したがって，点 $(1, -3)$ を通ることに注意して，
$$y = \dfrac{1}{4}(x-1) - 3 = \boldsymbol{\dfrac{1}{4}x - \dfrac{13}{4}}$$

(4) $y' = 3x^2$ より，$x = 0$ における接線の傾きは 0（接線が x 軸に平行）
したがって，点 $(0, -3)$ を通るので，求める法線は，
$$\therefore \ \boldsymbol{x = 0}$$

(5) $f(x) = x^2 - 2x$ として，接点を $(t, f(t))$ とする。
このとき，$f'(x) = 2x - 2$ より，接線は，
$$y = f'(t)(x-t) + f(t) = (2t-2)(x-t) + t^2 - 2t$$
これが，$(1, -5)$ を通るので，代入して，
$$(2t-2)(1-t) + t^2 - 2t = -5$$
したがって，$t^2 - 2t - 3 = 0$ ∴ $t = -1, 3$
よって，求める接線は，
$$\boldsymbol{y = -4x - 1, \ y = 4x - 9}$$

283

[参考] これも，接線が y 軸に平行でないことに注意して，点 $(1, -5)$ を通る直線を $y = a(x-1) - 5$ とすれば，$x^2 - 2x = a(x-1) - 5$ の重解条件を解いて，接線を求められる。

(6) $y' = 3x^2 - 2$ より，点 $(1, 0)$ における接線の傾きは，1
$\therefore$ 点 $(1, 0)$ における接線は，$y = x - 1$
よって，
$$\begin{cases} y = x^3 - 2x + 1 \\ y = x - 1 \end{cases}$$
を解いて，$x^3 - 2x + 1 = x - 1$
$\therefore x^3 - 3x + 2 = (x-1)^2(x+2) = 0$
$\therefore$ 接線は，$y = x - 1$
接点以外の共有点は，$(-2, -3)$

[注意] 接するという条件から $(x-1)^2$ が出てくることは分かっていることに注意する。

§31 接線・法線 #2

【解答】

$\boxed{1}$

(1) $y = -x$ (2) $y = 4x + 8$
(3) $y = \dfrac{1}{2}x + 4$ (4) $x = 1$
(5) $(-3, -1)$ (6) $a = -1$

【解説】

$\boxed{1}$

(1) 接点は，$x = 1$ を代入して，$(1, -1)$
$y' = 3x^2 - 4$ より，求める接線の方程式は，
$y = -(x-1) - 1$ $\therefore \boldsymbol{y = -x}$

(2) 接点は，$x = -1$ を代入して，$(-1, 4)$
$y' = 2(x-1)(x+2)^2 + 2(x-1)^2(x+2)$
$= 2(x-1)(x+2)(2x+1)$
より，求める接線の方程式は，
$y = 4(x+1) + 4$ $\therefore \boldsymbol{y = 4x + 8}$

(3) 接点は，$(0, 4)$
$y' = 3x^2 - 2$ より，$x = 0$ における接線の傾きは -2，したがって法線の傾きは $\dfrac{1}{2}$ となる。
よって，点 $(0, 4)$ を通ることに注意して，法線の方程式は，
$$y = \dfrac{1}{2}x + 4$$

(4) $y' = 2x^2 + 10x - 12$ より，$x = 1$ における接線の傾きは，
$y'\big|_{x=1} = 0$
したがって，法線は y 軸平行で，点 $\left(1, -\dfrac{16}{3}\right)$ を通るので，法線の方程式は，
$\boldsymbol{x = 1}$

(5) $y' = x^2 + 3x + 1 + (2x+3)(x+2)$
$= 3x^2 + 10x + 7$
より，$x = -1$ における接線の傾きは 0
よって，接線の方程式は $y = -1$ で，元の曲線と連立すると，
$$\begin{cases} y = (x^2 + 3x + 1)(x+2) \\ y = -1 \end{cases}$$
を解いて，$(x^2 + 3x + 1)(x+2) = -1$
$\Leftrightarrow (x+1)^2(x+3) = 0$
$\therefore x = -1, -3$
したがって，接点以外の共有点は，$\boldsymbol{(-3, -1)}$

[注意] ～の部分は，$\boldsymbol{x = -1}$ **で接する**という条件から，$(x+1)^2$ での因数分解が見えていることに注意。無理やりくくって，残りの部分は top 係数と定数項から計算してしまうこと。

(6) P の x 座標を p として,
$$f(x) = x^3 + ax + 3, \; g(x) = x^2 + 2$$
とすると, 2 曲線が接するので,
$$\begin{cases} f(p) = g(p) \\ f'(p) = g'(p) \end{cases} \Leftrightarrow \begin{cases} p^3 + ap + 3 = p^2 + 2 & \cdots \text{①} \\ 3p^2 + a = 2p & \cdots \text{②} \end{cases}$$

② より, $a = 2p - 3p^2$ より, ① に代入して,
$$p^3 + p(2p - 3p^2) + 3 = p^2 + 2$$
$$\Leftrightarrow 2p^3 - p^2 - 1 = 0$$
$$\therefore \; (p-1)(2p^2 + p + 1) = 0$$

$2p^2 + p + 1 = 2\left(p + \dfrac{1}{4}\right)^2 + \dfrac{7}{8} > 0$ より,
$$p = 1$$
このとき, $a = 2p - 3p^2 = \mathbf{-1}$

§32 増減表とグラフ #1

――【解答】――

$\boxed{1}$

(1) 極値なし
(2) 極小値:$-1\,(x = \pm 1)$, 極大値:$0\,(x = 0)$
(3) 極小値:$-\dfrac{32}{27}\,\left(x = -\dfrac{1}{3}\right)$, 極大値:$0\,(x = 1)$
(4) 極小値:$-2\,(x = -1)$, 極大値 $2\,(x = 1)$
(5) 極小値:$0\,(x = 1)$, 極大値:$1\,(x = 0)$
(6) 極小値:$0\,(x = 0,\,1)$, 極大値:$\dfrac{4}{27}\,\left(x = \dfrac{1}{3}\right)$

【解説】

$\boxed{1}$

(1)　$y' = 3x^2 + 2$ より, $y' > 0$
よって, グラフは**単調増加**。
y 切片は -1 であることに注意すれば, グラフは下図のようになる。
極値は存在しない。

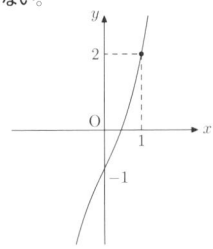

(2)　$y' = 4x^3 - 4x = 4x(x-1)(x+1)$ より,
$$y' = 0 \iff x = 0, \pm 1$$

また, y 切片は 0, x 切片は, 0, $\pm\sqrt{2}$ なので, 増減表およびグラフは, 次のようになる。

x	$\cdots$	-1	$\cdots$	0	$\cdots$	1	$\cdots$
y'	$-$	0	$+$	0	$-$	0	$+$
y	$\searrow$	-1	$\nearrow$	0	$\searrow$	-1	$\nearrow$

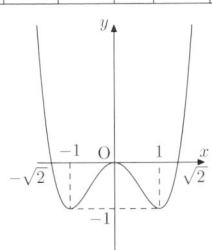

また, グラフから, $\begin{cases} \text{極小値}:\mathbf{-1} & (\boldsymbol{x = \pm 1} \text{ のとき}) \\ \text{極大値}:\mathbf{0} & (\boldsymbol{x = 0} \text{ のとき}) \end{cases}$

(3) $y' = -3x^2 + 2x + 1 = -(3x+1)(x-1)$ より，

$$y' = 0 \iff x = -\frac{1}{3},\ 1$$

また，y 切片は -1，

$$-x^3 + x^2 + x - 1 = -(x-1)^2(x+1) = 0$$

を解いて，x 切片は，$x = -1,\ 1$（$x=1$ で接する）top 係数 <0 に注意して，増減表・グラフは，次のようになる。

x	$\cdots$	$-\dfrac{1}{3}$	$\cdots$	1	$\cdots$
y'	$-$	0	$+$	0	$-$
y	↘	$-\dfrac{32}{27}$	↗	0	↘

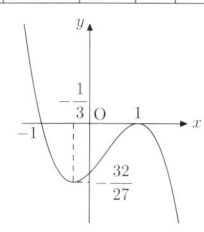

グラフより，$\begin{cases} 極小値：-\dfrac{32}{27} & \left(x = -\dfrac{1}{3}\text{のとき}\right) \\ 極大値：0 & (x = 1\text{のとき}) \end{cases}$

(4) $y' = (3-x^2) - 2x^2 = 3 - 3x^2$ より（積の微分），

$$y' = 0 \iff x = \pm 1$$

また，x 切片は $x = 0,\ \pm\sqrt{3}$，y 切片は 0。したがって，top 係数 <0 に注意すれば，増減表およびグラフは，次のようになる。

x	$\cdots$	-1	$\cdots$	1	$\cdots$
y'	$-$	0	$+$	0	$-$
y	↘	-2	↗	2	↘

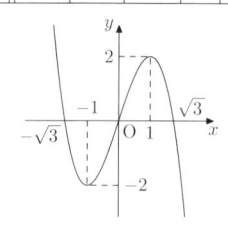

したがって，グラフより極値は，

$$\begin{cases} 極小値：-2 & (x = -1\text{のとき}) \\ 極大値：2 & (x = 1\text{のとき}) \end{cases}$$

(5) $y' = \{(x-1)^2\}'(2x+1) + 2(x-1)^2$
$\qquad = 2(x-1)(2x+1) + 2(x-1)^2 = 6x(x-1)$

より，

$$y' = 0 \iff x = 0,\ 1$$

また，y 切片は 1，x 切片は $-\dfrac{1}{2},\ 1$ なので，top 係数 >0 に注意すれば，増減表・グラフは，次のようになる。

x	$\cdots$	0	$\cdots$	1	$\cdots$
y'	$+$	0	$-$	0	$+$
y	↗	1	↘	0	↗

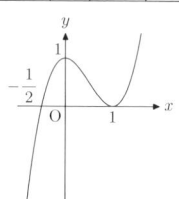

グラフから，$\begin{cases} 極小値：0 & (x = 1\text{のとき}) \\ 極大値：1 & (x = 0\text{のとき}) \end{cases}$

(6) $f(x) = x^3 - 2x^2 + x$ とすると，

$$f'(x) = 3x^2 - 4x + 1 = (3x-1)(x-1)$$

$$\therefore\ f'(x) = 0 \iff x = \frac{1}{3},\ 1$$

したがって，増減表は，次のようになる。

x	$\cdots$	$\dfrac{1}{3}$	$\cdots$	1	$\cdots$
$f'(x)$	$+$	0	$-$	0	$+$
$f(x)$	↗	$\dfrac{4}{27}$	↘	0	↗

$y = |f(x)|$ のグラフは，$y = f(x)$ の $y < 0$ の部分を x 軸に関して折り返したものなので，$f(x) = x(x-1)^2$ に注意すれば，グラフは下図のようになる。
また，極値は，

$$\begin{cases} 極小値：0 & (x = 0,\ 1\text{のとき}) \\ 極大値：\dfrac{4}{27} & \left(x = \dfrac{1}{3}\text{のとき}\right) \end{cases}$$

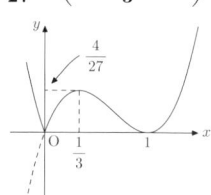

[注意] $x=0$ での極小値を忘れないこと。極値は，その点の 周り で一番小さい（大きい）値であることに注意。

[参考] （極値計算）

3次関数 $f(x)$ の極値を計算するときは，

① $f'(x)=0$ を解く　② ①の解を $f(x)$ に代入

という手順をとることに注意。ここで，$f'(x)$ は2次式なので，$f'(x)=0$ を解くことはカンタン。しかし $f'(x)$ が因数分解できないと，計算が非常に煩雑になってしまう。こういうときには，$x=\alpha$ を $f'(x)=0$ の解とすると，$f'(\alpha)=0$ を用いて，次数を落とす。つまり，そのまま代入して計算に入るのではなく，

$$f(\alpha) = f'(\alpha)Q(\alpha) + R(\alpha)$$

のように割り算をしてしまえば，$R(x)$ は1次以下なので，ずいぶん計算が楽になる。

§32 増減表とグラフ #2

―【解答】―

$\boxed{1}$

(1) 極小値：$-3 \ (x=1)$，極大値：$1 \ (x=-1)$

(2) 極小値：$-\dfrac{4}{27} \ \left(x=\dfrac{5}{3}\right)$，極大値：$0 \ (x=1)$

(3) 極小値：$0 \ (x=1)$，極大値 $\dfrac{32}{27} \ \left(x=-\dfrac{1}{3}\right)$

(4) 極値なし

(5) 極小値：$\dfrac{71-8\sqrt{2}}{4} \ \left(x=\dfrac{-2-\sqrt{2}}{2}\right)$，
  $0 \ (x=2)$
  極大値：$\dfrac{71+8\sqrt{2}}{4} \ \left(x=\dfrac{-2+\sqrt{2}}{2}\right)$

(6) 極小値：$0 \ (x=0),\ -9 \ (x=3)$
  極大値：$\dfrac{13}{27} \ \left(x=\dfrac{1}{3}\right)$

【解説】

$\boxed{1}$

(1) $y' = 3x^2 - 3 = 3(x+1)(x-1)$ より，
  $y' = 0 \Leftrightarrow x = \pm 1$

また，y 切片は -1 なので，増減表およびグラフは，次のようになる。

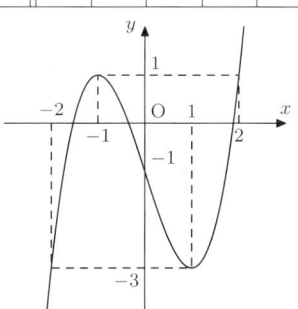

x	$\cdots$	-1	$\cdots$	1	$\cdots$
y'	$+$	0	$-$	0	$+$
y	↗	1	↘	-3	↗

また，グラフから，$\begin{cases} 極小値：-3 & (x=1\text{ のとき}) \\ 極大値：1 & (x=-1\text{ のとき}) \end{cases}$

(2) $y' = 3x^2 - 8x + 5 = (3x-5)(x-1)$ より，
  $y' = 0 \Leftrightarrow x = 1, \dfrac{5}{3}$

また，$y=(x-1)^2(x-2)$ より，x 切片は 1，2，y 切片は -2 だから，増減表およびグラフは次のようになる。

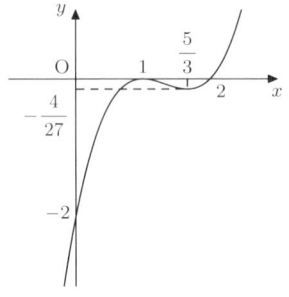

x	$\cdots$	1	$\cdots$	$\dfrac{5}{3}$	$\cdots$
y'	$+$	0	$-$	0	$+$
y	↗	0	↘	$-\dfrac{4}{27}$	↗

また，グラフから，$\begin{cases} 極小値：-\dfrac{4}{27} & \left(x=\dfrac{5}{3}\text{のとき}\right) \\ 極大値：0 & (x=1\text{のとき}) \end{cases}$

(3) $y'=3x^2-2x-1=(x-1)(3x+1)$ より，

$y'=0 \Leftrightarrow x=-\dfrac{1}{3}, 1$

また，$y=(x-1)^2(x+1)$ より，x 切片は ± 1，y 切片は 1 だから，増減表およびグラフは，次のようになる。

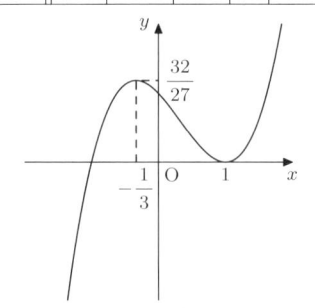

x	$\cdots$	$-\dfrac{1}{3}$	$\cdots$	1	$\cdots$
y'	$+$	0	$-$	0	$+$
y	↗	$\dfrac{32}{27}$	↘	0	↗

また，グラフから，$\begin{cases} 極小値：0 & (x=1\text{のとき}) \\ 極大値：\dfrac{32}{27} & \left(x=-\dfrac{1}{3}\text{のとき}\right) \end{cases}$

(4) $y'=3x^2-8x+6=3\left(x-\dfrac{4}{3}\right)^2+\dfrac{2}{3}>0$

よって，グラフは単調増加。

y 切片は 1 だから，グラフは下図のようになる。

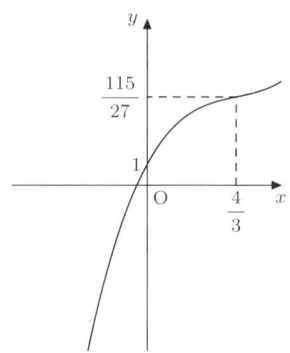

したがって，**極値は存在しない**。

(5) $f(x)=x^4-7x^2-4x+20$ とする。

$f'(x)=4x^3-14x-4=2(x-2)(2x^2+4x+1)$

$\therefore\ f'(x)=0 \Leftrightarrow x=2,\ \underset{\text{～～～そのまま代入しない}}{\dfrac{-2\pm\sqrt{2}}{2}}$

ここで，

$f(x)=(2x^2+4x+1)\left(\dfrac{1}{2}x^2-x-\dfrac{7}{4}\right)+4x+\dfrac{87}{4}$

より，

$f\left(\dfrac{-2\pm\sqrt{2}}{2}\right)$

$=4\cdot\dfrac{-2\pm\sqrt{2}}{2}+\dfrac{87}{4}=\dfrac{71\pm 8\sqrt{2}}{4}$（複号同順）

したがって，増減表およびグラフは，次のようになる。

x	$\cdots$	$\dfrac{-2-\sqrt{2}}{2}$	$\cdots$	$\dfrac{-2+\sqrt{2}}{2}$	$\cdots$	2	$\cdots$
$f'(x)$	$-$	0	$+$	0	$-$	0	$+$
$f(x)$	↘		↗		↘	0	↗

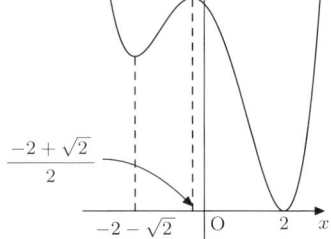

グラフより,

$$\begin{cases} 極小値：\dfrac{71-8\sqrt{2}}{4} & \left(x=\dfrac{-2-\sqrt{2}}{2}\text{のとき}\right) \\ 極大値：0 & (x=2\text{のとき}) \\ \dfrac{71+8\sqrt{2}}{4} & \left(x=\dfrac{-2+\sqrt{2}}{2}\text{のとき}\right) \end{cases}$$

(6) $x \geqq 0$ のとき,
$$y = x^3 - 5x^2 + 3x \; (= f(x) \text{とする})$$
より,
$$f'(x) = 3x^2 - 10x + 3 = (3x-1)(x-3)$$
$$\therefore \; f'(x) = 0 \Leftrightarrow x = \frac{1}{3},\; 3$$

また，$x < 0$ のとき，$y = -f(x)$，グラフが原点を通ることに注意すると，増減表・グラフは，次のようになる。

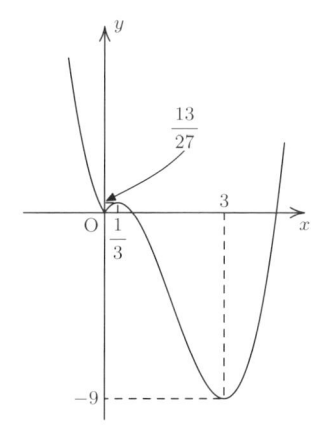

x	$\cdots$	0	$\cdots$	$\dfrac{1}{3}$	$\cdots$	3	$\cdots$
y'	$-$		$+$	0	$-$	0	$+$
y	$\searrow$	0	$\nearrow$	$\dfrac{13}{27}$	$\searrow$	-9	$\nearrow$

$$\therefore \; \begin{cases} 極小値：-9 & (x=3\text{のとき}) \\ 極大値：0 & (x=0\text{のとき}) \\ \dfrac{13}{27} & \left(x=\dfrac{1}{3}\text{のとき}\right) \end{cases}$$

§ 33 最大・最小 #1

【解答】

1
(1) 最大値：56，最小値：2
(2) 最大値：$\dfrac{57}{8}$，最小値：-3
(3) 最大値：63，最小値：-112
(4) 最大値：16，最小値：-32
(5) 最大値：13，最小値：8

2
(1) $0 < c < 4\sqrt{2}$
(2) $-4 \leqq k \leqq 12$

【解説】

1
(1) $f'(x) = -3x^2 + 12x + 15 = -3(x-5)(x+1)$ より，$f(x)$ の増減表は下のようになる。

x	-2	$\cdots$	-1	$\cdots$	2
$f'(x)$		$-$	0	$+$	
$f(x)$	12	$\searrow$	2	$\nearrow$	56

よって，

最大値：$56\;(x=2)$，最小値：$2\;(x=-1)$

(2) $f'(x) = -6x^2 - 9x + 6 = -3(x+2)(2x-1)$ より，$f(x)$ の増減表は下のようになる。

x	-1	$\cdots$	$\dfrac{1}{2}$	$\cdots$	$\sqrt{2}$
$f'(x)$		$+$	0	$-$	
$f(x)$	-3	$\nearrow$	$\dfrac{57}{8}$	$\searrow$	$2\sqrt{2}-\dfrac{7}{2}$

したがって，

最大値：$\dfrac{57}{8}\;\left(x=\dfrac{1}{2}\right)$，最小値：$-3\;(x=-1)$

(3) $f'(x) = 12x^3 + 12x^2 - 48x - 48$ より，
$$f'(x) = 12(x+1)(x+2)(x-2)$$

増減表は下のようになる。

x	-3	$\cdots$	-2	$\cdots$	-1	$\cdots$	2	$\cdots$	3
$f'(x)$		$-$	0	$+$	0	$-$	0	$+$	
$f(x)$	63	$\searrow$	16	$\nearrow$	23	$\searrow$	-112	$\nearrow$	-9

よって，

最大値：$63\;(x=-3)$，最小値：$-112\;(x=2)$

(4) $f'(x) = (x-2)(3x-2)$ だから，増減表は下のようになる．

x	-2	$\cdots$	$\dfrac{2}{3}$	$\cdots$	2	$\cdots$	4
$f'(x)$		$+$	0	$-$	0	$+$	
$f(x)$	-32	↗	$\dfrac{32}{27}$	↘	0	↗	16

よって，
最大値：16 ($x=4$)，最小値：-32 ($x=-2$)

(5) $f'(x) = 6(x-2)(x-1)$ より，増減表は下のようになる．

x	0	$\cdots$	1	$\cdots$	2
$f'(x)$		$+$	0	$-$	0
$f(x)$	8	↗	13	↘	12

よって，**最大値：13 ($x=1$)，最小値：8 ($x=0$)**

2

(1) 与えられた方程式より，
$$-x^3 + 6x = c$$
よって，この方程式の実数解は，$y = f(x) = -x^3 + 6x$ と $y = c$ のグラフの共有点の x 座標に等しい．
$$f(x) = -x^3 + 6x = -x(x^2 - 6)$$
$$f'(x) = -3x^2 + 6 = -3(x^2 - 2)$$
より，$f(x)$ の増減表およびグラフは下のようになる．

x	$\cdots$	$-\sqrt{2}$	$\cdots$	$\sqrt{2}$	$\cdots$
$f'(x)$	$-$	0	$+$	0	$-$
$f(x)$	↘	$-4\sqrt{2}$	↗	$4\sqrt{2}$	↘

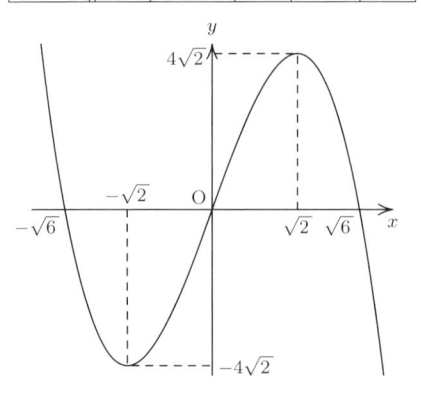

よって，グラフから， $0 < c < 4\sqrt{2}$

(2) 与えられた方程式は，
$$x^3 - 3x^2 - 9x + 7 = k$$
左辺を $f(x)$ とすると，この方程式の実数解は $y = f(x)$ と $y = k$ のグラフの共有点の x 座標に一致する．
$$f'(x) = 3(x+1)(x-3)$$
に注意すると，$f(x)$ の増減表およびグラフは下のようになる．

x	$\cdots$	-1	$\cdots$	3	$\cdots$
$f'(x)$	$+$	0	$-$	0	$+$
$f(x)$	↗	12	↘	-20	↗

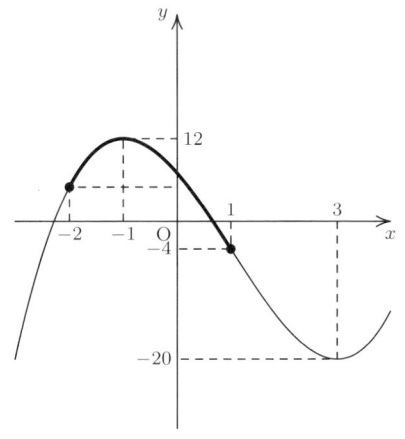

$f(-2) = 5$，$f(1) = -4$ よりグラフから，
$$-4 \leqq k \leqq 12$$

§33 最大・最小   #2

【解答】

$\boxed{1}$

(1) 最大値：2, 最小値：-2

(2) 最大値：0, 最小値：-20

(3) 最大値：40, 最小値：-12

(4) 最大値：15, 最小値：1

(5) $\begin{cases} 0 < a < 2 \text{ のとき} \quad \text{最大値：} 2 \\ \qquad\qquad\qquad\quad\;\, \text{最小値：} a^3 - 3a^2 + 2 \\ 2 \leqq a < 3 \text{ のとき} \quad \text{最大値：} 2 \\ \qquad\qquad\qquad\quad\;\, \text{最小値：} -2 \\ a = 3 \text{ のとき} \qquad \text{最大値：} 2 \\ \qquad\qquad\qquad\quad\;\, \text{最小値：} -2 \\ a > 3 \text{ のとき} \qquad \text{最大値：} a^3 - 3a^2 + 2 \\ \qquad\qquad\qquad\quad\;\, \text{最小値：} -2 \end{cases}$

$\boxed{2}$

(1) $-1 < k < 3$

(2) $1 < k \leqq \dfrac{3 + \sqrt{13}}{2}$

【解説】

$\boxed{1}$

(1) $f'(x) = 3x^2 - 6x = 3x(x-2)$ より, $f(x)$ の増減表は下のようになる。

x	1	$\cdots$	2	$\cdots$	3
$f'(x)$		$-$	0	$+$	
$f(x)$	0	↘	-2	↗	2

よって,

最大値：$2\;(x=3)$, 最小値：$-2\;(x=2)$

(2) $f'(x) = -3x^2 + 6x = -3x(x-2)$ より, $f(x)$ の増減表は下のようになる。

x	-2	$\cdots$	0	$\cdots$	1
$f'(x)$		$-$	0	$+$	
$f(x)$	0	↘	-20	↗	-18

したがって,

最大値：$0\;(x=-2)$, 最小値：$-20\;(x=0)$

(3) $f'(x) = -6x^2 + 6x + 12 = -6(x-2)(x+1)$ より, $f(x)$ の増減表は下のようになる。

x	-3	$\cdots$	-1	$\cdots$	2	$\cdots$	3
$f'(x)$		$-$	0	$+$	0	$-$	
$f(x)$	40	↘	-12	↗	15	↘	4

したがって,

最大値：$40\;(x=-3)$, 最小値：$-12\;(x=-1)$

(4) $f'(x) = -3x^2 - 3 = -3(x^2+1) < 0$ より, $f(x)$ は単調減少。したがって,

最大値：$15\;(x=-2)$, 最小値：$1\;(x=0)$

(5) $f'(x) = 3x^2 - 6x = 3x(x-2)$ より, $f(x)$ の増減表は, 次のようになる。

x	$\cdots$	0	$\cdots$	2	$\cdots$
$f'(x)$	$+$	0	$-$	0	$+$
$f(x)$	↗	2	↘	-2	↗

$f(x) = 2$ を解くと, $x^2(x-3) = 0$ より, $x = 0, 3$ よって, グラフは下のようになる。

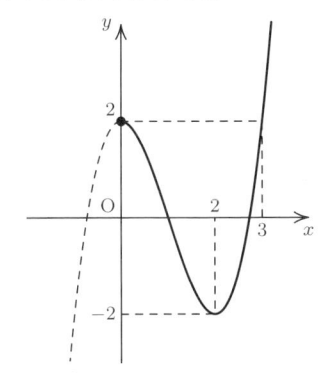

したがって, グラフから,

$\begin{cases} \mathbf{0 < a < 2} \text{ のとき} \\ \qquad \text{最大値：} \mathbf{2}\;(x=0), \\ \qquad \text{最小値：} a^3 - 3a^2 + 2\;(x=a) \\ \mathbf{2 \leqq a < 3} \text{ のとき} \\ \qquad \text{最大値：} \mathbf{2}\;(x=0), \\ \qquad \text{最小値：} \mathbf{-2}\;(x=2) \\ \mathbf{a = 3} \text{ のとき} \\ \qquad \text{最大値：} \mathbf{2}\;(x=0, 3), \\ \qquad \text{最小値：} \mathbf{-2}\;(x=2) \\ \mathbf{a > 3} \text{ のとき} \\ \qquad \text{最大値：} a^3 - 3a^2 + 2\;(x=a), \\ \qquad \text{最小値：} \mathbf{-2}\;(x=2) \end{cases}$

$\boxed{2}$

(1) 与えられた方程式の実数解は, $y = f(x) = x^3 - 3x + 1$ と $y = k$ のグラフの共有点の x 座標に等しい。

$$f'(x) = 3x^2 - 3 = 3(x-1)(x+1)$$

より, $f(x)$ の増減表およびグラフは下のようになる。

x	$\cdots$	-1	$\cdots$	1	$\cdots$
$f'(x)$	$+$	0	$-$	0	$+$
$f(x)$	↗	3	↘	-1	↗

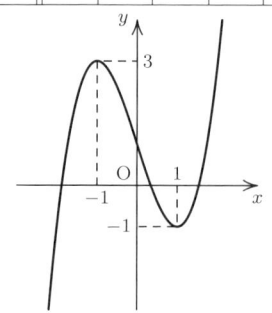

よって，グラフより相異なる 3 交点をもつ k の範囲は，

$$-1 < k < 3$$

(2) $f(x) = x^3 - 3(k+1)x^2 + 12kx + 4k$ とすると，すべての $x \geqq 0$ で $f(x) \geqq 0$ が成立するので，

 $x \geqq 0$ での $f(x)$ の最小値 $\geqq 0$

が条件．

$$f'(x) = 3x^2 - 6(k+1)x + 12k$$
$$= 3(x-2)(x-2k)$$

$k > 1$ より，$2 < 2k$ に注意すれば，$f(x)$ の $x \geqq 0$ における増減表は下のようになる．

x	0	$\cdots$	2	$\cdots$	$2k$	$\cdots$
$f'(x)$		$+$	0	$-$	0	$+$
$f(x)$	$4k$	↗	$f(2)$	↘	$f(2k)$	↗

したがって，$f(0) = 4k$ または，$f(2k)$ が最小値．

$$\therefore\ 4k \geqq 0 \text{ かつ } f(2k) \geqq 0$$

となることが条件で，$k > 1$ より，$4k \geqq 0$ は成立する．

$$f(2k) = -4k^3 + 12k^2 + 4k$$
$$= -4k(k^2 - 3k - 1) \geqq 0$$

$k > 0$ より，$k^2 - 3k - 1 \leqq 0$ が条件で，

$$\therefore\ \frac{3 - \sqrt{13}}{2} \leqq k \leqq \frac{3 + \sqrt{13}}{2}$$

$k > 1$ に注意して，求める範囲は，

$$1 < k \leqq \frac{3 + \sqrt{13}}{2}$$

§34 不定積分 #1

【解答】

$\boxed{1}$ C を積分定数とする．

(1) $\dfrac{1}{4}x^4 + \dfrac{2}{3}x^3 + \dfrac{3}{2}x^2 + x + C$

(2) $\dfrac{2}{3}x^3 + \dfrac{1}{2}x^2 - 3x + C$

(3) $\dfrac{1}{4}(x-1)^4 + C$

(4) $\dfrac{1}{5}(x-1)^5 + C$

(5) $\dfrac{1}{6}(2x-3t)^3 + C$

(6) $\dfrac{3}{2}x^2t^2 - \dfrac{1}{3}xt^3 + x^2t + C$

【解説】

$\boxed{1}$ C を積分定数とする．

(1) (与式) $= \dfrac{1}{4}x^4 + \dfrac{2}{3}x^3 + \dfrac{3}{2}x^2 + x + C$

(2) $(x-1)(2x+3) = 2x^2 + x - 3$ より，

$$(\text{与式}) = \dfrac{2}{3}x^3 + \dfrac{1}{2}x^2 - 3x + C$$

(3) (与式) $= \dfrac{1}{4}(x-1)^4 + C$

(4) (与式) $= \displaystyle\int (x-1)^4 dx = \dfrac{1}{5}(x-1)^5 + C$

(5) **x についての積分**ということに注意．

$$(\text{与式}) = \int (2x-3t)^2 dx = \dfrac{1}{3} \cdot \dfrac{1}{2}(2x-3t)^3 + C$$
$$= \dfrac{1}{6}(2x-3t)^3 + C$$

(6) これは t についての積分．

$$(\text{与式}) = 3x^2 \int t\, dt - x \int t^2 dt + x^2 \int dt$$
$$= \dfrac{3}{2}x^2t^2 - \dfrac{1}{3}xt^3 + x^2t + C$$

§34 不定積分 #2

【解答】

$\boxed{1}$ C を積分定数とする。

(1) $\dfrac{1}{2}x^4 + \dfrac{4}{3}x^3 - \dfrac{3}{2}x^2 + x + C$

(2) $x^5 - \dfrac{4}{3}x^3 + \dfrac{3}{2}x^2 + x + C$

(3) $\dfrac{1}{12}(3x-1)^4 + C$

(4) $2x^3 - \dfrac{1}{2}x^2 - x + C$

(5) $\dfrac{1}{4}t^4 + (2x-x^2)t^2 + 3x^2 t + C$

(6) $\dfrac{1}{12t}(3tx+1)^4 + C$

【解説】

$\boxed{1}$ C を積分定数とする。

(1) (与式) $= \dfrac{1}{2}x^4 + \dfrac{4}{3}x^3 - \dfrac{3}{2}x^2 + x + C$

(2) (与式) $= x^5 - \dfrac{4}{3}x^3 + \dfrac{3}{2}x^2 + x + C$

(3) (与式) $= \dfrac{1}{4}(3x-1)^4 \cdot \dfrac{1}{3} + C$

$= \dfrac{1}{12}(3x-1)^4 + C$

(4) (与式) $= \displaystyle\int (6x^2 - x - 1)dx$

$= 2x^3 - \dfrac{1}{2}x^2 - x + C$

(5) t についての積分ということに注意。

(与式) $= \displaystyle\int \{t^3 + 2(2x-x^2)t + 3x^2\}dt$

$= \dfrac{1}{4}t^4 + (2x-x^2)t^2 + 3x^2 t + C$

(6) これは x についての積分。展開せずそのまま扱ってしまうこと。

(与式) $= \dfrac{1}{4}(3tx+1)^4 \cdot \dfrac{1}{3t} + C$

$= \dfrac{1}{12t}(3tx+1)^4 + C$

§35 定積分(1) #1

【解答】

$\boxed{1}$

(1) $\dfrac{1}{2}$ (2) $-\dfrac{27}{5}$

(3) 6 (4) $2a^7 - 64a$

(5) $3(x^2 - 2x)$ (6) $\dfrac{37}{3}$

(7) 0

【解説】

$\boxed{1}$

(1) (与式) $= \left[\dfrac{1}{2}x^4 + 2x^3 + x^2 - 3x\right]_0^1 = \dfrac{1}{2}$

(2) (与式) $= \left[\dfrac{1}{5}x^5 - x^4 + x^2\right]_{-1}^2$

$= \left(\dfrac{32}{5} - 16 + 4\right) - \left(-\dfrac{1}{5} - 1 + 1\right)$

$= -\dfrac{27}{5}$

(3) 区間が原点対称ということに注意する。

(与式) $= \underbrace{\displaystyle\int_{-1}^1 (x^3 - 2x)dx}_{\text{奇関数}} + \underbrace{\displaystyle\int_{-1}^1 (-3x^2 + 4)dx}_{\text{偶関数}}$

$= 2\displaystyle\int_0^1 (-3x^2 + 4)dx = 2\left[-x^3 + 4x\right]_0^1$

$= 6$

(4) (与式) $= \underbrace{\displaystyle\int_a^{-a}(x^{11} + 3x^5)dx}_{\text{奇関数}}$

$\quad\quad + \underbrace{\displaystyle\int_a^{-a}(-7x^6 + 32)dx}_{\text{偶関数}}$

$= \displaystyle\int_{-a}^a (7x^6 - 32)dx = 2\displaystyle\int_0^a (7x^6 - 32)dx$

$= 2\left[x^7 - 32x\right]_0^a = 2a^7 - 64a$

(5) t についての積分ということに注意。

(与式) $= (x^2 - 2x)\displaystyle\int_0^3 dt = 3(x^2 - 2x)$

(6) 区間がすべてそろっていることに注意。

(与式) $= \displaystyle\int_1^2 \{(2x^3 + x^2 - 1) - (1 - 2x - x^3)$

$\quad\quad\quad + (x^3 - 3x^2 + 1)\}dx$

$= \displaystyle\int_1^2 (4x^3 - 2x^2 + 2x - 1)dx$

$= \left[x^4 - \dfrac{2}{3}x^3 + x^2 - x\right]_1^2 = \dfrac{37}{3}$

(7) 中身がすべてそろっていることに注意。

$$(与式) = \int_{-1}^{3}(x^2-x+1)dx + \int_{3}^{-1}(x^2-x+1)dx$$
$$= \mathbf{0}$$

§35 定積分(1) #2

──【解答】──

1

(1) $\dfrac{17}{12}$　　(2) $-\dfrac{845}{6}$

(3) -44　　(4) 0

(5) $4x^4+16x$　　(6) $\dfrac{9}{2}$

(7) $-\dfrac{13}{6}$

【解説】

1

(1) $(与式) = \left[\dfrac{2}{3}x^6 + \dfrac{3}{4}x^4 - x^2 + x\right]_0^1 = \dfrac{\mathbf{17}}{\mathbf{12}}$

(2) $(与式) = \left[\dfrac{1}{6}x^6 - x^3 + x\right]_{-3}^{2} = -\dfrac{\mathbf{845}}{\mathbf{6}}$

(3) 区間が原点対称ということに注意する。

$$(与式) = \underbrace{\int_{-2}^{2}(x^5+4x)dx}_{奇関数} + \underbrace{\int_{-2}^{2}(-9x^2+1)dx}_{偶関数}$$
$$= 2\int_{0}^{2}(-9x^2+1)dx = 2\left[-3x^3+x\right]_{0}^{2}$$
$$= \mathbf{-44}$$

(4) x に $-x$ を代入すると，

$$(-x)^3 - 2(-x) = -(x^3-2x)$$

より，x^3-2x は奇関数。したがって，$(x^3-2x)^5$ も奇関数。

区間が原点対称なので，

$$(与式) = \mathbf{0}$$

(5) t についての積分ということに注意。

$$(与式) = \left[x^4t + xt^2\right]_0^4 = \mathbf{4x^4 + 16x}$$

(6) 区間がすべてそろっていることに注意。

$$(与式) = \int_{-1}^{2}\{(x^2+4x+1)$$
$$+ (3x^3-x^2+x-1)$$
$$- (x^3+x^2+5x)\}dx$$
$$= \int_{-1}^{2}(2x^3-x^2)dx = \left[\dfrac{1}{2}x^4 - \dfrac{1}{3}x^3\right]_{-1}^{2}$$
$$= \dfrac{\mathbf{9}}{\mathbf{2}}$$

(7) 中身がすべてそろっていることに注意。

$$(与式) = \int_{-1}^{2}(x^2+3x-1)dx + \int_{2}^{0}(x^2+3x-1)dx$$
$$= \int_{-1}^{0}(x^2+3x-1)dx$$
$$= \left[\frac{1}{3}x^3 + \frac{3}{2}x^2 - x\right]_{-1}^{0}$$
$$= -\frac{\mathbf{13}}{\mathbf{6}}$$

§36 定積分(2) #1

—【解答】—

1

(1) $-\dfrac{32}{3}$ (2) $-\dfrac{4}{3}$

(3) $-4\sqrt{3}$ (4) $-\dfrac{343}{24}$

(5) $\dfrac{992}{5}$ (6) 5

(7) $\dfrac{46}{3}$

【解説】

1

(1) $(与式) = -\dfrac{1}{6}\{3-(-1)\}^3 = -\dfrac{\mathbf{32}}{\mathbf{3}}$

(2) $(与式) = -\dfrac{1}{12}(4-2)^4 = -\dfrac{\mathbf{4}}{\mathbf{3}}$

[注意] 下図のように，与式は x 軸より下の部分の面積を表していることに注意。出てくる値は負になる。

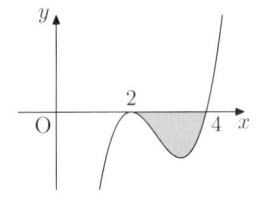

(3) $x^2-4x+1=0$ を解くと，$x=2\pm\sqrt{3}$ より，
$$(与式) = -\dfrac{1}{6}(2\sqrt{3})^3 = \mathbf{-4\sqrt{3}}$$

(4) top 係数を忘れないこと。
$$(与式) = -\dfrac{2}{6}\left(\dfrac{7}{2}\right)^3 = -\dfrac{\mathbf{343}}{\mathbf{24}}$$

(5) $(与式) = \left[\dfrac{1}{5}(x+2)^5\right]_0^2 = \dfrac{\mathbf{992}}{\mathbf{5}}$

(6) $0 \leqq x \leqq 3$ において，
$$|2x-4| = \begin{cases} 2x-4 & (2 \leqq x \leqq 3) \\ 4-2x & (0 \leqq x \leqq 2) \end{cases}$$

$\therefore (与式) = \displaystyle\int_{2}^{3}(2x-4)dx + \int_{0}^{2}(4-2x)dx$
$= \left[x^2-4x\right]_2^3 + \left[4x-x^2\right]_0^2$
$= \mathbf{5}$

(7) $-3 \leqq x \leqq 3$ において，

$$|x^2-4| = \begin{cases} x^2-4 & (-3 \leqq x \leqq -2, \ 2 \leqq x \leqq 3) \\ 4-x^2 & (-2 \leqq x \leqq 2) \end{cases}$$

したがって，

$$(与式) = \int_{-3}^{-2}(x^2-4)dx + \underbrace{\int_{-2}^{2}(4-x^2)dx}_{\text{1/6 公式の利用}}$$
$$+ \int_{2}^{3}(x^2-4)dx$$

$$= \left[\frac{1}{3}x^3-4x\right]_{-3}^{-2} + \frac{1}{6}\{2-(-2)\}^3$$
$$+ \left[\frac{1}{3}x^3-4x\right]_{2}^{3}$$

$$= \frac{7}{3} + \frac{32}{3} + \frac{7}{3} = \boldsymbol{\frac{46}{3}}$$

[参考]　$|x^2-4|$ が偶関数であることに気づいたのならば，

$$(与式) = 2\int_{0}^{3}|x^2-4|dx$$
$$= 2\int_{2}^{3}(x^2-4)dx + 2\int_{0}^{2}(4-x^2)dx$$
$$= 2\int_{2}^{3}(x^2-4)dx + \int_{-2}^{2}(2-x)(2+x)dx$$

と計算してしまうのが一番上手い方法であろう。

§36　定積分(2)　#2

【解答】

1

(1) $-\dfrac{125}{6}$　　(2) 4

(3) $-\dfrac{1331}{54}$　　(4) $\dfrac{158}{3}$

(5) $-\dfrac{625}{48}$　　(6) $-8\sqrt{3}$

(7) $\dfrac{5}{2}$

【解説】

1

(1)　$(与式) = -\dfrac{1}{6}\{2-(-3)\}^3 = \boldsymbol{-\dfrac{125}{6}}$

(2)　$-2 \leqq x \leqq 2$ において，

$$|x^2-1| = \begin{cases} x^2-1 & (-2 \leqq x \leqq -1, \ 1 \leqq x \leqq 2) \\ 1-x^2 & (-1 \leqq x \leqq 1) \end{cases}$$

したがって，

$$(与式) = \int_{-2}^{-1}(x^2-1)dx + \int_{-1}^{1}(1-x^2)dx$$
$$+ \int_{1}^{2}(x^2-1)dx$$

$$= \left[\frac{1}{3}x^3-x\right]_{-2}^{-1} + \frac{1}{6}\{1-(-1)\}^3$$
$$+ \left[\frac{1}{3}x^3-x\right]_{1}^{2}$$

$$= \frac{4}{3} + \frac{4}{3} + \frac{4}{3} = \boldsymbol{4}$$

[参考]　当然，偶関数に気づいて，

$$(与式) = 2\int_{0}^{2}|x^2-1|dx$$
$$= 2\left\{\int_{0}^{1}(1-x^2)dx + \int_{1}^{2}(x^2-1)dx\right\}$$

としてもよい。

(3)　top 係数に注意すること。

$$(与式) = -\frac{1}{6} \cdot 3\left(4-\frac{1}{3}\right)^3 = \boldsymbol{-\dfrac{1331}{54}}$$

(4)　$(与式) = \dfrac{1}{3}\left[\dfrac{1}{2}(2x+1)^3\right]_{1}^{3} = \boldsymbol{\dfrac{158}{3}}$

(5)　これも top 係数に注意すること。

$$(与式) = -\frac{1}{12} \cdot 2^2 \cdot \left\{2-\left(-\frac{1}{2}\right)\right\}^4 = \boldsymbol{-\dfrac{625}{48}}$$

(6)　$2x^2-4x-4=0$ を解くと，$x = 1 \pm \sqrt{3}$ だから，top 係数に注意して，

$$(与式) = -\frac{1}{6} \cdot 2 \cdot \{(1+\sqrt{3})-(1-\sqrt{3})\}^3 = \boldsymbol{-8\sqrt{3}}$$

(7) $2 \leqq x \leqq 5$ において，

$$|x-3| = \begin{cases} 3-x & (2 \leqq x \leqq 3) \\ x-3 & (3 \leqq x \leqq 5) \end{cases}$$

したがって，

$$\begin{aligned}(与式) &= \int_2^3 (3-x)dx + \int_3^5 (x-3)dx \\ &= \left[3x - \frac{1}{2}x^2\right]_2^3 + \left[\frac{1}{2}x^2 - 3x\right]_3^5 \\ &= \boldsymbol{\frac{5}{2}}\end{aligned}$$

[参考] 当然，下図の斜線部の面積と捉えれば，わざわざ積分計算しなくても，直角二等辺三角形 2 個の面積の和を考えればよい。

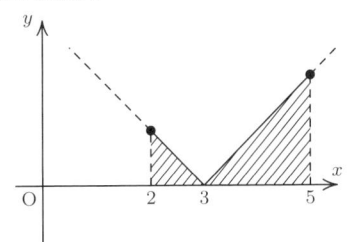

§37 面積 #1

【解答】

$\boxed{1}$

(1) 2

(2) $\dfrac{19}{3}$

(3) $\dfrac{8\sqrt{2}}{3}$

(4) $\dfrac{10\sqrt{5}}{3}$

(5) $\dfrac{37}{12}$

(6) $\dfrac{131}{4}$

(7) 108

(8) $2\sqrt{3} - \dfrac{2}{3}$

【解説】

$\boxed{1}$

(1) 求める面積 S は，

$$\begin{aligned}S &= \int_0^1 (1-x^2)dx + \int_1^2 (x^2-1)dx \\ &= \left[x - \frac{1}{3}x^3\right]_0^1 + \left[\frac{1}{3}x^3 - x\right]_1^2 \\ &= \boldsymbol{2}\end{aligned}$$

(2) 2 曲線の交点は，

$$-\frac{1}{2}x^2 - 2x - 1 = x - 1$$

を解いて，$x = 0, -6$
よって，求める面積 S は，

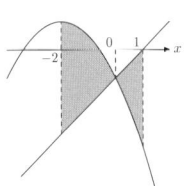

$$\begin{aligned}S &= \int_{-2}^0 \left\{\left(-\frac{1}{2}x^2 - 2x - 1\right) - (x-1)\right\}dx \\ &\quad + \int_0^1 \left\{(x-1) - \left(-\frac{1}{2}x^2 - 2x - 1\right)\right\}dx \\ &= \left[-\frac{1}{6}x^3 - \frac{3}{2}x^2\right]_{-2}^0 + \left[\frac{1}{6}x^3 + \frac{3}{2}x^2\right]_0^1 \\ &= \frac{14}{3} + \frac{5}{3} = \boldsymbol{\frac{19}{3}}\end{aligned}$$

(3) 2 曲線の交点の x 座標は，

$$x^2 = 2x + 1$$

の 2 解で，これは判別式を D とすると，$D = 2^2 + 4 = 8$ より 2 交点をもつ。
2 交点の x 座標を $\alpha < \beta$ として，求める面積 S は，

$$\begin{aligned}S &= \int_\alpha^\beta (2x+1-x^2)dx \\ &= \frac{1}{6}(\beta - \alpha)^3 = \frac{1}{6}\left(\sqrt{D}\right)^3 \quad (解と係数の関係) \\ &= \boldsymbol{\frac{8\sqrt{2}}{3}}\end{aligned}$$

297

(4) 2曲線の交点のx座標は，
$$3x^2 - 5x + 2 = -x^2 + 3x + 3$$
の2解で，判別式をDとすると，
$$D = 8^2 + 16 = 80$$
より2交点をもつ。この2交点のx座標を$\alpha < \beta$とおくと，求める面積Sは，
$$S = \int_\alpha^\beta \{(-x^2 + 3x + 3) - (3x^2 - 5x + 2)\}dx$$
$$= \frac{4}{6}(\beta - \alpha)^3 = \frac{4}{6}\left(\frac{\sqrt{D}}{4}\right)^3$$
$$= \boldsymbol{\frac{10\sqrt{5}}{3}}$$

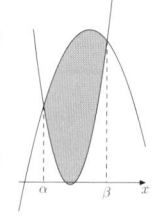

(5) 2曲線の交点は，
$$x^3 - 2x^2 + x - 1 = 2x - 3$$
$$\Leftrightarrow x^3 - 2x^2 - x + 2 = 0$$
を解いて，$x = -1, 1, 2$
したがって，求める面積Sは， 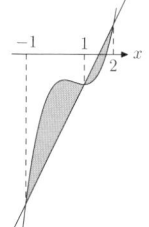
$$S = \underbrace{\int_{-1}^1 (x^3 - 2x^2 - x + 2)dx}_{\text{区間が原点対称}}$$
$$\qquad + \int_1^2 (-x^3 + 2x^2 + x - 2)dx$$
$$= 2\int_0^1 (-2x^2 + 2)dx$$
$$\qquad + \left[-\frac{1}{4}x^4 + \frac{2}{3}x^3 + \frac{1}{2}x^2 - 2x\right]_1^2$$
$$= \frac{8}{3} + \frac{5}{12} = \boldsymbol{\frac{37}{12}}$$

(6) 2曲線の交点は，
$$x^3 + x^2 - 5x + 4 = x^2 + 2x - 2$$
$$\Leftrightarrow x^3 - 7x + 6 = 0$$
を解いて，$x = -3, 1, 2$
よって，求める面積Sは， 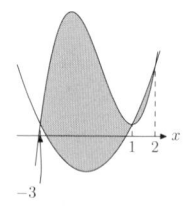
$$S = \int_{-3}^1 (x^3 - 7x + 6)dx + \int_1^2 (-x^3 + 7x - 6)dx$$
$$= \left[\frac{1}{4}x^4 - \frac{7}{2}x^2 + 6x\right]_{-3}^1 - \left[\frac{1}{4}x^4 - \frac{7}{2}x^2 + 6x\right]_1^2$$
$$= 32 + \frac{3}{4} = \boldsymbol{\frac{131}{4}}$$

(7) $y = x^3 - 3x + 2$のとき，
$$y' = 3x^2 - 3$$
よって，$x = 2$における接線の傾きは9
$$\therefore \text{接線：} y = 9(x - 2) + 4$$
このとき，接線ともとの曲線との交点は，
$$x^3 - 3x + 2 = 9x - 14$$
を解いて，$x = 2$（重解），-4

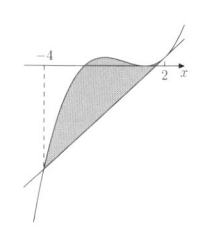

よって，求める面積は，3次関数と接線で囲まれる面積で，
$$\therefore S = \int_{-4}^2 \{(x^3 - 3x + 2) - (9x - 14)\}dx$$
$$= \int_{-4}^2 (x - 2)^2(x + 4)dx$$
$$= \frac{1}{12}\{2 - (-4)\}^4 = \boldsymbol{108}$$

(8) 下図のように，S_1, S_2を定めると，
$$S_1 + S_2 = 2\sqrt{3}$$

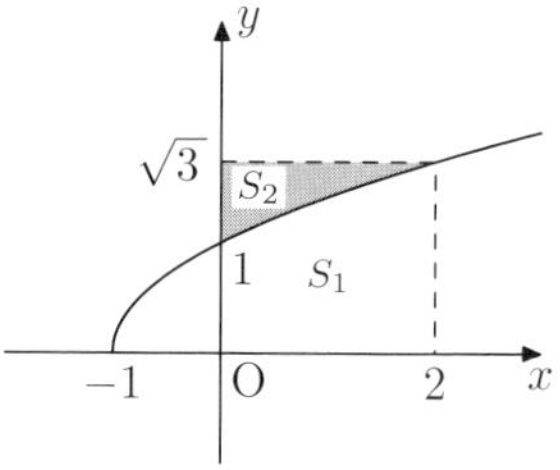

$$S_2 = \int_1^{\sqrt{3}} (y^2 - 1)dy$$
$$= \left[\frac{1}{3}y^3 - y\right]_1^{\sqrt{3}} = \frac{2}{3}$$
$$\therefore S_1 = \boldsymbol{2\sqrt{3} - \frac{2}{3}}$$

§37 面積 #2

【解答】

1

(1) $\dfrac{20}{3}$ (2) 54

(3) $\dfrac{8}{3}$ (4) $\dfrac{128}{3}$

(5) $\dfrac{28}{3}\sqrt{7}$ (6) $\dfrac{14}{3}$

(7) 8 (8) $\dfrac{37}{54}\sqrt{37}$

【解説】

1

(1) $y = 3 - \sqrt{x+1}$

$\Leftrightarrow x = (y-2)(y-4)$ かつ $y \leqq 3$

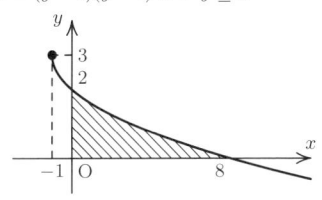

よって，グラフより求める面積は，

$$\int_0^2 (y-2)(y-4)dy$$
$$= \left[\dfrac{1}{3}y^3 - 3y^2 + 8y\right]_0^2$$
$$= \dfrac{20}{3}$$

(2) $(2x^2 - 2x - 4) - (2x + 12) = 2(x-4)(x+2)$ より，グラフは下のようになる。

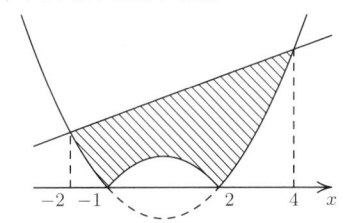

よって，求める面積 S は，

$$S = \int_{-2}^{4} -2(x-4)(x+2)dx$$
$$\quad - 2\int_{-1}^{2} -2(x+1)(x-2)dx$$
$$= 2 \cdot \dfrac{1}{6} \cdot 6^3 - 2 \cdot 2 \cdot \dfrac{1}{6} \cdot 3^3$$
$$= \mathbf{54}$$

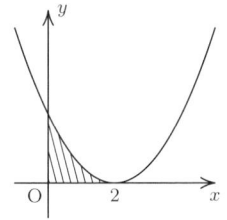

(3) グラフより，図の斜線部の面積を求めればよく，

$$\int_0^2 (x-2)^2 dx = \left[\dfrac{1}{3}(x-2)^3\right]_0^2$$
$$= \dfrac{\mathbf{8}}{\mathbf{3}}$$

(4) 図の斜線部の面積を求めればよく，

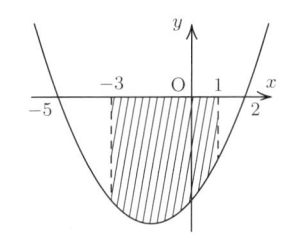

求める面積を S とすると，

$$S = -\int_{-3}^{1} (x^2 + 3x - 10)dx$$
$$= \left[-\dfrac{1}{3}x^3 - \dfrac{3}{2}x^2 + 10x\right]_{-3}^{1}$$
$$= \dfrac{\mathbf{128}}{\mathbf{3}}$$

(5) $y = f(x) = x^2 - 3x + 2$ と $y = g(x) = x + 5$ の交点の x 座標を $\alpha, \beta \ (\alpha < \beta)$ とすると，α, β は，

$$x^2 - 3x + 2 = x + 5$$

の2解。判別式は $\dfrac{D}{4} = 4 + 3 = 7 > 0$ より確かに2交点をもち，解と係数の関係より，

$$\beta - \alpha = \sqrt{(\alpha+\beta)^2 - 4\alpha\beta} = 2\sqrt{7} \ (> 0)$$

299

よって，グラフより求める面積 S は，

$$S = \int_\alpha^\beta \{g(x) - f(x)\}dx$$
$$= -\int_\alpha^\beta (x-\alpha)(x-\beta)dx$$
$$= \frac{1}{6}(\beta-\alpha)^3 = \boldsymbol{\frac{28}{3}\sqrt{7}}$$

(6) 下図の斜線部の面積を S_1 とすると，

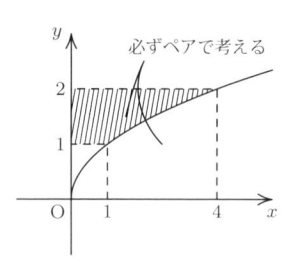

$$S_1 = \int_1^2 y^2 dy = \left[\frac{1}{3}y^3\right]_1^2 = \frac{7}{3}$$

∴ 求める面積は，

$$S = \boxed{} - S_1 = (8-1) - \frac{7}{3} = \boldsymbol{\frac{14}{3}}$$

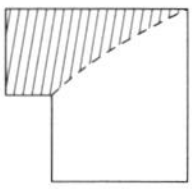

(7) $y = x^3 - 3x$ と $y = x$ の交点の x 座標は，

$$x^3 - 3x = x \quad \text{より，} \quad x = 0, \pm 2$$

$\dfrac{d}{dx}(x^3 - 3x) = 3(x-1)(x+1)$ より，増減表は，次のようになる。

x	$\cdots$	-1	$\cdots$	1	$\cdots$
y'	$+$	0	$-$	0	$+$
y	↗		↘		↗

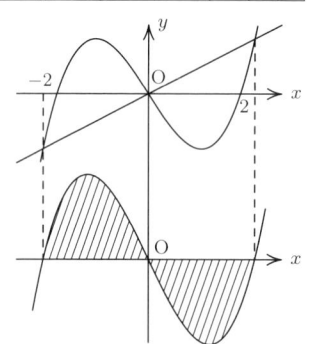

グラフより，求める面積 S は，

$$S = \int_{-2}^2 |x^3 - 4x| dx \quad \text{(差グラフから偶関数)}$$
$$= 2\int_{-2}^0 (x^3 - 4x)dx = 2\left[\frac{1}{4}x^4 - 2x^2\right]_{-2}^0$$
$$= \boldsymbol{8}$$

(8) 2曲線の交点の x 座標を α, β $(\alpha < \beta)$ とすると，α, β は，$2x^2 - 3x + 2 = -x^2 + 2x + 3$ の2解。解と係数の関係より，

$$\beta - \alpha = \sqrt{(\alpha+\beta)^2 - 4\alpha\beta} = \frac{\sqrt{37}}{3}$$

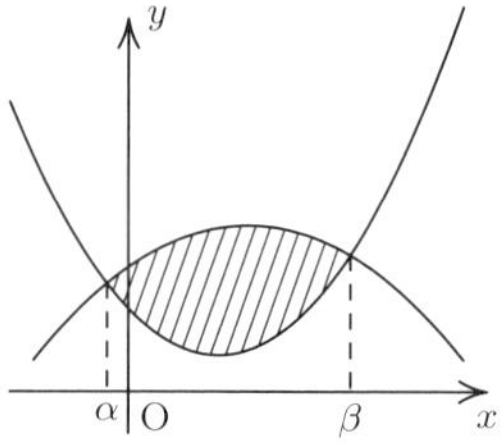

$$S = \int_\alpha^\beta (-3x^2 + 5x + 1)dx$$
$$= -3\int_\alpha^\beta (x-\alpha)(x-\beta)dx$$
$$= \frac{3}{6}\left(\frac{\sqrt{37}}{3}\right)^3 = \boldsymbol{\frac{37}{54}\sqrt{37}}$$

§38 微積融合 #1

【解答】

1
(1) $2x^3 - 4x^2 + 3$
(2) $1 - x^2$
(3) $-33x^4 + 6x$
(4) x

2
(1) $f(x) = 4x - 1$
(2) $f(x) = 4x^3 - 12x^2 + 2$
(3) $f(x) = -x^2 + 2x - \dfrac{4}{3}$
(4) $f(x) = 3x^2 - 10x + 2$

【解説】

1
(1) （与式）$= 2x^3 - 4x^2 + 3$
(2) $f(x) = x^2 - 1$ として，$f(x)$ の不定積分の 1 つを $F(x)$ とすると，
$$（与式）= \frac{d}{dx}\{F(2) - F(x)\} = -F'(x) = -f(x)$$
よって，（与式）$= 1 - x^2$
(3) $f(x) = x^4 - 2x$ として，$f(x)$ の不定積分の 1 つを $F(x)$ とすると，
$$（与式）= \frac{d}{dx}\{F(-x) - F(2x)\}$$
$$= -F'(-x) - 2F'(2x) = -f(-x) - 2f(2x)$$
$$\therefore \text{（与式）} = -\{(-x)^4 - 2(-x)\}$$
$$\qquad - 2\{(2x)^4 - 2 \cdot (2x)\}$$
$$= -33x^4 + 6x$$
(4) $\displaystyle\int_0^x (x-t)dt = \left[xt - \frac{1}{2}t^2\right]_0^x = \frac{1}{2}x^2$ より，
$$\therefore \text{（与式）} = \frac{d}{dx}\left(\frac{1}{2}x^2\right) = x$$

[注意] $f(t) = x - t$ として，（与式）$= f(x)$ としないこと。
$\int \cdots dt$ の中身に x が入っているので，そのまま微分することはできないことに注意。上のように，積分を計算してしまうか，または，
$$（与式）= \frac{d}{dx}\left\{x \cdot \int_0^x dt - \int_0^x t\,dt\right\}$$
$$= \underbrace{(x)' \times \int_0^x dt + x \times \left\{\int_0^x dt\right\}'}_{\text{積の微分}} - \left\{\int_0^x t\,dt\right\}'$$
$$= \int_0^x dt + x \cdot 1 - x = x$$
としてしまうこと。

2
(1) 与えられた式を両辺 x で微分して，
$$f(x) = 4x - 1$$

[参考] 与えられた関係式は，積分の方程式なので，$f(x)$ の決定より 1 つ多くの条件を含んでいることに注意。
$$\int_a^x f(t)dt = 2x^2 - x - 1$$
のように与えられても，a，$f(x)$ ともに決定する。
$x = a$ を代入すれば，（左辺）$= 0$ から，a の方程式が導かれることに注意。

(2) $\displaystyle\int_{-1}^1 f(t)dt$ は定数なので（必ず書いて確認する），
$A = \displaystyle\int_{-1}^1 f(t)dt$ とおくと，$f(x) = 4x^3 + 3Ax^2 + 2$
$$\therefore A = \int_{-1}^1 f(t)dt = \int_{-1}^1 (4t^3 + 3At^2 + 2)dt$$
$$= 2\int_0^1 (3At^2 + 2)dt \quad \text{（区間が原点対称）}$$
$$= 2\left[At^3 + 2t\right]_0^1 = 2A + 4$$
よって，$A = -4$ より，$f(x) = 4x^3 - 12x^2 + 2$

(3) $\displaystyle\int_{-1}^1 tf(t)dt$ は定数なので，
$A = \displaystyle\int_{-1}^1 tf(t)dt$ とすると，$f(x) = -x^2 + 2x - A$
$$\therefore A = \int_{-1}^1 tf(t)dt = \int_{-1}^1 (-t^3 + 2t^2 - At)dt$$
$$= 2\int_0^1 2t^2 dt \quad \text{（区間が原点対称）}$$
$$= 2\left[\frac{2}{3}t^3\right]_0^1 = \frac{4}{3}$$
よって，$f(x) = -x^2 + 2x - \dfrac{4}{3}$

(4) 両辺 x で微分して，
$$f(x) = 3x^2 - 10x + 2$$

[注意] 積分区間の -1 があるから上手くいくことに注意。
$$\int_{-2}^x f(t)dt = x^3 - 5x^2 + 2x + 8$$
だと，$x = -2$ のとき，$0 = -24$ となり，これを満たす $f(x)$ は存在しないことに注意する。

§38 微積融合 #2

―【解答】―

$\boxed{1}$
(1) $3x^3 - 2x + 1$ (2) $9x^2 + 13x + 5$
(3) $27x^2 + 24x + 9$ (4) $\dfrac{3}{2}x^2 - \dfrac{9}{2}$

$\boxed{2}$
(1) 解なし
(2) $f(x) = x^2 - \dfrac{3}{7}x + 3$
(3) $f(x) = 3x - 10$
(4) $f(x) = x^2 + \dfrac{2}{7}x - \dfrac{4}{21}$

【解説】

$\boxed{1}$
(1) （与式）$= \boldsymbol{3x^3 - 2x + 1}$
(2) $f(x) = 3x^3 + 2x^2$ として，$f(x)$ の不定積分の１つを $F(x)$ とすると，

$$(与式) = \dfrac{d}{dx}\{F(x+1) - F(x)\}$$
$$= F'(x+1) - F'(x)$$
$$= f(x+1) - f(x)$$
$$= 3(x+1)^3 + 2(x+1)^2 - 3x^3 - 2x^2$$
$$= \boldsymbol{9x^2 + 13x + 5}$$

(3) $f(x) = 3x^2 + 1$ として，$f(x)$ の不定積分の１つを $F(x)$ とすると，

$$(与式) = \dfrac{d}{dx}\{F(2x+1) - F(-x)\}$$
$$= 2F'(2x+1) - (-1)F'(-x)$$
$$= 2f(2x+1) + f(-x)$$
$$= 6(2x+1)^2 + 2 + 3x^2 + 1$$
$$= \boldsymbol{27x^2 + 24x + 9}$$

(4) $\dfrac{d}{dx}\left(x\displaystyle\int_3^x t\,dt\right)$ より，積の微分公式から，

$$(与式) = \int_3^x t\,dt + x^2 = \left[\dfrac{1}{2}t^2\right]_3^x + x^2$$
$$= \boldsymbol{\dfrac{3}{2}x^2 - \dfrac{9}{2}}$$

$\boxed{2}$
(1) 両辺に $x = 2$ を代入すると，

$$0 = 18$$

となり成立しない。したがって，**解なし**

[注意] 両辺 x で微分して，

$$f(x) = 4x + 4$$

より，$f(x) = 4x + 4$ としないこと。初期値がとれていないため，十分性が崩れていることに注意。定積分の区間を潰すように，$x = 2$ を入れれば，この式が成立しないことがすぐに分かるであろう。

(2) $\displaystyle\int_{-1}^1 tf(t)\,dt = k$（定数）とおくと，

$$f(x) = x^2 + (5k+1)x + 3$$

したがって，

$$k = \int_{-1}^1 t\{t^2 + (5k+1)t + 3\}\,dt$$

区間が原点対称なので，偶関数・奇関数に注意して，

$$k = 2(5k+1)\int_0^1 t^2\,dt = \dfrac{2(5k+1)}{3} \Leftrightarrow k = -\dfrac{2}{7}$$

したがって，$\boldsymbol{f(x) = x^2 - \dfrac{3}{7}x + 3}$

(3) 両辺 x で微分して，

$$xf(x) = 3x^2 - 10x$$

また，両辺に $x = 1$ を代入すると，$0 = 0$ となり確かに成立する。

$$\therefore \boldsymbol{f(x) = 3x - 10}$$

(4) $f(x) = x^2 + x\displaystyle\int_{-1}^1 f(t)\,dt - \int_{-1}^1 tf(t)\,dt$ より，

$$k = \int_{-1}^1 f(t)\,dt, \quad l = \int_{-1}^1 tf(t)\,dt$$

とおくと，$f(x) = x^2 + kx - l$
積分区間が原点対称なので，偶関数・奇関数に注意して，

$$\therefore k = \int_{-1}^1 (t^2 + kt - l)\,dt$$
$$= \dfrac{2}{3} - 2l$$
$$l = \int_{-1}^1 t(t^2 + kt - 1)\,dt$$
$$= \dfrac{2}{3}k$$

$$\therefore k = \dfrac{2}{3} - 2l, \, l = \dfrac{2}{3}k \Leftrightarrow k = \dfrac{2}{7}, \, l = \dfrac{4}{21}$$

$$\therefore \boldsymbol{f(x) = x^2 + \dfrac{2}{7}x - \dfrac{4}{21}}$$

§39 物理問題 #1

---【解答】---

1
(1) -5 (2) $2t - 10$
(3) $t = 2$ (4) 9

2
(1) $2t^3 - 4t^2 + 14t$ (2) $t^3 + 2t^2 + 5t + 3$

(3) 3 回

【解説】

1

(1) 点 P の時刻 t における速度を $v(t)$ とすると，
$$v(t) = \frac{dx}{dt} = t^2 - 10t + 16$$
$$\therefore v(3) = \boldsymbol{-5}$$

(2) 加速度 $a(t)$ は，$a(t) = \dfrac{d}{dt}v(t)$ として与えられるので，
$$a(t) = \boldsymbol{2t - 10}$$

(3) P が向きを変えるのは，速度の向きが変わるときなので，
$v(t) = t^2 - 10t + 16 = 0$ を解いて，$t = 2, 8$
よって，初めて向きを変えるのは，$\boldsymbol{t = 2}$

(4) 時刻 t における P の **速さ** は，
$$|v(t)| = |t^2 - 10t + 16|$$
よって，グラフは下図のようになり，

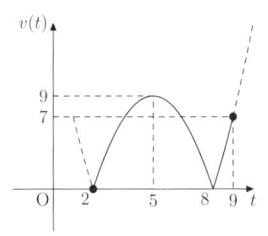

$2 \leqq t \leqq 9$ における最大値は，
$t = 5$ のとき，$|v|_{max} = \boldsymbol{9}$

2

(1) 時刻 t における A の位置を x_A とすると，
$$x_A = \int v_A dt = \int (6t^2 - 8t + 14)dt$$
$$= 2t^3 - 4t^2 + 14t + C \ (C \text{ は積分定数})$$
ここで，$t = 0$ のとき $x_A = 0$ より，$C = 0$
$$\therefore x_A = \boldsymbol{2t^3 - 4t^2 + 14t}$$

(2) 時刻 t における B の位置を x_B とすると，
$$x_B = \int v_B dt = \int (3t^2 + 4t + 5)dt$$
$$= t^3 + 2t^2 + 5t + C \ (C \text{ は積分定数})$$
ここで，$t = 0$ のとき $x_B = 3$ より，$C = 3$
$$\therefore x_B = \boldsymbol{t^3 + 2t^2 + 5t + 3}$$

(3) A, B が重なる $\iff x_A = x_B$ より，
$$2t^3 - 4t^2 + 14t = t^3 + 2t^2 + 5t + 3$$
を満たす時刻 t で，A, B は重なる。
$\therefore f(t) = t^3 - 6t^2 + 9t - 3$ とすると，
$f'(t) = 3(t-3)(t-1)$
$$\begin{cases} f(0) = -3 \\ f(1) = 1 \\ f(3) = -3 \\ f(4) = 1 \end{cases}$$
より，下のグラフから，

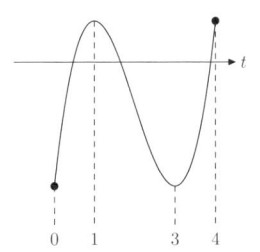

$0 \leqq t \leqq 4$ において，A, B は **3 回** 重なる。

§39 物理問題

【解答】

$\boxed{1}$
(1) $f(t) = t^3 - 4t^2 + 4t$, $g(t) = 12t - 4t^2$
(グラフは解説参照)
(2) $2\sqrt{2}$ 秒後
(3) $\dfrac{2\sqrt{6}}{3}$ 秒後

$\boxed{2}$
(1) $t = 1$ (2) A

【解説】

$\boxed{1}$
(1) 点 P, Q は同時に原点を出発するので,
$$f(0) = g(0) = 0$$
ここで, $\dfrac{d}{dt}f(t) = u(t)$, $\dfrac{d}{dt}g(t) = v(t)$ より, 出発してから t 秒後の P, Q の位置はそれぞれ,
$$f(t) = f(0) + \int_0^t u(s)ds$$
$$= 0 + \left[s^3 - 4s^2 + 4s\right]_0^t$$
$$= \boldsymbol{t^3 - 4t^2 + 4t}$$
$$g(t) = g(0) + \int_0^t v(s)ds$$
$$= 0 + \left[12s - 4s^2\right]_0^t = \boldsymbol{12t - 4t^2}$$

また, $f'(t) = u(t) = (3t-2)(t-2)$ より, $f(t)$ の増減表は, 次のようになる。

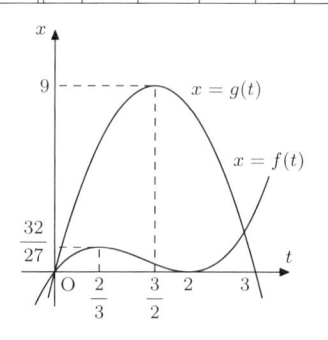

t	0	$\cdots$	$\dfrac{2}{3}$	$\cdots$	2	$\cdots$
$f'(t)$		$+$	0	$-$	0	$+$
$f(t)$	0	↗	$\dfrac{32}{27}$	↘	0	↗

(グラフ: $x = g(t)$ は最大値 9, $x = f(t)$ は $t = \frac{2}{3}$ で $\frac{32}{27}$)

(2) $f(t) = g(t)$ を解くと, $t^3 - 4t^2 + 4t = 12t - 4t^2$
∴ $\underbrace{t^3 - 8t = 0}_{t=0\text{ は分かっている}}$
∴ $t(t - 2\sqrt{2})(t + 2\sqrt{2}) = 0$
$t > 0$ より, $t = \boldsymbol{2\sqrt{2}}$ 秒後

(3) (1)のグラフより, 出発してから再び出会うまで, つまり $0 \leq t \leq 2\sqrt{2}$ において, $g(t) \geq f(t)$
よって, $0 \leq t \leq 2\sqrt{2}$ において, $h(t) = g(t) - f(t)$ を最大にするような t を求めればよい。
$h(t) = g(t) - f(t) = 8t - t^3$ より,
$$h'(t) = 8 - 3t^2$$
よって, $0 \leq t \leq 2\sqrt{2}$ における $h(t)$ の増減は, 次のようになる。

t	0	$\cdots$	$\sqrt{\dfrac{8}{3}}$	$\cdots$	$2\sqrt{2}$
$h'(t)$		$+$	0	$-$	
$h(t)$	0	↗	極大	↘	0

したがって, $h(t)$ が最大となるのは,
$$\dfrac{2\sqrt{6}}{3} \text{ 秒後}$$

$\boxed{2}$
$h(t) = f(t) - g(t) = 4t^3 - 16t^2 + 12t$ とおく。

(1) A, B が最初に出会う時刻は, $h(t) = 0$ を満たす最小の正の数。
$h(t) = 4t(t-1)(t-3)$ より, $\boldsymbol{t = 1}$

(2) $f(t) = 4t(t-1)(t-2)$, $g(t) = 4t(t-1)$ だから, $y = f(t)$ と $y = g(t)$ のグラフは, t 軸とそれぞれ
$(0, 0)$ と $(1, 0)$ と $(2, 0)$,
$(0, 0)$ と $(1, 0)$
で交わり, また, $h(t) = 4t(t-1)(t-3)$ より, $y = f(t)$ と $y = g(t)$ のグラフは $(0, 0)$, $(1, 0)$, $(3, 24)$ で交わるので, 2つのグラフは, 次のようになる。

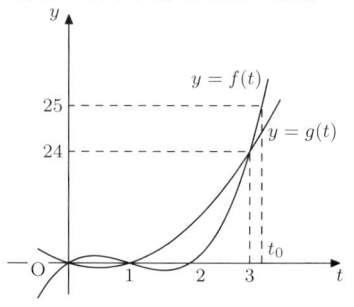

(グラフ: $y = f(t)$ と $y = g(t)$ が t_0 付近で交差, 25, 24 の値)

$t > 3$ では，$h(t) > 0$ より，

$$f(t) > g(t)$$

であり，A が初めて $y = 25$ に達する時刻を t_0 とすると，グラフより $t_0 > 3$ であるから，

$$f(t_0) > g(t_0)$$

したがって，A が初めて $y = 25$ に達したとき，B はまだ $y = 25$ の位置に達していない．すなわち，$y = 25$ の位置に最初に達するのは，**A**

§40 直線の方程式 #1

【解答】

$\boxed{1}$

(1) $\left(\dfrac{1}{4}, \dfrac{13}{4}\right)$ (2) $(10, 3)$

(3) $\left(\dfrac{5}{2}, \dfrac{1}{2}\right)$

$\boxed{2}$

(1) $y = 2x + 4$ (2) $y = 2x - 1$

(3) $y = -3$ (4) $4x - y + 4 = 0$

(5) $2x + 3y = 8$ (6) $y = \dfrac{1}{6}x + \dfrac{3}{4}$

【解説】

$\boxed{1}$

(1) $1 : 3$ に分けるので，
$$\left(\dfrac{3 \cdot 1 + 1 \cdot (-2)}{4}, \dfrac{3 \cdot 3 + 1 \cdot 4}{4}\right) = \left(\dfrac{1}{4}, \dfrac{13}{4}\right)$$

(2) $2 : (-1)$ に分けるので，
$$((-1) \cdot (-2) + 2 \cdot 4, \ (-1) \cdot 1 + 2 \cdot 2) = (10, 3)$$

(3) 中点は $1 : 1$ に内分する（$1 : 1$ に分ける）点なので，
$$\left(\dfrac{1+4}{2}, \dfrac{3+(-2)}{2}\right) = \left(\dfrac{5}{2}, \dfrac{1}{2}\right)$$

$\boxed{2}$

(1) 傾きが，$\dfrac{10-2}{3-(-1)} = 2$ より，
$$y = 2(x - 3) + 10 = 2x + 4$$

[**注意**] 当然，方向ベクトルが $\begin{pmatrix} 4 \\ 8 \end{pmatrix} /\!/ \begin{pmatrix} 1 \\ 2 \end{pmatrix}$ より，法線ベクトルの 1 つが $\begin{pmatrix} 2 \\ -1 \end{pmatrix}$ であるから，
$2x - y = \underbrace{2 \cdot (-1) - 2}_{\text{通る点}}$ と求めてもよい．

(2) $y = 2(x - 3) + 5 = 2x - 1$

(3) y 軸に垂直なので，$y = -3$

(4) 切片方程式から，
$$\dfrac{x}{(-1)} + \dfrac{y}{4} = 1 \qquad \therefore \ 4x - y + 4 = 0$$

(5) 「方向ベクトルが平行 ⇔ 法線ベクトルが平行」より，求める直線の法線ベクトルの 1 つは $\begin{pmatrix} 2 \\ 3 \end{pmatrix}$

$$\therefore \ 2x + 3y = 2 \cdot 1 + 3 \cdot 2 = 8$$

(6) $A(2, -2)$, $B(1, 4)$ とする．
垂直 2 等分線の法線ベクトルは，$\overrightarrow{AB}$ に平行なので，

法線ベクトル $/\!/ \begin{pmatrix} 2 \\ -2 \end{pmatrix} - \begin{pmatrix} 1 \\ 4 \end{pmatrix} = \begin{pmatrix} 1 \\ -6 \end{pmatrix}$

また，A, B の中点 $\left(\dfrac{3}{2}, 1\right)$ を通るので，

$$x - 6y = \dfrac{3}{2} - 6 \qquad \therefore \ y = \dfrac{1}{6}x + \dfrac{3}{4}$$

§40 直線の方程式 #2

【解答】

1
(1) $\left(\dfrac{2}{3},\ 2\right)$ (2) $\left(-\dfrac{11}{3},\ \dfrac{17}{3}\right)$
(3) $\left(-\dfrac{3}{4},\ 0\right)$

2
(1) $y = -3x + 4$ (2) $y = -3x + 5$
(3) $x = 3$ (4) $x - 2y = 2$
(5) $3x + 2y = 8$ (6) $2x + 4y = 5$
(7) $5x + 2y = -1$

【解説】

1
(1) 重心の座標は，3点の平均。
$$\left(\dfrac{1-3+4}{3},\ \dfrac{2+5-1}{3}\right) = \left(\dfrac{\mathbf{2}}{\mathbf{3}},\ \mathbf{2}\right)$$

(2) $5 : (-2)$ に分けるので，
$$\left(\dfrac{-6-5}{3},\ \dfrac{-8+25}{3}\right) = \left(-\dfrac{\mathbf{11}}{\mathbf{3}},\ \dfrac{\mathbf{17}}{\mathbf{3}}\right)$$

(3) $1 : 3$ に分けるので，
$$\left(\dfrac{-6+3}{4},\ \dfrac{-3+3}{4}\right) = \left(-\dfrac{\mathbf{3}}{\mathbf{4}},\ \mathbf{0}\right)$$

2
(1) 傾きが，$\dfrac{-5-1}{3-1} = -3$ より，
$$y = -3(x-1) + 1 = \mathbf{-3x + 4}$$

(2) $y = -3(x-1) + 2 = \mathbf{-3x + 5}$

(3) y 軸平行な直線なので，$x = \alpha$ の形をしている。
点 $(3, -1)$ を通るから， $\mathbf{x = 3}$

(4) 切片方程式から，
$$\dfrac{x}{2} + \dfrac{y}{(-1)} = 1 \quad \therefore\ \mathbf{x - 2y = 2}$$

(5) 「方向ベクトルが平行 ⇔ 法線ベクトルが平行」より，求める直線の法線ベクトルの1つは，$\begin{pmatrix} 3 \\ 2 \end{pmatrix}$
$$\therefore\ \mathbf{3x + 2y} = 3 \cdot 2 + 2 \cdot 1 = \mathbf{8}$$

(6) A$(3, 1)$, B$(2, -1)$ とする。
垂直2等分線の法線ベクトルは，$\overrightarrow{AB}$ に平行なので，
$$\text{法線ベクトル} /\!/ \begin{pmatrix} 2 \\ -1 \end{pmatrix} - \begin{pmatrix} 3 \\ 1 \end{pmatrix} = \begin{pmatrix} -1 \\ -2 \end{pmatrix}$$
また，AB の中点 $\left(\dfrac{5}{2},\ 0\right)$ を通るので，
$$-x - 2y = -\dfrac{5}{2} \Leftrightarrow \mathbf{2x + 4y = 5}$$

(7) $2x - 5y = 3$ の法線ベクトルの1つが $\begin{pmatrix} 2 \\ -5 \end{pmatrix}$ なので，求める直線の法線ベクトルの1つは，$\begin{pmatrix} 5 \\ 2 \end{pmatrix}$
$$\therefore\ \mathbf{5x + 2y} = 5 \cdot (-1) + 2 \cdot 2 = \mathbf{-1}$$

§41 直線の利用

【解答】

1
(1) $a = 4$
(2) $a = -3$
(3) $\dfrac{5}{13}\sqrt{13}$
(4) $\dfrac{6}{5}\sqrt{5}$
(5) 88

2
(1) $a \neq -\dfrac{4}{3}$
(2) $a = -\dfrac{4}{3},\ b \neq -2$
(3) $a = -\dfrac{4}{3},\ b = -2$

【解説】

1

(1) 平行条件より，
$$-3 \cdot a + 12 = 0$$
$$\therefore\ \boldsymbol{a = 4}$$

(2) 直交条件より，
$$a \cdot 4 + (-4) \cdot (-3) = 0$$
$$\therefore\ \boldsymbol{a = -3}$$

(3) 点と直線の距離公式より，
$$\dfrac{|2 \cdot 2 - 3 \cdot 1 + 4|}{\sqrt{2^2 + 3^2}} = \dfrac{5}{\sqrt{13}} = \boldsymbol{\dfrac{5}{13}\sqrt{13}}$$

(4) 平行線の距離はどこで測っても一定なので，直線 $2x + y - 1 = 0$ 上の点 $(0, 1)$ と直線 $2x + y + 5 = 0$ の距離を測ればよい。

よって，点と直線の距離公式より，
$$\dfrac{|0 + 1 + 5|}{\sqrt{2^2 + 1^2}} = \dfrac{6}{\sqrt{5}} = \boldsymbol{\dfrac{6}{5}\sqrt{5}}$$

(5) x 方向に 4, y 方向に 3 平行移動して，
$$O(0, 0),\ A'(8, 12),\ B'(12, -4)$$
とすると，求める面積 S は，$\triangle OA'B'$ に等しい。
$$\therefore\ S = \dfrac{1}{2}|8 \cdot (-4) - 12^2| = \boldsymbol{88}$$

2

(1) 2 直線①，②が平行でないことが必要十分。
$\therefore$ 平行条件から，$2 \cdot (-4) - 6a \neq 0$ より，
$$a \neq -\dfrac{4}{3}$$

(2) 2 直線①，②が**平行かつ一致しない**ことが条件。
したがって，(1)から ① // ② $\Leftrightarrow a = -\dfrac{4}{3}$

このとき，② $\Leftrightarrow 2x + 6y + \dfrac{3}{2}b = 0$ より，
$$\dfrac{3}{2}b \neq -3$$
$$\therefore\ \boldsymbol{a = -\dfrac{4}{3},\ b \neq -2}$$

(3) 2 直線①，②が**一致する**ことが条件。

(1), (2)から，$\boldsymbol{a = -\dfrac{4}{3},\ b = -2}$

§41 直線の利用 #2

【解答】

1
(1) $a = -\dfrac{7}{10}$　　(2) $a = -\dfrac{3}{5}$

(3) $\dfrac{13}{10}\sqrt{10}$　　(4) $\dfrac{\sqrt{10}}{2}$

(5) 11

2
(1) $k \neq -2, 4$

(2) $k = -2$

(3) $k = 4$

【解説】

1
(1) 平行条件より，
$$(a+1)\cdot 4 - (-3)\cdot(2a+1) = 0$$
$$\therefore\ 10a + 7 = 0 \Leftrightarrow \boldsymbol{a = -\dfrac{7}{10}}$$

(2) 直交条件より，
$$2a + 3(a+1) = 0 \Leftrightarrow \boldsymbol{a = -\dfrac{3}{5}}$$

(3) 点と直線の距離公式より，
$$\dfrac{|3\cdot 3 - 1 + 5|}{\sqrt{3^2 + (-1)^2}} = \dfrac{13}{\sqrt{10}} = \boldsymbol{\dfrac{13}{10}\sqrt{10}}$$

(4) $3x - y + 1 = 0$ 上の点の 1 つに $(0, 1)$ があるので，この点と $3x - y = 4$ との距離を求めればよい。よって，点と直線の距離公式から，
$$\dfrac{|3\cdot 0 - 1 - 4|}{\sqrt{3^2 + (-1)^2}} = \dfrac{5}{\sqrt{10}} = \boldsymbol{\dfrac{\sqrt{10}}{2}}$$

(5) 平面全体を x 方向に -1，y 方向に 1 平行移動し，
$$\mathrm{O}(0, 0),\ \mathrm{A}'(1, 4),\ \mathrm{B}'(-4, 6)$$
とすると，求める面積は $\triangle \mathrm{OA'B'}$ に等しい。
$$\triangle \mathrm{OA'B'} = \dfrac{1}{2}|1\cdot 6 - (-4)\cdot 4|$$
$$= \boldsymbol{11}$$

2
与えられた連立方程式より，
$$\begin{cases} (3-k)x + y = 1 & \cdots \text{①}' \\ 5x - (k+1)y = -5 & \cdots \text{②}' \end{cases}$$

(1) 2 直線 ①$'$，②$'$ が平行でないことが条件。
$$\therefore\ (3-k)\{-(k+1)\} - 5 \neq 0$$
$$\Leftrightarrow \boldsymbol{k \neq -2,\ 4}$$

(2) 2 直線 ①$'$，②$'$ が平行かつ一致しないことが条件。

- $k = -2$ のとき：
  元の方程式に代入して，
  　① $\Leftrightarrow 5x + y = 1$
  　② $\Leftrightarrow 5x + y = -5$
  よって，これらを同時に満たす x, y は存在しない。

- $k = 4$ のとき：
  元の方程式に代入して，
  　① $\Leftrightarrow -x + y = 1$
  　② $\Leftrightarrow 5x - 5y = -5$
  よって，これら 2 直線は一致し，同時に満たす x, y は $y = x + 1$ 上に無数に存在する。

以上より，求める k の条件は，$\boldsymbol{k = -2}$

(3) 上の議論より，　　$\boldsymbol{k = 4}$

§42 円の方程式

#1

【解答】

1
(1) $(x+1)^2 + (y-3)^2 = 9$
(2) $(x+1)^2 + (y-1)^2 = 13$
(3) $(x-1)^2 + (y-5)^2 = 25$
   $(x-9)^2 + (y-13)^2 = 169$,
(4) $\left(x+\dfrac{1}{2}\right)^2 + (y-2)^2 = \dfrac{25}{4}$
(5) $x^2 + y^2 - 2x + 4y - 20 = 0$

2
(1) $r = 11, 15$　　　(2) $r > 15$
(3) $0 < r < 11, 15 < r$

【解説】

1
(1) $(x+1)^2 + (y-3)^2 = 9$

(2) A$(-3, -2)$, B$(1, 4)$ とすると, AB の中点が中心なので,

中心は, $\left(\dfrac{-3+1}{2}, \dfrac{-2+4}{2}\right) = (-1, 1)$

半径は, 中心と A の距離に等しく, $\sqrt{2^2 + 3^2} = \sqrt{13}$

$\therefore\ (x+1)^2 + (y-1)^2 = 13$

(3) 中心を (a, b) とすると, x 軸に接するので半径は $|b|$ とおける。

$\therefore$ 求める円の方程式は, $(x-a)^2 + (y-b)^2 = b^2$

これが, 2点 $(4, 1), (-3, 8)$ を通るので, 代入して,

$\begin{cases} (4-a)^2 + (1-b)^2 = b^2 \\ (-3-a)^2 + (8-b)^2 = b^2 \end{cases}$

整理して, $\begin{cases} a^2 - 8a - 2b = -17 & \cdots\cdots ① \\ a^2 + 6a - 16b = -73 & \cdots\cdots ② \end{cases}$

② − ① より, $14a - 14b = -56 \Leftrightarrow b = a + 4 \cdots\cdots ③$

③を①に代入して,

$a^2 - 10a + 9 = (a-9)(a-1) = 0$

よって, ③から $(a, b) = (1, 5), (9, 13)$

$\therefore\ (x-1)^2 + (y-5)^2 = 25$
$\quad (x-9)^2 + (y-13)^2 = 169$

(4) 2点 $(2, 2), (1, 0)$ を通るので, 中心はこの2点を結ぶ線分の垂直2等分線上。

法線ベクトルの1つは, $\begin{pmatrix} 2 \\ 2 \end{pmatrix} - \begin{pmatrix} 1 \\ 0 \end{pmatrix} = \begin{pmatrix} 1 \\ 2 \end{pmatrix}$ で,

2点の中点 $\left(\dfrac{3}{2}, 1\right)$ を通るので,

垂直2等分線の方程式は, $x + 2y = \dfrac{3}{2} + 2\cdot 1 = \dfrac{7}{2}$

よって, 中心は $2x - y + 3 = 0$, $x + 2y = \dfrac{7}{2}$ の交点。

これらを解いて, 中心は $\left(-\dfrac{1}{2}, 2\right)$

半径は, 中心と $(1, 0)$ との距離に等しく,

$\sqrt{\left(\dfrac{3}{2}\right)^2 + 2^2} = \dfrac{5}{2}$

よって, 求める円の方程式は,

$\therefore\ \left(x+\dfrac{1}{2}\right)^2 + (y-2)^2 = \dfrac{25}{4}$

(5) 求める円の方程式を $x^2 + y^2 + Ax + By + C = 0$ とおくと,

3点 $(5, 1), (1, 3), (4, 2)$ を通るので, 代入して,

$\begin{cases} 5A + B + C + 26 = 0 \\ A + 3B + C + 10 = 0 \\ 4A + 2B + C + 20 = 0 \end{cases}$

これらを解いて, $(A, B, C) = (-2, 4, -20)$

$\therefore\ x^2 + y^2 - 2x + 4y - 20 = 0$

[参考] 3点を頂点とする三角形の外接円なので, 中心 (p, q) と3点との距離が等しいという条件,

$(p-5)^2 + (q-1)^2 = (p-1)^2 + (q-3)^2$
$\qquad\qquad\qquad\quad = (p-4)^2 + (q-2)^2$

を解いても OK。2次の項は消えることに注意。

2
円①の中心は $(0, 0)$, 半径は 2 で,
2円の中心間の距離は $\sqrt{5^2 + 12^2} = 13$

(1) 外接する場合, 半径の和 = 中心間の距離 となればよく,

$2 + r = 13$ より, $r = 11$

内接する場合, 半径の差 = 中心間の距離 となればよく,

$|2 - r| = 13$ より, $r = 15, -11$

$r > 0$ より, $r = 15$

したがって, $r = 11, 15$

(2) $r - $ ①の半径 > 中心間の距離 となればよく,

$r - 2 > 13$ より, $r > 15$

(3) 題意を満たすのは, 点 $(5, 12)$ が①の外部にあることに注意して,

(i) ①が A 中心の円の内部にある。
(ii) ①と A 中心の円の2円が互いに外部にある。

の2通りで, (i)の場合は(2)から $r > 15$

(ii)の場合, 半径の和 < 中心間の距離 となればよく,

$r + 2 < 13$ より, $r < 11$

$r > 0$ に注意して, (i), (ii)から,

$\therefore\ 0 < r < 11,\ 15 < r$

§42 円の方程式

#2

【解答】

[1]
(1) $(x-3)^2 + (y+1)^2 = 4$
(2) $(x-4)^2 + (y-1)^2 = 5$
(3) $(x-2)^2 + y^2 = 4,$
$$\left(x - \frac{14}{3}\right)^2 + \left(y - \frac{8\sqrt{3}}{3}\right)^2 = \frac{196}{9}$$
(4) $(x-18)^2 + (y-9)^2 = 81$
(5) $(x-2)^2 + (y+4)^2 = 25$

[2]
(1) $r = 3\sqrt{10} \pm 2$
(2) $0 < r < 3\sqrt{10} - 2,\ r > 3\sqrt{10} + 2$
(3) $r = \sqrt{86}$

【解説】

[1]

(1) $(x-3)^2 + (y+1)^2 = 4$

(2) A(3, −1), B(5, 3) とすると, AB の中点が中心なので,
$$\text{中心は,} \left(\frac{3+5}{2}, \frac{-1+3}{2}\right) = (4,\ 1)$$
半径は, 中心と A との距離に等しく, $\sqrt{1^2 + 2^2} = \sqrt{5}$
$$(x-4)^2 + (y-1)^2 = 5$$

(3) 求める円は, y 軸に接するので, 中心を $(p,\ q)$ とすると, 半径は $|p|$ となる。
$$\therefore\ (x-p)^2 + (y-q)^2 = p^2$$
とおけ, これが $(1,\ \sqrt{3}),\ (4,\ 0)$ を通るので,
$$\begin{cases} (1-p)^2 + (\sqrt{3}-q)^2 = p^2 \\ (4-p)^2 + q^2 = p^2 \end{cases}$$
$$\Leftrightarrow \begin{cases} 2p = q^2 - 2\sqrt{3}q + 4 \\ 8p = q^2 + 16 \end{cases}$$
p を消去して, $3q^2 - 8\sqrt{3}q = 0 \Leftrightarrow q = 0,\ \dfrac{8\sqrt{3}}{3}$
このとき, 代入して,
$$(p,\ q) = (2,\ 0),\ \left(\frac{14}{3},\ \frac{8\sqrt{3}}{3}\right)$$
したがって, 求める円の方程式は,
$$(x-2)^2 + y^2 = 4,$$
$$\left(x - \frac{14}{3}\right)^2 + \left(y - \frac{8\sqrt{3}}{3}\right)^2 = \frac{196}{9}$$

(4) 内心を $(a,\ b)$ とすると, 内心は 3 直線から等距離にあるので,
$$|b| = \frac{|5a + 12b - 315|}{13} = \frac{|4a - 3b|}{5}$$
ここで, 内心は三角形の内部にあるので,
$$b > 0,\ 5a + 12b - 315 < 0,\ 4a - 3b > 0$$
$$\therefore\ b = \frac{315 - 5a - 12b}{13} = \frac{4a - 3b}{5}$$
$$\Leftrightarrow \begin{cases} 13b = 315 - 5a - 12b \\ 5b = 4a - 3b \end{cases}$$
これを解くと, $a = 18,\ b = 9$
よって, 内心は $(18,\ 9)$ で, $y = 0$ に接することを考えると,
$$(x-18)^2 + (y-9)^2 = 81$$

(5) $x^2 + y^2 + ax + by + c = 0$ とおくと, 通る 3 点を代入して,
$$2a + b + c = -5,\ 2a + b - c = 5,\ 5a + c = -25$$
これを解くと,
$$a = -4,\ b = 8,\ c = -5$$
したがって, 求める円の方程式は,
$$x^2 + y^2 - 4x + 8y - 5 = 0$$
$$(x-2)^2 + (y+4)^2 = 25$$

[2]
円①の中心は $(1,\ 0)$, 半径は 2 で,
$$2\text{円の中心間距離} = 3\sqrt{10}$$

(1) (i) 内接するとき:
中心間距離 = 半径の差 なので,
$$3\sqrt{10} = |r - 2|$$
$2 < 3\sqrt{10},\ r > 0$ に注意すれば, $3\sqrt{10} = 2 - r$ とはならないので,
$$3\sqrt{10} = r - 2 \Leftrightarrow r = 2 + 3\sqrt{10}$$

(ii) 外接するとき:
中心間距離 = 半径の和 なので,
$$3\sqrt{10} = r + 2 \Leftrightarrow r = 3\sqrt{10} - 2$$

以上より, $r = 3\sqrt{10} \pm 2$

(2) 共有点をもたない条件は,
中心間距離 > 半径の和 または, 中心間距離 < 半径の差
なので,
$$3\sqrt{10} > r + 2,\ 3\sqrt{10} < |r - 2|$$

$r < 2$ のとき,

$$3\sqrt{10} < 2 - r \Leftrightarrow r < 2 - 3\sqrt{10} \ (<0)$$

は $r > 0$ に矛盾するので,

$$0 < r < 3\sqrt{10} - 2, \ r > 3\sqrt{10} + 2$$

(3) 中心間距離と半径に注目すること。
直交する2円は，下図のような位置関係になるので，

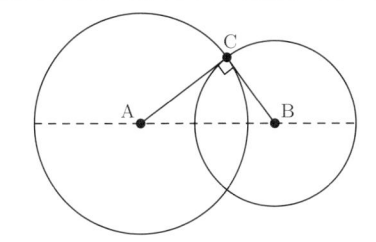

△ABC に注目すると，三平方の定理より，

$$\mathrm{AB}^2 = \mathrm{AC}^2 + \mathrm{BC}^2$$

が条件。したがって，

$$(3\sqrt{10})^2 = 2^2 + r^2 \Leftrightarrow \boldsymbol{r = \sqrt{86}} \ (>0)$$

§43　円と直線 #1

【解答】

1

(1) 2個　　　　　　　(2) 1個
(3) なし　　　　　　 (4) なし

2

(1) $2x + y = 6$
(2) $x + y = 6$
(3) $x = -\sqrt{7}$
(4) $y = \dfrac{2}{3}x + 7, \ y = \dfrac{2}{3}x - \dfrac{5}{3}$

【解説】

1

(1) $x^2 + y^2 = 9$ に $y = x - 2$ を代入して,

$$x^2 + (x-2)^2 = 9 \Leftrightarrow 2x^2 - 4x - 5 = 0$$

判別式を D とすると,

$$\frac{D}{4} = 2^2 - 2 \cdot (-5) = 14 > 0$$

よって，**2交点をもつ。**

(2) 与えられた円の方程式に $y = 2x - 3$ を代入して,

$$(x-3)^2 + (2x - 3 + 2)^2 = 5$$
$$\Leftrightarrow 5x^2 - 10x + 5 = 0$$

この判別式を D とすると,

$$\frac{D}{4} = 5^2 - 5 \cdot 5 = 0$$

よって，**1つの共有点をもつ**（接する）。

(3) 円の中心は $(0, 0)$，半径は 1
中心と直線との距離は，点と直線の距離公式より,

$$\frac{|-4|}{\sqrt{3^2 + (-2)^2}} = \frac{4}{\sqrt{13}}$$

よって，半径 < 中心と直線との距離　より，

共有点は存在しない。

(4) $(x+4)^2 + (y-1)^2 = 4$ より,
円の中心は $(-4, 1)$，半径は 2
中心と直線との距離は，点と直線の距離公式より,

$$\frac{|-4 + 5 \cdot 1 - 15|}{\sqrt{1^2 + 5^2}} = \frac{14}{\sqrt{26}}$$

よって，半径 < 中心と直線との距離　より，

共有点は存在しない。

2

(1) 点 $(2, 2)$ は与えられた円周上の点なので，接線公式より,

$$2x + (2-1)(y-1) = 5 \Leftrightarrow \boldsymbol{2x + y = 6}$$

(2) 点 $(3, 3)$ は与えられた円周上の点なので，接線公式より，
$$(3-2)(x-2) + (3-2)(y-2) = 2$$
$$\therefore \ \boldsymbol{x + y = 6}$$

(3) 点 $(-\sqrt{7}, 4)$ は，与えられた円周上の点なので，接線公式より，
$$-\sqrt{7}x + (4-4)(y-4) = 7 \Leftrightarrow \boldsymbol{x = -\sqrt{7}}$$

(4) 求める円の接線の方程式を $y = \dfrac{2}{3}x + k$ とする。
これを，円 $(x+1)^2 + (y-2)^2 = 13$ に代入して，
$$(x+1)^2 + \left(\dfrac{2}{3}x + k - 2\right)^2 = 13$$
整理して，$13x^2 + 6(2k-1)x + 9(k^2 - 4k - 8) = 0$
この判別式を D として，
$$\dfrac{D}{4} = 9(2k-1)^2 - 13 \cdot 9(k^2 - 4k - 8) = 0$$
となればよい。これを解いて，$k = 7, -\dfrac{5}{3}$
よって，求める接線の方程式は，
$$\therefore \ \boldsymbol{y = \dfrac{2}{3}x + 7, \ y = \dfrac{2}{3}x - \dfrac{5}{3}}$$

[別解] 傾き $\dfrac{2}{3}$ の直線は，$2x - 3y + k = 0$ とおける。
ここで，円の中心 $(-1, 2)$ と直線の距離は，
$$\dfrac{|-2 - 6 + k|}{\sqrt{2^2 + (-3)^2}} = \dfrac{|k-8|}{\sqrt{13}}$$
よって，これが半径の $\sqrt{13}$ に等しくなればよく，
$$\dfrac{|k-8|}{\sqrt{13}} = \sqrt{13}$$
よって，$k - 8 = \pm 13$ より，$k = -5, 21$ としても OK。

§43 円と直線 #2

【解答】

1
(1) 2個 (2) なし
(3) なし (4) 2個

2
(1) $x + 2y = 10$ (2) $x + 2y = 5$
(3) $y = \dfrac{3 \pm 2\sqrt{6}}{5}x + \dfrac{1 \mp 6\sqrt{6}}{5}$ （複号同順）
(4) $3x \pm 4y + 10 = 0$

【解説】

1
(1) $x^2 + 4x + y^2 - 2y + 1 = 0$ に $x = 4 - 2y$ を代入して，
$$(4-2y)^2 + 4(4-2y) + y^2 - 2y + 1 = 0$$
$$\Leftrightarrow 5y^2 - 26y + 33 = 0$$
この判別式を D とすると，
$$\dfrac{D}{4} = 13^2 - 33 \cdot 5 = 4 > 0$$
よって，共有点は **2個**

(2) $x^2 + y^2 = 4$ に，$y = \dfrac{1}{3}x + 3$ を代入して，
$$x^2 + \left(\dfrac{1}{3}x + 3\right)^2 = 4$$
$$\Leftrightarrow 10x^2 + 18x + 45 = 0$$
この判別式を D とすると，
$$\dfrac{D}{4} = 9^2 - 10 \cdot 45 < 0$$
よって，**共有点は存在しない**。

(3) $\left(x + \dfrac{5}{2}\right)^2 + \left(y + \dfrac{7}{2}\right)^2 = \dfrac{33}{2}$ より，
円の中心：$\left(-\dfrac{5}{2}, -\dfrac{7}{2}\right)$，半径：$\dfrac{\sqrt{66}}{2}$
中心と直線との距離は，点と直線の距離公式より，
$$\dfrac{|-10 - 7 - 5|}{\sqrt{4^2 + 2^2}} = \dfrac{11}{\sqrt{5}}$$
$\dfrac{11}{\sqrt{5}} > \dfrac{\sqrt{66}}{2}$ に注意すれば，半径 < 中心と直線との距離 より，**共有点は存在しない**。

(4) $(x-3)^2 + (y+4)^2 = 25$ より，
円の中心は $(3, -4)$，半径は 5
また，直線の方程式は $6x + 10y - 7 = 0$
中心と直線との距離は，点と直線の距離公式より，
$$\dfrac{|6 \cdot 3 + 10 \cdot (-4) - 7|}{\sqrt{6^2 + 10^2}} = \dfrac{29}{2\sqrt{34}} < 5$$

よって，半径 > 中心と直線との距離 より，
共有点は 2 個

2

(1) 点 (4, 3) は与えられた円周上の点なので，接線公式より，
$$(4-3)(x-3)+(3-1)(y-1)=5 \Leftrightarrow \boldsymbol{x+2y=10}$$

(2) 与えられた円の方程式は，
$$(x-2)^2+(y+1)^2=5$$
点 (3, 1) は円周上なので，接線公式から，
$$(3-2)(x-2)+(1+1)(y+1)=5 \Leftrightarrow \boldsymbol{x+2y=5}$$

(3) 点 (3, 2) を通る y 軸に平行な直線 $x=3$ は，円に接さないので，求める直線は，
$$y=m(x-3)+2$$
とおける。これと中心の距離 = 半径 だから，
$$\frac{|1+3m-2|}{\sqrt{1+m^2}}=2$$
$$\Leftrightarrow |3m-1|=2\sqrt{1+m^2}$$
両辺 0 以上より，2 乗しても同値で，
$$(3m-1)^2=4(1+m^2) \Leftrightarrow m=\frac{3\pm2\sqrt{6}}{5}$$
よって，求める接線は，
$$\boldsymbol{y=\frac{3\pm2\sqrt{6}}{5}x+\frac{1\mp6\sqrt{6}}{5}}\quad (複号同順)$$

(4) 2 円の共通接線は，一方で接線公式，他方で中心との距離を考えるのが簡単。
$x^2+y^2=4$ 上の接点を (u, v) とすると，
$$u^2+v^2=4 \cdots ①$$
このとき，接線の方程式は，
$$ux+vy=4$$
$(x-5)^2+y^2=25$ との距離 = 5（半径）が条件だから，
$$\frac{|5u-4|}{\sqrt{u^2+v^2}}=5$$
①を代入して，
$$|5u-4|=10 \Leftrightarrow u=-\frac{6}{5},\ \frac{14}{5}$$
ここで，①から $|u|\leqq 2$ となるので，
$$u=-\frac{6}{5},\ v=\pm\frac{8}{5}$$
したがって，求める接線の方程式は，
$$-\frac{6}{5}x\pm\frac{8}{5}y=4 \Leftrightarrow \boldsymbol{3x\pm4y+10=0}$$

§ 44 軌跡 #1

【解答】

1

(1) 円：$(x-3)^2+y^2=4$
(2) 直線：$x-3y+1=0,\ 3x+y-7=0$
(3) 放物線：$y=2x^2-6x+4$
(4) 放物線：$y=3x^2$
(5) 放物線の一部：$y=2x^2-4x\ (x<-1,\ x>1)$
(6) 円弧：$\left(x-\dfrac{5}{2}\right)^2+y^2=\dfrac{25}{4}\ \left(\dfrac{16}{5}<x\leqq 5\right)$

【解説】

1

(1) 点 P の座標を (x, y) とする。
題意より，$AP=2BP$
両辺正なので，2 乗しても同値性は失われず，
$$AP^2=4BP^2$$
よって，$(x+1)^2+y^2=4\{(x-2)^2+y^2\}$
$$\therefore\ \boldsymbol{(x-3)^2+y^2=4}$$

(2) 点 P の座標を (x, y) とする。
P と 2 直線 $l,\ m$ までの距離は，それぞれ，
$$\frac{|x+2y-4|}{\sqrt{1^2+2^2}},\ \frac{|2x-y-3|}{\sqrt{2^2+(-1)^2}}$$
これらが等しいので，整理して，
$$|x+2y-4|=|2x-y-3|$$
$$\Leftrightarrow x+2y-4=\pm(2x-y-3)$$
よって，求める軌跡は
$$\boldsymbol{x-3y+1=0,\ 3x+y-7=0}$$

[参考] この点 P の軌跡は，2 直線のなす角の 2 等分線になる。図を描いてみれば当然のことだが，軌跡としては**直交する 2 直線**が出てくる。

(3) 点 P, Q の座標をそれぞれ $(x, y),\ (X, Y)$ とする。
点 Q は放物線 $y=x^2$ 上にあるので，
$$Y=X^2 \cdots ①$$
点 P は線分 AQ の中点なので，
$$\begin{cases}x=\dfrac{X+3}{2}\\y=\dfrac{Y-1}{2}\end{cases} \Leftrightarrow \begin{cases}X=2x-3 &\cdots ②\\Y=2y+1 &\cdots ③\end{cases}$$
②，③を①に代入して，$2y+1=(2x-3)^2$
よって，求める軌跡は，$\boldsymbol{y=2x^2-6x+4}$

(4) $y=\left(x-\dfrac{a}{2}\right)^2+\dfrac{3}{4}a^2$ より，頂点 P を (x, y) とすると，
$$(x, y)=\left(\dfrac{a}{2},\ \dfrac{3}{4}a^2\right)$$
よって，$a=2x$ を代入して，$\boldsymbol{y=\dfrac{3}{4}(2x)^2=3x^2}$

313

(5) $y = x^2 - 4x + 1$ と $y = kx$ が異なる 2 点で交わるので、2 交点の x 座標を α, β ($\alpha < \beta$) とすると、α, β は、$x^2 - 4x + 1 = kx$ の 2 解。
$\therefore x^2 - (k+4)x + 1 = 0$ が 2 実解をもつので、判別式を D として、
$$D = (k+4)^2 - 4 > 0 \Leftrightarrow k < -6, \ k > -2 \cdots ①$$
ここで、P(x, y) とすると、P は A, B の中点なので、
$$x = \frac{\alpha + \beta}{2} = \frac{k+4}{2} \quad (\because \text{解と係数の関係})$$
よって、$k = 2x - 4 \cdots\cdots ②$
また、P は $y = kx$ 上の点なので、
$$y = \frac{k(k+4)}{2}$$
②より、k を消去して、
$$y = 2x^2 - 4x$$
ここで、①②より、$x < -1, \ 1 < x$
よって、求める軌跡は、
$$\therefore \bm{y = 2x^2 - 4x \ (x < -1, \ x > 1)}$$

(6) 円と直線が異なる 2 交点をもつので、y を消去して、
$$(x-5)^2 + (kx)^2 = 9 \Leftrightarrow (k^2+1)x^2 - 10x + 16 = 0$$
これが 2 実解をもつので、判別式を D とすると、
$$\frac{D}{4} = 25 - 16(k^2+1) = 9 - 16k^2 > 0$$
よって、$-\dfrac{3}{4} < k < \dfrac{3}{4}$
このとき、この 2 実解を α, β とすると、これは交点の x 座標。
解と係数の関係より、$\alpha + \beta = \dfrac{10}{k^2+1}$
点 P の座標を (x, y) とすると、
$$x = \frac{\alpha + \beta}{2} = \frac{5}{k^2+1} \cdots\cdots ①$$
また、P は $y = kx$ 上なので、①から $x \neq 0$ に注意して、
$$k = \frac{y}{x}$$
これを①に代入して
$$\left(\frac{y^2}{x^2}+1\right)x = 5 \Leftrightarrow \left(x - \frac{5}{2}\right)^2 + y^2 = \frac{25}{4}$$
また、$-\dfrac{3}{4} < k < \dfrac{3}{4}$ に注意して、
$$0 \leq k^2 < \frac{9}{16}$$
$$\therefore \frac{16}{5} < x \leq 5$$
よって、求める軌跡は、
$$\left(x - \frac{5}{2}\right)^2 + y^2 = \frac{25}{4} \ \left(\frac{16}{5} < x \leq 5\right)$$

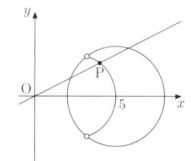

§44 軌跡 #2

【解答】

1

(1) 直線：$x - 2y + 2 = 0$
(2) 円：$(x-2)^2 + (y-1)^2 = 1$
(3) 放物線：$y = \dfrac{1}{12}x^2$
(4) 放物線：$y = 3x^2 - 8x + 4$
(5) 放物線の一部：$y = 2x^2 + 2x \ (x < -2, \ 0 < x)$
(6) 解説参照

【解説】

1

(1) 直線 $x - 2y - 1 = 0$ 上の点を Q(x, y) とし、このとき P(X, Y) であるとする。題意より、
$$\begin{cases} X = \dfrac{x+1}{2} \\ Y = \dfrac{y+3}{2} \end{cases} \Leftrightarrow \underbrace{\begin{cases} x = 2X - 1 \\ y = 2Y - 3 \end{cases}}_{\text{古い点を新しい点で}}$$
Q(x, y) は $x - 2y - 1 = 0$ 上の点なので、代入して、
$$2X - 1 - 2(2Y-3) - 1 = 0 \quad \therefore X - 2Y + 2 = 0$$
ここで、任意の (X, Y) に対し、それに対応する (x, y) が存在するから、求める軌跡は、$\bm{x - 2y + 2 = 0}$

(2) 点 P, Q の座標をそれぞれ P(X, Y), Q(x, y) とする。P は AQ の中点なので、
$$\begin{cases} X = \dfrac{x+4}{2} \\ Y = \dfrac{y+2}{2} \end{cases} \Leftrightarrow \begin{cases} x = 2X - 4 \\ y = 2Y - 2 \end{cases}$$
ここで、Q(x, y) は $x^2 + y^2 = 4$ を満たすので、
$$(2X-4)^2 + (2Y-2)^2 = 4 \Leftrightarrow (X-2)^2 + (Y-1)^2 = 1$$
逆に、任意の (X, Y) に対し、対応する (x, y) が必ず存在するので、求める軌跡は、$\bm{(x-2)^2 + (y-1)^2 = 1}$

(3) 点 P の座標を (x, y)、P から l に下ろした垂線の足を Q とする。
PF = PQ で、両辺正なので 2 乗しても同値で、
$$\therefore \text{PF}^2 = \text{PQ}^2$$
ここで、Q$(x, -3)$ に注意すれば、
$$x^2 + (y-3)^2 = (y+3)^2 \Leftrightarrow y = \frac{1}{12}x^2$$
よって、求める軌跡は、$\bm{y = \dfrac{1}{12}x^2}$

(4) Q(t, t^2) とすると、P は BQ を 1 : 2 に内分する点なので、
$$\begin{cases} X = \dfrac{4+t}{3} \\ Y = \dfrac{-4+t^2}{3} \end{cases} \Leftrightarrow \begin{cases} t = 3X - 4 \\ Y = \dfrac{-4+t^2}{3} \end{cases}$$

ここで、t が全実数を動くとき、X も全実数を動くので、求める軌跡は、
$$y = \frac{-4 + (3x-4)^2}{3} = 3x^2 - 8x + 4$$

(5) 2つのグラフが異なる2点で交わるとき、
$$x^2 = -x^2 + ax + a \Leftrightarrow 2x^2 - ax - a = 0 \cdots ①$$
この判別式を D とすると、
$$D > 0 \Leftrightarrow a < -8,\ 0 < a \cdots ②$$
また、2交点の x 座標を α, β とすると、中点の座標 (X, Y) は、
$$(X, Y) = \left(\frac{\alpha + \beta}{2},\ \frac{\alpha^2 + \beta^2}{2}\right)$$
α, β は①の2解だから、解と係数の関係より、
$$X = \frac{\alpha + \beta}{2} = \frac{a}{4}$$
$$Y = \frac{1}{2}\{(\alpha + \beta)^2 - 2\alpha\beta\} = \frac{1}{8}a^2 + \frac{a}{2}$$
これらから、a を消去して、$Y = 2X^2 + 2X$
また、②より、$X < -2,\ 0 < X$
以上より求める軌跡は、
$$y = 2x^2 + 2x\ (x < -2,\ 0 < x)$$

(6) 交点の座標を $P(X, Y)$ とおくと、
$$2^t X + Y = 1 \cdots ①,\ 2X - 2^{t+1}Y = 3 \cdots ②$$
が成立する。① $\times 2Y + ② \times X$ より、2^t を消去して、
$$2Y^2 + 2X^2 = 2Y + 3X$$
$$\Leftrightarrow \left(X - \frac{3}{4}\right)^2 + \left(Y - \frac{1}{2}\right)^2 = \frac{13}{16} \cdots ③$$

ここで、$X = 0$ のとき①より $Y = 1$ だが、②に代入すると $-2^{t+1} = 3$ となり不適。よって $X \neq 0$ で、このとき、
$$① \Leftrightarrow 2^t = \frac{1-Y}{X}$$
実数 t が存在する条件を考えると、求める (X, Y) の条件は「③かつ $\dfrac{1-Y}{X} > 0 \Leftrightarrow X(1-Y) > 0$」
よって、求める軌跡を図示すると、**下図太線部（白丸は含まない）**。

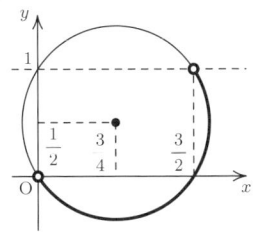

§45 領域

【解答】
1
解説参照

2
最大値 $5\ (x = -1,\ y = 4)$
最小値 $-1\ (x = 2,\ y = 1)$

【解説】
1
(1) 右図

境界を含む

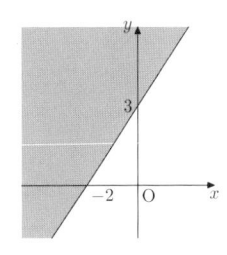

(2) 右図

境界は含まない

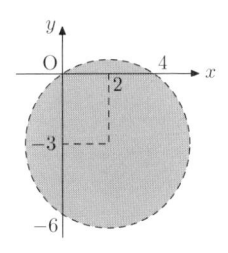

(3) 右図

境界は含まない

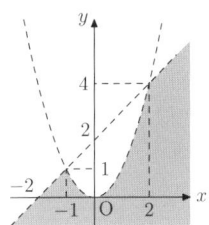

(4) 下図

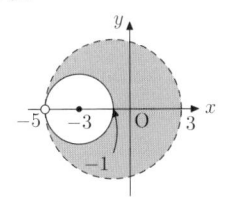

境界は、円 $x^2 + y^2 + 6x + 5 = 0$ のみ含み、白丸および他は含まない

(5) 右図

境界は含まない

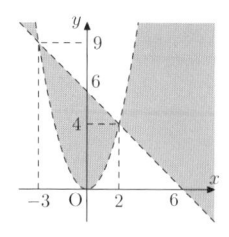

(6) 右図

境界を含む

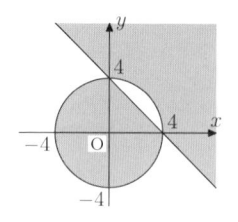

(7) 両辺 $(x-1)^2 \geqq 0$ をかけると，分母 $\neq 0$ に注意して，
$(x-1)(x^2+y^2-4) \leqq 2(x-1)^2$ より，
$(x-1)\{(x-1)^2+y^2-3\} \leqq 0, \ (x \neq 1)$

よって，領域は下図

境界は，$x=1$ を含まず，他を含む

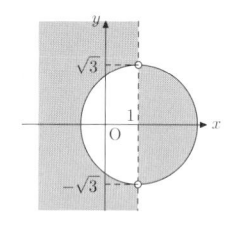

(8) 右図

境界を含む

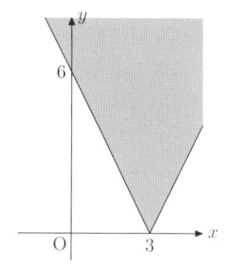

(9) 求める領域は，
$|x|+|y|>3$
を，x 方向に 2，y 方向に -1 平行移動したもの。
ここで，$|x|+|y|>3$ について，
第 1 象限 $(x>0, \ y>0)$ では，$x+y>3$ が題意を満たす領域なので，x に $|x|$ を代入して，
$|x|+y>3$

これは，上の領域を y 軸に関して折り返したもの。

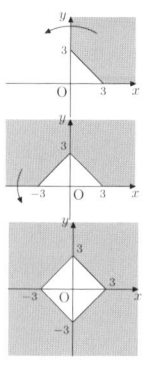

y に $|y|$ を代入して，
$|x|+|y|>3$

これは，上の領域を x 軸に関して折り返したもの。よって，それを x 方向に 2，y 方向に -1 平行移動させて，領域は右図。

境界は含まない

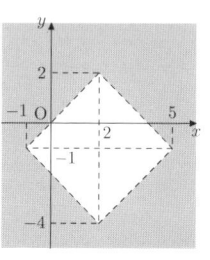

2

$y-x=k$ とすると，これは，$y=x+k$ より，

傾き 1 で，y 切片が k の直線（必ず確認すること）

ここで，与えられた不等式は，下図の領域（境界を含む）を表すので，この領域と共有点をもつように，$y=x+k$ を動かして，

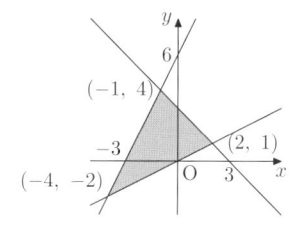

最大値は，点 $(-1, \ 4)$ を通るとき，

最大値：5 $(x=-1, \ y=4)$

最小値は，点 $(2, \ 1)$ を通るとき，

最小値：-1 $(x=2, \ y=1)$

§45 領域 #2

【解答】

1 解説参照

2
(1) $\begin{cases} y < 3x+6 \\ y \geqq x^2+x-2 \end{cases}$

(2) $\begin{cases} y \leqq x+2 \\ y \geqq -\dfrac{1}{2}x+2 \\ y \leqq -2x+8 \end{cases}$

3
最大値 $1+\sqrt{2}$
最小値 $1-\sqrt{2}$

【解説】

1

(1) (与式) $\Leftrightarrow \begin{cases} y > -\dfrac{1}{2}x + \dfrac{5}{2} \\ y < \dfrac{1}{2}x^2 + \dfrac{3}{2} \end{cases}$

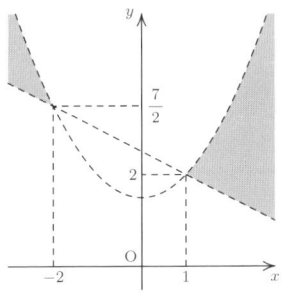

よって，上図網目部。ただし，**境界を含まない。**

(2) (与式) $\Leftrightarrow \begin{cases} x \geqq 0,\ y \geqq 0 \text{ かつ } 1 \leqq x+y \leqq 2 \\ x \geqq 0,\ y < 0 \text{ かつ } 1 \leqq x-y \leqq 2 \\ x < 0,\ y \geqq 0 \text{ かつ } 1 \leqq -x+y \leqq 2 \\ x < 0,\ y < 0 \text{ かつ } 1 \leqq -x-y \leqq 2 \end{cases}$

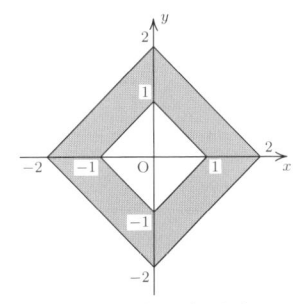

よって，上図網目部。ただし，**境界を含む。**

(3) (与式) $\Leftrightarrow \begin{cases} xy > 0 \text{ かつ } x^2+y^2 > 1 \\ xy < 0 \text{ かつ } x^2+y^2 < 1 \end{cases}$

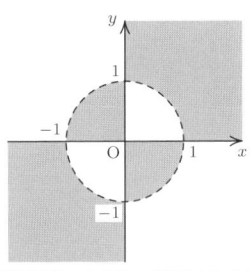

よって，上図網目部。ただし，**境界は含まない。**

(4) (与式) $\Leftrightarrow \begin{cases} y < \log_2 x \text{ かつ } y > -x+3 \\ y > \log_2 x \text{ かつ } y < -x+3 \end{cases}$

また，真数条件より $x > 0$

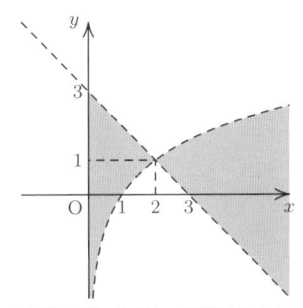

よって，上図網目部。ただし，**境界は含まない。**

(5) 下図網目部（**境界は含まない**）。

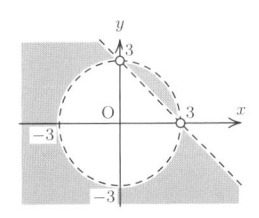

(6) ➡ 分数不等式の処理を思い出すこと。
両辺 $(x+y)^2 (\geqq 0)$ をかけて，

(与式) $\Leftrightarrow (x+y)(x^2+y^2-4) \leqq 2(x+y)^2,\ x+y \neq 0$

$\therefore (x+y)\{(x-1)^2+(y-1)^2-6\} \leqq 0,\ x+y \neq 0$

よって，求める領域は次の図のようになる（境界は円を含み，直線および交点を除く）。

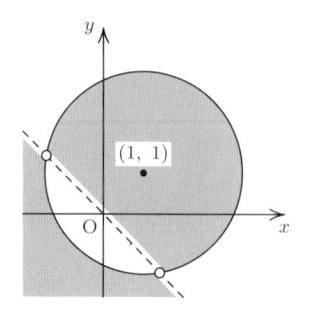

与えられた領域は，l_1 より下かつ l_2 より上かつ l_3 より下で，境界を含むので，

$$\begin{cases} y \leqq x + 2 \\ y \geqq -\dfrac{1}{2}x + 2 \\ y \leqq -2x + 8 \end{cases}$$

3

不等式の表す領域は下図（境界を含む）。

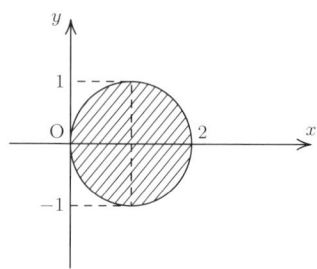

$$x + y = k \Leftrightarrow y = -x + k \quad \cdots ①$$

よって，直線①が円に接するとき，k が最大または最小になる。

このとき，$\dfrac{|1-k|}{\sqrt{1^2+1^2}} = 1 \Leftrightarrow k = 1 \pm \sqrt{2}$

また，それぞれ

$$(x, y) = \left(1 + \dfrac{1}{\sqrt{2}},\ \dfrac{1}{\sqrt{2}}\right),\ \left(1 - \dfrac{1}{\sqrt{2}},\ -\dfrac{1}{\sqrt{2}}\right)$$

よって，**最大値 : $1 + \sqrt{2}$，最小値 : $1 - \sqrt{2}$**

2

(1) 図のように，C_1，l_1 を定める。
このとき，

$$l_1 : y = \dfrac{18}{4+2}(x+2) = 3x + 6$$

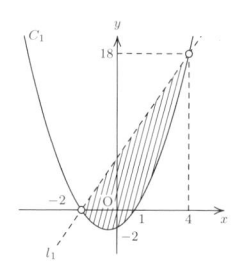

また，

$$C_1 : y = x^2 + x - 2$$

で，与えられた領域は C_1 より上，l_1 より下で，C_1 を含み，l_1 および交点を含まないから，

求める領域は，$\begin{cases} y < 3x + 6 \\ y \geqq x^2 + x - 2 \end{cases}$

(2) 図のように l_1，l_2，l_3 を定める。このとき，

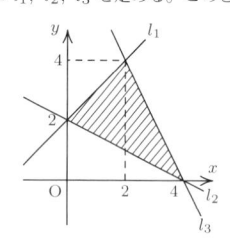

$$l_1 : y = \dfrac{4-2}{2-0}x + 2 = x + 2$$

$$l_2 : \dfrac{x}{4} + \dfrac{y}{2} = 1 \Leftrightarrow y = -\dfrac{1}{2}x + 2$$

$$l_3 : y = \dfrac{0-4}{4-2}(x-4) = -2x + 8$$

§46 分点公式 #1

【解答】

1 解説参照

2

(1) $\dfrac{3\vec{a}+2\vec{b}}{5}$

(2) $\dfrac{-\vec{a}+3\vec{b}}{2}$

(3) $\dfrac{\vec{a}+\vec{b}+\vec{c}}{3}$

(4) $\dfrac{5\vec{a}+3\vec{b}+4\vec{c}}{12}$

3

(1) AB を 3 : 2 に外分する点を D とし, 原点と D を 1 : 2 に外分する点.

(2) AB を 2 : 9 に内分する点を D とし, CD を 11 : 6 に外分する点を E としたとき, 原点と E を 5 : 1 に内分する点.

(3) AB を 4 : 3 に内分する点を D とし, CD を 7 : 5 に内分する点.

【解説】

1 原点を O とし, A, B, C の位置ベクトルをそれぞれ $\vec{a}$, $\vec{b}$, $\vec{c}$ とする.

(1) $\vec{AB}=\vec{b}-\vec{a}$, $\vec{BC}=\vec{c}-\vec{b}$, $\vec{CA}=\vec{a}-\vec{c}$ より,

$(\vec{b}-\vec{a})+(\vec{c}-\vec{b})+(\vec{a}-\vec{c})=\vec{0}$ □

(2) (1)と同様に,

$(左辺)=(\vec{a}-\vec{b})+3(\vec{b}-\vec{c})+5(\vec{c}-\vec{a})$
$=-4\vec{a}+2\vec{b}+2\vec{c}$

$(右辺)=2\{(\vec{b}-\vec{a})+(\vec{c}-\vec{a})\}$
$=-4\vec{a}+2\vec{b}+2\vec{c}$

よって, (左辺) = (右辺) □

2

(1) 分点公式より, $\vec{p}=\dfrac{3\vec{a}+2\vec{b}}{5}$

(2) 「3 : 1 に外分 ⇔ 3 : (-1) に分ける」に注意.

分点公式から, $\vec{p}=\dfrac{-\vec{a}+3\vec{b}}{2}$

(3) 重心の位置ベクトルは 3 頂点の平均なので,

$\dfrac{\vec{a}+\vec{b}+\vec{c}}{3}$

(4) まず, D の位置ベクトル $\vec{d}$ は, $\vec{d}=\dfrac{5\vec{a}+3\vec{b}}{8}$

よって, P の位置ベクトル $\vec{p}$ は,

$\vec{p}=\dfrac{\vec{c}+2\vec{d}}{3}=\dfrac{\vec{c}+\dfrac{5\vec{a}+3\vec{b}}{4}}{3}$

$=\dfrac{5\vec{a}+3\vec{b}+4\vec{c}}{12}$

3

(1) 係数和 = -1 なので,

$\vec{p}=-(-2\vec{a}+3\vec{b})+2\vec{0}$

よって, AB を 3 : 2 に外分する点を D とし, 原点と D を 1 : 2 に外分する点.

(2) 前から順に処理すればよい.

$\vec{p}=\dfrac{11}{6}\left(\dfrac{9}{11}\vec{a}+\dfrac{2}{11}\vec{b}\right)-\vec{c}$

$=\dfrac{5}{6}\left\{\dfrac{11}{5}\left(\dfrac{9}{11}\vec{a}+\dfrac{2}{11}\vec{b}\right)-\dfrac{6}{5}\vec{c}\right\}+\dfrac{1}{6}\vec{0}$

よって, AB を 2 : 9 に内分する点を D とし, CD を 11 : 6 に外分する点を E としたとき, 原点と E を 5 : 1 に内分する点.

(3) まず位置ベクトルに直すこと.

$3(\vec{a}-\vec{p})+4(\vec{b}-\vec{p})+5(\vec{c}-\vec{p})=\vec{0}$

したがって, $\vec{p}=\dfrac{3\vec{a}+4\vec{b}+5\vec{c}}{12}$

∴ $\vec{p}=\dfrac{7}{12}\left(\dfrac{3}{7}\vec{a}+\dfrac{4}{7}\vec{b}\right)+\dfrac{5}{12}\vec{c}$

だから, AB を 4 : 3 に内分する点を D とし, CD を 7 : 5 に内分する点.

§46 分点公式 #2

――【解答】――

$\boxed{1}$ 解説参照

$\boxed{2}$

(1) $\dfrac{5\vec{a}-2\vec{b}}{3}$

(2) $\dfrac{\vec{a}+4\vec{b}}{5}$

(3) $\dfrac{\vec{a}+\vec{b}}{2}$

(4) $\dfrac{-\vec{a}-2\vec{b}+6\vec{c}}{3}$

$\boxed{3}$

(1) AB を 3:4 に内分する点を D とし，原点と D を 7:6 に外分する点．
(2) 原点と A を 3:1 に内分する点を D とし，BD を 4:3 に外分する点．
(3) AB を 1:3 に外分する点を D とし，CD の中点．

【解説】

$\boxed{1}$ 原点を O とし，A, B, C, D の位置ベクトルをそれぞれ $\vec{a}, \vec{b}, \vec{c}, \vec{d}$ とする．

(1) $\vec{AD}=\vec{d}-\vec{a}$, $\vec{BC}=\vec{c}-\vec{b}$, $\vec{AC}=\vec{c}-\vec{a}$, $\vec{DB}=\vec{b}-\vec{d}$, $\vec{CA}=\vec{a}-\vec{c}$ より,

$$(左辺) = (\vec{d}-\vec{a})+(\vec{c}-\vec{b})-2(\vec{c}-\vec{a})$$
$$+(\vec{b}-\vec{d})-(\vec{a}-\vec{c})$$
$$= \vec{0}$$

よって，題意成立． □

(2) (1)と同様にして，
$$(左辺) = (\vec{b}-\vec{a})+2(\vec{c}-\vec{b})-3(\vec{c}-\vec{a})$$
$$= 2\vec{a}-\vec{b}-\vec{c}$$
$$(右辺) = (\vec{a}-\vec{b})+(\vec{a}-\vec{c})$$
$$= 2\vec{a}-\vec{b}-\vec{c}$$

よって，(左辺) = (右辺)． □

$\boxed{2}$

(1) $(-2):5$ に分けるので，$\vec{p}=\dfrac{5\vec{a}-2\vec{b}}{3}$

(2) $4:1$ に分けるので，$\vec{p}=\dfrac{\vec{a}+4\vec{b}}{5}$

(3) 中点の位置ベクトルなので，$\vec{p}=\dfrac{\vec{a}+\vec{b}}{2}$

(4) D の位置ベクトルを $\vec{d}$ とすると，
$$\vec{d}=\dfrac{\vec{a}+2\vec{b}}{3}$$

よって，CD を $(-1):2$ に分けるので，P の位置ベクトル $\vec{p}$ は，

$$\vec{p}=2\vec{c}-\vec{d}$$
$$=2\vec{c}-\dfrac{\vec{a}+2\vec{b}}{3}$$
$$=\dfrac{-\vec{a}-2\vec{b}+6\vec{c}}{3}$$

$\boxed{3}$

(1) 係数和 = 7 なので，
$$\vec{p}=7\left(\dfrac{4}{7}\vec{a}+\dfrac{3}{7}\vec{b}\right)-6\vec{0}$$

よって，AB を 3:4 に内分する点を D とし，原点と D を 7:6 に外分する点．

(2) 係数和 = 0 なので，$\vec{0}$ を付け加えて調整すればよい．

$$\vec{p}=\underbrace{3\vec{a}+\vec{0}}_{係数和=4になった！}-3\vec{b}$$
$$=4\left(\dfrac{3}{4}\vec{a}+\dfrac{1}{4}\vec{0}\right)-3\vec{b}$$

したがって，原点と A を 3:1 に内分する点を D とし，BD を 4:3 に外分する点．

(3) まず位置ベクトルに直すこと．
$$3(\vec{p}-\vec{a})-(\vec{p}-\vec{b})+2(\vec{p}-\vec{c})=\vec{0}$$
$$\therefore\ \vec{p}=\dfrac{3}{4}\vec{a}-\dfrac{1}{4}\vec{b}+\dfrac{1}{2}\vec{c}$$
$$=\dfrac{1}{2}\left(\dfrac{3}{2}\vec{a}-\dfrac{1}{2}\vec{b}\right)+\dfrac{1}{2}\vec{c}$$

よって，AB を 1:3 に外分する点を D とし，CD の中点．

§ 47 成分計算 #1

【解答】

$\boxed{1}$
(1) $\sqrt{10}$
(2) $\vec{a}\cdot\vec{b} = -6,\ |\vec{a}||\vec{b}| = 2\sqrt{13}$
(3) $7\sqrt{13}$
(4) $|2t-1|\sqrt{10}$
(5) $\dfrac{102}{5}$

$\boxed{2}$
(1) $a = -\dfrac{9}{2}$
(2) $a = -5 \pm \sqrt{19}$

【解説】

$\boxed{1}$
(1) $|\vec{a}| = \sqrt{1^2 + 3^2} = \boldsymbol{\sqrt{10}}$
(2) $\vec{a}\cdot\vec{b} = 3\cdot(-2) + 2\cdot 0 = \boldsymbol{-6}$
$|\vec{a}||\vec{b}| = \sqrt{3^2+2^2}\cdot\sqrt{(-2)^2+0^2} = \boldsymbol{2\sqrt{13}}$
(3) $\vec{a} = 7\begin{pmatrix}2\\3\end{pmatrix}$ より,
$|\vec{a}| = 7\left|\begin{pmatrix}2\\3\end{pmatrix}\right| = \boldsymbol{7\sqrt{13}}$
(4) $\vec{a} = (2t-1)\begin{pmatrix}1\\-3\end{pmatrix}$ だから,
$|\vec{a}| = |2t-1|\sqrt{1^2+(-3)^2} = \boldsymbol{|2t-1|\sqrt{10}}$
(5) $\vec{a} = \dfrac{1}{30}\begin{pmatrix}45\\4\end{pmatrix},\ \vec{b}=6\begin{pmatrix}2\\3\end{pmatrix}$ だから,
$\vec{a}\cdot\vec{b} = \dfrac{1}{30}\begin{pmatrix}45\\4\end{pmatrix}\cdot 6\begin{pmatrix}2\\3\end{pmatrix}$
$= \dfrac{1}{5}(45\cdot 2 + 4\cdot 3) = \boldsymbol{\dfrac{102}{5}}$

$\boxed{2}$
(1) 平行条件から,
$2a - (-3)\cdot 3 = 0 \Leftrightarrow \boldsymbol{a = -\dfrac{9}{2}}$
(2) 垂直条件から,
$(a-2)a + (3+a)\cdot\{-2(a+1)\} = 0 \Leftrightarrow \boldsymbol{a = -5\pm\sqrt{19}}$

§ 47 成分計算 #2

【解答】

$\boxed{1}$
(1) $\sqrt{13}$
(2) $\vec{a}\cdot\vec{b} = 7+\sqrt{3},\ |\vec{a}||\vec{b}| = 2\sqrt{13}(1+\sqrt{3})$
(3) $2\sqrt{3}(3+\sqrt{11})$
(4) $2|\sin\theta|$
(5) $\dfrac{308}{9}$

$\boxed{2}$
(1) $a = 1$
(2) $a = \dfrac{1}{5}$

【解説】

$\boxed{1}$
(1) $|\vec{a}| = \sqrt{3^2+(-2)^2} = \boldsymbol{\sqrt{13}}$
(2) $\vec{b} = (1+\sqrt{3})\begin{pmatrix}\sqrt{3}\\1\end{pmatrix}$ より,
$\vec{a}\cdot\vec{b} = (1+\sqrt{3})\begin{pmatrix}3\\-2\end{pmatrix}\cdot\begin{pmatrix}\sqrt{3}\\1\end{pmatrix}$
$= (1+\sqrt{3})(3\sqrt{3}-2)$
$= \boldsymbol{7+\sqrt{3}}$
また, $|\vec{a}| = \sqrt{13}$
$|\vec{b}| = (1+\sqrt{3})\left|\begin{pmatrix}\sqrt{3}\\1\end{pmatrix}\right| = 2(1+\sqrt{3})$
よって, $|\vec{a}||\vec{b}| = \boldsymbol{2\sqrt{13}(1+\sqrt{3})}$
(3) $\vec{a} = (3+\sqrt{11})\begin{pmatrix}1\\\sqrt{11}\end{pmatrix}$ より,
$|\vec{a}| = (3+\sqrt{11})\left|\begin{pmatrix}1\\\sqrt{11}\end{pmatrix}\right|$
$= (3+\sqrt{11})\sqrt{1^2+(\sqrt{11})^2}$
$= \boldsymbol{2\sqrt{3}(3+\sqrt{11})}$
(4) $\vec{a} = \begin{pmatrix}2\sin^2\theta\\2\sin\theta\cos\theta\end{pmatrix} = 2\sin\theta\begin{pmatrix}\sin\theta\\\cos\theta\end{pmatrix}$
$\therefore\ |\vec{a}| = 2|\sin\theta|\left|\begin{pmatrix}\sin\theta\\\cos\theta\end{pmatrix}\right|$
$= 2|\sin\theta|\sqrt{\sin^2\theta+\cos^2\theta}$
$= \boldsymbol{2|\sin\theta|}$
(5) $\vec{a} = \dfrac{4}{9}\begin{pmatrix}3\\2\end{pmatrix},\ \vec{b} = 7\begin{pmatrix}3\\1\end{pmatrix}$ より,

$$\vec{a} \cdot \vec{b} = \frac{4}{9} \binom{3}{2} \cdot 7 \binom{3}{1}$$
$$= \frac{28}{9}(3 \cdot 3 + 2 \cdot 1) = \frac{\mathbf{308}}{\mathbf{9}}$$

$\boxed{2}$

(1) 2直線が平行であることが必要で，平行条件から，
$$(a+2)(7a-2) - (2a+3) \cdot 3a = 0$$
$$\Leftrightarrow a^2 + 3a - 4 = 0$$
$$\therefore a = 1, -4$$

- $a = 1$ のとき：
  $$l_1 : 3x + 5y = 8, \ l_2 : 3x + 5y = 8$$
  となり，確かに一致する。
- $a = -4$ のとき：
  $$l_1 : -2x - 5y = 3, \ l_2 : -2x - 5y = -2$$
  となり，2直線は一致しない。

以上より，求める a の値は，$\boldsymbol{a = 1}$

(2) 2直線が直交するので，直交条件より，
$$(a+1)(a-1) + (2a-1)(2a-2) = 0$$
$$\Leftrightarrow (a-1)(5a-1) = 0$$
$$\therefore a = 1, \frac{1}{5}$$

ここで，$a = 1$ のときは l_2 は直線を表さず不適。
$$\therefore \boldsymbol{a = \frac{1}{5}}$$

[注意] ～～のように，法線ベクトルが $\vec{0}$ になるときは直線を表さなくなるので注意すること。

§48 交点の位置ベクトル #1

【解答】

$\boxed{1}$

(1) $\dfrac{3}{4}\vec{a} - \dfrac{1}{8}\vec{b}$

(2) $8 : 1$

(3) $\dfrac{6}{11}\vec{a} - \dfrac{1}{11}\vec{b}$

(4) $2 : 3$

【解説】

$\boxed{1}$ 題意より，$\overrightarrow{OC} = \dfrac{2}{3}\vec{a}$, $\overrightarrow{OD} = -\dfrac{1}{2}\vec{b}$

(1) P は AD 上かつ BC 上の点だから，
$$\overrightarrow{OP} = (1-s)\vec{a} - \frac{s}{2}\vec{b}$$
$$= \frac{2t}{3}\vec{a} + (1-t)\vec{b}$$

$\vec{a}$, $\vec{b}$ は1次独立だから，
$$1 - s = \frac{2t}{3}, \ -\frac{s}{2} = 1 - t$$

これを解くと，$s = \dfrac{1}{4}, \ t = \dfrac{9}{8}$

$$\therefore \overrightarrow{OP} = \frac{\mathbf{3}}{\mathbf{4}}\vec{a} - \frac{\mathbf{1}}{\mathbf{8}}\vec{b}$$

(2) (1)より，$t = \dfrac{9}{8}$ だから，$BC : CP = \mathbf{8 : 1}$

(3) Q は OP 上かつ CD 上だから，
$$\overrightarrow{OQ} = k\overrightarrow{OP} = (1-l)\overrightarrow{OC} + l\overrightarrow{OD}$$
$$\therefore \frac{3k}{4}\vec{a} - \frac{k}{8}\vec{b} = \frac{2}{3}(1-l)\vec{a} - \frac{l}{2}\vec{b}$$

$\vec{a}$, $\vec{b}$ は1次独立だから，
$$\frac{3k}{4} = \frac{2}{3}(1-l), \ -\frac{k}{8} = -\frac{l}{2}$$

これを解いて，$k = \dfrac{8}{11}, \ l = \dfrac{2}{11}$

$$\therefore \overrightarrow{OQ} = \frac{\mathbf{6}}{\mathbf{11}}\vec{a} - \frac{\mathbf{1}}{\mathbf{11}}\vec{b}$$

(4) R は BQ 上かつ AD 上だから，
$$\overrightarrow{OR} = (1-p)\overrightarrow{OB} + p\overrightarrow{OQ} = (1-q)\overrightarrow{OA} + q\overrightarrow{OD}$$
$$\therefore \frac{6}{11}p\vec{a} + \left(1 - \frac{12}{11}p\right)\vec{b} = (1-q)\vec{a} - \frac{q}{2}\vec{b}$$

$\vec{a}$, $\vec{b}$ は1次独立だから，
$$\frac{6}{11}p = 1 - q, \ 1 - \frac{12}{11}p = -\frac{q}{2}$$

これを解くと，$p = \dfrac{11}{10}, \ q = \dfrac{2}{5}$

したがって，R は AD を $q : (1-q)$ に分ける点だから，

$$AR : DR = \mathbf{2 : 3}$$

[参考] 解答は上のように書くことになるが，実際は面積比で答えを出していることに注意。

(1) OB : OD = 2 : 1, OC : CA = 2 : 1 に注意して，

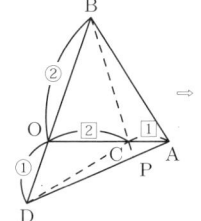

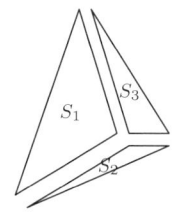

上図から，

$$S_1 : (S_2 + S_3) = 2 : 1,\ S_2 : S_3 = 1 : 2$$

これを解いて，$S_1 : S_2 : S_3 = 6 : 1 : 2$ より，

$$BC : CP = (S_1 + S_3) : S_2 = 8 : 1$$

などと求まる。

(3) Q についても，

$$BO : OD = 2 : 1,\ BC : CP = 8 : 1$$

に注意して，

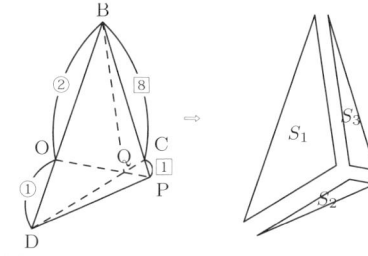

上図から，

$$S_1 : S_2 = 8 : 1,\ S_2 : S_3 = 1 : 2$$

より，$S_1 : S_2 : S_3 = 8 : 1 : 2$ だから，Q は OP を

$$S_1 : (S_2 + S_3) = 8 : 3$$

に内分する点と分かる。

(4) (3)から，

$$DR : RP = S_1 : S_3 = 4 : 1$$

(1)の図から，DP : PA = 3 : 1 だから，

$$AR : DR = 2 : 3$$

と求まる。

§48 交点の位置ベクトル #2

【解答】

1

(1) $\dfrac{9}{29}\vec{b} + \dfrac{12}{29}\vec{c}$

(2) $9 : 8$

(3) $\dfrac{11}{40}\vec{c}$

(4) BC を $88 : 261$ に外分する

【解説】

1 題意より，$\overrightarrow{AD} = \dfrac{3}{7}\vec{b} + \dfrac{4}{7}\vec{c}$, $\overrightarrow{AE} = \dfrac{3}{5}\vec{c}$

(1) P は AD 上かつ BE 上の点だから，

$$\overrightarrow{AP} = \dfrac{3}{7}s\vec{b} + \dfrac{4}{7}s\vec{c}$$
$$= (1-t)\vec{b} + \dfrac{3}{5}t\vec{c}$$

$\vec{b},\ \vec{c}$ は 1 次独立だから，

$$\dfrac{3}{7}s = 1 - t,\quad \dfrac{4}{7}s = \dfrac{3}{5}t$$

これを解くと，$s = \dfrac{21}{29}$, $t = \dfrac{20}{29}$

$$\therefore\ \overrightarrow{AP} = \dfrac{\mathbf{9}}{\mathbf{29}}\vec{b} + \dfrac{\mathbf{12}}{\mathbf{29}}\vec{c}$$

(2) Q は AB 上かつ CP 上だから，

$$\overrightarrow{AQ} = k\vec{b}$$
$$= l\left(\dfrac{9}{29}\vec{b} + \dfrac{12}{29}\vec{c}\right) + (1-l)\vec{c}$$

$\vec{b},\ \vec{c}$ は 1 次独立だから，

$$s = \dfrac{9}{29}k,\quad 0 = \dfrac{12}{29}l + 1 - l$$

これを解くと，$k = \dfrac{9}{17}$, $l = \dfrac{29}{17}$

$$\overrightarrow{AQ} = \dfrac{9}{17}\vec{b}\quad \therefore\ AQ : QB = \mathbf{9 : 8}$$

(3) M, N の位置ベクトルはそれぞれ，

$$\overrightarrow{AM} = \dfrac{1}{2}(\vec{b} + \overrightarrow{AE}) = \dfrac{1}{2}\vec{b} + \dfrac{3}{10}\vec{c}$$

$$\overrightarrow{AN} = \dfrac{1}{2}\overrightarrow{AD} = \dfrac{3}{14}\vec{b} + \dfrac{2}{7}\vec{c}$$

R は MN 上かつ AC 上だから，

$$\overrightarrow{AR} = p\left(\dfrac{1}{2}\vec{b} + \dfrac{3}{10}\vec{c}\right) + (1-p)\left(\dfrac{3}{14}\vec{b} + \dfrac{2}{7}\vec{c}\right)$$
$$= q\vec{c}$$

$\vec{a},\ \vec{b}$ は 1 次独立だから，

$$\dfrac{p}{2} + \dfrac{3}{14}(1-p) = 0,\quad \dfrac{3}{10}p + \dfrac{2}{7}(1-p) = q$$

これを解くと, $p = -\dfrac{3}{4}$, $q = \dfrac{11}{40}$

$$\therefore \overrightarrow{AR} = \dfrac{11}{40}\overrightarrow{c}$$

(4) S は BC 上かつ QR 上の点だから,

$$\overrightarrow{AS} = x\overrightarrow{b} + (1-x)\overrightarrow{c}$$
$$= y\dfrac{9}{17}\overrightarrow{b} + (1-y)\dfrac{11}{40}\overrightarrow{c}$$

$\overrightarrow{b}$, $\overrightarrow{c}$ は 1 次独立だから,

$$x = \dfrac{9}{17}y, \quad 1-x = \dfrac{11}{40}(1-y)$$

これを解くと, $x = \dfrac{261}{173}$, $y = \dfrac{493}{173}$

$$\therefore \overrightarrow{AS} = \dfrac{261}{173}\overrightarrow{b} - \dfrac{88}{173}\overrightarrow{c}$$

よって, S は BC を **88 : 261 に外分**する。

§49　内積計算　　　　　　　　#1

──【解答】──

[1]
- (1) $p^2 + q^2 + 2pq$
- (2) $p^2 + q^2 + 2r$
- (3) ×
- (4) $p^2 - q^2$
- (5) $p^4 + q^4 + 4r^2 + 4p^2 r + 4q^2 r + 2p^2 q^2$
- (6) ×
- (7) $\dfrac{r + q^2}{p}$
- (8) $p^2 - q^2$

【解説】

[1]
(1) $|\overrightarrow{a}| = p$, $|\overrightarrow{b}| = q$ だから,

$$(与式) = |\overrightarrow{a}|^2 + |\overrightarrow{b}|^2 + 2|\overrightarrow{a}||\overrightarrow{b}|$$
$$= \boldsymbol{p^2 + q^2 + 2pq}$$

(2) $|\overrightarrow{a}|^2 + |\overrightarrow{b}|^2 + 2\overrightarrow{a}\cdot\overrightarrow{b} = \boldsymbol{p^2 + q^2 + 2r}$

(3) (　) 内が「ベクトル − スカラー」となっていることに注意。式自体が定義されないので, ×。

(4) 通常の多項式と同様に和と差の積。$(\overrightarrow{a})^2$ ではなく, $|\overrightarrow{a}|^2$ となることに注意。

$$(与式) = |\overrightarrow{a}|^2 - |\overrightarrow{b}|^2 = \boldsymbol{p^2 - q^2}$$

(5) $(与式) = \left\{|\overrightarrow{a} + \overrightarrow{b}|^2\right\}^2$ で,

$$|\overrightarrow{a} + \overrightarrow{b}|^2 = |\overrightarrow{a}|^2 + 2\overrightarrow{a}\cdot\overrightarrow{b} + |\overrightarrow{b}|^2$$
$$= p^2 + q^2 + 2r$$

だから,

$$(与式) = (p^2 + q^2 + 2r)^2$$
$$= \boldsymbol{p^4 + q^4 + 4r^2 + 4p^2 r + 4q^2 r + 2p^2 q^2}$$

(6) 分母にベクトルは有り得ない。$\dfrac{1}{|\overrightarrow{a}|}\overrightarrow{a}$ であれば分母スカラーのためよいが, この式は定義されない。×

(7) これは分母スカラー。

$$(与式) = \dfrac{1}{|\overrightarrow{a}|}(\overrightarrow{a} + \overrightarrow{b}) \cdot \overrightarrow{b}$$
$$= \dfrac{\overrightarrow{a}\cdot\overrightarrow{b} + |\overrightarrow{b}|^2}{|\overrightarrow{a}|}$$
$$= \boldsymbol{\dfrac{r + q^2}{p}}$$

(8) ベクトルの内積の場合, $\overrightarrow{a}\cdot\overrightarrow{b}$ のように,「·」がいるが, 今回はスカラーの積になっていることに注意。

$$(与式) = (p+q)(p-q) = \boldsymbol{p^2 - q^2}$$

§49 内積計算

――【解答】――

1

(1) $p^2 + 2q^2 + 3r$

(2) ×

(3) $\dfrac{p^2 - 2r}{\sqrt{p^2 + 4q^2 - 4r}}$

(4) ×

(5) $\sqrt{p^2 + q^2 + 2r} + \sqrt{p^2 + q^2 - 2r}$

(6) $p^2 + q^2 - 2pq$

(7) ×

(8) $\sqrt{p^2 + q^2 + 2r}\,(2p^2 - q^2 + r)$

【解説】

1

(1) (与式) $= |\vec{a}|^2 + 2|\vec{b}|^2 + 3\vec{a}\cdot\vec{b}$
$= \boldsymbol{p^2 + 2q^2 + 3r}$

(2) ベクトルが 3 個かけてあるため，どの順に計算するか括弧づけしていないのであれば式が未定義。したがって，×

(3) まず分母の絶対値について，

$(\text{分母}) = \sqrt{|\vec{a} - 2\vec{b}|^2}$
$= \sqrt{|\vec{a}|^2 - 4\vec{a}\cdot\vec{b} + 4|\vec{b}|^2}$
$= \sqrt{p^2 + 4q^2 - 4r}$

また，$\vec{a}\cdot(\vec{a} - 2\vec{b}) = p^2 - 2r$

∴ (与式) $= \dfrac{\boldsymbol{p^2 - 2r}}{\boldsymbol{\sqrt{p^2 + 4q^2 - 4r}}}$

(4) 分母にベクトルは式が定義されないので，×

(5) $|\vec{a} + \vec{b}|^2 = |\vec{a}|^2 + 2\vec{a}\cdot\vec{b} + |\vec{b}|^2$
$= p^2 + q^2 + 2r$

$|\vec{a} - \vec{b}|^2 = |\vec{a}|^2 - 2\vec{a}\cdot\vec{b} + |\vec{b}|^2$
$= p^2 + q^2 - 2r$

したがって，

(与式) $= \boldsymbol{\sqrt{p^2 + q^2 + 2r} + \sqrt{p^2 + q^2 - 2r}}$

(6) (与式) $= |\vec{a}|^2 + |\vec{b}|^2 - 2|\vec{a}||\vec{b}|$
$= \boldsymbol{p^2 + q^2 - 2pq}$

(7) (ベクトル)^2 は定義されていない。|ベクトル|^2 でないと定義されないことに注意。したがって，×

(8) $|\vec{a} + \vec{b}|$ はスカラーであることに注意。

(与式) $= |\vec{a} + \vec{b}|\{(2\vec{a} - \vec{b})\cdot(\vec{a} + \vec{b})\}$
$= |\vec{a} + \vec{b}|(2|\vec{a}|^2 + \vec{a}\cdot\vec{b} - |\vec{b}|^2)$

ここで，

$|\vec{a} + \vec{b}| = \sqrt{|\vec{a} + \vec{b}|^2}$
$= \sqrt{|\vec{a}|^2 + 2\vec{a}\cdot\vec{b} + |\vec{b}|^2}$
$= \sqrt{p^2 + q^2 + 2r}$

に注意すれば，

(与式) $= \boldsymbol{\sqrt{p^2 + q^2 + 2r}\,(2p^2 - q^2 + r)}$

§50 ベクトル方程式   #1

─【解答】─

1

(1) $2(\vec{a}-\vec{b})\cdot\vec{p}=|\vec{a}|^2-|\vec{b}|^2$

  ($|\vec{p}-\vec{a}|=|\vec{p}-\vec{b}|$ でも可)

(2) $\vec{p}=2\vec{a}-\vec{b}+t(\vec{b}-\vec{a})$ (t は実数)

(3) $3\vec{a}\cdot\vec{p}=\vec{a}\cdot(\vec{a}+\vec{b})$

(4) $|\vec{p}-\vec{a}|=3$

(5) $\left|\vec{p}-\dfrac{\vec{a}+\vec{b}}{2}\right|=\dfrac{|\vec{b}-\vec{a}|}{2}$

  $((\vec{p}-\vec{a})\cdot(\vec{p}-\vec{b})=0$ でも可)

2

(1) $-\dfrac{1}{3}\vec{a}-\vec{b}$ を通り,方向ベクトルが $-2\vec{a}+3\vec{b}$ の直線

  (または,2点 $-\vec{a}$,$-\dfrac{3}{2}\vec{b}$ を通る直線)

(2) 点 $-\vec{b}$ を通り,$\vec{a}-2\vec{b}$ に垂直な直線

(3) 中心 $-\dfrac{7}{3}\vec{a}$,半径 $\dfrac{8}{3}|\vec{a}|$ の円

(4) 中心 $\dfrac{-\vec{a}+2\vec{b}}{2}$,半径 $\dfrac{|\vec{a}-2\vec{b}|}{2}$ の円

  (原点と $-\vec{a}+2\vec{b}$ を直径の両端とする円 でも可)

─【解説】─

1

(1) $\vec{p}$ は $\vec{a}$,$\vec{b}$ から等距離にある点の集合なので,

$$|\vec{p}-\vec{a}|=|\vec{p}-\vec{b}|$$

よって,両辺2乗して,

$$|\vec{p}-\vec{a}|^2=|\vec{p}-\vec{b}|^2$$
$$\Leftrightarrow |\vec{p}|^2-2\vec{a}\cdot\vec{p}+|\vec{a}|^2=|\vec{p}|^2-2\vec{b}\cdot\vec{p}+|\vec{b}|^2$$
$$\therefore\ 2(\vec{a}-\vec{b})\cdot\vec{p}=|\vec{a}|^2-|\vec{b}|^2$$

(2) 方向ベクトルが $\vec{b}-\vec{a}$ で,$2\vec{a}-\vec{b}$ を通るので,t を実数として,

$$\vec{p}=2\vec{a}-\vec{b}+t(\vec{b}-\vec{a})$$

(3) 法線ベクトルが $\vec{a}$,点 $\dfrac{\vec{a}+\vec{b}}{3}$ を通るので,

$$\vec{a}\cdot\vec{p}=\vec{a}\cdot\dfrac{\vec{a}+\vec{b}}{3}$$

分母を払って,

$$3\vec{a}\cdot\vec{p}=\vec{a}\cdot(\vec{a}+\vec{b})$$

(4) これはそのまま。

$$|\vec{p}-\vec{a}|=3$$

(5) 中心 $\dfrac{\vec{a}+\vec{b}}{2}$,半径 $\dfrac{|\vec{b}-\vec{a}|}{2}$ の円だから,

$$\left|\vec{p}-\dfrac{\vec{a}+\vec{b}}{2}\right|=\dfrac{|\vec{b}-\vec{a}|}{2}$$

[参考] 直径の両端が分かっているので,右図のように考えて,

$$\vec{AP}\perp\vec{BP}$$
$$\Leftrightarrow (\vec{p}-\vec{a})\cdot(\vec{p}-\vec{b})=0$$

としてもよい。

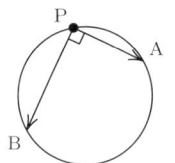

2

(1) $\vec{x}$ の1次式なので,パラメータで整理。

$$\vec{x}=\dfrac{t}{3}\left(-2\vec{a}+3\vec{b}\right)-\dfrac{1}{3}\vec{a}-\vec{b}$$

よって,$-\dfrac{1}{3}\vec{a}-\vec{b}$ の表す点を通り,方向ベクトル $-2\vec{a}+3\vec{b}$ の直線

[参考] 当然,これだと図示はしづらいので,通る点を追いかけてもよい(これは t に適当な値を代入すればよい)。$\vec{a}$ 切片,$\vec{b}$ 切片などを見ると図示しやすい。

この場合,$\vec{a}$,$\vec{b}$ で整理してやること。

$$3\vec{x}+(2t+1)\vec{a}-3(t-1)\vec{b}=\vec{0}$$

より,$t=1$ を代入して,

$$3\vec{x}=-3\vec{a} \Leftrightarrow \vec{x}=-\vec{a}$$

$t=-\dfrac{1}{2}$ を代入して,

$$3\vec{x}=-\dfrac{9}{2}\vec{b} \Leftrightarrow \vec{x}=-\dfrac{3}{2}\vec{b}$$

よって,2点 $-\vec{a}$,$-\dfrac{3}{2}\vec{b}$ を通る直線

(2) $\vec{x}$ の内積1次の式なので,平面ベクトルでは直線を表すことに注意。

$$\vec{x}\cdot(\vec{a}-2\vec{b})+\vec{b}\cdot(\vec{a}-2\vec{b})=0$$
$$\Leftrightarrow (\vec{x}+\vec{b})\cdot(\vec{a}-2\vec{b})=0$$

よって,点 $-\vec{b}$ を通り,$\vec{a}-2\vec{b}$ に垂直な直線

(3) そのままアポロニウスの円と見てもよいが，ベクトルの絶対値は，2乗して自分自身との内積に書き換えてしまえばよい。

$$|\vec{x} - 3\vec{a}|^2 = 4|\vec{x} + \vec{a}|^2$$

$$\Leftrightarrow 3\left|\vec{x} + \frac{7}{3}\vec{a}\right|^2 = \frac{64}{3}|\vec{a}|^2$$

$$\Leftrightarrow \left|\vec{x} + \frac{7}{3}\vec{a}\right| = \frac{8}{3}|\vec{a}|$$

したがって，**中心 $-\dfrac{7}{3}\vec{a}$，半径 $\dfrac{8}{3}|\vec{a}|$ の円**

(4) これも内積2次。円を表している。

$$|\vec{x}|^2 - \vec{a}\cdot\vec{x} = 2|\vec{x}|^2 - 2\vec{b}\cdot\vec{x}$$

$$\Leftrightarrow |\vec{x}|^2 + (\vec{a} - 2\vec{b})\cdot\vec{x} = 0$$

$$\Leftrightarrow \left|\vec{x} + \frac{\vec{a}-2\vec{b}}{2}\right|^2 = \frac{|\vec{a}-2\vec{b}|^2}{4}$$

よって，

中心 $\dfrac{-\vec{a}+2\vec{b}}{2}$，半径 $\dfrac{|\vec{a}-2\vec{b}|}{2}$ の円

[参考] $\vec{x} = \vec{0}$ のとき，等式が成立するので，この円は原点を通る。したがって，$\vec{x}$ で因数分解できるので，

$$\vec{x}\cdot(\vec{x} + \vec{a} - 2\vec{b}) = 0$$

とすれば，**原点と $-\vec{a}+2\vec{b}$ を直径の両端とする円**と読むこともできる。

§50 ベクトル方程式 #2

――【解答】――

1

(1) $2\vec{p}\cdot(3\vec{a}-2\vec{b}) = 9|\vec{a}|^2 - 4|\vec{b}|^2$
  ($|\vec{p}-3\vec{a}| = |\vec{p}-2\vec{b}|$ でも可)

(2) $\vec{p} = 3\vec{a} + \vec{b} + t(\vec{b}-\vec{a})$ (t は実数)

(3) $3\vec{p}\cdot(\vec{a}-\vec{b}) = (\vec{a}+\vec{b})\cdot(\vec{a}-\vec{b})$

(4) $|3\vec{p}-\vec{a}-\vec{b}| = |\vec{a}-2\vec{b}|$

(5) $\left|\vec{p} - \dfrac{9\vec{b}-\vec{a}}{8}\right| = \dfrac{3}{8}|\vec{b}-\vec{a}|$
  ($|\vec{p}-\vec{a}| = 3|\vec{p}-\vec{b}|$ でも可)

2

(1) $-3\vec{a}+\vec{b}$, $4\vec{b}-\vec{a}$ を結ぶ線分

(2) $\vec{a}$ に垂直で，$\dfrac{k}{|\vec{a}|^2}\vec{a}$ を通る直線

(3) 中心 $\dfrac{3\vec{a}-\vec{b}}{4}$，半径 $\dfrac{|\vec{a}+\vec{b}|}{4}$ の円

(4) $\vec{a}+\vec{b}$ に垂直で，$\dfrac{\vec{b}}{2}$ を通る直線

【解説】

1

(1) $\vec{p}$ は $3\vec{a}$ と $2\vec{b}$ から等距離にある点の集合なので，
  $|\vec{p}-3\vec{a}| = |\vec{p}-2\vec{b}|$
  よって，両辺2乗して，
  $|\vec{p}|^2 - 6\vec{a}\cdot\vec{p} + 9|\vec{a}|^2 = |\vec{p}|^2 - 4\vec{b}\cdot\vec{p} + 4|\vec{b}|^2$
  $\therefore\ 2\vec{p}\cdot(3\vec{a}-2\vec{b}) = 9|\vec{a}|^2 - 4|\vec{b}|^2$

(2) 方向ベクトルが $\vec{b}-\vec{a}$ で，$3\vec{a}+\vec{b}$ を通るので，t を実数として，
  $$\vec{p} = 3\vec{a} + \vec{b} + t(\vec{b}-\vec{a})$$

(3) 法線ベクトルが $\vec{a}-\vec{b}$，点 $\dfrac{\vec{a}+\vec{b}}{3}$ を通るので，
  $$\vec{p}\cdot(\vec{a}-\vec{b}) = \frac{\vec{a}+\vec{b}}{3}\cdot(\vec{a}-\vec{b})$$
  分母を払って，
  $$3\vec{p}\cdot(\vec{a}-\vec{b}) = (\vec{a}+\vec{b})\cdot(\vec{a}-\vec{b})$$

(4) 中心が $\dfrac{\vec{a}+\vec{b}}{3}$，B を通る円なので，
  $$\left|\vec{p} - \frac{\vec{a}+\vec{b}}{3}\right| = \underbrace{\left|\vec{b} - \frac{\vec{a}+\vec{b}}{3}\right|}_{\text{通る点を代入}}$$

分母を払って,
$$|3\vec{p}-\vec{a}-\vec{b}|=|-\vec{a}+2\vec{b}|$$
$$\therefore |3\vec{p}-\vec{a}-\vec{b}|=|\vec{a}-2\vec{b}|$$

(5) 題意から,
$$|\vec{p}-\vec{a}|=3|\vec{p}-\vec{b}|$$

両辺2乗して,
$$|\vec{p}|^2-2\vec{a}\cdot\vec{p}+|\vec{a}|^2=9|\vec{p}|^2-18\vec{b}\cdot\vec{p}+9|\vec{b}|^2$$
$$\Leftrightarrow 8|\vec{p}|^2+2(\vec{a}-9\vec{b})\cdot\vec{p}+9|\vec{b}|^2-|\vec{a}|^2=0$$
$$\Leftrightarrow \left|\vec{p}+\frac{\vec{a}-9\vec{b}}{8}\right|^2$$
$$=\frac{9|\vec{a}|^2-18\vec{a}\cdot\vec{b}+9|\vec{b}|^2}{64}$$
$$=\frac{9}{64}|\vec{a}-\vec{b}|^2$$

したがって,
$$\left|\vec{p}-\frac{9\vec{b}-\vec{a}}{8}\right|=\frac{3}{8}|\vec{b}-\vec{a}|$$

<u>2</u>

(1) $\vec{x}$ の1次式で, パラメータに範囲がついているので, 線分になっていることに注意。端点を見ればよい。
$$\vec{x}=2t\vec{a}-3\vec{a}+(3t+1)\vec{b}$$
より, $t=0$ のとき: $\vec{x}=-3\vec{a}+\vec{b}$
$t=1$ のとき: $\vec{x}=4\vec{b}-\vec{a}$
となるので, $-3\vec{a}+\vec{b},\ 4\vec{b}-\vec{a}$ を結ぶ線分

(2) $\vec{x}$ の内積1次の式なので, 平面ベクトルでは直線を表す。$\vec{x}$ の係ベクトル $\vec{a}$ で無理やりくくってやること。
$$\vec{a}\cdot\vec{x}-k\frac{\vec{a}\cdot\vec{a}}{|\vec{a}|^2}=0$$
$$\Leftrightarrow \vec{a}\cdot\left(\vec{x}-\frac{k}{|\vec{a}|^2}\vec{a}\right)=0$$
したがって, $\vec{a}$ に垂直で, $\dfrac{k}{|\vec{a}|^2}\vec{a}$ を通る直線

(3) $\vec{x}$ の内積2次の式は, $\vec{x}$ で平方完成。
$$2\left|\vec{x}-\frac{3}{4}\vec{a}+\frac{1}{4}\vec{b}\right|^2$$
$$=-|\vec{a}|^2+\vec{a}\cdot\vec{b}+2\left|\frac{3\vec{a}-\vec{b}}{4}\right|^2$$
$$\therefore \left|\vec{x}-\frac{3\vec{a}-\vec{b}}{4}\right|^2$$
$$=\frac{|\vec{a}|^2+2\vec{a}\cdot\vec{b}+|\vec{b}|^2}{16}$$
$$\therefore \left|\vec{x}-\frac{3\vec{a}-\vec{b}}{4}\right|^2=\frac{|\vec{a}+\vec{b}|^2}{16}$$

よって, 中心 $\dfrac{3\vec{a}-\vec{b}}{4}$, 半径 $\dfrac{|\vec{a}+\vec{b}|}{4}$ の円

(4) 見た目に騙されないこと。展開すれば, $|\vec{x}|^2$ が消え, $\vec{x}$ の内積1次の式になることに注意。
$$|\vec{x}|^2+2\vec{a}\cdot\vec{x}-\vec{a}\cdot\vec{b}=|\vec{x}|^2-2\vec{b}\cdot\vec{x}+|\vec{b}|^2$$
$$\therefore 2\vec{x}\cdot(\vec{a}+\vec{b})=\vec{a}\cdot\vec{b}+|\vec{b}|^2$$
$$\Leftrightarrow (\vec{a}+\vec{b})\cdot(2\vec{x}-\vec{b})=0$$

したがって, $\vec{a}+\vec{b}$ に垂直で, $\dfrac{\vec{b}}{2}$ を通る直線

§51 空間ベクトル #1

【解答】

1
(1) $\overrightarrow{CE} = -\vec{b} - \vec{d} + \vec{e}$, $\overrightarrow{FH} = -\vec{b} + \vec{d}$

(2) $\overrightarrow{AI} = \dfrac{1}{3}(2\vec{b} + \vec{d} + 2\vec{e})$

(3) $\vec{0}$

2 解説参照

3
(1) $\overrightarrow{OH} = \dfrac{9}{26}\vec{a} + \dfrac{9}{26}\vec{b} + \dfrac{4}{13}\vec{c}$

(2) $2 : 3$

【解説】

1

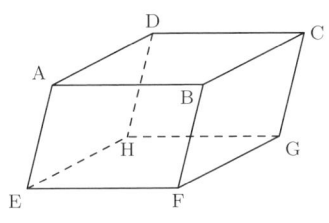

(1) $\overrightarrow{AC} = \vec{b} + \vec{d}$, $\overrightarrow{AF} = \vec{b} + \vec{e}$
$\overrightarrow{AH} = \vec{d} + \vec{e}$, $\overrightarrow{AG} = \vec{b} + \vec{d} + \vec{e}$

したがって,
$\overrightarrow{CE} = \overrightarrow{AE} - \overrightarrow{AC} = -\vec{b} - \vec{d} + \vec{e}$,
$\overrightarrow{FH} = \overrightarrow{AH} - \overrightarrow{AF} = -\vec{b} + \vec{d}$

(2) $\overrightarrow{AI} = \dfrac{1}{3}(\overrightarrow{AC} + \overrightarrow{AE} + \overrightarrow{AF})$
$= \dfrac{1}{3}(2\vec{b} + \vec{d} + 2\vec{e})$

(3) (与式) $= \overrightarrow{AG} - (\overrightarrow{AH} - \overrightarrow{AB})$
$+ (\overrightarrow{AE} - \overrightarrow{AC}) - (\overrightarrow{AF} - \overrightarrow{AD})$
$= \vec{0}$

2

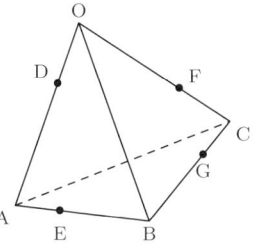

(1) O を原点とする各点の位置ベクトルをその小文字で表す。

$\vec{d} = \dfrac{1}{3}\vec{a}$, $\vec{e} = \dfrac{2\vec{a} + \vec{b}}{3}$,

$\vec{f} = \dfrac{2}{3}\vec{c}$, $\vec{g} = \dfrac{\vec{b} + 8\vec{c}}{9}$

よって,
$\vec{g} = -\dfrac{2}{3} \cdot \dfrac{1}{3}\vec{a} + \dfrac{1}{3} \cdot \dfrac{2\vec{a} + \vec{b}}{3} + \dfrac{4}{3} \cdot \dfrac{2}{3}\vec{c}$
$= -\dfrac{2}{3}\vec{d} + \dfrac{1}{3}\vec{e} + \dfrac{4}{3}\vec{f}$

よって, $\vec{d}$, $\vec{e}$, $\vec{f}$ の係数和が 1 となり, 点 G は 3 点 D, E, F と同一平面上にあることが示された。 □

(2) $\vec{h} = \dfrac{2}{5}\vec{d} + \dfrac{3}{5}\vec{g} = \dfrac{2}{15}\vec{a} + \dfrac{1}{15}\vec{b} + \dfrac{8}{15}\vec{c}$
$= \dfrac{1}{5} \cdot \dfrac{2\vec{a} + \vec{b}}{3} + \dfrac{4}{5} \cdot \dfrac{2}{3}\vec{c} = \dfrac{1}{5}\vec{e} + \dfrac{4}{5}\vec{f}$

よって, $\dfrac{1}{5} + \dfrac{4}{5} = 1$, $\dfrac{1}{5} > 0$, $\dfrac{4}{5} > 0$ より, 点 H は線分 EF 上にある。 □

3

(1) 条件より,
$\overrightarrow{OD} = \dfrac{1}{2}\vec{a}$, $\overrightarrow{OE} = \dfrac{\vec{a} + 3\vec{b}}{4}$, $\overrightarrow{OF} = \dfrac{2}{3}\vec{c}$

G は △DEF の重心より,
$\overrightarrow{OG} = \dfrac{\overrightarrow{OD} + \overrightarrow{OE} + \overrightarrow{OF}}{3}$
$= \dfrac{1}{4}\vec{a} + \dfrac{1}{4}\vec{b} + \dfrac{2}{9}\vec{c}$

H は直線 OG 上の点だから,
$\overrightarrow{OH} = k\overrightarrow{OG} = \dfrac{k}{4}\vec{a} + \dfrac{k}{4}\vec{b} + \dfrac{2}{9}k\vec{c}$

H は平面 ABC 上の点だから,
$\dfrac{k}{4} + \dfrac{k}{4} + \dfrac{2}{9}k = 1 \Leftrightarrow k = \dfrac{18}{13}$

∴ $\overrightarrow{OH} = \dfrac{9}{26}\vec{a} + \dfrac{9}{26}\vec{b} + \dfrac{4}{13}\vec{c}$

(2) I は BC 上の点なので,
$\overrightarrow{OI} = (1-t)\vec{b} + t\vec{c}$ …①

ここで, 4 点 D, E, F, I は同一平面上にあるので,
$\overrightarrow{OI} = m\overrightarrow{OD} + n\overrightarrow{OE} + (1-m-n)\overrightarrow{OF}$
$= \dfrac{2m+n}{4}\vec{a} + \dfrac{3}{4}n\vec{b} + \dfrac{2}{3}(1-m-n)\vec{c}$ …②

①②より, $\vec{a}$, $\vec{b}$, $\vec{c}$ は 1 次独立だから,
$\dfrac{2m+n}{4} = 0$, $\dfrac{3}{4}n = 1-t$, $\dfrac{2}{3}(1-m-n) = t$
$\Leftrightarrow (m, n, t) = \left(-\dfrac{2}{5}, \dfrac{4}{5}, \dfrac{2}{5}\right)$

よって, $\overrightarrow{OI} = \dfrac{3\vec{b} + 2\vec{c}}{5}$ より,
BI : IC $= \mathbf{2 : 3}$

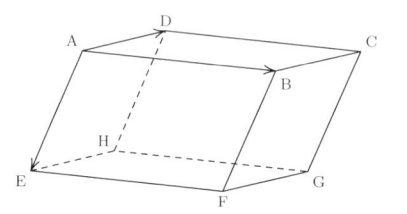

§51 空間ベクトル

【解答】

1
(1) $\vec{c} - \vec{b}$
(2) $\vec{a} - \vec{b} - \vec{c}$
(3) $2(\vec{a} + \vec{b})$
(4), (5) 解説参照

2
(1) 解説参照
(2) $3:1$

【解説】

1

題意より，A を原点として，B, D, E の位置ベクトルはそれぞれ $\vec{a}, \vec{b}, \vec{c}$ である。また，平行六面体なので各点の位置ベクトルは，

$C(\vec{a} + \vec{b}),\ F(\vec{a} + \vec{c}),$
$H(\vec{b} + \vec{c}),\ G(\vec{a} + \vec{b} + \vec{c})$

(1) $\overrightarrow{CF} = \overrightarrow{AF} - \overrightarrow{AC} = (\vec{a} + \vec{c}) - (\vec{a} + \vec{b})$
   $= \vec{c} - \vec{b}$

(2) $\overrightarrow{HB} = \overrightarrow{AB} - \overrightarrow{AH} = \vec{a} - (\vec{b} + \vec{c})$
   $= \vec{a} - \vec{b} - \vec{c}$

(3) $\overrightarrow{EC} + \overrightarrow{AG} = \underbrace{\overrightarrow{AC} - \overrightarrow{AE} + \overrightarrow{AG}}_{\text{位置ベクトルに直す}}$
   $= (\vec{a} + \vec{b}) - \vec{c} + (\vec{a} + \vec{b} + \vec{c})$
   $= 2(\vec{a} + \vec{b})$

(4) (左辺) $= (\vec{a} + \vec{b}) + (\vec{b} + \vec{c}) + (\vec{a} + \vec{c})$
   $= 2(\vec{a} + \vec{b} + \vec{c}) = 2\overrightarrow{AG}$ □

(5) (左辺) $= \overrightarrow{AG} + \overrightarrow{AH} - \overrightarrow{AB} + \overrightarrow{AE} - \overrightarrow{AC} + \overrightarrow{AF} - \overrightarrow{AD}$
   $= (\vec{a} + \vec{b} + \vec{c}) + (\vec{b} + \vec{c})$
   $\quad - \vec{a} + \vec{c} - (\vec{a} + \vec{b}) + (\vec{a} + \vec{c}) - \vec{b}$
   $= 4\vec{c} = 4\overrightarrow{AE}$ □

2

(1) A を始点として，B, C, D の位置ベクトルをそれぞれ $\vec{b}, \vec{c}, \vec{d}$ とする。このとき，

$$\overrightarrow{AM} = \frac{1}{2}\vec{b},\ \overrightarrow{AG} = \frac{1}{4}(\vec{b} + \vec{c} + \vec{d})$$

ここで，

$$\overrightarrow{AG} = \frac{1}{2}\overrightarrow{AM} + \frac{1}{4}\overrightarrow{AC} + \frac{1}{4}\overrightarrow{AD}$$

より，

$$\frac{1}{2} + \frac{1}{4} + \frac{1}{4} = 1$$

に注意すれば（係数和 $=1$），G は平面 CDM 上。よって，4 点 C, D, M, G は同一平面上にある。□

(2) N は AG の延長上の点なので，

$$\overrightarrow{AN} = t\overrightarrow{AG} = \frac{t}{4}(\vec{b} + \vec{c} + \vec{d})$$

と表される。ここで，N は平面 BCD 上の点なので，(こちらは(1)とは違い，正確には，「$\vec{b}, \vec{c}, \vec{d}$ は1次独立」が必要)

$$\underbrace{\frac{t}{4} + \frac{t}{4} + \frac{t}{4}}_{\text{係数和}=1} = \frac{3}{4}t = 1 \Leftrightarrow t = \frac{4}{3}$$

したがって，$\overrightarrow{AN} = \frac{4}{3}\overrightarrow{AG}$ より，$AG : GN = \mathbf{3 : 1}$

§52 空間における直線 #1

【解答】

$\boxed{1}$

(1) $2-x = \dfrac{y-3}{3} = \dfrac{z+1}{2}$

(2) $\dfrac{x-1}{2} = 2-y,\ z=-3$

$\boxed{2}$

(1) $\begin{pmatrix}x\\y\\z\end{pmatrix} = \begin{pmatrix}3\\-1\\0\end{pmatrix} + t\begin{pmatrix}2\\3\\5\end{pmatrix}$

(2) $\begin{pmatrix}x\\y\\z\end{pmatrix} = \begin{pmatrix}2\\-3\\2\end{pmatrix} + t\begin{pmatrix}-1\\2\\5\end{pmatrix}$

(3) $\begin{pmatrix}x\\y\\z\end{pmatrix} = \begin{pmatrix}2\\1\\-1\end{pmatrix} + t\begin{pmatrix}0\\3\\1\end{pmatrix}$

(4) $\begin{pmatrix}x\\y\\z\end{pmatrix} = \begin{pmatrix}-1\\2\\0\end{pmatrix} + t\begin{pmatrix}0\\0\\1\end{pmatrix}$

(5) $\begin{pmatrix}x\\y\\z\end{pmatrix} = \begin{pmatrix}5\\0\\-1\end{pmatrix} + t\begin{pmatrix}-2\\1\\3\end{pmatrix}$

$\boxed{3}$

(1) $P(s+2,\ 2s-1,\ 3s),\ Q(-3t+5,\ 2t-13,\ t+9)$

(2) $P(3,\ 1,\ 3),\ Q(-1,\ -9,\ 11)$

直線 PQ : $\dfrac{x-3}{-2} = \dfrac{y-1}{-5} = \dfrac{z-3}{4}$

【解説】

$\boxed{1}$

(1) 与えられた条件より，
$$\dfrac{x-2}{-1} = \dfrac{y-3}{3} = \dfrac{z+1}{2}$$
$$\therefore\ 2-x = \dfrac{y-3}{3} = \dfrac{z+1}{2}$$

(2) 与えられた条件より，
$$\dfrac{x-1}{2} = \dfrac{y-2}{-1},\ z=-3$$
$$\therefore\ \dfrac{x-1}{2} = 2-y,\ z=-3$$

$\boxed{2}$

(1) 点 $(3,\ -1,\ 0)$ を通り，方向ベクトルが $\begin{pmatrix}2\\3\\5\end{pmatrix}$ の直線なので，

$\begin{pmatrix}x\\y\\z\end{pmatrix} = \begin{pmatrix}3\\-1\\0\end{pmatrix} + t\begin{pmatrix}2\\3\\5\end{pmatrix}$

(2) 点 $(2,\ -3,\ 2)$ を通り，方向ベクトルが $\begin{pmatrix}-1\\2\\5\end{pmatrix}$ の直線なので，

$\begin{pmatrix}x\\y\\z\end{pmatrix} = \begin{pmatrix}2\\-3\\2\end{pmatrix} + t\begin{pmatrix}-1\\2\\5\end{pmatrix}$

(3) 点 $(2,\ 1,\ -1)$ を通り，方向ベクトルが $\begin{pmatrix}0\\3\\1\end{pmatrix}$ の直線なので，

$\begin{pmatrix}x\\y\\z\end{pmatrix} = \begin{pmatrix}2\\1\\-1\end{pmatrix} + t\begin{pmatrix}0\\3\\1\end{pmatrix}$

(4) 点 $(-1,\ 2,\ 0)$ を通り，方向ベクトルが $\begin{pmatrix}0\\0\\1\end{pmatrix}$ の直線なので，

$\begin{pmatrix}x\\y\\z\end{pmatrix} = \begin{pmatrix}-1\\2\\0\end{pmatrix} + t\begin{pmatrix}0\\0\\1\end{pmatrix}$

(5) 2 平面の交線になっていることに注意。$y=$ にして等号をつなげればよい。
与えられた条件より，
$$y = \dfrac{5-x}{2},\ y = \dfrac{1+z}{3}$$

したがって，$\begin{pmatrix}x\\y\\z\end{pmatrix} = \begin{pmatrix}5\\0\\-1\end{pmatrix} + t\begin{pmatrix}-2\\1\\3\end{pmatrix}$

$\boxed{3}$

(1) 題意より，
$$\overrightarrow{OP} = \begin{pmatrix}2\\-1\\0\end{pmatrix} + s\begin{pmatrix}1\\2\\3\end{pmatrix},\ \overrightarrow{OQ} = \begin{pmatrix}5\\-13\\9\end{pmatrix} + t\begin{pmatrix}-3\\2\\1\end{pmatrix}$$

$\therefore\ P(s+2,\ 2s-1,\ 3s),\ Q(-3t+5,\ 2t-13,\ t+9)$

(2) (1)より，
$$\overrightarrow{PQ} = 3\begin{pmatrix}1\\-4\\3\end{pmatrix} - s\begin{pmatrix}1\\2\\3\end{pmatrix} + t\begin{pmatrix}-3\\2\\1\end{pmatrix}$$

したがって，
$$\begin{pmatrix}1\\2\\3\end{pmatrix} \cdot \overrightarrow{PQ} = 6 - 14s + 4t = 0$$

$$\begin{pmatrix}-3\\2\\1\end{pmatrix} \cdot \overrightarrow{PQ} = -24 - 4s + 14t = 0$$

これらを解いて, $s=1$, $t=2$

∴ P(3, 1, 3), Q(−1, −9, 11)

このとき $\overrightarrow{PQ} = 2\begin{pmatrix} -2 \\ -5 \\ 4 \end{pmatrix}$ より,

直線 PQ : $\dfrac{x-3}{-2} = \dfrac{y-1}{-5} = \dfrac{z-3}{4}$

§52 空間における直線 #2

【解答】

$\boxed{1}$

(1) $\dfrac{x-1}{3} = 2-y = \dfrac{z-3}{4}$

(2) $x=3$, $z=1$

$\boxed{2}$

(1) $\begin{pmatrix} x \\ y \\ z \end{pmatrix} = \begin{pmatrix} 1 \\ -1 \\ 4 \end{pmatrix} + t \begin{pmatrix} -8 \\ 5 \\ -2 \end{pmatrix}$

(2) $\begin{pmatrix} x \\ y \\ z \end{pmatrix} = \begin{pmatrix} -3 \\ -1 \\ 2 \end{pmatrix} + t \begin{pmatrix} 1 \\ 2 \\ 4 \end{pmatrix}$

(3) $\begin{pmatrix} x \\ y \\ z \end{pmatrix} = \begin{pmatrix} 3 \\ 0 \\ 1 \end{pmatrix} + t \begin{pmatrix} 0 \\ 1 \\ 1 \end{pmatrix}$

(4) $\begin{pmatrix} x \\ y \\ z \end{pmatrix} = \begin{pmatrix} 0 \\ 3 \\ 1 \end{pmatrix} + t \begin{pmatrix} 1 \\ 0 \\ 0 \end{pmatrix}$

(5) $\begin{pmatrix} x \\ y \\ z \end{pmatrix} = \begin{pmatrix} 0 \\ 1 \\ -2 \end{pmatrix} + t \begin{pmatrix} 1 \\ -1 \\ 1 \end{pmatrix}$

$\boxed{3}$

(1) P$(1+2s, -1, -2-s)$, Q$(-1+3t, 1-t, 1-t)$

(2) P$(1, -1, -2)$, Q$(2, 0, 0)$

直線 PQ : $x-2 = y = \dfrac{z}{2}$

【解説】

$\boxed{1}$

(1) 与えられた条件式より,

$$\dfrac{x-1}{3} = \dfrac{y-2}{-1} = \dfrac{z-3}{4}$$

∴ $\dfrac{x-1}{3} = 2-y = \dfrac{z-3}{4}$

(2) 与えられた条件式より,

$x=3$, $z=1$

$\boxed{2}$

(1) 点 $(1, -1, 4)$ を通り, 方向ベクトルが,

$$\begin{pmatrix} -4 \\ 5/2 \\ -1 \end{pmatrix} /\!/ \begin{pmatrix} -8 \\ 5 \\ -2 \end{pmatrix}$$

の直線なので,

$$\begin{pmatrix} x \\ y \\ z \end{pmatrix} = \begin{pmatrix} 1 \\ -1 \\ 4 \end{pmatrix} + t \begin{pmatrix} -8 \\ 5 \\ -2 \end{pmatrix}$$

(2) 点 $(-3, -1, 2)$ を通り，方向ベクトルが $\begin{pmatrix} 1 \\ 2 \\ 4 \end{pmatrix}$ の直線なので，

$$\begin{pmatrix} x \\ y \\ z \end{pmatrix} = \begin{pmatrix} -3 \\ -1 \\ 2 \end{pmatrix} + t \begin{pmatrix} 1 \\ 2 \\ 4 \end{pmatrix}$$

(3) 点 $(3, 0, 1)$ を通り，方向ベクトルが $\begin{pmatrix} 0 \\ 1 \\ 1 \end{pmatrix}$ の直線なので，

$$\begin{pmatrix} x \\ y \\ z \end{pmatrix} = \begin{pmatrix} 3 \\ 0 \\ 1 \end{pmatrix} + t \begin{pmatrix} 0 \\ 1 \\ 1 \end{pmatrix}$$

(4) 点 $(0, 3, 1)$ を通り，方向ベクトルが $\begin{pmatrix} 1 \\ 0 \\ 0 \end{pmatrix}$ の直線なので，

$$\begin{pmatrix} x \\ y \\ z \end{pmatrix} = \begin{pmatrix} 0 \\ 3 \\ 1 \end{pmatrix} + t \begin{pmatrix} 1 \\ 0 \\ 0 \end{pmatrix}$$

(5) 2 式から，
$$z = 1 - 2x - 3y, \ z = -x - 2y$$

z を消去して，$y = 1 - x$
これを代入して，$z = x - 2$

$$\therefore \ x = 1 - y = z + 2$$

したがって，点 $(0, 1, -2)$ を通り，方向ベクトルが $\begin{pmatrix} 1 \\ -1 \\ 1 \end{pmatrix}$ の直線なので，

$$\begin{pmatrix} x \\ y \\ z \end{pmatrix} = \begin{pmatrix} 0 \\ 1 \\ -2 \end{pmatrix} + t \begin{pmatrix} 1 \\ -1 \\ 1 \end{pmatrix}$$

3

(1) 題意より，

$$\overrightarrow{\text{OP}} = \begin{pmatrix} 1 \\ -1 \\ -2 \end{pmatrix} + s \begin{pmatrix} 2 \\ 0 \\ -1 \end{pmatrix}, \ \overrightarrow{\text{OQ}} = \begin{pmatrix} -1 \\ 1 \\ 1 \end{pmatrix} + t \begin{pmatrix} 3 \\ -1 \\ -1 \end{pmatrix}$$

$$\therefore \ \mathbf{P}(1 + 2s, \ -1, \ -2 - s),$$
$$\mathbf{Q}(-1 + 3t, \ 1 - t, \ 1 - t)$$

(2) (1)より，

$$\overrightarrow{\text{PQ}} = \begin{pmatrix} -2 \\ 2 \\ 3 \end{pmatrix} - s \begin{pmatrix} 2 \\ 0 \\ -1 \end{pmatrix} + t \begin{pmatrix} 3 \\ -1 \\ -1 \end{pmatrix}$$

したがって，条件から，

$$\begin{pmatrix} 2 \\ 0 \\ -1 \end{pmatrix} \cdot \overrightarrow{\text{PQ}} = -7 - 5s + 7t = 0$$

$$\begin{pmatrix} 3 \\ -1 \\ -1 \end{pmatrix} \cdot \overrightarrow{\text{PQ}} = -11 - 7s + 11t = 0$$

$\Leftrightarrow s = 0, \ t = 1$

よって，$\mathbf{P}(1, \ -1, \ -2), \ \mathbf{Q}(2, \ 0, \ 0)$

このとき，$\overrightarrow{\text{PQ}} = \begin{pmatrix} 1 \\ 1 \\ 2 \end{pmatrix}$ より，

$$\text{直線 PQ}: x - 2 = y = \frac{z}{2}$$

§53 空間のベクトル方程式 #1

―【解答】―

1

(1) $-\dfrac{\vec{a}}{2}$ を中心とし,半径 $\dfrac{|\vec{a}|}{2}$ の球面

(2) $\vec{a}$, $\vec{b}$ の中点を通り,$\vec{b}-\vec{a}$ に垂直な平面 ($\vec{a}$, $\vec{b}$ を結ぶ線分の垂直 2 等分面)

(3) $\vec{a}+\vec{b}$ を通り,方向ベクトルが $2\vec{a}-\vec{b}$ の直線

2

(1) $(0, 0, -4)$ を通り,法線ベクトルが $\begin{pmatrix} 3 \\ 2 \\ -1 \end{pmatrix}$ の平面

(2) $(1, 0, 0)$ を通り,法線ベクトルが $\begin{pmatrix} 2 \\ 1 \\ 0 \end{pmatrix}$ の平面

(3) $(5, 0, 0)$ を通り,法線ベクトルが $\begin{pmatrix} 1 \\ 0 \\ 0 \end{pmatrix}$ の平面

3

(1) $3x+2y-5z=-11$

(2) $-x+4y+3z=5$

4 $\dfrac{\pi}{3}$

【解説】

1

(1) $\left|\vec{x}+\dfrac{\vec{a}}{2}\right|^2=\dfrac{|\vec{a}|^2}{4}$ より,与えられた図形は,

$-\dfrac{\vec{a}}{2}$ を中心とし,半径 $\dfrac{|\vec{a}|}{2}$ の球面

(2) 両辺 2 乗して,

$|\vec{x}|^2-2\vec{a}\cdot\vec{x}+|\vec{a}|^2=|\vec{x}|^2-2\vec{b}\cdot\vec{x}+|\vec{b}|^2$

$\therefore\ 2(\vec{a}-\vec{b})\cdot\vec{x}=|\vec{a}|^2-|\vec{b}|^2$

$\therefore\ 2(\vec{a}-\vec{b})\cdot\left(\vec{x}-\dfrac{\vec{a}+\vec{b}}{2}\right)=0$

よって,$\vec{a}$, $\vec{b}$ の中点を通り,$\vec{b}-\vec{a}$ に垂直な平面を描く。

(3) パラメータ t で整理し,$\vec{x}=t(2\vec{a}-\vec{b})+\vec{a}+\vec{b}$

したがって,$\vec{a}+\vec{b}$ を通り,$2\vec{a}-\vec{b}$ を方向ベクトルにもつ直線を描く。

2

(1) $(0, 0, -4)$ を代入すると成立するので,この点を通る(他にも代入して成立する点であれば何でもよい)。

よって,$(0, 0, -4)$ を通り,法線ベクトル $\begin{pmatrix} 3 \\ 2 \\ -1 \end{pmatrix}$ の平面

(2) $(1, 0, 0)$ を代入すると成立するので,係数をみて,

$(1, 0, 0)$ を通り,法線ベクトル $\begin{pmatrix} 2 \\ 1 \\ 0 \end{pmatrix}$ の平面

(3) y, z の係数は 0 であることに注意。

法線ベクトルが $\begin{pmatrix} 1 \\ 0 \\ 0 \end{pmatrix}$ だから,

$(5, 0, 0)$ を通り,法線ベクトルが $\begin{pmatrix} 1 \\ 0 \\ 0 \end{pmatrix}$ の平面

3

(1) 法線ベクトルが係数なので,

$3x+2y-5z=\underbrace{3\cdot 2+2\cdot(-1)-5\cdot 3}_{\text{通る点を代入}}=-11$

(2) 法線ベクトルの 1 つを $\begin{pmatrix} p \\ q \\ r \end{pmatrix}$ とすると,条件より,

$\begin{pmatrix} p \\ q \\ r \end{pmatrix}\cdot\begin{pmatrix} 1 \\ -2 \\ 3 \end{pmatrix}=0$ かつ $\begin{pmatrix} p \\ q \\ r \end{pmatrix}\cdot\begin{pmatrix} 3 \\ 0 \\ 1 \end{pmatrix}=0$

$\Leftrightarrow p-2q+3r=0,\ 3p+r=0$

$\therefore\ p:q:r=(-1):4:3$

したがって,法線ベクトルの 1 つは $\begin{pmatrix} -1 \\ 4 \\ 3 \end{pmatrix}$ で,求める平面は,

$-x+4y+3z=-1+4\cdot 3+3\cdot(-2)=5$

4

2 平面の法線ベクトルはそれぞれ,

$\vec{n_1}=\begin{pmatrix} 3 \\ 2 \\ 1 \end{pmatrix},\ \vec{n_2}=\begin{pmatrix} 2 \\ -1 \\ 3 \end{pmatrix}$

よって,これらのなす角を θ とすると,

$\cos\theta=\dfrac{\vec{n_1}\cdot\vec{n_2}}{|\vec{n_1}||\vec{n_2}|}$

$=\dfrac{3\cdot 2+2\cdot(-1)+1\cdot 3}{\sqrt{3^2+2^2+1^2}\sqrt{2^2+(-1)^2+3^2}}$

$=\dfrac{1}{2}$

したがって，$0 \leqq \theta \leqq \pi$ から，$\theta = \dfrac{\pi}{3}$

∴ 2 平面のなす角は，$\dfrac{\pi}{3}$

§53 空間のベクトル方程式 #2

―【解答】―

$\boxed{1}$

(1) $\vec{a}$ を通り，$\vec{b} - \vec{a}$ が法線ベクトルの平面

(2) $\dfrac{3}{2}\vec{a}$ が中心，半径 $\dfrac{|\vec{a}|}{2}$ の球面

(3) $\dfrac{4\vec{a} - 2\vec{b}}{3}$ を通り，方向ベクトルが $2\vec{a} + 3\vec{b}$ の直線

$\boxed{2}$

(1) 点 $(0, -1, 0)$ を通り，法線ベクトルが $\begin{pmatrix} 3 \\ -1 \\ 4 \end{pmatrix}$ の平面

(2) 点 $\left(\dfrac{4}{3}, 0, 0\right)$ を通り，法線ベクトルが $\begin{pmatrix} 1 \\ 1 \\ 0 \end{pmatrix}$ の平面

(3) 点 $(0, 0, -1)$ を通り，法線ベクトルが $\begin{pmatrix} 0 \\ 0 \\ 1 \end{pmatrix}$ の平面

$\boxed{3}$

(1) $x - 2y + 4z = 12$

(2) $3x + 5y - 4z = 22$

$\boxed{4}$ $\dfrac{\pi}{3}$

【解説】

$\boxed{1}$

(1) 両辺展開して，

$|\vec{x}|^2 - 2\vec{a} \cdot \vec{x} + |\vec{a}|^2 = |\vec{x}|^2 - (\vec{a} + \vec{b}) \cdot \vec{x} + \vec{a} \cdot \vec{b}$

$\Leftrightarrow (\vec{b} - \vec{a}) \cdot \vec{x} = \vec{a} \cdot (\vec{b} - \vec{a})$

∴ $(\vec{b} - \vec{a}) \cdot (\vec{x} - \vec{a}) = 0$

よって，$\vec{a}$ を通り，$\vec{b} - \vec{a}$ が法線ベクトルの平面

(2) 平方完成をして，

$\left|\vec{x} - \dfrac{3}{2}\vec{a}\right|^2 = \dfrac{1}{4}|\vec{a}|^2$

よって，$\dfrac{3}{2}\vec{a}$ が中心，半径 $\dfrac{|\vec{a}|}{2}$ の球面

(3) $\vec{x}$ について解くと，

$\vec{x} = \dfrac{4\vec{a} - 2\vec{b}}{3} - \dfrac{t}{3}(2\vec{a} + 3\vec{b})$

したがって, $\dfrac{4\vec{a}-2\vec{b}}{3}$ を通り, 方向ベクトルが $2\vec{a}+3\vec{b}$ の直線

2

(1) $(0, -1, 0)$ を代入すると成立するので,

$(0, -1, 0)$ を通り, 法線ベクトル $\begin{pmatrix} 3 \\ -1 \\ 4 \end{pmatrix}$ の平面

(2) $\left(\dfrac{4}{3}, 0, 0\right)$ を代入すると成立するので,

$\left(\dfrac{4}{3}, 0, 0\right)$ を通り, 法線ベクトル $\begin{pmatrix} 1 \\ 1 \\ 0 \end{pmatrix}$ の平面

(3) x, y の係数が 0 であることに注意。

法線ベクトルが $\begin{pmatrix} 0 \\ 0 \\ 1 \end{pmatrix}$ だから,

$(0, 0, -1)$ を通り, 法線ベクトルが $\begin{pmatrix} 0 \\ 0 \\ 1 \end{pmatrix}$ の平面

3

(1) 法線ベクトルが係数なので,

$$x - 2y + 4z = \underbrace{1 - 2\cdot\dfrac{1}{2} + 4\cdot 3}_{\text{通る点を代入}} = 12$$

(2) 法線ベクトルの 1 つを $\begin{pmatrix} p \\ q \\ r \end{pmatrix}$ とすると,

$\begin{pmatrix} p \\ q \\ r \end{pmatrix} \cdot \begin{pmatrix} 1 \\ 1 \\ 2 \end{pmatrix} = 0,\ \begin{pmatrix} p \\ q \\ r \end{pmatrix} \cdot \begin{pmatrix} 3 \\ -1 \\ 1 \end{pmatrix} = 0$

$\Leftrightarrow p + q + 2r = 0,\ 3p - q + r = 0$

$\Leftrightarrow p : q : r = 3 : 5 : (-4)$

したがって, 法線ベクトルの 1 つは $\begin{pmatrix} 3 \\ 5 \\ -4 \end{pmatrix}$ だから, 求める平面は,

$$3x + 5y - 4z = 3\cdot 3 + 5\cdot 1 - 4\cdot(-2) = 22$$

4

2 平面の法線ベクトルはそれぞれ,

$$\vec{n_1} = \begin{pmatrix} 1 \\ -2 \\ 3 \end{pmatrix},\ \vec{n_2} = \begin{pmatrix} 2 \\ 3 \\ -1 \end{pmatrix}$$

よって, これらのなす角を θ とすると,

$$\begin{aligned}
\cos\theta &= \dfrac{\vec{n_1}\cdot\vec{n_2}}{|\vec{n_1}||\vec{n_2}|} \\
&= \dfrac{1\cdot 2 + (-2)\cdot 3 + 3\cdot(-1)}{\sqrt{1^2+(-2)^2+3^2}\sqrt{2^2+3^2+(-1)^2}} \\
&= -\dfrac{1}{2}
\end{aligned}$$

したがって, $0 \leqq \theta \leqq \pi$ から, $\theta = \dfrac{2\pi}{3}$

平面のなす角は直角または鋭角なので, $\pi - \dfrac{2\pi}{3} = \dfrac{\pi}{3}$

おわりに

　普段の授業から,「数学を使う」ということを意識して指導に当たってはいますが,「問題を解く」ということに意識は向いていても,なかなか数学を使うということができる生徒は少ないように思います。

　数学とは本来「ものの考え方,ものの見方」というものを整理する道具です。道具を使うには,その道具の特性を知らなければなりません。これは,机に向かって「さあ勉強しよう」と意気込んでやるような仰々しいものではありません。本書を通して,式の見方・グラフとの対応などが見えるようになってくれれば,もっと普段から数学を使えるようになるでしょう。

　物理などは数式も多く出てきますから,数学に近いイメージをもっている生徒も多いようですが,化学もそうです。ベンゼン環の2置換体や3置換体の異性体の個数などは,まさにじゅず順列として考えられます。結晶格子などで単位格子の1辺の長さや,原子間距離を求める際に,立体がイメージしづらいなら,ベクトルなどを用いて計算してしまえばよいでしょう。

　このように,状況に応じて「数学」という道具をうまく使い分けるようになれば,数学がもっと身近なものになります。

　その結果,入試問題を解くといったことにとどまらず,数学を使う楽しさを理解できるようになってくるでしょう。

　本書を通して,ただ数学の問題が解けるようになるだけではなく,数学が自由に使える楽しさを知り,普段の会話の中に数学が出てくるような生活を送る学生や,数学に親しみを感じるような学生が1人でも多くなっていただければ幸いです。

　本書の編集に当たっては,色々な方のサポートがありました。企画に賛同してくださったKADOKAWAの福山みさおさんをはじめ,内容・文章校正から,ミスチェックまで多大な時間を割き,さらに的確なアドバイスをくれた岡田誠央,門場洸二郎の両氏,問題作成などのアイデアをくれた服部真也氏,同僚の講師たち,その他ご支援をくださった多くの方々にこの場を借りて厚く御礼を申し上げます。

鉄緑会大阪校数学科　鶴田修人

鉄緑会大阪校数学科
東京大学受験指導専門塾・鉄緑会が、関西地区の東大・京大・難関国立大医学部受験生を対象として開校した鉄緑会大阪校。東京本校と同じく、灘、洛南、東大寺といった関西地区の最上位層が在籍し、鉄緑会独自のカリキュラムの徹底した指導により、東大理3・京大医学部・難関国立医学部などに、毎年極めて高い合格率で圧倒的多数が合格を手にしている。

鉄緑会大阪校数学科統轄
鶴田修人（つるた　まさと）
広島大学附属福山高等学校、京都大学理学部数学科を卒業。その後、京都大学大学院数理解析研究所で数理論理を専攻、同大学院修士課程修了。鉄緑会大阪校数学科の主任として、これまでに東京大学、京都大学をはじめ難関大学に多くの受験生を送り込む。「当たり前の事を当たり前と思える感覚」を養う授業に定評がある。

鉄緑会　基礎力完成　数学I・A＋II・B

2015年11月25日　初版第1刷発行
2020年9月5日　　第6刷発行

編　者	鉄緑会大阪校数学科
発行者	川金正法
発　行	株式会社 KADOKAWA 東京都千代田区富士見 2-13-3　〒102-8177 電話 03-3238-8521（カスタマーサポート） https://www.kadokawa.co.jp/
印刷所	株式会社リーブルテック
製本所	本間製本株式会社
装　丁	深山典子

本書の無断複製（コピー、スキャン、デジタル化等）並びに無断複製物の譲渡及び配信は、著作権法上での例外を除き禁じられています。また、本書を代行業者等の第三者に依頼して複製する行為は、たとえ個人や家庭内での利用であっても一切認められておりません。

落丁・乱丁本はご面倒でも、下記KADOKAWA読者係にお送りください。
送料は小社負担でお取り替えいたします。古書店で購入したものについては、お取り替えできません。
電話 049-259-1100（10：00〜17：00／土日、祝日、年末年始を除く）
〒354-0041 埼玉県入間郡三芳町藤久保550-1

©Tetsuryokukai 2015 Printed in Japan
ISBN978-4-04-621340-2 C7041